中国石油炼油化工技术丛书

炼油特色产品技术

主　编　杨俊杰
副主编　李韶辉　李　荣　李剑新

石油工业出版社

内 容 提 要

本书系统介绍了中国石油重组改制以来,尤其是"十二五""十三五"期间在沥青、润滑油和石蜡等三大类炼油特色产品领域取得的技术成果,包括各类产品的生产工艺、质量要求、分析检测、应用技术及实际案例。

本书适合从事炼油特色产品生产、研发、营销和服务的人员,以及产品经营和使用者阅读和参考。

图书在版编目(CIP)数据

炼油特色产品技术/杨俊杰主编 .—北京:石油工业出版社,2022.3

(中国石油炼油化工技术丛书)

ISBN 978-7-5183-4485-7

Ⅰ. ①炼⋯ Ⅱ. ①杨⋯ Ⅲ. ①石油产品-生产技术 Ⅳ. ①TE626

中国版本图书馆 CIP 数据核字(2020)第 270526 号

出版发行:石油工业出版社

(北京安定门外安华里 2 区 1 号 100011)

网 址:www.petropub.com

编辑部:(010)64523546 图书营销中心:(010)64523633

经 销:全国新华书店

印 刷:北京中石油彩色印刷有限责任公司

2022 年 3 月第 1 版 2022 年 6 月第 2 次印刷
787×1092 毫米 开本:1/16 印张:21
字数:530 千字

定价:200.00 元
(如出现印装质量问题,我社图书营销中心负责调换)
版权所有,翻印必究

《中国石油炼油化工技术丛书》
编委会

主　任：任立新

副主任：杨继钢　　杜吉洲

主　编：杨继钢

副主编：杜吉洲　　何盛宝　　于建宁

编　委：（按姓氏笔画排序）

丁海中	于希水	马　安	田文君	史　君	邢颖春
吕文军	朱卫东	刘元圣	刘志红	刘荣江	闫伦江
汤仲平	劳国瑞	杨　雨	杨俊杰	李　铁	李利军
李俊军	李锡均	吴占永	何　军	何明川	宋官武
张　镇	张来勇	张洪滨	陈　坚	季德伟	赵　欣
胡　杰	胡晓荣	南晓钟	姚　斌	徐英俊	高雄厚
龚光碧	龚真直	崔晓明	谢崇亮	鲍永忠	魏　弢

专　家　组

徐春明	张立群	杜建荣	段　伟	李胜山	胡友良
孟纯绪	兰　玲	王德会	吴冠京	朱洪法	胡长禄
鞠林青	甄新平	胡　杰	周华堂	任建生	任敦泾
薛　援	陈为民	齐润通	吴一弦	王　硕	郭绍辉
山红红	王贤清				

《炼油特色产品技术》
编 写 组

主　　编：杨俊杰
副 主 编：李韶辉　李　荣　李剑新
编写人员：（按姓氏笔画排序）

于会民	于林会	马国梁	王　辉	王体宏	毛三鹏
邓新宇	田　阳	田　奕	付代良	白生军	仝配配
包冬梅	年成春	朱　江	刘　妍	刘　博	刘中国
刘海澄	汤仲平	孙大新	孙井侠	孙瑞华	孙福奇
杨克红	杨青松	杨晓钧	李　兵	李　纯	李　静
李雨帅	李奕佳	李雁秋	李嘉琛	吴　冰	时敬涛
邱　林	何　萍	汪利平	张　杰	张　静	邵子奇
范丰奇	苗新峰	欧阳瑞华	岳宗豪	金理力	周　康
周海英	郑贵涛	赵正华	赵明婕	柯友胜	姜　蔚
钱　军	徐瑞峰	郭瑞昕	黄小侨	黄东升	黄芸琪
彭　煜	曾　海	谢平平	蔺习雄	谭　满	魏朝良

主审专家：孟纯绪　甄新平

丛书序

创新是引领发展的第一动力，抓创新就是抓发展，谋创新就是谋未来。当今世界正经历百年未有之大变局，科技创新是其中一个关键变量，新一轮科技革命和产业变革正在重构全球创新版图、重塑全球经济结构。党的十八大以来，以习近平同志为核心的党中央坚持创新在我国现代化建设全局中的核心地位，把科技自立自强作为国家发展的战略支撑，面向世界科技前沿、面向经济主战场、面向国家重大需求、面向人民生命健康，深入实施创新驱动发展战略，不断完善国家创新体系，加快建设科技强国，开辟了坚持走中国特色自主创新道路的新境界。

加快能源领域科技创新，推动实现高水平自立自强，是建设科技强国、保障国家能源安全的必然要求。作为国有重要骨干企业和跨国能源公司，中国石油深入贯彻落实习近平总书记关于科技创新的重要论述和党中央、国务院决策部署，始终坚持事业发展科技先行，紧紧围绕建设世界一流综合性国际能源公司和国际知名创新型企业目标，坚定实施创新战略，组织开展了一批国家和公司重大科技项目，着力攻克重大关键核心技术，全力以赴突破短板技术和装备，加快形成长板技术新优势，推进前瞻性、颠覆性技术发展，健全科技创新体系，取得了一系列标志性成果和突破性进展，开创了能源领域科技自立自强的新局面，以高水平科技创新支撑引领了中国石油高质量发展。"十二五"和"十三五"期间，中国石油累计研发形成44项重大核心配套技术和49个重大装备、软件及产品，获国家级科技奖励43项，其中国家科技进步奖一等奖8项、二等奖28项，国家技术发明奖二等奖7项，获授权专利突破4万件，为高质量发展和世界一流综合性国际能源公司建设提供了强有力支撑。

炼油化工技术是能源科技创新的重要组成部分，是推动能源转型和新能源创新发展的关键领域。中国石油十分重视炼油化工科技创新发展，坚持立足主营业务发展需要，不断加大核心技术研发攻关力度，炼油化工领域自主创新能力持续提升，整体技术水平保持国内先进。自主开发的国Ⅴ/国Ⅵ标准汽柴油生产技术，有力支撑国家油品质量升级任务圆满完成；千万吨级炼油、百万吨级乙烯、百万吨级PTA、"45/80"大型氮肥等成套技术实现工业化；自主百万吨级乙烷制乙烯成套技术成功应用于长庆、塔里木两个国家级示范工程项目；"复兴号"高铁齿轮箱油、超高压变压器油、医用及车用等高附加值聚烯烃、ABS树脂、丁腈及溶聚丁苯等高性能合成橡胶、PETG共聚酯等特色优势产品开发应用取得新突破，有力支撑引领了中国石油炼油化工业务转型升级和高质量发展。为了更好地总结过往、谋划未来，我们组织编写了《中国石油炼油化工技术丛书》（以下简称《丛书》），对1998年重组改制以来炼油化工领域创新成果进行了系统梳理和集中呈现。

《丛书》的编纂出版，填补了中国石油炼油化工技术专著系列丛书的空白，集中展示了中国石油炼油化工领域不同时期研发的关键技术与重要产品，真实记录了中国石油炼油化工技术从模仿创新跟跑起步到自主创新并跑发展的不平凡历程，充分体现了中国石油炼油化工科技工作者勇于创新、百折不挠、顽强拼搏的精神面貌。该《丛书》为中国石油炼油化工技术有形化提供了重要载体，对于广大科技工作者了解炼油化工领域技术发展现状、进展和趋势，熟悉把握行业技术发展特点和重点发展方向等具有重要参考价值，对于加强炼油化工技术知识开放共享和成果宣传推广、推动炼油化工行业科技创新和高质量发展将发挥重要作用。

《丛书》的编纂出版，是一项极具开拓性和创新性的出版工程，集聚了多方智慧和艰苦努力。该丛书编纂历经三年时间，参加编写的单位覆盖了中国石油炼油化工领域主要研究、设计和生产单位，以及有关石油院校等。在编写过程中，参加单位和编写人员坚持战略思维和全球视野，密切配合、团结协作、群策群力，对历年形成的创新成果和管理经验进行了系统总结、凝练集成和再学习再思考，对未来技术发展方向与重点进行了深入研究分析，展现了严谨求实的科学态度、求真创新的学术精神和高度负责的扎实作风。

值此《丛书》出版之际，向所有参加《丛书》编写的院士专家、技术人员、管理人员和出版工作者致以崇高的敬意！衷心希望广大科技工作者能够从该《丛书》中汲取科技知识和宝贵经验，切实肩负起历史赋予的重任，勇作新时代科技创新的排头兵，为推动我国炼油化工行业科技进步、竞争力提升和转型升级高质量发展作出积极贡献。

站在"两个一百年"奋斗目标的历史交汇点，中国石油将全面贯彻习近平新时代中国特色社会主义思想，紧紧围绕建设基业长青的世界一流企业和实现碳达峰、碳中和目标的绿色发展路径，坚持党对科技工作的领导，坚持创新第一战略，坚持"四个面向"，坚持支撑当前、引领未来，持续推进高水平科技自立自强，加快建设国家战略科技力量和能源与化工创新高地，打造能源与化工领域原创技术策源地和现代油气产业链"链长"，为我国建成世界科技强国和能源强国贡献智慧和力量。

2022 年 3 月

丛书前言

中国石油天然气集团有限公司（以下简称中国石油）是国有重要骨干企业和全球主要的油气生产商与供应商之一，是集国内外油气勘探开发和新能源、炼化销售和新材料、支持和服务、资本和金融等业务于一体的综合性国际能源公司，在国内油气勘探开发中居主导地位，在全球35个国家和地区开展油气投资业务。2021年，中国石油在《财富》杂志全球500强排名中位居第四。2021年，在世界50家大石油公司综合排名中位居第三。

炼油化工业务作为中国石油重要主营业务之一，是增加价值、提升品牌、提高竞争力的关键环节。自1998年重组改制以来，炼油化工科技创新工作认真贯彻落实科教兴国战略和创新驱动发展战略，紧密围绕建设世界一流综合性国际能源公司和国际知名创新型企业目标，立足主营业务战略发展需要，建成了以"研发组织、科技攻关、条件平台、科技保障"为核心的科技创新体系，紧密围绕清洁油品质量升级、劣质重油加工、大型炼油、大型乙烯、大型氮肥、大型PTA、炼油化工催化剂、高附加值合成树脂、高性能合成橡胶、炼油化工特色产品、安全环保与节能降耗等重要技术领域，以国家科技项目为龙头，以重大科技专项为核心，以重大技术现场试验为抓手，突出新技术推广应用，突出超前技术储备，大力加强科技攻关，关键核心技术研发应用取得重要突破，超前技术储备研究取得重大进展，形成一批具有国际竞争力的科技创新成果，推广应用成效显著。中国石油炼油化工业务领域有效专利总量突破4500件，其中发明专利3100余件；获得国家及省部级科技奖励超过400项，其中获得国家科技进步奖一等奖2项、二等奖25项，国家技术发明奖二等奖1项。中国石油炼油化工科技自主创新能力和技术实力实现跨越式发展，整体技术水平和核心竞争力得到大幅度提升，为炼油化工主营业务高质量发展提供了有力技术支撑。

为系统总结和分享宣传中国石油在炼油化工领域研究开发取得的系列科技创新成果，在中国石油具有优势和特色的技术领域打造形成可传承、传播和共享的技术专著体系，中国石油科技管理部和石油工业出版社于 2019 年 1 月启动《中国石油炼油化工技术丛书》（以下简称《丛书》）的组织编写工作。

《丛书》的编写出版是一项系统的科技创新成果出版工程。《丛书》编写历经三年时间，重点组织完成五个方面工作：一是组织召开《丛书》编写研讨会，研究确定 11 个分册框架，为《丛书》编写做好顶层设计；二是成立《丛书》编委会，研究确定各分册牵头单位及编写负责人，为《丛书》编写提供组织保障；三是研究确定各分册编写重点，形成编写大纲，为《丛书》编写奠定坚实基础；四是建立科学有效的工作流程与方法，制定《〈丛书〉编写体例实施细则》《〈丛书〉编写要点》《专家审稿指导意见》《保密审查确认单》和《定稿确认单》等，提高编写效率；五是成立专家组，采用线上线下多种方式组织召开多轮次专家审稿会，推动《丛书》编写进度，保证《丛书》编写质量。

《丛书》对中国石油炼油化工科技创新发展具有重要意义。《丛书》具有以下特点：一是开拓性，《丛书》是中国石油组织出版的首套炼油化工领域自主创新技术系列专著丛书，填补了中国石油炼油化工领域技术专著丛书的空白。二是创新性，《丛书》是对中国石油重组改制以来在炼油化工领域取得具有自主知识产权技术创新成果和宝贵经验的系统深入总结，是中国石油炼油化工科技管理水平和自主创新能力的全方位展示。三是标志性，《丛书》以中国石油具有优势和特色的重要科技创新成果为主要内容，成果具有标志性。四是实用性，《丛书》中的大部分技术属于成熟、先进、适用、可靠，已实现或具备大规模推广应用的条件，对工业应用和技术迭代具有重要参考价值。

《丛书》是展示中国石油炼油化工技术水平的重要平台。《丛书》主要包括《清洁油品技术》《劣质重油加工技术》《炼油系列催化剂技术》《大型炼油技术》《炼油特色产品技术》《大型乙烯成套技术》《大型芳烃技术》《大型氮肥技术》《合成树脂技术》《合成橡胶技术》《安全环保与节能减排技术》等 11 个分册。

《清洁油品技术》：由中国石油石油化工研究院牵头，主编何盛宝。主要包括催化裂化汽油加氢、高辛烷值清洁汽油调和组分、清洁柴油及航煤、加氢裂化生产高附加值油品和化工原料、生物航煤及船用燃料油技术等。

《劣质重油加工技术》：由中国石油石油化工研究院牵头，主编高雄厚。

主要包括劣质重油分子组成结构表征与认识、劣质重油热加工技术、劣质重油溶剂脱沥青技术、劣质重油催化裂化技术、劣质重油加氢技术、劣质重油沥青生产技术、劣质重油改质与加工方案等。

《炼油系列催化剂技术》：由中国石油石油化工研究院牵头，主编马安。主要包括炼油催化剂催化材料、催化裂化催化剂、汽油加氢催化剂、煤油及柴油加氢催化剂、蜡油加氢催化剂、渣油加氢催化剂、连续重整催化剂、硫黄回收及尾气处理催化剂以及炼油催化剂生产技术等。

《大型炼油技术》：由中石油华东设计院有限公司牵头，主编谢崇亮。主要包括常减压蒸馏、催化裂化、延迟焦化、渣油加氢、加氢裂化、柴油加氢、连续重整、汽油加氢、催化轻汽油醚化以及总流程优化和炼厂气综合利用等炼油工艺及工程化技术等。

《炼油特色产品技术》：由中国石油润滑油公司牵头，主编杨俊杰。主要包括石油沥青、道路沥青、防水沥青、橡胶油白油、电器绝缘油、车船用润滑油、工业润滑油、石蜡等炼油特色产品技术。

《大型乙烯成套技术》：由中国寰球工程有限公司牵头，主编张来勇。主要包括乙烯工艺技术、乙烯配套技术、乙烯关键装备和工程技术、乙烯配套催化剂技术、乙烯生产运行技术、技术经济型分析及乙烯技术展望等。

《大型芳烃技术》：由中国昆仑工程有限公司牵头，主编劳国瑞。介绍中国石油芳烃技术的最新进展和未来发展趋势展望等，主要包括芳烃生成、芳烃转化、芳烃分离、芳烃衍生物以及芳烃基聚合材料技术等。

《大型氮肥技术》：由中国寰球工程有限公司牵头，主编张来勇。主要包括国内外氮肥技术现状和发展趋势、以天然气为原料的合成氨工艺技术和工程技术、合成氨关键设备、合成氨催化剂、尿素生产工艺技术、尿素工艺流程模拟与应用、材料与防腐、氮肥装置生产管理、氮肥装置经济性分析等。

《合成树脂技术》：由中国石油石油化工研究院牵头，主编胡杰。主要包括合成树脂行业发展现状及趋势、聚乙烯催化剂技术、聚丙烯催化剂技术、茂金属催化剂技术、聚乙烯新产品开发、聚丙烯新产品开发、聚烯烃表征技术与标准化、ABS树脂新产品开发及生产优化技术、合成树脂技术及新产品展望等。

《合成橡胶技术》：由中国石油石油化工研究院牵头，主编龚光碧。主要包括丁苯橡胶、丁二烯橡胶、丁腈橡胶、乙丙橡胶、丁基橡胶、异戊橡胶、苯乙烯热塑性弹性体等合成技术，还包括橡胶粉末化技术、合成橡胶加工与应用技术及合成橡胶标准等。

《安全环保与节能减排技术》：由中国石油集团安全环保技术研究院有限公司牵头，主编闫伦江。主要包括设备腐蚀监检测与工艺防腐、动设备状态监测与评估、油品储运雷电静电防护，炼化企业污水处理与回用、VOCs排放控制及回收、固体废物处理与资源化、场地污染调查与修复，炼化能量系统优化及能源管控、能效对标、节水评价技术等。

《丛书》是中国石油炼油化工科技工作者的辛勤劳动和智慧的结晶。在三年的时间里，共组织中国石油石油化工研究院、寰球工程公司、大庆石化、吉林石化、辽阳石化、独山子石化、兰州石化等30余家科研院所、设计单位、生产企业以及中国石油大学（北京）、中国石油大学（华东）等高校的近千名科技骨干参加编写工作，由20多位资深专家组成专家组对书稿进行审查把关，先后召开研讨会、审稿会50余次。在此，对所有参加这项工作的院士、专家、科研设计、生产技术、科技管理及出版工作者表示衷心感谢。

掩卷沉思，感慨难已。本套《丛书》是中国石油重组改制20多年来炼油化工科技成果的一次系列化、有形化、集成化呈现，客观、真实地反映了中国石油炼油化工科技发展的最新成果和技术水平。真切地希望《丛书》能为我国炼油化工科技创新人才培养、科技创新能力与水平提高、科技创新实力与竞争力增强和炼油化工行业高质量发展发挥积极作用。限于时间、人力和能力等方面原因，疏漏之处在所难免，希望广大读者多提宝贵意见。

前言

为了落实中国石油集团戴厚良董事长"公司发展、科技先行,支撑当前、引领未来"的科技发展定位,本书按照中国石油科技管理部编著《中国石油炼油化工技术丛书》的统一部署,对中国石油重组改制以来,特别是"十二五""十三五"期间在沥青、润滑油和石蜡等炼油特色产品领域的技术开发成果进行全面总结和展示。根据丛书要体现"开拓性、创新型、标志性和实用性"的要求,编写团队进行认真策划,集中国石油相关企业和研究机构专家之力,在有限的篇幅中力图对三大类特色产品技术及其应用有一个系统而全面的阐述,为炼油特色产品技术的历史传承以及未来进一步发展奠定基础。

三大类炼油特色产品中,润滑油是一个产品和技术体系都非常复杂的大类,在本书中只能做必要的取舍。狭义上讲,只有基础油可以同沥青和石蜡并列为炼油产品,但基础油已趋成熟并大多作为中间原料,润滑油成品门类太多,本书只选取了橡胶油白油、电器绝缘油、车船用润滑油、工业润滑油等几大类型进行论述;添加剂是润滑油重要原料,但属于精细化学品;润滑脂和金属加工液等已与炼油技术相去甚远,因此未纳入本书范围。

本书共十章,其中第一章由杨俊杰执笔,主要阐述了中国石油三大炼油特色产品技术的概念及其在炼油业务中的作用;第二章至四章由燃料油公司李剑新牵头,与辽河石化及克拉玛依石化专家团队合作编写,第二章由黄小侨主笔,第三章由时敬涛主笔,第四章由毛三鹏主笔;第五章由辽河石化、克拉玛依石化和润滑油公司技术专家合作完成,吴冰主笔;第六章由克拉玛依石化和润滑油公司合作编写,柯友胜主笔;第七章由兰州润滑油研发中心和大连润滑油研发中心专家合作完成,汪利平主笔;第八章由兰州润滑油研发中心和大连润滑油研发中心合作编写,刘中国主笔;第九章由抚顺石化技术团队编写,杨青松主笔;第十章由杨俊杰执笔,对三类特色产品技术做了展望。

本书是中国石油在炼油三大特色产品领域技术开发和生产管理人员的智慧

结晶。在图书出版之际，首先向为这些技术进步做出过贡献的专家表示敬意；其次，在本书编写过程中，还得到了中国石油科技管理部杜吉洲、于建宁、刘志红等领导以及杜建荣、胡友良、孟纯绪、吴冠京、段伟、李胜山、贺石中、甄新平等业内专家的指导，在此一并表示衷心的感谢。

本书虽然基于中国石油炼油特色产品几十年的技术沉淀总结，但由于编者水平所限，难免有不足和疏漏之处，敬请读者批评指正。

目录

第一章　绪论 ··· 1

第二章　石油沥青生产技术 ··· 5
　　第一节　石油沥青生产的原油评价筛选技术 ···················· 5
　　第二节　蒸馏法沥青生产技术 ·· 10
　　第三节　氧化法沥青生产技术 ·· 13
　　第四节　溶剂脱沥青技术 ·· 16
　　第五节　调和法沥青生产技术 ·· 20
　　第六节　沥青生产组合工艺技术 ····································· 23
　　第七节　石油沥青评价体系与标准 ································· 28
　　参考文献 ·· 40

第三章　道路沥青产品技术 ··· 42
　　第一节　重交通道路沥青及硬质沥青 ······························ 43
　　第二节　聚合物改性及橡胶沥青 ····································· 53
　　第三节　乳化沥青 ··· 66
　　第四节　机场沥青 ··· 77
　　第五节　其他特种沥青 ·· 85
　　参考文献 ·· 97

第四章　防水沥青及其他产品技术 ······································· 100
　　第一节　防水卷材用沥青技术 ·· 100
　　第二节　防水沥青涂料 ·· 111
　　第三节　水工沥青 ··· 116
　　第四节　电器用沥青 ··· 123
　　参考文献 ·· 127

第五章　橡胶油、白油与基础油产品技术 ····························· 128
　　第一节　橡胶油产品及生产技术 ····································· 129
　　第二节　白油产品及生产技术 ·· 137

第三节　基础油产品及生产技术 …………………………………… 147
　　第四节　橡胶油、白油与基础油主要技术指标及测试 …………… 150
　　参考文献 ……………………………………………………………… 157

第六章　电气绝缘油产品技术 …………………………………………… 158
　　第一节　变压器油生产技术 ………………………………………… 159
　　第二节　变压器油产品及技术指标 ………………………………… 170
　　第三节　中国石油变压器油及其应用 ……………………………… 175
　　参考文献 ……………………………………………………………… 189

第七章　车船润滑产品技术 ……………………………………………… 191
　　第一节　车用汽油机油技术 ………………………………………… 191
　　第二节　车用柴油机油技术 ………………………………………… 203
　　第三节　车辆齿轮油技术 …………………………………………… 210
　　第四节　自动变速箱油技术 ………………………………………… 220
　　第五节　船用发动机油技术 ………………………………………… 231
　　参考文献 ……………………………………………………………… 240

第八章　工业主要润滑油品技术 ………………………………………… 241
　　第一节　工业齿轮油产品技术 ……………………………………… 242
　　第二节　液压油产品技术 …………………………………………… 249
　　第三节　压缩机油产品技术 ………………………………………… 256
　　第四节　汽轮机油产品技术 ………………………………………… 262
　　第五节　冷冻机油产品技术 ………………………………………… 266
　　参考文献 ……………………………………………………………… 277

第九章　石蜡产品及其生产技术 ………………………………………… 279
　　第一节　石蜡生产技术 ……………………………………………… 279
　　第二节　石蜡产品及其应用 ………………………………………… 302
　　第三节　石蜡产品主要技术指标及其测试 ………………………… 309
　　参考文献 ……………………………………………………………… 315

第十章　展望 ……………………………………………………………… 317

第一章 绪 论

沥青、润滑油和石蜡三大类产品，在中国石油内部习惯称为"炼油特色产品"。首先，是中国石油拥有的大庆石蜡基原油、克拉玛依和辽河环烷基原油等特色资源，很适合生产这三大类产品；其次，这三类产品与炼油的汽煤柴油主流产品在生产技术、性能要求和应用领域上都有很大不同，具有鲜明特色；第三，中国石油非常重视发挥资源优势开发特色技术，在过去几十年中建立了克拉玛依、辽河、抚顺、大庆等特色产品生产基地，成立了润滑油公司、燃料油公司等专业公司，培养了专门技术团队，把特色产品和技术打造成中国石油的闪亮名片，所生产的优质沥青、润滑油和石蜡产品，长期在市场上享有良好的质量和品牌声誉，也为国家发展做出了重大贡献。

炼油特色产品的成功开发需要基于资源条件，但也绝不是靠天吃饭，而是一系列特色技术开发及其合理组合的成功。首先是资源诊断技术，需要认清资源本质特点，选择和创新技术扬长避短、挖掘资源的价值，比如克拉玛依环烷基稠油的高酸值、高环烷烃含量，以及低硫、低芳香烃特点的认识；大庆石蜡基原油高蜡含量，以及较高氮和碱性氮含量的特点。第二是产品策划技术，基于对环烷基原油性质的认识，策划了开发生产变压器油、橡胶油和高黏度光亮油，以及优质沥青等产品方案；利用大庆及沈北原油的特点，策划了高黏度指数基础油和油蜡联产的方案。第三是生产工艺组合技术，在新疆克拉玛依稠油加工过程中，将脱酸技术与精制技术结合，溶剂精制与加氢精制组合，在大庆原油生产基础油与石蜡过程中，将正序加工与反序加工组合，溶剂精制与加氢精制组合。第四是资源组合技术，每一种资源有其优势也有劣势，在数量上也有紧缺与富裕，在应对中国沥青需求与资源不足的矛盾过程中，中国石油开拓性地将国内外原油资源及相应技术组合运用，极大地增加了产能和品种，满足了市场需求。第五是客户服务技术，所有这些特色产品共同的特点是需要直接面对终端客户、适应各种设备及场景需要，其中对客户真实需求的发掘、描述、输入到输出，都有很高技术含量，也潜藏真正的产品创新机会，比如中国石油直流特高压变压器油的开发应用，就是从电网和变压器客户服务过程中，发现机会、推动创新、形成全新产品系列的成功案例，也是传统生产型石油行业向市场化转型的成功案例。第六是产品评价技术，很多特色产品的开发和应用都要以评价技术的发展为手段，并在生产商与客户之间达成共识、形成标准；比如发动机润滑油的台架评定就是产品定型的关键，中国石油就是先通过 API 台架技术的引入，完成了内燃机油各系列产品自主技术的开发，再通过与一汽、东风、潍柴、江淮等厂商合作建立自主的发动机台架，正在推动我国自主发动机油标准的建立。

一、沥青产品技术及其应用

石油沥青是广泛用于交通、水利等各类基础设施建设的一种重要建筑材料，是炼油生产中很有特色的一类产品，其应用跨越道路和防水两个行业。在原油加工尤其是重质劣质原油加工过程中，沥青产品的开发生产和有效利用，是一个炼厂经济效益的重要保证。全球沥青消费量达 $3×10^8$ t/a 以上，我国消费量在 $4000×10^4$ t/a 以上，约占原油总量的8%。

过去几十年中，中国石油在沥青产品生产应用技术方面，首先是利用克拉玛依和辽河等特色环烷基原油资源成功开发了重交通道路沥青；其次是有效利用委内瑞拉和中东等进口原油，攻克了劣质重油生产沥青技术难关，开发出适合中国道路建设需求的沥青产品；中国石油燃料油公司、克拉玛依石化、辽河石化、西太平洋石化、云南石油、广西石化、乌鲁木齐石化等沥青生产企业，沥青总产能达到 $1000×10^4$ t/a 以上。

随着我国高速公路建设快速发展，道路建设向着高桥隧比、适应极端气候以及各类功能（排水、防冰雪等）路面方向发展，对沥青产品质量和品种提出了更高要求，中国石油经过"十二五""十三五"技术攻关，形成了聚合物改性沥青（SBS、SBR及橡胶粉末等）、硬质沥青、机场跑道沥青、桥面专用沥青、彩色沥青、高黏高弹沥青等7个系列20多个品种的特种道路沥青产品生产及应用技术，聚合物改性沥青生产能力达 $200×10^4$ t/a；在沥青应用方面拓展了机场道路、桥面铺装、建筑防水和公园景观道路等高端市场，既满足了国家基础建设的快速发展和提质需求，又提高了中国石油的经济效益和社会效益。

二、润滑油产品技术及其应用

润滑油是机械设备的血液，既是工业经济赖以平稳运转的基础，又是各种国防装备的必须材料，被称为机器设备的流动零部件和"大国重器"。润滑油脂一般分为发动机油、液压油、齿轮油等十余大类，分别用于润滑不同的机械设备，综合各类润滑油的技术要求和应用场合，在管理上又常分为车船运输装备润滑产品、工业润滑产品和特殊润滑产品等三大领域。

无论什么种类的润滑油，原则上都由基础油和添加剂调和而成，其中基础油占80%~99.5%，也是一些炼油企业的特色产品；添加剂为润滑油补强或赋予一些新的性能，也被称为润滑油的灵魂，按功能作用可分为黏度控制、成膜控制、沉积控制和其他添加剂等四大类，按分子结构可分为清净剂、分散剂、抗磨剂等十余个种类，都是一些特殊的精细化学品。

全球润滑油消费量约 $4000×10^4$ t/a，我国润滑油消费量约 $760×10^4$ t/a，已经是全球最大的市场。虽然从全球来看，润滑油消费量仅约占原油的1%，但在一些适合生产润滑油的炼油企业，可以达到其产品总量的10%~20%，比如中国石油以加工大庆石蜡基原油生产基础油著称的大连石化，以及加工环烷基原油最成功的克拉玛依石化和辽河石化。中国石油昆仑润滑，正是在这些特色原油资源基础上，在国家经济发展和国防需要驱动下，通过持续的科技创新，开发生产了从石蜡基、环烷基到加氢基础油的全系列各类润滑油脂产品技术，支撑了国家高速发展和国防安全。

在基础油技术领域，中国石油大连石化是最早实现高黏度指数基础油HVI与国际接轨的企业，其产品大连150SN和400SN长期在国内外享有盛誉；克拉玛依石化成功解决了环烷基稠油加工的一系列技术难题，在生产环烷基基础油和光亮油150BS方面，达到世界领先水平，之后这些技术又在辽河石化等其他基地进一步得到应用；在"十二五"和"十三五"

期间，中国石油的馏分油异构脱蜡技术和α-烯烃低聚生产PAO技术取得了重大进展，拓宽了高档润滑基础油自主技术领域。

在特种润滑油领域，中国石油最有特色的是以环烷基原油为基础的变压器油、橡胶油等产品系列的开发应用。其中，昆仑变压器油紧跟国家变压器和一流电网建设需求，在传统交流变压器油产品基础上，创新了直流特高压产品及其评价手段，使昆仑变压器油成为一个名副其实的世界级品牌产品；橡胶油系列产品，在良好合成橡胶相容性基础上，降低了芳香烃等有毒成分含量，改进了光热安定性，不仅满足了合成橡胶及其加工的需要，还开发出了相近的食品及白油产品系列。

发动机及车用润滑油是润滑科技开发的主战场，但由于历史原因从产品技术到标准都长期跟随国外并处于滞后状态。21世纪以来，中国石油加大了技术创新力度，自主开发出了汽油机油与乘用车润滑产品、柴油机油与商用车润滑产品、船用发动机油等全系列润滑油脂，实现了发动机和车船领域润滑产品的自主可控；2016年，中国石油推动内燃机学会发起，建立了发动机润滑油中国标准创新联盟CLSAC，联合汽车工程学会和石化标委会，共同开发了中国自主的柴油机润滑油评价台架及第一个产品标准即将完成，这是中国石油在国家润滑发展史上又一次历史性担当。

工业润滑油的消费总量少于车用润滑油，但却要润滑国民经济各个行业。工业润滑的设备和场合非常多，很多润滑油产品需要根据具体情况进行差别化开发，但液压油、齿轮油、汽轮机油、压缩机油和冷冻机油等五大类是工业润滑的主要平台型产品技术。中国石油在工业润滑领域从中华人民共和国成立以来就有着辉煌的历史，2000年成立中国石油润滑油公司以后，更是强化了自主技术开发团队建设，系统地建成了各大类工业润滑油技术平台，产品在传统的矿山、钢铁、电力、水泥、造纸等润滑集中行业，以及机器人、高铁、光伏等新兴行业都得到广泛应用，有效支撑了国家发展，彰显了中国石油品牌形象。

在润滑油产品技术开发过程中，中国石油润滑油公司还建立了适应润滑油研发特点、突出问题导向的4D研发项目管理体系，即任何项目要从需求与可能确认、概念设计、实施与验证和应用展示四个方面去思考和总结。经过数十年的科研攻关，基本解决了各类润滑产品技术问题，在变压器油、齿轮油、冷冻机油等产品技术上取得领先地位，"齿轮油极压抗磨添加剂、复合剂制备技术与工业化应用""环烷基稠油生产高端产品技术研究开发与工业化应用"和"高档系列内燃机油复合剂研制及工业化应用"三个项目先后获得2009年国家技术发明奖和2011年、2012年国家科学技术进步奖。

三、石蜡产品技术及其应用

石蜡，也被称为石油中的软白金，是工业、国防和人民日常生活的重要材料。全球石蜡消费量约为420×10^4t/a，仅占原油消费量的千分之一左右，但能够高效生产优质石蜡的原油比较稀缺，而中国石油在这个领域占有得天独厚的资源优势。

2019年，我国石蜡总产能约为208×10^4t/a，中国石油以153×10^4t/a的总产能占有主导地位，拥有抚顺石化、大连石化、大庆石化、大庆炼化、兰州石化等5家石蜡专业生产公司，全精炼石蜡被中国石油和化学工业联合会授予"中国石油和化学工业知名品牌产品"称号，具有含油量低、安定性好、色度白、多个熔点品种等优点，达到与国际同类产品相当的水平，能满足许多国家对无毒性指标 FDA、苯、甲苯、溶剂等含量的要求，40%的产品出口到欧洲、美洲等地区并受用户好评。如今，中国石油石蜡产品已进入"一带一路"沿线19个国家和地区，彰显了中国石油产品在海外的竞争力和影响力。

"十二五"和"十三五"期间，中国石油在石蜡生产技术方面进行了持续攻关，装置能耗最好水平达到 1773.95MJ/t，剂耗达到 0.51kg/t，精制石蜡收率最高达 39.6%，含油量在 0.5% 以下；通过石蜡加氢技术应用，优质石蜡达到了食品级要求；通过石蜡造粒和包装技术进步，石蜡产品应用有了更好拓展；开发了地板防水微晶蜡、人造板防水蜡以及全精炼混晶蜡等特色产品。

第二章　石油沥青生产技术

石油沥青通常是指暗褐色到黑色的固态、半固态或黏稠状物质，以石油为原料加工得到，主要由高分子碳氢化合物及其非金属衍生物组成的混合物。一般认为石油沥青是由沥青质、胶质、油分(饱和分和芳香分)组成的胶体体系。

石油沥青广泛应用于公路交通、房屋建筑、工业、农业、水利水电、涂料等多个领域，并有不断拓展和扩充之势。石油沥青在公路交通中的应用最为广泛，世界上近90%的石油沥青用于道路建设，我国近10年每年约有 $3000×10^4t$ 的石油沥青用于道路铺筑。

对石油沥青的性质与品质起着决定性作用的是原油的种类和性质，其次是生产工艺的影响。石油沥青产品生产工艺主要有：常减压蒸馏法、空气氧化法、溶剂脱沥青法、调和法以及组合工艺五类；无论采用哪种工艺方法生产石油沥青，原油的评价及筛选技术都是最重要的技术。

中国石油近20年来，通过原油评价筛选合适原油、不同种类原油掺混炼、溶剂脱沥青以及组合工艺等方式，生产出多种高品质石油沥青产品，取得了一系列成果。例如克拉玛依石化在20世纪八九十年代，对新疆油田原油性质普查，发现新疆九区稠油优异的环烷基特性，通过油分采分输工程实现单独加工，不仅生产出优良的道路沥青产品，还生产出高档润滑油系列产品，与润滑油公司一起获得国家科技进步奖一等奖；辽河石化发现并实现单独加工的欢喜岭稠油生产出驰名中外的道路沥青产品，在1990—2000年每年产量达 $100×10^4t$ 以上，是全国单套装置产量最大的企业，也是年产量最大的企业之一。燃料油公司加工南美重质劣质原油，采取原油掺混蒸馏工艺生产出合格的A级重交通道路沥青产品，所属的4个沥青厂在十多年时间每年总计产量保持在 $300×10^4t$ 以上，占全国使用量的10%~15%。为中国石油的劣质重油加工积累了宝贵经验。

石油沥青的化学组成、分子结构、理化性质与原油种类、加工工艺之间的相互关系，仍是下一步重点研究的内容。还需要根据原油的种类和性质，选择最合适的加工工艺来生产石油沥青，使石油沥青在化学组成、分子结构、理化性质方面达到最优效果，不断提升昆仑沥青产品质量和社会经济效益。

第一节　石油沥青生产的原油评价筛选技术

石油沥青的使用性能与其化学组成密切相关[1]，而其化学组成又与生产沥青的原油种类密切相关，因此原油化学组成分析评价技术是沥青生产最关键技术之一。由于石油沥青是石油中组成最复杂的组分，要详细分离出各种组分非常困难，使用最多的方法是将沥青分为饱和分(S)、芳香分(AR)、胶质(R)和沥青质(A)四种组分，石油沥青产品性能的好坏与四种组分的匹配关系密切相关。一般认为，当饱和分为8%~15%、芳香分为30%~55%、胶质为25%~45%、沥青质为1%~10%时，石油沥青的各项性能发挥得比较好。另外，石油沥青中的蜡含量对石油沥青的性能影响很大，石油沥青中这四种组分的分配比例及蜡含量决定于原油种类，合理地选择原油是生产高质量石油沥青产品的关键。中国石油近些年在筛选合适原油生产优质石油沥青研究方面取得了一系列成果，生产出了多种高品质石油沥青产品，如克拉玛依石化、辽河石化、燃料油公司生产的沥青等。

在石油加工中，原油可按关键组分进行分类，一般可以分为石蜡基、石蜡—中间基、环烷基、环烷—中间基等。表2-1为不同基属原油的减压渣油或脱油沥青的四组分组成和蜡含量，可以看出，一些环烷基或中间基的原油，其减压渣油的四组分构成比较符合以上的比例，是生产石油沥青较为理想的原料，如中东原油、欢喜岭和绥中36-1原油等。新疆九区原油的减压渣油虽然饱和分含量较高，但是经过丙烷脱沥青后，脱油沥青的饱和分含量大幅度下降，且蜡含量低，也是生产沥青的较好原料；而属于石蜡基的大庆原油蜡含量较高且四组分构成比例不合理，不适宜生产沥青。同样属于中间基的胜利原油，其渣油四组分构成与绥中36-1原油的渣油四组分类似，在国内也曾经是生产道路沥青的主要原料，但由于其蜡含量较高，不太适合生产道路沥青。

一些进口原油，特别是中东含硫原油减压渣油的四组分构成中，其芳香分含量普遍较高，均在50%左右；而国内原油减压渣油芳香分含量较低，在30%~40%之间，具体见表2-1。组分构成的差别，对石油沥青生产工艺及产品质量有显著影响，如中东原油某些减压渣油由于芳香分含量高，很容易生产出性能稳定的聚合物改性沥青；而一些国产原油则需要加入助溶剂和稳定剂才能生产出符合要求的改性沥青产品。

表2-1 不同基属原油的减压渣油或脱油沥青四组分组成和蜡含量

项　目	原油基属	蜡含量,%	饱和分	芳香分	胶质	沥青质
沙特阿拉伯中质原油减压渣油	中间基	1.98	10.1	50.5	32.1	7.3
科威特减压渣油	中间基	1.49	8.3	50.8	30.3	10.6
阿曼减压渣油	石蜡—中间基	2.10	24.3	49.4	25.0	1.3
伊朗减压渣油	中间基	2.20	12.4	51.4	29.5	6.7
辽河欢喜岭减压渣油	环烷基	2.02	24.7	37.8	34.3	3.2
渤海绥中36-1减压渣油	环烷基	1.89	18.4	31.0	45.5	5.1
胜利减压渣油	中间基	11.98	21.4	31.3	45.7	1.6
大庆减压渣油	石蜡基	22.00	36.7	33.4	29.9	0.0
北坡原油减压渣油	环烷—中间基	1.90	28.6	53.3	12.6	5.5
新疆九区原油减压渣油	环烷基	1.72	44.5	37.6	17.5	0.4
新疆九区原油脱油沥青	环烷基	1.22	10.86	37.18	51.47	0.5
新疆塔河原油减压渣油	中间基	1.96	20.2	38.7	24.4	16.7

世界各地生产近1500种不同的原油，只有约260种适宜直接生产石油沥青，在不同生产工艺的配合下，可以扩大到600种左右。美国、日本等国是生产石油沥青的主要国家，所用原油主要以沙特阿拉伯中质原油（简称沙中原油）、伊朗、科威特和阿曼等地的原油为主[2]。

中国主要油田所产的原油70%~80%属于石蜡基原油，适合生产石油沥青的原油资源不多，缺乏类似中东的高硫低蜡环烷基、中间基原油，不利于生产石油沥青产品，仅有少数能够生产石油沥青的稠油资源,如辽河欢喜岭原油、新疆九区原油及绥中36-1原油等。

目前,我国用于生产沥青的原油来源已十分广泛,根据原油资源特性、来源和主要加工性质,可以分为三大系列。第一是国产系,主要是辽河原油、新疆原油、绥中36-1原油,均属于环烷基或环烷—中间基原油,主要的生产厂家是中国石油辽河石化、中国石油克拉玛依石化、中国海油泰州石化、中国石化塔河石化等。第二是南美系,主要是委内瑞拉原油,属于环烷基原油,主要的生产厂家是中国石油燃料油公司和部分地方炼厂。第三是中东系,主要是沙特阿拉伯中质原油、科威特原油、伊朗原油等,属于环烷基原油或中间基原油,主要的生产厂家是中国石化沿江沿海的20多家生产企业、中国石油大连西太石化和云南石化、部分地方炼厂。

路面应用研究表明,中间基和环烷基原油由于组分构成比较合理,生产的石油沥青具有良好的延展性和流变性能,在低温时具有较好的变形能力,路面不易开裂,高温时又具有一定的抗变形能力,不易出现车辙和拥包,同时又具有较好的耐老化性能,与石料的黏附力强,被认为是生产石油沥青的首选原油。

溶剂脱沥青工艺的应用从一定程度上打破了原油资源的限制,利用溶剂萃取石油馏分的原理,可以从渣油中分离出富饱和分、芳香分组分,同时得到富胶质沥青质的重组分,然后根据需要再进行调和,可以生产出各种规格的石油沥青产品。因此,从理论上讲所有类型原油的渣油都可以用来生产石油沥青产品。但是,实际生产的结果却有所差别,有些石蜡基原油也能生产出高质量的沥青,参见表2-1中的阿曼原油。而有些中间基原油却不适合生产石油沥青,如印度尼西亚的阿珠纳原油等。因此,不能只从原油基属来判断该原油是否适合生产石油沥青。

一种判断原油是否适合于生产沥青的经验方法是通过原油中的沥青质(A)、胶质(R)、蜡(W)的相对含量进行判断,其计算公式及判断方法如下:

(1)$(A+R)/W<0.5$,不适合生产沥青的原油;
(2)$(A+R)/W=0.5\sim1.5$,可以生产一般普通道路沥青的原油;
(3)$(A+R)/W>1.5$,这种原油一般最适合生产沥青,可以生产优质道路沥青。

用以上方法计算国内用于生产沥青的主要原油数据,并列入表2-2中。表2-2中数据的判断结果基本与实际生产相符,如沙特阿拉伯中质原油、科威特原油、阿曼原油、绥中36-1原油等都属于生产优质道路沥青的范围。

表2-2 不同原油的$(A+R)/W$值及渣油 H/C

原油名称	原油基属	渣油中的 H/C	$(A+R)/W$
中原原油	含硫石蜡基	1.60	0.48
华北原油	低硫石蜡基	1.65	0.97
辽河原油	低硫中间基	1.83	1.50
新疆稠油	低硫环烷基	1.62	21.97
沙特阿拉伯轻质原油	高硫中间基	1.79	1.47
沙特阿拉伯中质原油	高硫中间基	1.47	3.17
科威特原油	高硫中间基	1.48	2.89
阿曼原油	石蜡—中间基	1.50	1.61
伊朗原油	中间基	1.50	1.55

续表

原油名称	原油基属	渣油中的 H/C	$(A+R)/W$
渤海绥中36-1原油	环烷基	1.47	1.83
胜利原油	中间基	1.62	1.37
大庆原油	石蜡基	1.70	0.34
塔河原油	中间基	1.50	7.91

另外一种判断原油是否适合于生产沥青的方法是通过原油评价中大于500℃馏分渣油中的H/C原子比来预测。一般来说，H/C≤1.6时，该渣油可以用来生产道路沥青；H/C>1.6时，该渣油则不适合生产道路沥青。如果结合以上两种方法，根据原油评价数据综合考虑和分析，能更好地评价一种原油是否可以生产道路沥青。

实际上，判断一种原油是否适合生产石油沥青的可靠方法是通过实验室对原油进行评价，对生产石油沥青的工艺过程进行研究，再结合生产实际，才能够完全搞清楚该原油生产石油沥青的可能性。

中国石油所属燃料油公司研究院、辽河石化研究院和克拉玛依石化研究院，曾对国内外多种原油进行了生产石油沥青可行性的评价与研究，开发出了适用于不同原料生产高等级道路沥青、水工沥青、防水沥青的生产工艺。随着石油沥青生产技术的不断提高，这些原油能够生产出各种类、各牌号和各品质的石油沥青。

辽河油田的欢喜岭稠油是最早用于生产重交通道路沥青的国产原油之一。在四组分组成中，具有典型的国产原油特点，其芳香分适中，胶质含量较高，沥青质含量处于较低水平。通过实验研究，采用蒸馏工艺生产重交通道路沥青比较合适。工艺条件的控制根据原料组成和产品要求进行优化调整，同时兼顾了沥青产品的高温和低温性能，在沥青延度损失较小的情况下，最大限度地提高沥青的高温性能和抗老化性。中国石油辽河石化对欢喜岭稠油实行单采、单输、单炼，确保了原料供应和石油沥青质量，形成了百万吨优质道路沥青生产能力，同时也开发出了改性沥青、水工沥青、特种沥青等沥青系列特色产品。

新疆九区稠油资源特点是密度大、黏度高、酸值高，蜡含量、沥青质含量低，胶质含量高，具备生产优质道路沥青的性能。加工该原油的企业主要有克拉玛依石化、独山子石化和兰州石化。由于原油减压渣油软化点低、针入度大，四组分组成中，饱和分含量比较高，生产过程中需要经溶剂脱沥青才能得到高软化点脱油沥青，然后再与减压渣油调和生产道路沥青。沥青产品评价表明，薄膜烘箱试验后质量变化较小，针入度比较高，特别是老化后15℃延度性能较好。沥青混合料关键指标分析和美国沥青PG路用性能等级评价表明，克拉玛依重交通道路沥青综合性能名列世界前茅，在2004年10月第三届国际丝绸之路大会暨展览会上被评为"中国道路建设最有影响力的道路沥青品牌"，随后又在2007年获得中国交通部颁发的首批交通产品认证证书，并连续多年被评为"新疆名牌产品"。

我国生产道路沥青所用的几种典型原油的种类及性质见表2-3。从表2-3中数据可以看出，不同原油在密度、黏度、残炭、沥青质等性质上差异较大，但大多数均属于环烷基原油，沙中原油具有密度小、硫含量高、凝点低、蜡含量高的特点，属于中间基原油。玛瑞和波斯坎原油与其他原油相比具有高硫、高重金属、高沥青质含量的特点；新疆九区稠油与其他原油相比凝点低，沥青质含量低。

第二章 石油沥青生产技术

表 2-3 不同沥青生产用原油性质对比

分析项目		渤海绥中36-1原油	辽河欢喜岭原油	辽河曙光超稠油	新疆风城超稠油	新疆九区稠油	厄瓜多尔纳普原油	委内瑞拉玛瑞-16	委内瑞拉波斯扎	科威特中质原油	巴西马林原油	加拿大冷湖原油	沙特阿拉伯中质原油
密度(20℃) kg/m³		969.8	972.6	1000.2	950.4	940.8	945.2	957.9	991.4	862.3	938.2	946.5	868.4
运动黏度 mm²/s	50℃	845.2	689.9	4947	—	—	122.7	200.9	—	6.39	85.59	137.4	6.8
	80℃	131.9	101.7	1027	229.1①	57.6①	34.29	46.16	426.1	3.47	23.91	37.23	—
凝点,℃		−9	−16	40	4.0	−18.0	−30	−20	−7	−36	−36	−34	−35
蜡含量,%		0.85	1.54	1.4	1.04	2.84	3.1	1.51	1.5	3.0	2.62	0.94	5.38
酸值,mg KOH/g		2.69	3.98	4.67	5.13	7.32	<0.05	2.12	1.69	0.14	1.15	0.85	0.22
硫含量,μg/g		2364	2200	2293	2600	1500	15300	30342	58863	24600	5650	29000	2.42
氮含量,μg/g		3792	2834	3682	7100	2800	2764	2366	1754	696.5	6800	2548	0.12
胶质,%		25.1	15.83	48.33	27.88	12.8	22.67	13.87	17.03	5.46	15.06	9.79	6.42
沥青质,%		3.13	4.20	3.70	0.84	<0.05	9.29	7.54	9.44	1.61	3.33	9.26	1.89
灰分,%		0.038	0.03	0.21	—	—	0.1	0.09	0.23	0.02	0.02	0.05	—
残炭,%		8.94	7.9	13.72	8.01	5.89	12.54	11.58	14.67	4.47	6.92	11.31	7.45
盐含量,mg NaCl/L		18.6	5.3	8.5	93.4	36.9	70.9	85.3	243.6	5.8	45.6	5.1	—
金属含量 μg/g	Fe	10.7	17.0	60.3	38.2	17.4	4.9	5.3	10.2	5.9	15.0	3.1	2.6
	Ni	48.9	54.9	126.5	37.5	14.6	75.4	63.6	69.38	1.1	25.7	61.4	9.43
	Na	9.2	8.1	14.0	—	—	36.1	51.1	167.8	1.1	18.9	3.2	—
	Ca	89.0	53.1	284.5	153	315	<0.5	18.3	30.1	<0.5	4.8	—	—
原油类别		低硫环烷基	低硫环烷基	低硫环烷基	低硫环烷中间基	低硫环烷中间基	高硫中间基	高硫环烷基	高硫环烷基	高硫中间基	含硫环烷中间基	高硫环烷基	高硫中间基

① 100℃运动黏度。

第二节　蒸馏法沥青生产技术

根据原油各馏分沸点的不同，通过蒸馏装置将原油汽化、冷凝，并切割为汽油、煤油、柴油和蜡油等轻质产品馏分，从分馏塔顶部和侧线分别抽出，与此同时，原油中所含高沸点组分得到浓缩，从而得到常减压渣油。通过合理调整蒸馏设备的操作参数，如果减压装置的减压塔底渣油符合某种道路沥青规格，即称为直馏沥青，否则称为减压渣油，工艺流程如图2-1所示。减压渣油可以作为调和沥青或溶剂脱沥青过程的原料。用蒸馏法直接得到的石油沥青[3]，其工艺最简便、生产成本最低，沥青总产量中的70%~80%是用蒸馏法生产的[4]，中国石油燃料油公司采用的是蒸馏法生产沥青技术。

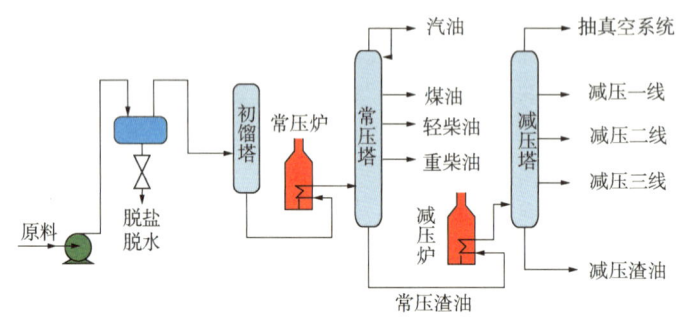

图2-1　原油常减压蒸馏工艺流程图

各炼厂常减压蒸馏装置的工艺参数根据目的产品不同而有所差异。一般而言，常减压蒸馏过程主要是从原油中分离出价值较高的发动机燃料、润滑油原料和其他二次加工原料，最后兼顾生产沥青。针对生产沥青而言，需要对操作条件进行调整，用不同的原油生产沥青，得到相同针入度的道路沥青，其渣油的切割温度是不同的，通过合理调整蒸馏温度和真空度控制拔出率，可以在一定程度上生产不同针入度牌号的沥青产品。

直馏沥青实质上就是符合某种沥青规格的减压渣油，利用固定原油生产沥青时，调整原油蒸馏装置的操作条件是改善沥青质量的唯一方法。减压蒸馏塔是原油蒸馏装置的核心设备，无论是生产沥青还是其他燃料，都要求减压蒸馏塔具有一定的分离精度和高拔出率。如果分离精度不够，在减压渣油中混入其他轻组分，会降低沥青老化后的针入度比；拔出率达不到要求，沥青的针入度会偏高，达不到要求的牌号范围。为了提高分离精度及拔出率，一般减压塔都使用高效塔板或高效规整填料塔。

对于部分原油，即使在减压条件下，当达到最高允许蒸馏温度时，也达不到所需要的针入度指标，就要考虑采用溶剂脱沥青或氧化沥青等工艺，如阿曼原油、伊朗原油、新疆九区稠油等[5]，几种原油不同切割温度下渣油主要性质见表2-4。

表2-4　几种原油不同切割温度下渣油主要性质

原油	绥中36-1原油				新疆混合稠油	
切割温度,℃	460	470	480	490	>530	>550
针入度(25℃, 100g, 5s), 1/10mm	198	150	116	87	89	68
软化点(R&B),℃	37.4	40.0	43.4	45.2	47	49
延度(15℃), cm	>140	>140	>140	>140	>150	>150
蜡含量,%	2.09	2.0	2.12	1.89	1.7	1.7
饱和分,%(质量分数)	23.2	21.3	—	18.4	19.6	20.6
芳香分,%(质量分数)	29.9	30.7	—	31.0	27.4	26.5
胶质,%(质量分数)	42.0	43.5	—	45.5	51.5	52.4
沥青质,%(质量分数)	4.9	4.5	—	5.1	0.5	0.5

一、减压蒸馏对沥青性质的影响

原油在加热温度过高时，会引起油品分解，使馏分油质量变差，同时使渣油或沥青的黏度及抗老化性指标受到影响。因此，原油蒸馏过程一般先进行常压蒸馏，然后以常压蒸馏的渣油为原料，再进行减压蒸馏。使常压渣油中的润滑油馏分、催化原料等在较低的温度下汽化，从而达到分离的目的。减压渣油除了直接做沥青或生产沥青的原料外，还可以用作燃料油、溶剂脱沥青原料及焦化原料等。

与常压蒸馏工艺相比，减压蒸馏有其独特的工艺特点[6]。为了尽量提高拔出深度且避免油品的分解，要求减压蒸馏塔在经济合理的条件下尽可能提高汽化段的真空度，最常用的抽真空设备是采用蒸汽喷射泵，将塔内不断产生的不凝气、水蒸气和它们携带的少量油气抽走，使减压塔内形成真空。这些气体首先进入大气冷凝器，水蒸气和油气被冷凝后排入水封池，不凝气则由蒸汽喷射泵从冷凝器中抽出，在冷凝器中形成真空。

减压蒸馏塔中的塔底渣油是生产沥青的主要原料，如果在高温下停留时间过长，就会发生分解、缩合反应。一方面会产生较多的不凝气，使真空度下降，影响渣油拔出率；另一方面会造成塔内结焦，使沥青质量下降。为了缩短渣油在塔内的停留时间，多数减压塔汽提段的直径都比较小。减压蒸馏塔塔顶管线中若有大量气体通过，将造成较大的压力降，使塔顶残压上升，真空度下降。因此，一般减压塔塔顶都不出产品，塔顶管线只供抽真空设备抽出不凝气之用，这样塔顶部的气相负荷也大大减少，顶部也常常缩小直径。

为了保证减压塔的拔出率，还必须注意降低油气通过转油线的压降。如果转油线压降大，则减压炉出口处压力高，使油品在该位置的汽化率降低，油品带入减压塔的热量不足，使油品在减压塔汽化段中不能充分汽化，影响渣油的拔出率，导致沥青针入度偏高。减压蒸馏塔是原油减压蒸馏装置的核心设备，对沥青质量的好坏至关重要[7]。近年来，国内外有不少减压蒸馏塔部分或全部采用压降小的高效规整填料，以降低全塔压降，达到提高渣油拔出率的目的。

二、强化蒸馏技术

为了提高原油拔出率，通常采用优化装置工艺操作条件措施，如提高加热炉出口温度及提高减压塔塔顶真空度等措施。但是，优化工艺条件的效果是有限的，原油强化蒸馏技术以"原油的复杂结构单元"理论为基础，该理论认为，由于分子间的范德华力，石油中的一部分高分子化合物互相缔合形成以超分子为核心有吸附层的复杂结构单元，在蒸馏时，一部分低分子烃类受到核的引力作用，在达到正常沸点时难以转化为气相，使蒸馏的拔出率降低。原油强化蒸馏是通过在原油中加入少量强化剂，调节分子间的相互作用和复杂结构单元的大小，从而使蒸馏产品的收率得以提高。

在利用强化蒸馏技术生产道路沥青方面，主要是采用一些富含芳香烃的重馏分油作为强化剂，如把催化裂化油浆加入常压渣油中，在进行减压蒸馏时，把饱和烃及其他对沥青质量不利的组分蒸出，而把对沥青有利的组分留在沥青中，得到的沥青蜡含量可以比原料降低1个百分点左右，使馏出油收率增加3~4个百分点，沥青的延度也在一定程度上有所提高。进一步试验表明，以糠醛抽出油作为强化剂时，对渣油的延度改进最为明显，表明掺兑糠醛抽出油后蒸馏对于改善渣油性质，使之满足道路沥青的指标要求是有益的。

三、利用新型内构件，提高减压馏分油拔出率

我国原油蒸馏装置减压塔的蒸馏分馏点基本上在520℃左右，国外先进蒸馏技术干点可高达620℃以上，最主要是对减压塔设备及内构件进行改进，如采用孔板波纹等高效规整填料，使减压塔通量大、压降小，全塔压降可以降到1.0kPa以下，具有传质、传热效率高和操作弹性大等优点，不仅拔出率提高，还降低了加热炉出口温度，节约燃料油用量，减少了渣油的分解。

国外某炼厂在对减压塔的技术改造中，利用新型内构件，可将减压馏分油蒸馏切割温度提高到590~620℃，包括优化加热炉出口温度、传输管道压力降、中段回流量和产品拔出温度等。减压塔入口采用增强射线喇叭型蒸汽喷射器，使减压塔入口压力降减小，优化塔顶减压系统设计，保持减压塔顶压力小于3.6kPa。

四、高真空短程蒸馏

高真空短程蒸馏是通过降低减压塔真空度和缩短蒸发距离以实现对重组分进行分离的一种手段，特别适用于沸点较高或者受热容易分解的物质。被分离的物质在极低的真空状态下，分子受热后几乎不需要克服外界压力，只需克服分子间的引力就可以逸出受热物质的表面。如果逸出的分子在其自由程范围内冷却，将失去能量而凝结。短程蒸馏的特点：(1)采用液体热载体加热，样品受热均匀，不会产生局部过热现象，从而避免样品的分解。(2)在加热表面停留时间短，不像传统的釜式蒸馏那样，样品因长时间受热而发生分解或缩合。(3)整个系统真空度高，蒸发距离短，基本无阻力和压降，所以在加热温度不太高的情况下也能够拔出高沸点组分。

第三节　氧化法沥青生产技术

沥青的氧化过程是将低软化点、高针入度及温度敏感性大的减压渣油，在一定温度下通入空气，使其组成发生变化，使软化点升高、针入度及温度敏感度减小，以达到沥青规格指标和使用性能要求。实际上，由于渣油组成的复杂性，在高温下渣油吹入空气所发生的是一个十分复杂的多种反应的综合过程，习惯上凡是通过空气氧化生产的沥青都称为氧化沥青。

一、沥青在氧化过程中的化学变化

原油中的减压渣油组成极其复杂，在氧化过程中所发生的化学反应也是非常复杂的，空气中的氧与沥青分子反应，形成羟基、羧基、羰基、酯基，其中生成的氧化沥青中60%的氧原子存在于酯类中。由于酯类连接有两个不同分子数目的烃类，其分子量高，使沥青中的胶质和沥青质含量增加。氧化沥青中除了发生氧化反应外，还发生脱氢反应及C—C键的缩合反应，导致沥青中的沥青质含量增加。

沥青在氧化过程中所发生的化学反应与氧化反应条件有关，氧化温度越高，参加反应的氧含量越少，生成的酯类化合物也减少，而C—C键的化合则占主要地位。当进行高温氧化生产针入度较小、软化点较高的建筑沥青时，大部分的氧以水和二氧化碳的形式存在于排出的氧化尾气中，此时，脱氢反应加大，沥青缩合程度较高，沥青质含量增加[8]。

沥青中化合氧的多少，除与温度有关外，与原料的性质密切相关。芳香分含量高的原料，化合的氧也多，芳香分含量少的原料，脱氢反应所占比例较大，沥青中化合的氧较少。由于沥青在氧化过程中所发生的上述反应，表现在沥青物化性质变化方面，可使沥青的软化点升高，针入度降低、延度下降，沥青变稠、变硬。在化学组成变化上，氧化反应可使沥青中的胶质、芳香分和饱和分总量下降，而沥青质含量升高，这也是造成沥青物理性质改变的主要原因。由于沥青氧化过程中发生脱氢缩合反应，使沥青的碳氢比上升，氢含量下降。氧化过程中参加反应的氧主要是与沥青中脱除的氢化合生成水，只有少部分的氧与沥青中的分子结合生成含氧化合物，存在于氧化沥青中。

由于沥青氧化过程中引起的组成变化，可以使沥青的胶体结构发生改变。由于沥青质和沥青胶团量的增加，使沥青向凝胶化转变。氧化沥青较直馏沥青在感温性、抗老化性方面的改善和流变学性质方面的变化，与其化学组成和胶体状态的变化密切相关。国内开发的半氧化沥青工艺在生产重交通道路沥青中，采用了国内高胶质、低沥青质含量的重质原油生产的减压渣油为原料，通过合理选择氧化深度，控制氧化温度、吹风量和氧化时间，使原料中的部分胶质转化为沥青质，在不明显影响沥青延伸度的前提下，使沥青的高温性能和抗老化性能得到明显改善，在利用国产原油生产高质量沥青产品方面有一定的创新。用此工艺生产的道路沥青产品，大部分用于国内高速公路的建设中。

二、氧化沥青工艺过程

先前多采用釜式氧化工艺，其后采用塔式氧化工艺，以生产建筑沥青为主；随着公路建设的发展，对道路沥青质量要求逐渐提高，为了利用国内高胶质原油生产高质量的道路沥青，又开发了半氧化生产道路沥青工艺。

塔式氧化工艺根据沥青生产能力及对产品质量的要求，可以采用单塔或多塔串联、并联等方式组合，工艺流程如图 2-2 所示。氧化沥青原料经加热炉加热至所需温度进入氧化塔，空气从塔的下部经空气分配器进入沥青中与其发生反应，氧化后的沥青由沥青泵从塔底抽出送入成品罐，氧化尾气及蒸发出的轻质油分进入塔顶混合冷凝器进行冷却，然后进入气液分离罐。不凝气由罐顶出来进入加热炉进行焚烧处理，以减少尾气排放。

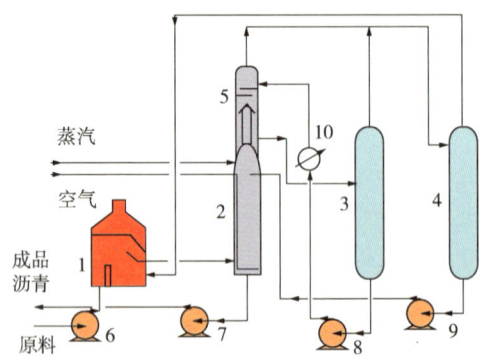

图 2-2　塔式氧化沥青工艺流程图
1—加热炉；2—氧化塔；3—循环油罐；4—气液分离罐；5—混合冷凝器；6—原料泵；
7—成品泵；8—柴油循环泵；9—注水泵；10—冷却器

氧化装置主要用于生产建筑沥青，有时根据原料性质，也利用半氧化工艺生产道路沥青。氧化沥青装置的核心设备是氧化塔，在多年的生产实践中塔式氧化工艺进行了许多技术改进，如将空气分布器由笼式改进为"十"字形，从而延缓了通风管的结焦堵塞；为了防止塔顶着火和爆炸，增设了注水喷嘴；为了减少返混，提高空气利用率，在塔内增设了栅板；增加了氧化尾气处理设备等。

国外开发了"涡轮型"沥青生产工艺及带有倒流板的氧化塔内构件等，所需空气通过大口径管路送入沥青反应器的底部；根据反应器的尺寸安装有一级至三级附加涡轮，用于破碎上升的空气泡，并对其进行重新分布，从而使氧气充分利用；反应温度的控制是通过将少量的水注入反应器顶部的空气管路，在沿通风管路流入反应器底部的过程中转化为过热蒸汽的方法来实现，这样不仅使反应温度得到控制，而且蒸汽在沥青相中上升所产生的汽提作用改善了沥青的质量。此工艺的优点在于增大了空气的利用率，从而减少了尾气的排放量，减缓了设备的有氧腐蚀及反应器的结焦，提高沥青产品的质量。

三、工艺参数对沥青性质的影响

影响氧化沥青性质的主要工艺参数包括氧化温度、氧化时间、氧化风量等。氧化温度是沥青氧化过程中影响最大的工艺参数。在其他氧化条件相同的情况下，氧化反应温度越高，氧化沥青产品的软化点越高，而针入度和延度随之降低。提高氧化温度，轻组分蒸发加快，氧化反应程度加深，脱氢反应加大，沥青缩合程度较高，C—C 键的直接化合反应占主导地位，在组成变化上就是沥青质含量增加。实际生产中，操作温度是根据产品沥青的针入度和原料性质进行选择的。

一般情况下，延长氧化反应时间与提高反应温度对氧化沥青产品性质的影响是相似的，但是，对各项指标的影响程度不一样。随着氧化时间的延长，氧化反应深度增加，产品的软化点及黏度增加，而针入度和延度则随氧化反应时间的延长而降低。对于不同的原料，这些性质的变化程度是不一样的，在实际生产中要根据原料性质和产品质量要求，控制适当的操作条件，才能得到预期的产品质量。生产过程中对氧化时间的调整并不是调整进料速度，而是通过调整氧化塔液面来控制原料在塔内的停留时间，而氧化塔液面的高低除了影响氧化时间外，还对空气中氧的利用率有影响，所以，当原料确定时要生产优质的氧化沥青产品，必须对各操作条件进行合理优化才能满足要求。

在氧化塔中，氧化空气从塔的底部以鼓泡的形式穿过塔内的沥青，空气既提供氧化反应用的氧，同时也作为搅拌介质改善传质效果。随着空气流量的增加，氧化速度也提高。当氧化风量在较低的范围内，增加氧化风量可使产品针入度降低，当氧化风量增加到一定程度时，空气所提供的氧远远大于化学反应所需的氧量，氧化塔的气流速度已足够，氧化过程基本上不再受传质控制，此时，再增加氧化风量对产品质量的变化影响减弱，相反会增加装置能耗，对不同原料及操作条件，需要选择合理的氧化风量。

四、半氧化沥青生产工艺

半氧化沥青过程的化学反应与一般吹风氧化过程在本质上并无明显差别，都是使沥青的化学组分在氧的作用下发生脱氢、氧化、缩聚等反应，使不稳定的小分子物质被氧化缩聚成更大的分子，同时一些不能缩合的小分子组分被氧化风吹走，导致沥青的分子量变大，沥青质含量升高，沥青质胶团大量增加，芳香性下降，沥青胶体结构由溶胶型向凝胶型过渡，提高了沥青的热稳定性。但另一方面，当氧化温度过高时反应激烈程度增加，胶质中低温延伸性较好的极性芳香烃含量减少，并形成大分子量的沥青质胶粒，降低了沥青的延伸性。半氧化沥青工艺就是根据氧化原料的性质，采用相对缓和的氧化条件，限制胶质中极性芳香烃的降低和大分子胶粒的产生，使沥青在不损失低温性能或损失较小的情况下，提高其高温性能和抗老化性。

针对中国石油自产的减压渣油芳香烃含量低、胶质含量高的特点，采用半氧化工艺生产重交通道路沥青，可使沥青质量得到有效提高。利用这种工艺生产的重交通道路沥青产品成功地应用于沈大高速公路的建设，使国产重交沥青产品从无到有逐步完善，结束了采用普通沥青和渣油铺路的历史，实现了道路沥青产品质量的跨越式发展。

半氧化工艺的氧化条件较缓和，氧化工艺条件的控制根据原料组成和产品要求进行优化调整，同时兼顾了沥青产品的高温和低温性能，在沥青延度损失较小的情况下，最大限度地提高沥青的高温性能和抗老化性。表 2-5 为同一原油生产的直馏沥青和半氧化沥青的高低温性能对比。由表 2-5 中的数据可以看出，半氧化沥青的针入度指数 PI 值较大，感温系数 A 较小，具有较低的温度敏感性。而且，与同牌号的直馏沥青相比，氧化沥青的当量脆点($T_{1,2}$)明显较低，当量软化点(T_{800})显著提高。

目前，中国部分沥青生产企业为了提高道路沥青综合质量，仍然采用半氧化工艺生产道路沥青[9]，使用的原料包括进口中东原油和国产稠油等，其产品都能达到优质品的要求。

特别是在生产70号和50号道路沥青时，经常利用半氧化工艺生产。表2-6是以沙中减压渣油、科威特减压渣油、渤海绥中36-1减压渣油和阿曼脱油沥青为原料，生产的半氧化沥青性质，同时与阿曼脱油沥青直接生产的道路沥青性能进行比较，表明经过半氧化工艺生产的70号沥青产品的针入度和软化点都有不同程度的提高。

表2-5 国内某原油生产的直馏沥青和半氧化沥青性能对比

项 目	直馏70号	半氧化70号	直馏90号	半氧化90号
针入度(25℃，100g，5s)，1/10mm	72	73	87	88
针入度指数 PI	-1.571	-1.132	-1.646	-1.082
感温系数 A	0.0512	0.0477	0.0518	0.0473
当量脆点 $T_{1.2}$，℃	-10.0	-12.3	-10.7	-13.8
当量软化点 T_{800}，℃	45.2	46.9	43.7	45.0

表2-6 渣油生产的半氧化道路沥青性质

项目	沙中减压渣油	科威特减压渣油	绥中36-1	阿曼脱油沥青 脱油沥青氧化	阿曼脱油沥青 脱油沥青
针入度(25℃，100g，5s)，1/10mm	75	68	70	68	74
延度(15℃)，cm	>150	>150	>140	>150	>150
软化点(R&B)，℃	48.3	47.7	48.0	50.0	48.0
溶解度(三氯乙烯)，%	>99.5	>99.5	99.97	99.99	99.99
闪点，℃	>230	>230	>230	351	341
蜡含量，%	1.87	1.40	1.95	<2.0	1.60
密度(25℃)，g/cm³	1.02	>1.01	1.028	1.000	1.003
TFOT 后					
质量变化，%	0.01	-0.01	0.161	-0.01	0.004
针入度比，%	70.7	74	71.4	74.6	71.2
延度(15℃)，cm	>150	>136	>140	>150	>150
延度(25℃)，cm	>150	>150	>140	>150	>150

第四节 溶剂脱沥青技术

有些原油用一般的减压蒸馏得不到符合针入度要求的沥青产品。例如，新疆九区稠油经减压蒸馏后，其减压渣油的针入度在18mm左右，无法得到任何牌号的道路沥青；有些原油蜡含量较高，用蒸馏法直接生产不能满足道路沥青要求，而这些含蜡组分正是生产润滑油和催化裂化的优质原料。这些原油生产沥青时就需要采取溶剂脱沥青工艺。中国石油克拉玛依石化采用的是溶剂脱沥青技术生产沥青。

第二章 石油沥青生产技术

溶剂脱沥青技术是利用轻烃对渣油中各组分的不同溶解能力将渣油进行分离，得到几乎不含沥青质的脱沥青油与富含胶质和沥青质的脱油沥青。溶剂脱沥青过程与调和过程组合是调节沥青组成的有效手段，在道路沥青生产中具有重要作用，大部分原油通过溶剂脱沥青可生产道路沥青。更重要的是，它可以从渣油中最大限度地提取裂化原料，生产轻质发动机燃料或润滑油基础油[10]。因此，国内外开发了多种高效、节能的新工艺，其中比较有代表性的工艺是采用超临界溶剂回收的 ROSE 脱沥青工艺，其工艺流程如图 2-3 所示。

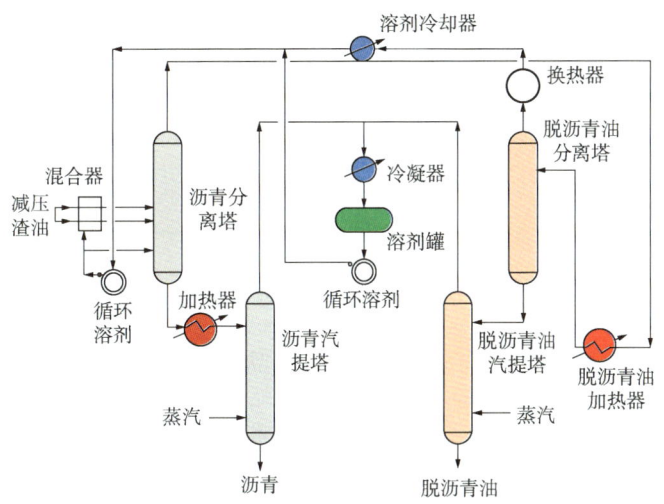

图 2-3 ROSE 溶剂脱沥青工艺流程简图

一、溶剂脱沥青工艺原理

溶剂脱沥青是以轻烃做溶剂，利用溶剂对渣油中各组分的不同溶解能力，从渣油中分离出富含饱和分和芳香分的脱沥青油，同时得到含胶质和沥青质的浓缩物。前者的残炭值低、重金属含量低，可以作为催化裂化或润滑油生产的原料；后者直接或通过调和、氧化等方法，可以生产出各种规格的道路沥青和建筑沥青。

溶剂脱沥青不仅可使被加工的渣油达到所需的针入度，而且在加工含蜡量较高的原油时还能在一定程度上减少沥青中的蜡含量，使沥青的质量得到提高。我国在使用国产含蜡原油生产道路沥青时就大量采用溶剂脱沥青的方法[11]，在得到润滑油基础油的同时，利用脱油沥青作为道路沥青的调和组分生产道路沥青，可使沥青中的蜡含量得到一定程度的降低。以辽河混合原油的减压渣油为原料，经溶剂脱沥青降低蜡含量后，再与润滑油精制过程得到的抽出油调和可生产出蜡含量较低的道路沥青，其部分结果见表 2-7。

表 2-7 辽河减压渣油溶剂脱沥青生产道路沥青的主要性质

项 目	辽河减压渣油	脱油沥青	抽出油	调和沥青
针入度（25℃，100g，5s），1/10mm	195	31	—	124
软化点（R&B），℃	—	51.0	—	42.0
延度（25℃），cm	85	>140	—	>140

续表

项　　目	辽河减压渣油	脱油沥青	抽出油	调和沥青
延度(15℃)，cm	—	9	—	>140
蜡含量，%	17.03	4.35	4.06	<4.5
四组分分析				
饱和分，%	27.9	14.7	51.5	—
芳香分，%	29.0	38.5	34.9	—
胶质，%	42.9	44.0	13.6	—
沥青质，%	0.2	2.8	0.0	—
TFOT 后				
针入度比，%	—	—	—	58.1
延度(25℃)，cm	—	—	—	>140

二、溶剂的选择及性质

溶剂脱沥青的关键是选择合适的溶剂，其对产品性能、装置灵活性和经济性等有很大的影响。工业上最合适的渣油脱沥青溶剂是 C_3—C_5 的轻质烃类或它们的混合物，在适当的温度和压力下可脱除渣油中的沥青质。烃类的分子量越低，选择性越好，但对渣油的溶解能力越差。另外，它们的比热容小、无毒、无腐蚀性，性质稳定。

最初溶剂脱沥青的目的是生产润滑油基础油，多采用丙烷为溶剂，选择性好，溶解能力相对较低，得到的脱沥青油质量最好，但收率较低。在沥青中仍保留一定比例的饱和分和芳香分，可以直接作为沥青产品或作为改性沥青的原料，而不需经过调和过程。由于丙烷的临界温度较低，限制了脱沥青的操作温度不能太高，这对于加工黏度较大的重质原油，或以最大限度提高轻油收率为主要目的加工工艺来说不太适合，这时就需要使用分子量较大的烃类作溶剂，一般使用丁烷或戊烷或者丁烷与戊烷的混合物。

采用丁烷作溶剂的脱油沥青，其主要目的是从减压渣油中提取尽可能多的催化裂化或加氢裂化原料，相应的脱油沥青较少，且软化点较高、针入度较小，不能直接作为道路沥青，只能作为沥青调和组分。使用戊烷作溶剂时，完全是为了适合加工重质、高黏度的原料，并最大限度地获得脱沥青油，而脱出的硬沥青只有很少一部分可以作为道路沥青调和组分，大部分只能作为燃料使用。

三、工艺参数对溶剂脱沥青的影响

在溶剂脱沥青装置操作中，溶剂比、抽提温度、温度分布及操作压力等工艺参数对溶剂脱沥青产品质量有显著影响。

溶剂比是溶剂脱沥青过程中的一个重要参数。它对脱油沥青收率和质量的影响比较复杂，并不是简单的比例关系。一般情况下，随着溶剂比的提高，脱油沥青收率会降低，沥青针入度下降，软化点升高，但随着溶剂比的提高，装置处理能力降低、能耗增加，脱沥青油的质量变差。综合而言，溶剂比应在收率、质量及能耗之间寻求某种平衡，存在一个适宜的范围，既可保证产品的收率及性质，也不会引起能耗过高，工业装置常采用的溶剂比范围在 4~6 之间。

抽提温度是调节产品收率与质量灵敏又方便的手段。无论是在低溶剂比或高溶剂比下，提高抽提温度，脱油沥青收率增大，沥青针入度增大，沥青的软化点降低。抽提过程是在抽提塔内连续逆流条件下进行的，塔顶与塔底之间需要保持一定的温度梯度。抽提塔在正常操作时，在渣油入口和溶剂入口之间的温度差较小，但渣油入口至塔顶之间要存在一定程度的温差，这样可以保证分离效果。

抽提温度与所使用的溶剂有关，当以丙烷为溶剂时，抽提温度在 60~80℃ 较为合适；当溶剂为丁烷或戊烷时，抽提温度可分别控制在 90~140℃ 和 140~190℃。抽提塔的温度分布以 10~20℃ 的温度梯度比较合适。

操作压力必须高于操作温度下溶剂混合物的饱和蒸气压，以便保持体系呈液相。一般认为，操作压力仅与操作温度和使用的溶剂组成有关，而与产品质量关系不大。但最近的研究表明，提高操作压力，可以使脱油沥青收率和蜡含量降低，可以通过调节包括压力在内的各种参数，将含蜡的油分抽提出去，从而生产出蜡含量较低的道路沥青调和组分。由于工业装置对压力的调节不如温度等其他参数方便，一般都在恒定压力下操作。

四、溶剂脱沥青工艺在沥青生产中的作用

溶剂脱沥青作为调节渣油组成的有效技术，在国内原油生产优质道路沥青方面发挥了重要作用，中国石油克拉玛依石化采用溶剂脱沥青工艺对新疆九区稠油的减压渣油进行加工，生产出了优质的石油沥青产品。目前，溶剂脱沥青已成为渣油深度加工、从劣质渣油中分离二次加工原料同时副产部分脱油沥青的重要手段[12]。脱油沥青的合理利用成为制约溶剂脱沥青技术发展的关键，脱油沥青主要成分是胶质、沥青质及少量的油分，它们是道路沥青的调和组分。将溶剂脱沥青技术与道路沥青生产相结合，不仅对溶剂脱沥青技术发展，而且对道路沥青生产都具有重要意义。

溶剂脱沥青直接生产道路沥青是指在脱沥青过程中，通过适当调整操作参数，控制脱沥青油收率，使脱油沥青直接满足不同牌号的道路沥青的要求。决定道路沥青品质的内在因素是沥青的组成和结构，组成结构合理的道路沥青可以形成稳定的胶体体系，保证道路沥青的各项性能指标满足要求。溶剂脱沥青作为调整沥青四组分分布的重要技术手段，可望从一些本来不适合生产沥青的原油中生产出合格的道路沥青，或使一些原油生产的道路沥青的性能有较大的改善。溶剂脱沥青直接生产道路沥青，实质是蒸馏工艺的延伸，将通过蒸馏法不能直接生产沥青的渣油通过适度的脱沥青，可以使其满足道路沥青的要求，部分减压渣油得到的脱油沥青性质见表 2-8。

表 2-8　减压渣油直接脱沥青制备的沥青性质

项　　目	伊朗渣油 脱油沥青 A	伊朗渣油 脱油沥青 B	阿曼渣油 脱油沥青
针入度(25℃, 100g, 5s), 1/10mm	94	73	100
延度(15℃), cm	>150	>150	>150
软化点(R&B), ℃	44.8	47.0	46.8

续表

项　　目	伊朗渣油脱油沥青 A	伊朗渣油脱油沥青 B	阿曼渣油脱油沥青
TFOT 后			
质量变化,%	0.18	0.10	0.56
针入度比,%	57.0	67.0	52.2
延度(15℃), cm	>150	>150	>100

第五节　调和法沥青生产技术

调和法生产沥青主要是指参照沥青中的四组分作为调和依据，按沥青的质量要求将组分重新组合起来生产沥青。它可以用同一种原油得到的四组分作调和原料，也可用同一种原油或其他原油的一、二次加工的残渣油或各种工业废料等作调和组分，这样做可降低沥青生产过程对油源的依赖性，扩大沥青生产的原料来源。

一、沥青调和原理

沥青是石油产品中具有特殊性质的黏稠状物质，是石油中最重的部分，也是分子量最大、组成及结构最为复杂的部分。其物理性质不仅与化学组成有关，而且与胶体结构密切相关。

按照沥青胶体结构理论，沥青是以沥青质为核心，通过吸附等作用与胶质、芳香分及饱和分形成分散体系。在此体系中，吸附了部分胶质分子的沥青质为分散相，而芳香分和饱和分为分散介质。性能好的道路沥青，这四个组分之间要合理匹配。当渣油中加入含缩合度高的芳香烃调和组分时，这些缩合度高的芳香烃对渣油中沥青质、胶质的吸附溶解趋势大于渣油中原有的小分子芳香分和饱和分对其吸附溶解的能力，结果削弱了小分子芳香烃和饱和烃分子所受引力的影响，使得渣油、调和组分间的化学成分重新分配，改善了渣油中四组分之间的配伍关系，使调和沥青的性能发生变化。

沥青的四组分及其对沥青性质的影响是调和的理论依据。沥青中饱和分含量不宜太多，饱和分与沥青质调和时，虽然感温性有很大改善，但塑性很差，不能得到均质的沥青，说明饱和分不能使沥青质很好地分散，形成均质的胶体分散体系。饱和分与胶质调和使黏度下降，感温性不如原有沥青。芳香分与胶质调和使塑性得到改善，尤其是低温延度大大提高，而与沥青质调和时，塑性并没有得到改善，但调和物的黏度最高。可见延度依赖于芳香分和胶质的存在，因为它们是沥青质胶溶化的媒介，而沥青质的存在使沥青的黏度增高，同时对感温性有利。蜡的存在干扰沥青的胶体结构，改变胶胞的形成，结晶蜡使沥青的流变性能、黏附性及热稳定性变差，蜡对沥青质量不利，应予以限制。

在实际生产中调和沥青往往是用软沥青组分与硬沥青组分调和得到。软沥青组分主要包括原油的减压渣油及其他炼油产物，如润滑油精制抽出油等；硬沥青组分主要为溶剂脱沥青得到的脱油沥青、低标号沥青、氧化沥青等。

由于沥青的特殊胶体结构，软、硬沥青组分往往没有加合性。经过大量的数据归纳，从经验上归纳出对同一原油、同一种生产方法生产的沥青调和比例大致符合以下的关系：

$$\lg P = a \times \lg A + (1-a)\lg B$$

式中　P——调和沥青的针入度，1/10mm；

　　　A——A 组分的针入度（A 组分是指调和组分中针入度较高的组分），1/10mm；

　　　B——B 组分的针入度，1/10mm；

　　　a——调和比，为 A 组分在调和沥青中的质量分数，%。

对于不同原油、不同生产方法生产的调和沥青，由于它们在胶体结构上是不同的，因此调和的规律性较差。例如，有人将具有不同胶体结构的氧化沥青与委内瑞拉渣油进行调和，调和沥青的 PI 值和软化点随氧化沥青调和比例的增加而增大，而针入度则出现极大值。这表明调和物的性质与各组分的比例不是简单的加和关系，而与形成的胶体性质有关，因此实际应用中，四组分的比例只能是调和的初步依据，要想得到希望的目的产物沥青和确定调和组分的比例，还需通过实验加以确认。

二、沥青调和工艺过程

沥青黏度大、软化点高，要将几种沥青组分充分混合比较困难。一般最简单的沥青调和工艺是在调和罐中进行的间歇式调和，就是将调和组分分别用泵打入调和罐，并进行循环混合，或在调和罐中安装搅拌器进行搅拌混合。也有在调和罐中通入空气进行搅拌，既达到均质化的目的，也可以调整沥青的某些性能，弥补氧化装置的不足，但这一方法不仅使能耗增加，也带来尾气处理等环保问题，性能指标变化也不易掌握。

另一种方法是在线调和，调和组分按给定的调和比例经泵送到静态混合器混合后连续得到调和沥青产品。调和产品的数量及质量可以通过调整各调和组分的加入比例进行自动控制。也可以将上述两种方案结合使用，既采用调和罐，也采用混合器，调和工艺流程如图 2-4 所示。

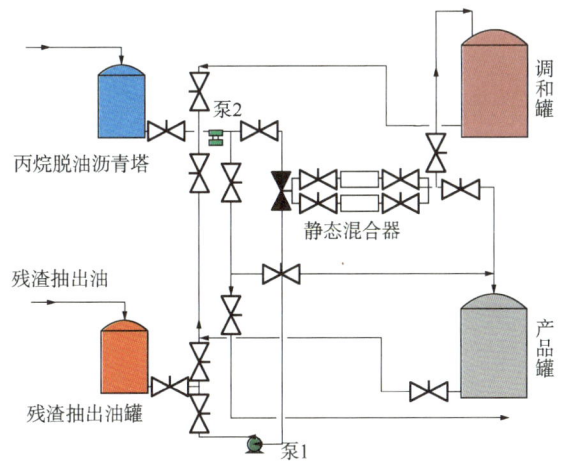

图 2-4　沥青调和流程简图

三、几种典型沥青调和技术

一般石油加工过程中,为了最大限度地生产发动机燃料,无论是溶剂脱沥青工艺得到的脱油沥青,还是减压深拔得到的减压渣油,其针入度一般都比较低,需要利用不同的软组分将其调整到合适的针入度范围。

1. 脱油沥青与减压渣油调和

在有溶剂脱沥青装置的炼厂中,用脱油沥青与减压渣油调和是生产道路沥青的一种重要手段,比单一采用溶剂脱沥青或蒸馏的方法灵活,特别有利于生产多种规格牌号的沥青。例如,用南美原油的脱油沥青与减压渣油按1:1的比例调和可得到AH-50的重交通道路沥青,增加渣油调入量,也可得到AH-70和AH-90的重交通道路沥青,部分调和沥青性质见表2-9。

表2-9 南美脱油沥青与各种减压渣油调和沥青性质

项 目	沙轻渣油调和沥青A	沙轻渣油调和沥青B	沙中渣油调和沥青	伊朗渣油调和沥青
针入度(25℃,100g,5s),1/10mm	54	92	54	45
延度(15℃),cm	>150	>150	>150	>150
软化点(R&B),℃	51.0	46.5	54.0	52.0
密度(25℃),g/cm³	1.042	1.036	—	1.023
TFOT后				
质量变化,%	-0.09	-0.09	-0.08	-0.07
针入度比,%	58.3	65.2	59.2	78.2
延度(15℃),cm	34.2	>150	17	12.3
沥青牌号	AH-50	AH-90	AH-50	AH-50

2. 高沥青质渣油与抽出油调和

一些沥青质含量高的渣油通过蒸馏法不能生产出任何牌号的重交沥青,如某原油由于沥青质含量高、芳香烃含量低,沥青质没有足够的芳香分和胶质分散,生产的沥青延度低,稳定性差。利用抽出油富芳组分对沥青质的亲和性,有助于提高沥青质的分散性,进而改善其流变学性质,提高沥青的延度,调和沥青性质见表2-10。

表2-10 抽出油与渣油调和沥青的主要性质

项 目	渣油	抽出油	调和沥青A	调和沥青B
针入度,1/10mm	47	—	89	94
软化点(R&B),℃	55.8	—	46.1	4&0
延度(15℃),cm	17	—	>150	>150
蜡含量,%	—	0.05	<2.0	<2.0

续表

项　　目		渣油	抽出油	调和沥青 A	调和沥青 B
四组分组成,%	饱和分	16.66	38.53	—	—
	芳香分	35.71	46.06	—	—
	胶质	27.01	13.86	—	—
	沥青质	20.62	1.55	—	—
TFOT 后					
针入度比,%		65	—	60	62
延度(15℃),cm		5	—	17	18
延度(10℃),cm		4	—	6	—

3. 高沥青质渣油与高芳香烃、高胶质渣油调和

某原油减压渣油生产沥青的最大缺点是四组分匹配不合理，芳香烃和胶质含量低，沥青延度低，而国内其他原油及进口原油的胶质和芳香烃含量比较高，利用四组分组成相差比较大的减压渣油进行调和，使调和组分间的化学成分重新分配，改善它们之间的配伍关系，使调和沥青的性能发生变化。如利用高胶质含量的辽河减压渣油和高芳香烃含量的某减压渣油进行调和，可以在一定程度上弥补某原油渣油生产道路沥青的不足，可以生产符合 GB/T 15180 标准的重交通道路沥青，调和沥青性质见表 2-11。

表 2-11　某渣油与辽河减压渣油及沙中减压渣油调和沥青性质

项　　目	某渣油与辽河减渣调和沥青 A	某渣油与辽河减渣调和沥青 B	某渣油与辽河减渣调和沥青 C
针入度(25℃,100g,5s),1/10mm	99	86	77
延度(15℃),cm	>150	>150	120
延度(10℃),cm	—	106	19
软化点(R&B),℃	45.2	46.1	47.6
蜡含量,%	1.88	<2.0	<2.0
TFOT 后			
质量变化,%	0.40	—	—
针入度比,%	62	66.2	64.96
延度(15℃),cm	75	130	14
延度(25℃),cm	>150	>150	>150

第六节　沥青生产组合工艺技术

道路沥青生产工艺的选择主要受原油性质和产品质量要求的影响，而适合只采用单独一种加工工艺进行加工的原油种类相对较少，加上道路交通行业对沥青原料的质量要求又

炼油特色产品技术

越来越严,因此目前主流炼厂大多采用各种组合工艺生产沥青。中国石油沥青生产企业采用组合工艺比较典型的是辽河石化和克拉玛依石化。

一、辽河石化沥青生产技术

辽河石化加工的辽河油田曙光超稠油,属于低硫的劣质环烷基原油,具有密度大(超过 1000kg/m³)、黏度大、酸值高、胶质含量高、残炭及金属杂质含量高、蜡含量低的特点,从原油性质来看该原油应为生产道路沥青的优质原料。辽河曙光超稠油的加工极为困难,在该原油组成中几乎不含汽油组分,只含有少量的柴油组分,而大于350℃的渣油已经属于石油沥青组分,且收率在90%(质量分数)以上。辽河曙光超稠油用传统的工艺直接生产的石油沥青由于闪点低、蒸发损失大,无法满足沥青类产品的行业标准及国家标准的要求。因此,将这种原油少量的掺兑到辽河低凝稠油中加工或是以其生产的硬沥青与低凝油生产的软沥青进行调和,才能生产出合格的道路沥青系列产品,但这样一来又降低了辽河低凝稠油高黏度润滑油的收率,从而影响了辽河低凝稠油原油加工的综合经济效益。鉴于此,辽河石化通过自主创新,开发出了辽河曙光超稠油改质—蒸馏法生产重交沥青系列产品的新工艺,并投入了工业应用。该方法的主要思路是将辽河曙光超稠油控制在一定的温度和压力下改质,通过其自身反应,增加中、轻组分的含量,改质产物再进行蒸馏,以提高沥青的闪点,降低蒸发损失,使其可以直接生产出符合国家标准的重交沥青产品。

图2-5为辽河曙光超稠油改质—蒸馏法生产重交沥青工艺的示意图。将辽河曙光超稠油经换热器加热后进入脱水塔,在脱水塔内分离出少量含水汽油后,塔底物料进入改质反应器加热炉,经加热炉加热到380~430℃后,进入改质反应器,在改质反应器内的停留时间由适宜的改质深度和反应温度来决定,反应温度高则停留时间短,反应温度低则停留时间长。超稠油改质深度可通过改质油的100℃运动黏度来表征,其指标一般控制在100~200mm²/s。由改质反应器出来的改质油进入蒸馏塔,在塔顶和侧线分别得到汽油、柴油和瓦斯油,而塔底则得到高等级道路沥青。

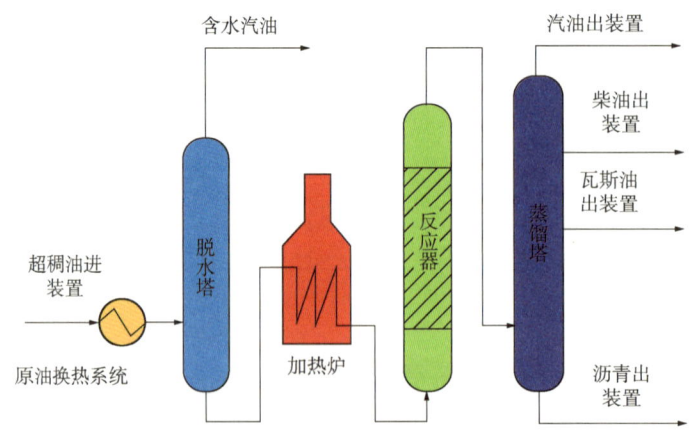

图2-5 超稠油改质—蒸馏法工艺流程

表2-12是辽河曙光超稠油不同改质条件下的改质油主要性质,表2-13是超稠油与改

质油实沸点蒸馏渣油的性质。可以看出，辽河曙光超稠油在采用改质—蒸馏联合工艺后，其相应规格的道路沥青温度切割点可以从350℃提高到420℃左右，轻质油收率从8%提高到18%，加工经济效益大大提高。与此同时，沥青的闪点可以从230℃以下提高到245℃以上，沥青的蒸发损失从1.3%以上降低到0.8%以下，沥青不再出现针入度小、软化点高的矛盾，各项性能技术指标完全满足 GB/T 15180—2010 高等级道路沥青的各项性能指标要求。

表 2-12 辽河曙光超稠油与改质后超稠油的主要性质

项目		超稠油	改质-1	改质-2	改质-3	改质-4	改质-5
密度，kg/m³		1009.6	985.5	991.9	997.3	993	999.9
运动黏度 mm²/s	100℃	1011.8	45.18	84.45	130.1	129.1	173.4
	80℃	4159.9	123.2	305.9	403.3	403.1	576.8
凝点，℃		31	-9	2	7	4	12
蜡含量，%		1.96	1.16	1.08	0.96	0.86	0.87
硫含量，μg/g		2407	2376	2438	2506	2720	2633
氮含量，μg/g		5349	6675	6088	6584	6948	6636
酸值，mg KOH/g		5.07	0.28	0.42	0.5	0.61	0.33
胶质，%		29.22	31.8	34.17	33.7	32.98	33.95
沥青质，%		3.25	10.46	11.29	8.62	7.84	6.29
灰分，%		0.16	0.23	0.18	0.25	0.19	0.22
残炭，%		13.99	16.4	16.25	15.45	15.35	14.72
盐含量，mg NaCl/L		7.4	7.8	7.9	8.6	9.1	9.2
金属含量 μg/g	Fe	56	57.7	54.9	55.3	48.6	78.9
	Ni	106.7	129.1	120.9	135.4	88.9	148.6
	Na	12.5	12.6	14.6	12.5	11.4	14.5
	Ca	200.4	189.9	214.5	193.2	151.7	389.1
馏分组成，%	HK~180℃	8.42	15.43	14.64	14.04	12.78	11.32
	180~350℃	7.67	9.26	8.79	8.27	6.04	4.99
	>350℃	91.58	84.57	83.13	84.03	85.72	88.02
	>420℃	83.9	72.54	74.34	76.76	79.66	83.03

表 2-13 辽河超稠油与改质后超稠油实沸点蒸馏渣油的性质

项目		超稠油	改质-1	改质-2	改质-3	改质-4	改质-5
馏程范围,℃		>350	>420	>420	>420	>420	>420
针入度(25℃, 100g, 5s) 1/10mm	25℃	61	85	95	93	85	103
	30℃	109	144	166	163	136	181
	15℃	16	25	26	25	25	34
针入度指数		−2.1	−1.51	−1.85	−2.02	−1.44	−1.22
延度(15℃), cm		>150	>150	>150	>150	>150	>150
软化点(环球法),℃		50	46.7	46.3	46.5	45.7	44.3
闪点(开口),℃		230	246	244	246	246	243
溶解度(三氯乙烯),%		99.99	99.99	99.99	99.99	99.99	99.99
密度(25℃), g/cm³		1.029	1.027	1.026	1.024	1.022	1.021
蜡含量,%		2.3	2.3	2.2	2.2	2.1	2.3
TFOT 后	质量变化,%	1.31	0.8	0.79	0.5	0.5	0.6
	针入度比,%	62.5	52.7	53.5	55.3	58.9	56.4
	延度, cm	>150	>120	>150	>150	>150	>150
	延度, cm	136	9.7	19	>70	>150	>150
四组分组成,%	饱和分	—	27.2	26.9	22.4	23	25.6
	芳香分	—	27.1	28.6	28.6	27.6	28.7
	胶质	—	30.2	30.5	37.6	38.9	36.7
	沥青质	—	15.5	14	11.4	10.5	9
运动黏度(135℃), mm²/s		—	0.231	0.237	0.244	0.266	0.272

二、克拉玛依石化沥青生产技术

克拉玛依石化加工的新疆九区稠油采用蒸馏工艺得到的减压渣油针入度大、软化点低，将减压渣油通过溶剂脱沥青工艺得到的脱油沥青又偏硬，不符合道路沥青行标或国标要求，因此采用常减压蒸馏—溶剂脱沥青—调和组合工艺生产道路沥青。采用常减压蒸馏将新疆九区稠油的汽油、煤油、柴油、润滑油尽可能多拔出后得到减压渣油，相关性质见表2-14。再通过溶剂脱沥青工艺将脱沥青油萃取出作为润滑油的生产原料，同时得到软化点较高的脱油沥青，相应性质见表2-15。最后采用减压渣油与脱油沥青按不同比例调和得到各种牌号的高等级道路沥青，相关性质见表2-16。采用该组合工艺，由于调和沥青中既有软化点较高的脱油沥青组分，也有针入度较大的减压渣油软组分，从而有效地保留了各牌号道路沥青的高低温性能。

表 2-14 克拉玛依减压渣油基本性质

项目		样品1	样品2	样品3	样品4
动力黏度(100℃)，mPa·s		4837	6421	5980	6912
硫含量，%		0.42	0.63	0.25	0.28
氮含量，%		0.55	1.35	0.54	0.66
酸值，mg KOH/g		3.88	4.03	1.46	2.99
残炭，%		13.82	8.98	14.44	14.83
软化点(环球法)，℃		46.0	48.3	48.6	49.0
延度(15℃)，cm		>150	>150	>150	>150
延度(10℃)，cm		>150	>150	>150	>150
针入度，1/10mm		96	84	83	75
金属含量 μg/g	铁	63.0	93.0	57.3	63.2
	镍	21.5	22.5	30.7	24.0
	铜	<0.25	0.300	<0.25	0.259
	钒	0.460	0.575	0.615	0.714
	钙	1110	1350	1420	932
	镁	9.40	11.5	18.6	7.88

表 2-15 不同萃取条件下脱油沥青的性质

项目		样品1	样品2	样品3
针入度(25℃，5s，100g)，1/10mm		11	15	40
软化点(R&B)，℃		69.4	67.6	57.4
60℃动力黏度，Pa·s		10400	5260	1020
TFOT后	残留针入度比，%	93	79	80
	软化点，℃	73.3	71.3	59.6
	软化点增加，℃	3.9	3.7	2.2
运动黏度(135℃)，mm²/s		3.356	2.65	1.121
脆点，℃		−11	−12	−16
闪点，℃		349	368	376
溶解度，%		99.8	99.7	99.8

表 2-16　克拉玛依减压渣油溶剂脱沥青生产道路沥青的主要性质

项目		克拉玛依减压渣油	脱油沥青	调和沥青	
				70号	90号
针入度(25℃, 100g, 5s), 1/10mm		—	25	71	87
软化点(R&B), ℃		36	60.7	49.3	47.2
延度(10℃), cm		—	0.6	>150	>150
延度(15℃), cm		—	7.7	>150	>150
蜡含量, %		1.78	1.22	1.8	1.8
四组分组成, %	饱和分	25.20	16.54	19.14	18.65
	芳香分	32.19	37.19	37.22	36.59
	胶质	42.06	45.77	43.16	44.34
	沥青质	0.55	0.50	0.48	0.42
TFOT 后					
针入度比, %		—	82	79	82
延度(15℃), cm		—	5.4	>150	>150

克拉玛依石化采取的这套组合加工工艺，使得克拉玛依沥青在性质上独具特色。在族组成方面，克拉玛依沥青的芳香分含量低，胶质含量高，沥青质含量低。在元素组成上，克拉玛依沥青的 H/C 高，硫含量低，氮元素含量高，金属元素含量高等。上述这些特殊的理化性质，赋予了克拉玛依道路沥青优良的高温抗车辙、低温抗开裂以及耐老化性能。

对许多原油而言，采用溶剂脱沥青直接生产道路沥青的方案所带来的问题是脱沥青油收率低，降低了渣油的加工深度，制约了溶剂脱沥青工艺在渣油深度加工中的应用。一般情况下，希望在溶剂脱沥青中尽可能多地获得可供进一步改质的脱沥青油，此时脱油沥青的软化点高，不能满足道路沥青的要求。在这种情况下，将高软化点脱油沥青与其他软组分(渣油、抽出油等)调和，可以生产出道路沥青。这种方案既可以充分发挥溶剂脱沥青工艺在渣油改质中的作用，又可以有效利用高软化点脱油沥青及炼厂中的其他副产物。这种方案受原油性质的影响相对较小，只要有合适的调和组分，大多数渣油可以生产出优质的道路沥青。

第七节　石油沥青评价体系与标准

石油沥青是沥青混凝土路面的重要组成材料之一，沥青性能的好坏直接影响路面的使用性能。石油沥青评价体系的发展经历了漫长的过程，在世界范围内具有代表性的道路沥青的评价体系有三种：针入度分级体系、黏度分级体系和 PG 分级体系[13]。

一、针入度分级体系

道路沥青的针入度分级体系，是根据沥青针入度的大小确定沥青所适应的气候条件和载荷条件。针入度分级体系的主体是沥青分析的"三大指标"：针入度、软化点和延度，辅以沥青的安全性指标闪点、纯度指标溶解度、抗老化性能指标薄膜烘箱试验和对原油的约束指标蜡含量等。

1888 年，H. D. Bowen 发明了 Bowen 针入度仪，1903 年，ASTM 制定了针入度的标准试验方法，经多次改进成为大多数国家所采用的针入度测定法。1918 年，美国公路局制定了以沥青针入度分级的沥青技术标准。1931 年，美国州公路及运输官员协会（AASHTO）也开始采用针入度分级体系。随后世界大多数国家采用了针入度分级体系，沥青针入度试验是测定沥青稠度的标准方法，25℃的针入度给出了接近年平均使用温度下的沥青的稠度。在针入度分级体系中，沥青的高温性能通过沥青的软化点表征，在同样的针入度下，软化点越高，沥青的高温性能越好，目前美国、欧盟、澳大利亚、日本等国家仍保留针入度分级体系。

我国的道路沥青分级体系，也是在针入度分级体系的基础上根据我国的具体情况制定的，基本能够满足对沥青质量的控制，特别是 15℃的延度大于 100cm 和蜡含量小于 3% 的技术指标，有效地实现了对沥青生产用原油的限制，保证了沥青的潜在质量。沥青标准按照针入度体系进行产品牌号的划分，国内最早的道路石油沥青标准是 1954 年原石油工业部制定的《石油》（SYB 1811—1954），由于经济发展、技术进步、公路建设及管理归属划分的历史原因，道路石油沥青标准的制定实施曾出现了交叉、共用、分立的局面。经过国家、石化行业、交通行业的多次修订和确认，对标准名称、产品牌号、指标及其限值等进行了调整，已发展成国家标准、石化行业和交通行业标准并存的局面，道路沥青生产者、使用者应根据不同的需求选择实施相应的标准，以保证生产建设的质量。

随着我国原油品种的增加和原油性质的改变、道路建设对沥青性能不断提高的要求及道路沥青生产技术水平的进步，跟踪国际先进标准，对道路沥青标准不断修订，接近或达到了国际先进水平。现行道路石油沥青标准及其相关试验方法基本上已与国外发达国家接轨，具有一定的先进性。

表 2-17 为 GB/T 15180—2010 国家重交通道路石油沥青技术要求，表 2-18 为 SH/T 0522—2010 石化行业道路石油沥青技术要求，表 2-19 为 JTG F40—2004 交通部道路石油沥青技术要求。道路石油沥青的生产厂或供应商应按使用者的要求生产供应满足不同等级道路的沥青，实现生产供应与使用的无缝对接，防止供需不匹配和资源浪费。

表 2-17　GB/T 15180—2010《重交通道路石油沥青》技术要求

项目	质量指标 AH-130	AH-110	AH-90	AH-70	AH-50	AH-30	试验方法
针入度(25℃，100g，5s)，1/10mm	120~140	100~120	80~100	60~80	40~60	20~40	GB/T 4509
延度(15℃，5cm/min)，cm	≥100	≥100	≥100	≥100	≥80	报告	GB/T 4508
软化点，℃	38~51	40~53	42~55	44~57	45~58	50~65	GB/T 4507
溶解度，%	≥99.0						GB/T 11148
闪点，℃	≥230				≥260		GB/T 267
密度(25℃)，kg/m³	报告						GB/T 8928
蜡含量，%	≤3.0	≤3.0	≤3.0	≤3.0	≤3.0	≤3.0	SH/T 0425
TFOT 后							GB/T 5304
质量变化，%	≤1.3	≤1.2	≤1.0	≤0.8	≤0.6	≤0.5	GB/T 5304
25℃针入度比，%	≥45	≥48	≥50	≥55	≥58	≥60	GB/T 4509
延度(15℃，5cm/min)，cm	≥100	≥50	≥40	≥30	报告	报告	GB/T 4508

表 2-18　SH/T 0522—2010《道路石油沥青》技术要求

项目	质量指标 200 号	180 号	140 号	100 号	60 号	试验方法
针入度(25℃，100g，5s)，1/10mm	200~300	150~200	110~150	80~110	50~80	GB/T 4509
延度①(25℃，5cm/min)，cm	≥20	≥100	≥100	≥90	≥70	GB/T 4508
软化点，℃	30~48	35~48	38~51	42~55	45~58	GB/T 4507
溶解度，%	≥99.0					GB/T 11148
闪点(开口)，℃	≥180	≥200	≥230			GB/T 267
蜡含量，%	≤4.5					SH/T 0425
密度(25℃)，g/cm³	报告					GB/T 8928
薄膜烘箱试验						GB/T 5304
针入度比，%	报告					GB/T 4509
延度(25℃)，cm	报告					GB/T 4508
质量变化，%	≤1.3	≤1.3	≤1.3	≤1.2	≤1.0	GB/T 5304

① 如25℃延度达不到，15℃延度达到时，也认为是合格的，指标要求与25℃延度一致。

表 2-19 JTG F40—2004 道路石油沥青技术要求

项　目	等级	沥青标号							
		160号	130号	110号	90号		70号		50号	30号
针入度(25℃,5s,100g),1/10mm		140~200	120~140	100~120	80~100		60~80		40~60	20~40
适用的气候分区		2-1	2-2	3-2	2-2	1-3	1-4	2-2	2-3	1-1	1-2	2-3	1-3	1-4	2-2	2-3	2-4	1-4	
针入度指数PI	A					−1.5~1.0				
	B					−1.5~1.0				
软化点(R&B),℃	A	≥38	≥40	≥43	≥45	≥45	≥46	≥45	≥49	≥55
	B	≥36	≥39	≥42	≥43		≥44		≥43	≥46	≥53
	C	≥35	≥37	≥41	≥42		≥43		≥45	≥50
60℃动力黏度,Pa·s	A	—	60	120	160		140		180	160	200	260
延度(10℃,5cm/min),cm	A	≥50	≥50	≥40	≥30	30	20	20	20	15	25	20	15	15	10	≥15	≥10
	B	≥30	≥30	≥30				
延度(15℃,5cm/min),cm	A、B	≥80	≥80	≥60	≥50		≥40		≥80	≥50
	C	≥80	≥80	≥60	≥100			≥30	≥20
蜡含量(蒸馏法),%	A				≤2.2				
	B				≤3.0				
	C				≤4.5				
闪点,℃		230			245		260		260
溶解度,%					99.5				
密度(15℃),g/cm³					实测记录				
质量变化,%					±0.8				
残留针入度比,%	A	≥48	≥54	≥55	≥57		≥61		≥63	≥65
	B	≥45	≥50	≥52	≥54		≥58		≥60	≥62
	C	≥40	≥45	≥48	≥50		≥54		≥58	≥60
残留延度(10℃),cm	A	≥12	≥12	≥10	≥8		≥6		≥4	—
	B	≥10	≥10	≥8	≥6		≥4		≥2	—
残留延度(15℃),cm	C	≥40	≥35	≥30	≥20		≥15		≥10	—

二、黏度分级体系

针入度分级体系有其自身的局限性，沥青针入度是一种经验性的稠度指标，不能真实地表征沥青的黏度，美国在20世纪70年代提出黏度分级体系，即以60℃黏度划分道路黏稠石油沥青牌号，60℃的试验温度与炎热夏季路面最高温度十分接近，并且不同的黏度分级可以适用于不同的气候条件和施工需要。

黏度分级体系是根据沥青或薄膜烘箱后的沥青在60℃时的黏度值确定沥青的使用环境和使用条件的。在黏度分级体系中，60℃的黏度表征沥青的高温性能，还给出了其他试验要求，如25℃的针入度、135℃的黏度、薄膜烘箱试验(TFOT)后剩余物60℃时的黏度与25℃时的延度以及闪点。25℃的针入度可控制沥青在接近平均使用温度时的稠度，135℃的黏度可控制沥青在接近拌和与压实温度时的稠度，这些规定的要求在一起就可以控制沥青的温度敏感性。

美国各州公路与运输工作者协会(AASHTO)、美国试验与材料协会(ASTM)都有自己的沥青技术标准，一般产品质量标准由买方指定，在买方未指定的情况下，按表2-20至表2-22执行，在美国西部的一些州也有采用旋转薄膜烘箱(RTFO)试验老化残留物(AR)黏度分级(表2-22)。

表2-20　美国AASHTO以60℃黏度分级的黏稠沥青标准Ⅰ(以原始沥青为基准分级)

项目	黏度等级				
	AC-2.5	AC-5	AC-10	AC-20	AC-40
动力黏度(60℃)，Pa·s	25±5	50±10	100±20	200±40	400±80
运动黏度(135℃)，mm²/s	≥80	≥110	≥150	≥210	≥300
针入度(25℃，100g，5s)，1/10mm	≥200	≥120	≥70	≥40	≥20
闪点(克利夫兰开口杯)，℃	≥163	≥177	≥219	≥232	≥232
溶解度(三氯乙烯)，%	≥99.0	≥99.0	≥99.0	≥99.0	≥99.0
薄膜烘箱试验残渣试验					
动力黏度(60℃)，Pa·s	≤100	≤200	≤400	≤800	≤1600
延度[1](25℃，5cm/min)，cm	≥100	≥100	≥50	≥20	≥10
斑点试验[2]					
标准石脑油溶剂	各级均阴性				
石脑油—二甲苯溶剂，二甲苯	各级均阴性				
庚烷—二甲苯溶剂，二甲苯	各级均阴性				

[1] 如果25℃延度小于100cm，而15℃延度大于100cm，则也认为合格。
[2] 斑点试验为选择项目，当需要试验时，应指明在测定时是使用标准石脑油溶剂还是庚烷—二甲苯溶剂；当使用二甲苯溶剂时，应指明二甲苯的含量。

表2-21 美国AASEHO以60℃黏度分级的黏稠沥青标准Ⅱ(以原始沥青为基准分级)

项目	黏度等级						
	AC-2.5	AC-5	AC-10	AC-20	AC-30	AC-40
动力黏度(60℃),Pa·s	250±50	500±100	1000±200	2000±400	3000±600	4000±800
运动黏度(135℃),mm²/s	125	175	250	300	350	400
针入度(25℃,100g,5s),1/10mm	200	120	70	40	30	20
闪点(克利夫兰开口杯),℃	163	177	219	232	232	232
溶解度(三氯乙烯),%	99.0	99.0	99.0	99.0	99.0	99.0
薄膜烘箱试验残渣试验						
加热损失,%	—	1.0	0.5	0.5	0.5	0.5
动力黏度(60℃),Pa·s	1250	2500	5000	10000	15000	20000
延度[1](25℃,5cm/min),cm	100	100	75	50	40	25
斑点试验[2]						
标准石脑油溶剂	各级均阴性					
石脑油—二甲苯溶剂,二甲苯	各级均阴性					
庚烷—二甲苯溶剂,二甲苯	各级均阴性					

[1] 如果25℃延度小于100cm,而15℃延度大于100cm,则也认为合格。
[2] 斑点试验为选择项目,当需要试验时,应指明在测定时是使用标准石脑油溶剂还是庚烷—二甲苯溶剂;当使用二甲苯溶剂时,应指明二甲苯的含量。

表2-22 60℃黏度分级的黏稠沥青标准(以薄膜烘箱试验残渣为基准分级)

AASHTOT240试验后残渣试验[1]	黏度等级				
	AR-10	AR-20	AR-40	AR-80	AR-160
动力黏度(60℃),Pa·s	1000±250	2000±500	4000±1000	8000±2000	16000±4000
运动黏度(135℃),mm²/s	140	200	275	400	550
针入度(25℃,100g,5s),1/10mm	65	40	25	20	20
占原始沥青针入度的百分数,%	—	40	45	50	52
延度(25℃,5cm/min)[2],cm	100	100	75	75	75
原始沥青试验					
闪点(克利夫兰开口杯),℃	205	219	227	232	238
溶解度(三氯乙烯),%	99.0	99.0	99.0	99.0	99.0

[1] 可以采用AASHTOT179(薄膜烘箱试验),但应以AASHTOT240作为仲裁方法;
[2] 如果25℃延度小于100cm,而15℃延度大于100cm,则也认为合格。

日本为防止车辙,制定了以60℃黏度分级的半氧化沥青的技术标准(表2-23)。

表2-23 日本重交通沥青质量标准

项目	AC-80	AC-140	项目	AC-80	AC-140
黏度(60℃),Pa·s	8000±2000	14000±4000	溶解度(三氯甲烷),%	>99.0	>99.0
黏度(180℃),Pa·s	<200	<200	密度,g/cm³	>1.000	>1.000
针入度(25℃),1/10mm	>40	>40	薄膜烘箱质量变化,%	<0.6	<0.6
闪点,℃	>260	>260			

33

目前，世界各国对于道路石油沥青都有各自的标准，技术要求也不尽相同。黏度分级体系由于使用了具有一定物理意义的黏度作为分级指标，另外与针入度分级体系相比可以表征更高温度下沥青的性能，黏度试验仪器较简单，重复性好，所以在北美国家和日本的高黏沥青中采用了黏度分级体系。但黏度分级体系主要按照沥青的高温性能分级，对沥青在常温和低温下的性能的表征具有局限性。

三、PG 分级体系

现行的针入度分级体系和黏度分级体系存在很多局限性，如针入度和黏度试验不能直接与沥青路面性能相关联[14]；在一个温度下（如25℃的针入度或60℃的黏度），没有考虑工程现场或地理区域不同的气候条件；没有考虑低温下对控制温缩开裂的沥青劲度限制；只考虑了沥青的短期老化，并没有考虑沥青在使用过程中的长期老化等。

PG 分级体系是美国联邦公路局历经 5 年的研究进行的美国战略公路研究计划（简称 SHRP）中有关沥青分级体系的研究成果，提出道路沥青性能分级的《Superpave 沥青结合料规范》，将沥青材料特征[15]的性能与设计环境条件结合起来，通过控制高温车辙、低温开裂和疲劳开裂来评价路面性能。

SHRP 分析项目的特点在于开发了一套全新的试验设备并提出了相应的试验方法（表 2-24），从根本上改变了现行试验方法和规范的纯经验性质，避免了由此带来的局限性，用路面最高设计温度下的动态剪切模量表征沥青的高温性能，用最低路面设计温度下的劲度和劲度随变形的变化速率表征沥青的低温性能，用疲劳温度下的动态剪切模量表征沥青的抗疲劳性能，用旋转薄膜烘箱试验和压力老化箱试验分别表征沥青的短期老化和长期老化性能。

表 2-24　PG 分级体系主要指标与仪器

技术指标	符号	试验仪器	试验目的
车辙因子	$G^*/\sin\delta$	动态剪切流变仪（DSR）	测试结合料高温性能
黏度	η	毛细管黏度计或旋转黏度计	测试结合料的泵送性能
拉伸应变	ε	直接拉伸试验机	测试结合料的低温性能
蠕变劲度	S_t	弯曲梁流变仪	测试结合料的低温性能
质量损失		压力老化箱和旋转薄膜烘箱	模拟结合料的老化特性

Superpave 提出了一个按照路用性能分级的沥青结合料规范（表 2-25、表 2-26），将沥青分为 7 个等级和 21 个亚级，7 个等级是 PG46、PG52、PG58、PG64、PG70、PG76、PG82，规定了最高路面设计温度的分级；21 个亚级从 -10～-46℃，每 6℃ 一挡，规定了最低路面设计温度的分级。PG 是 Performance Grade 的词头，表示反映路用性能，分级直接采用设计使用温度表示适用范围，PG 等级规范分为 37 种等级，胶结材料的性能等级（PG）表示为 PG XX-YY，第一组数字 XX 指高温等级，这表明其胶结材料在 XX℃ 及以下时其性能满足使用要求，胶结材料可以在这种高温的气候环境中工作。第二组数字 YY 指低温等级，这表明其胶结材料在 -YY℃ 时其性能也必须满足使用要求。如 PG 64-22 表示该级沥青适用于最高路面设计温度不超过 64℃，最低路面设计温度不低于 -22℃ 的地区，这两个关键温度分别成为高温稳定性和低温开裂性指标试验测试温度确定的依据。SHRP 的沥青规范规定试验方法相同，但沥青等级不同，应采用相应地区的试验温度，但各项指标的要求是一常数。

第二章 石油沥青生产技术

表 2-25 PG 性能等级沥青规范（AASHTO M 320-10）

沥青使用性能等级	PG46			PG52						PG58					PG64				
	34	40	46	10	16	22	28	34	40	16	22	28	34	40	10	16	22	28	34	40
平均7天最高路面设计温度①, ℃	<46			<52						<58					<64					
最低路面设计温度, ℃	>-34	>-40	>-46	>-10	>-16	>-22	>-28	>-34	>-40	>-16	>-22	>-28	>-34	>-40	>-10	>-16	>-22	>-28	>-34	>-40
原样沥青
闪点（T48），℃	230
试验温度（黏度②，T316，≤3Pa·s），℃	135
试验温度（动态剪切③，T315，$G^*/\sin\delta \geq 1.0\text{kPa}$, 10rad/s），℃	46			52						58					64					
RTFOT残留沥青（T240）
质量变化，%	<1.00
试验温度（动态剪切，T315，$G^*/\sin\delta \geq 2.2\text{kPa}$, 10rad/s），℃	46			52						58					64					
PAV残留沥青（R28）
PAV老化温度④，℃	90			90						100					100					
试验温度（动态剪切，T315，$G^*\cdot\sin\delta \leq 5000\text{kPa}$, 10rad/s），℃	10	7	4	25	22	19	16	13	10	25	22	19	16	13	31	28	25	22	19	16
试验温度（蠕变劲度⑤，T313，$S \leq 300\text{MPa}$, m值≥0.300），℃	-22	-30	-36	0	-6	-12	-18	-24	-30	-6	-12	-18	-24	-30	0	-6	-12	-18	-24	-30
试验温度（直接拉伸，T314，破坏应变≥1.0%，1.0mm/min），℃	-24	-30	-36	0	-6	-12	-18	-24	-30	-6	-12	-18	-24	-30	0	-6	-12	-18	-24	-30

续表

沥青使用性能等级	PG70						PG76					PG82				
	10	16	22	28	34	40	10	16	22	28	34	10	16	22	28	34
平均7天最高路面设计温度①,℃	<70						<76					<82				
最低路面设计温度,℃	>-10	>-16	>-22	>-28	>-34	>-40	>-10	>-16	>-22	>-28	>-34	>-10	>-16	>-22	>-28	>-34
原样沥青																
闪点(T48),℃	≥230															
试验温度(黏度②,≤3Pa·s),℃	135															
试验温度(动态剪切③,T315,$G^*/\sin\delta \geq 1.0$kPa,10rad/s),℃	70						76					82				
RTFOT残留沥青(T240)																
质量变化,%	≤1.00															
试验温度(动态剪切,T315,$G^*/\sin\delta \geq 2.2$kPa,10rad/s),℃	70						76					82				
PAV老化温度④,℃	100(110)						100(110)					100(110)				
PAV残留沥青(R28)																
试验温度(动态剪切,T315,$G^* \cdot \sin\delta \leq 5000$kPa,10rad/s),℃	34	31	28	25	22	19	34	31	28	25	22	40	37	34	31	28
试验温度(蠕变劲度⑤,T313,S≤300MPa,m≥0.300),℃	0	-6	-12	-18	-24	-30	0	-6	-12	-18	-24	0	-6	-12	-18	-24
试验温度(直接拉伸,T314,破坏应变≥1.0%,1.0mm/min),℃	0	-6	-12	-18	-24	-30	0	-6	-12	-18	-24	0	-6	-12	-18	-24

① 路面温度由大气温度按Superpave程序中的方法计算,也可由指定的机构提供。

② 如果供应商能保证在所有工作温度下,沥青给合料都能很好地泵送或拌和,此要求可由指定的机构确定放弃。

③ 为控制非改性沥青给合料的质量,在试验温度下测定原样沥青给合料黏度,包括毛细管黏度计或旋转黏度计(AASHTOT201或T202)。

④ PAV老化温度为模拟气候条件下温度,从90℃、100℃、110℃中选择一个温度,高于PG64时为100℃,试验条件下为110℃。

⑤ 物理老化:按照TP1规定的BBR试验进行,试验条件中的时间为10℃连续24h+10min,在沙漠条件下,报告24h劲度模量和m值,仅供参考。

⑥ 如果蠕变劲度小于300MPa,直接拉伸试验可不要求,如果蠕变劲度的破坏应变要求代替蠕变劲度的要求,直接拉伸试验的破坏应变要求应满足,n值在两种情况下都应满足。

表2-26 基于MSCR的PG性能等级沥青规范（AASHTO M 332-14）

沥青使用性能等级	PG46			PG52					PG58					PG64				
	34	40	46	10	16	22	28	34	40	46	10	16	22	28	34	40	10	16	22	28	34	40
平均7天最高路面设计温度，℃	<46			<52							<58						<64					
最低路面设计温度，℃	>-34	>-40	>-46	>-10	>-16	>-22	>-28	>-34	>-40	>-46	>-10	>-16	>-22	>-28	>-34	>-40	>-10	>-16	>-22	>-28	>-34	>-40
原样沥青																						
闪点（T48），℃	≥230																					
试验温度（黏度，T316，≤3Pa·s），℃	135																					
试验温度（动态剪切，T315，$G^*/\sin\delta$≥1.0kPa，10rad/s），℃	46			52							58						64					
RTFOT残留沥青（T240）																						
质量变化，%	≤1.00																					
试验温度（MSCR，T350，标准交通S，J_{nr}3.2≤4.5kPa^{-1}，$J_{nr-diff}$≤75%），℃	46			52							58						64					
试验温度（MSCR，T350，重载交通H，J_{nr}3.2≤2.0kPa^{-1}，$J_{nr-diff}$≤75%），℃	46			52							58						64					
试验温度（MSCR，T350，特重交通V，J_{nr}3.2≤1.0kPa^{-1}，$J_{nr-diff}$≤75%），℃	46			52							58						64					
试验温度（MSCR，T350，极重交通E，J_{nr}3.2≤0.5kPa^{-1}，$J_{nr-diff}$≤75%），℃	46			52							58						64					
PAV残留沥青（R28）																						
PAV老化温度，℃	90			90							100						100					
试验温度（动态剪切，T315，H,V,E $G^*\cdot\sin\delta$≤5000kPa，10rad/s），℃	10	7	4	25	22	19	16	13	10	7	25	22	19	16	13	10	31	28	25	22	19	16
交通 $G^*\cdot\sin\delta$≤6000kPa，10rad/s），℃	10	7	4	25	22	19	16	13	10	7	25	22	19	16	13	10	31	28	25	22	19	16
试验温度（蠕变劲度，T313，S≤300MPa，m≥0.300），℃	-22	-30	-36	0	-6	-12	-18	-24	-30	-36	0	-6	-12	-18	-24	-30	0	-6	-12	-18	-24	-30
试验温度（直接拉伸，T314，破坏应变≥1.0%，1.0mm/min），℃	-24	-30	-36	0	-6	-12	-18	-24	-30	-36	0	-6	-12	-18	-24	-30	0	-6	-12	-18	-24	-30

续表

沥青使用性能等级	PG70					PG76					PG82			
	10	16	22	28	34	40	10	16	22	28	34	10	16	22	28	34
平均7天最高路面设计温度，℃	<70						<76					<82			
最低路面设计温度，℃	>-10	>-16	>-22	>-28	>-34	>-40	>-10	>-16	>-22	>-28	>-34	>-10	>-16	>-22	>-28	>-34
原样沥青																
闪点（T48），℃	≥230															
试验温度（黏度，≤3Pa·s），℃	135															
试验温度（动态剪切，T315，G^*/$\sin\delta$≥1.0kPa，10rad/s），℃	70						76					82				
RTFOT残留沥青（T240）																
质量变化，%	≤1.00															
试验温度（(MSCR，T350，J_{nr}3.2≤4.5kPa^{-1}，$J_{nr\text{-}diff}$≤75%），标准交通 S，℃	70						76					82				
试验温度（MSCR，T350，J_{nr}3.2≤2.0kPa^{-1}，$J_{nr\text{-}diff}$≤75%），重载交通 H，℃	70						76					82				
试验温度（MSCR，T350，J_{nr}3.2≤1.0kPa^{-1}，$J_{nr\text{-}diff}$≤75%），特重交通 V，℃	70						76					82				
试验温度（MSCR，T350，J_{nr}3.2≤0.5kPa^{-1}，$J_{nr\text{-}diff}$≤75%），极重交通 E，℃	70						76					82				
PAV残留沥青（R28）																
PAV老化温度，℃	100(110)						100(110)					100(110)				
试验温度（动态剪切，T315，$G^*\cdot\sin\delta$≤5000kPa，10rad/s），℃	34	31	28	25	22	19	37	34	31	28	25	40	37	34	31	28
试验温度（动态剪切，T315，H、V、E交通，$G^*\cdot\sin\delta$≤6000kPa，10rad/s），℃	34	31	28	25	22	19	37	34	31	28	25	40	37	34	31	28
试验温度（蠕变劲度，T313，S≤300MPa，m≥0.300），℃	0	-6	-12	-18	-24	-30	0	-6	-12	-18	-24	0	-6	-12	-18	-24
试验温度（直接拉伸，T314，破坏应变≥1.0%，1.0mm/min），℃	0	-6	-12	-18	-24	-30	0	-6	-12	-18	-24	0	-6	-12	-18	-24

设计最高温度为 7 天最高平均路面温度,设计最低温度为年极端最低温度。根据道路等级、交通量确定保证率为 95%(平均值)或 98%。它采用 3 种样品:(1)原样沥青;(2)旋转薄膜烘箱老化试验(RTFOT)后的残留沥青;(3)RTFOT 后又经压力老化试验(PAV)的残留沥青。评价各种路用性能指标,包括高温时抵抗永久变形的能力、低温时抵抗路面温缩开裂的能力、抗疲劳破坏的能力、抗老化性能、施工安全性等。在确定沥青的 PG 等级时,要充分考虑气候条件及交通条件(交通量及车速、车辆停驻时间),有时需要提高一个或两个 PG 高温等级选择沥青。在此基础上,美国各州交通部门都根据各地的具体情况,规定了常用的 PG 等级或再增加一些常规指标。

近些年来,国内外研究表明,沥青 PG 性能分级规范不能有效评价改性沥青的高温性能。因此,2001 年在美国国家公路合作研究计划 NCHRP9-10 第 459 号报告中采用了新的试验方法,即重复蠕变恢复试验(RCRT)。该试验采用加载 1s、卸载 9s 的重复加载方式对沥青试验 100 次循环,通过 Burgers 黏弹模型对试验结果进行拟合,用蠕变劲度的黏性成分 GV 作为评价指标。该试验建议的蠕变应力范围为 30~300Pa,此时沥青处于线性黏弹状态。然而,有研究表明,处于重载沥青路面中的改性沥青所承受的应力或应变足以达到非线性区域。为了验证沥青胶结料应力的依赖性,美国联邦公路总局 FHWA 在 RCRT 的基础上应用了从 25~25600Pa 共 11 个应力水平,每个应力 10 周期。之后,在此多应力水平 RCRT 基础上,选取 100Pa 和 3200Pa 两个应力,提出了多应力蠕变恢复试验(MSCR)的方法。2008 年,作为 Superpave 性能规范的最新进展,MSCR 陆续被编入 ASTM 和 AASHTO 规范中,并进行了多次修订完善。目前,两种规范已经在美国推广使用,最新版本为 ASTM D7405-10a 及 AASHTO TP70-12。多应力蠕变恢复试验(MSCR)的评价指标为回复率 R 和蠕变柔量 J_n。通过 MSCR 试验可以得到试验时间—应变(t—γ)变化图,如图 2-6 所示。

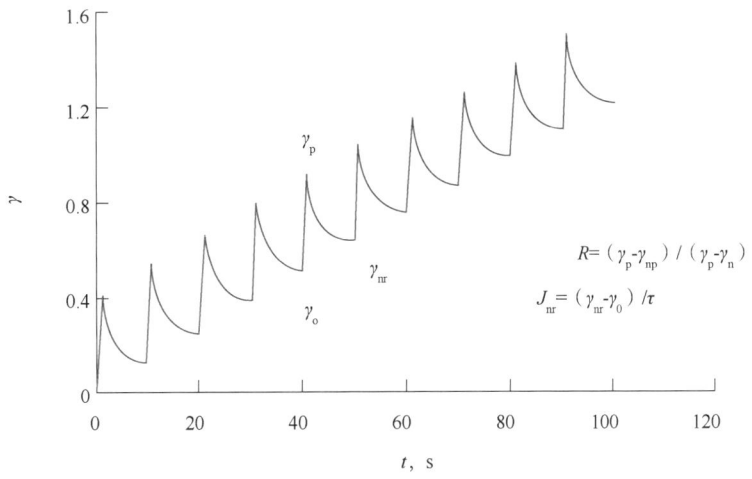

图 2-6 MSCR 试验时间—应变典型数据图

回复率 R 为每个周期内峰值应变 γ_p 与残留应变 γ_{nr} 的差值和 γ_p 与起始应变 γ_o 的差值的比值，即 $(\gamma_p-\gamma_{nr})/(\gamma_p-\gamma_o)$。通过计算分别求得每个应力水平下每个蠕变回复周期的回复率 R，取 10 个周期的平均值可分别得到每个应力水平下的回复率 $R_{0.1}$ 和 $R_{3.2}$；定义蠕变柔量 J_{nr} 为每 10s 末残留应变 γ_{nr} 与蠕变应力 τ 的比值，则采用相同的计算方法可分别得到每个应力水平下的蠕变柔量 $J_{nr0.1}$ 和 $J_{nr3.2}$。试验温度选用振荡试验确定的沥青高温等级温度。3.2kPa 与 0.1kPa 时应变恢复率相对差异 R_{diff} 及不可恢复蠕变柔量相对差异 $J_{nr-diff}$ 的计算公式分别为：

$$R_{diff} = \frac{(R_{0.1} - R_{3.2}) \times 100\%}{R_{0.1}}$$

$$J_{nr-diff} = \frac{(J_{3.2} - J_{0.1}) \times 100\%}{J_{0.1}}$$

从科学意义上讲，从最早的针入度分级体系，到黏度分级体系、PG 分级体系，都起因于原体系的不足或局限性和分析技术的进步。不同体系的指标之间以及沥青性能指标与沥青混合料性能之间都存在着一定的关联性。但是，一些指标并没有很好地反映沥青的性能，尤其是改性沥青的性能，以至于在选取沥青的时候，没有统一及确定的标准来衡量。而且，因沥青老化而产生的耐久性问题也一直困扰着道路界。因此，在选用沥青的评价体系时，应根据工程的具体需要，关注的是高温性能还是低温性能，或选用适合工程具体情况的评价体系，或在选定的评价体系中增加关键的技术内容，但不可把所有的评价体系的技术内容集合为一个标准体系，因为沥青的技术指标之间是相互制约的。沥青路面采用的沥青标号，应该按照公路等级、气候条件、交通条件、路面类型及在结构层中的层位及受力特点、施工方法等，结合当地的使用经验，经技术论证后确定。

参 考 文 献

[1] 凌玉群，等. 沥青生产与应用技术手册[M]. 北京：中国石化出版社，2010.

[2] 边廷功. 科威特原油生产高等级道路沥青讨论[J]. 中国科技博览，2014(3)：204-205.

[3] 刘振华，程国香，冯敏舸，等. 高等级道路沥青生产技术的开发与应用[J]. 石油炼制与化工，2000，31(7)：27-31.

[4] 侯欣岐，盖金祥，王辉，等. 高等级道路沥青生产新工艺技术及应用[J]. 当代化工，2020，49(8)：1793-1797.

[5] 杨剑，杨安，徐万昌，等. 石油沥青生产技术及质量要求探讨[J]. 化工管理，2016，(32)：159.

[6] 张韬. 渣油的深拔研究[J]. 石油学报(石油加工)，2002(4)：53-58.

[7] 高学海，郭丹，张德伟. 减压深拔生产高等级道路沥青[J]. 炼油技术与工程，2001(1)：12-15.

[8] 高义. 氧化沥青装置原料的最佳选择[J]. 贵州化工，2005(5)：46-47.

[9] 郭庆举，窦仁菊，廖克俭. 氧化—调合法研制重交通道路沥青[J]. 石化技术与应用，2006，24(2)：112-114.

[10] 张董鑫，李京辉，徐鲁燕. 溶剂脱沥青技术研究进展[J]. 当代石油石化，2018，26(12)：34-42.
[11] 易发军，罗勇，傅徐，等. 溶剂脱沥青组合工艺生产重交通道路沥青[J]. 石化技术与应用，2006，24(6)：477-480.
[12] 俞嵩杰. 30号硬质沥青的生产及应用[J]. 石油沥青，2013，27(1)：45-49.
[13] 胡晓倩. 关于道路石油沥青评价体系概述[J]. 路桥工程，2015(3)：878.
[14] 张玉贞. 石油沥青的评价体系与沥青的质量[C]//第五届全国路面材料及新技术研讨会论文集，2004.
[15] 张金升，贺中国，王彦敏，等. 道路沥青材料[M]. 哈尔滨：哈尔滨工业大学出版社，2013.

第三章 道路沥青产品技术

随着我国公路建设的迅猛发展，道路沥青呈现出用量快速增长、产品种类细化、功能性突出的特点，我国石油沥青的表观消费量已超过 $3000 \times 10^4 t/a$，其中 85% 以上是道路沥青产品，道路行业仍是沥青产品的首要应用领域。重交通道路沥青是道路沥青的主流产品，随着道路建设发展和技术提升，道路沥青的需求也随之发生了结构变化，传统的重交通道路沥青已不能满足很多道路建设的功能性的要求，聚合物改性沥青、乳化沥青、硬质沥青及橡胶沥青等特种道路沥青产品越来越受到欢迎和重视。

中国石油历来重视沥青产品的开发，首先基于不同原油开发了重交通道路沥青的各种生产工艺，满足全国市场对道路沥青产品的高质量需求，形成了多资源、多品种的产品格局，沥青年销量已达 $1100 \times 10^4 t$，市场占有率超过 33%，成为国内第一大沥青生产服务商。"十二五"和"十三五"期间，中国石油加大了道路沥青质量升级和特种沥青研发的力度，通过对石油沥青进行改性，突破了石油沥青性能依赖于原油的局限性，相继开发了可用于各区域各场所的具有特定功能的系列特种沥青产品，如钢桥面铺装浇注式沥青、机场沥青、温拌沥青、阻燃沥青、橡胶沥青、硬质沥青、高黏高弹沥青等系列新产品，形成 30 多种道路沥青产品（图 3-1），生产技术达到国内领先水平。

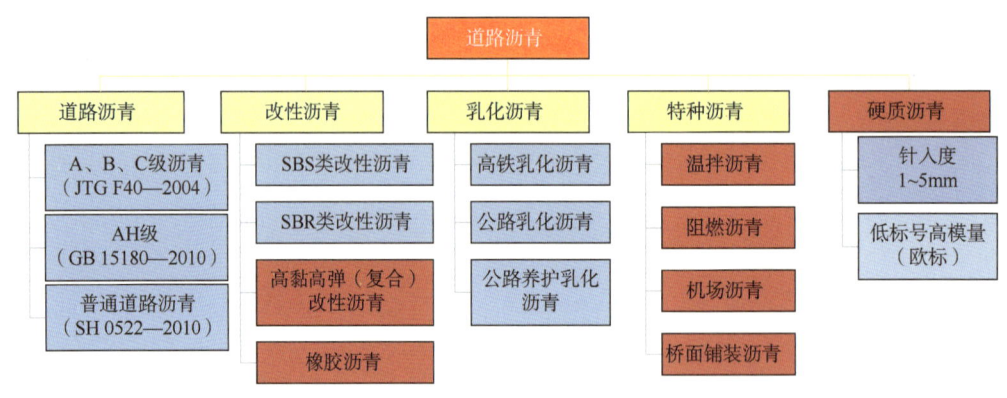

图 3-1 道路沥青细分品种

中石油燃料油有限责任公司（以下简称燃料油公司）通过对玛瑞、波斯坎对两种原油混炼比例研究及蒸馏技术及条件改造调控等措施，改善热安定性、蒸发损失率等特性，大幅度提高重交通道路沥青产品的质量，并保持质量稳定生产。大连西太平洋石油化工有限公司（以下简称西太平洋公司）、中石油云南石化有限公司（以下简称云南石化公司），以加工中东原油为主，开展了中东重质劣质原油加工生产道路沥青的研究，通过 2 种以上原油调和技术以及蒸馏调控操作，实现在千万吨级蒸馏装置上生产沥青能力，2 个公司每年产销量分别达 50×10⁴t 以上。生产出的道路沥青产品不仅性能优越，而且是聚合物改性沥青的优质原料(基质沥青)，为中国石油的改性沥青产品提质增效做出了重要贡献。

聚合物改性沥青生产工艺技术及质量进一步升级。通过资源优化配置、基质沥青组分调整、工艺创新及稳定剂开发等措施，提升了苯乙烯—丁二烯—苯乙烯嵌段共聚物(SBS)改性沥青的质量，降低了生产成本。新建及改建改性沥青生产装置6套，生产能力由 30×10⁴t/a 提高到 100×10⁴t/a，规模及技术都达到了国内领先水平。掌握了南美劣质重油生产 SBS 改性沥青的关键技术，解决了 SBS 改性沥青性能指标衰减、低温延度"卡边"的难题。突破了西北地区克拉玛依基质沥青原料难以改性的技术瓶颈，大幅度降低了克拉玛依 SBS 改性沥青的反应温度和加工难度。在西北地区实现批量生产并应用到实体工程中。

通过技术攻关显著改善了丁苯橡胶(SBR)改性沥青的热储存稳定性，解决了 SBR 改性沥青软包装漏袋与难以熔化等技术难题。实现了 SBR 改性沥青在青海、西藏地区批量生产与供应。

硬质沥青产品的生产达到了国内领先水平，开发了高模量沥青混合料专用硬质沥青，最大限度地保留了沥青的天然属性，高温抗车辙性能和抗疲劳性能优良，可以很好地解决高温地区重载路面、爬坡路段、道路交叉口的车辙和拥包等病害，对提高路面的使用寿命与减薄路面厚度均有明显效果。

形成了 SBS、SBR 聚合物改性沥青、橡胶沥青、复合改性沥青、硬质沥青、乳化沥青、灌缝沥青、钢桥面沥青、机场沥青、温拌沥青、阻燃沥青、彩色沥青等多种特色道路沥青产品。

第一节　重交通道路沥青及硬质沥青

我国高度重视重交通道路沥青产品质量的控制，从国家标准到石油石化行业标准和交通运输部施工技术规范均对重交通道路沥青产品的技术指标进行了严格限定，并随着应用技术的发展，产品标准和要求日益完善。同时，重交通道路沥青也作为改性沥青和乳化沥青等特种沥青的原料，直接影响特种沥青产品的质量。

随着道路性能要求的提高，硬质沥青的开发应用得到快速发展。硬质沥青通常是指一种 25℃ 针入度范围在 5~50(1/10mm) 之间的道路沥青产品，硬质沥青性质具有针入度小、软化点高、黏度大和黏附性好等特点，沥青混合料具有良好的高温性能和耐疲劳性能。采用硬质沥青铺筑路面，能明显提高路面的高温稳定性和耐久性，较好地解决车辙和拥包等常见的路面病害，可以应用在各级公路路面中下面层、桥面沥青路面的建设工程中。

中国石油的重交道路沥青所用原油主要为新疆九区稠油、辽河欢喜岭稠油、南美重油和中东原油四类，生产重交通道路沥青的企业有燃料油公司、中国石油克拉玛依石化公司(以下简称克拉玛依石化)、中国石油辽河石化公司(以下简称辽河石化)、中国石油云南石化公司(以下简称云南石化)、西太平洋公司和中国石油广西石化公司(以下简称广西石化)等。重交通道路沥青产品通常采用常减压蒸馏、常减压蒸馏—溶剂脱沥青—调和，以及常减压蒸馏—氧化等三种工艺进行生产。

一、重交通道路沥青标准及应用

重交通道路沥青是用于高速路、一级路、城市快速路、主干路及机场道面的道路沥青，也适用于其他低等级公路、城市道路等。我国的道路沥青是按照针入度分级(25℃针入度)来划分不同牌号。我国现有道路沥青标准主要有三个：(1)用于高速路、一级路、城市快速道、主干路的重交通道路沥青国家标准GB/T 15180—2010；(2)用于中、轻道路路面维修的道路沥青行业标准(NB/SH/T 0522—2010)；(3)交通部2004年制定的《公路沥青路面施工技术规范》(JTG F40—2004)道路沥青技术要求。

根据各地区的气候条件与交通量以及各道路的设计等级，选用不同牌号的重交通道路沥青[1]，30号和50号沥青属于硬质沥青的范畴，因其针入度低、软化点高，沥青混合料具有优良的高温抗车辙性能，主要应用于高等级道路的中下层。70号和90号重交道路沥青的销量和用量占绝大部分，主要应用于密级配沥青混凝土路面，常用的结构类型有AC-13、AC-16以及AC-20、AC-25，其中AC-13和AC-16常用于上面层，AC-20、AC-25常用于中、下面层。110号和130号沥青主要用于寒冷、严寒地区的中低级道路上，现已应用较少。

"昆仑"牌重交通石油沥青按国家标准GB/T 15180—2010，共分为AH-130号、AH-110号、AH-90号、AH-70号、AH-50号等5个牌号。

按GB/T 15180—2010《重交通道路石油沥青》的要求对南美重油沥青(玛波沥青)样品进行性质分析，以玛瑞—波斯坎原油为原料，通过直馏工艺生产等级分别为AH-30、AH-50、AH-70、AH-90、AH-110和AH-130的6个牌号的重交通道路沥青的针入度、软化点、延度、密度、溶解度、闪点、蜡含量，以及薄膜烘箱老化后的质量变化、针入度比、延度均可以满足相关技术要求[2]，性质见表3-1。

按JTG F40—2004《公路沥青路面施工技术规范》[2]的要求，克拉玛依沥青分别满足AH-30、AH-50、AH-70、AH-90、AH-110和AH-130的相关技术要求，性质见表3-2。

表3-1 玛波沥青按GB/T 15180—2010《重交通道路石油沥青》的分析结果

项目	AH-30	MB AH-30	AH-50	MB AH-50	AH-70	MB AH-70	AH-90	MB AH-90
针入度(25℃，100g，5s)，1/10mm	20~40	31	40~60	46	60~80	65	80~100	86
延度(15℃)，cm	报告	11.0	≥80	>100	≥100	>100	≥100	>100
软化点，℃	50~65	58.6	45~58	54.3	44~57	50.6	42~55	47.7
溶解度，%	≥99.0	99.90	≥99.0	99.92	≥99.0	99.95	≥99.0	99.96
闪点，℃	≥260	300	≥230	294	≥230	286	≥230	282
密度(25℃)，g/cm³	报告	1.034	报告	1.028	报告	1.028	报告	1.027
蜡含量，%	3.0	0.9	3.0	1.0	3.0	1.2	3.0	1.3
薄膜烘箱老化后测定								
质量变化，%	≤0.5	0.3	≤0.6	0.4	≤0.8	0.5	≤1.0	0.6
残留针入度，1/10mm		24		34		42		56
针入度比，%	≥60	77	≥58	72	≥55	65	≥50	65
残留延度(15℃)，cm	报告	5.5	报告	9.4	≥30	50.6	≥40	60.7

表 3-2 克拉玛依沥青按 JTG F40—2004《公路沥青路面施工技术规范》的分析结果

项目	30 号	50 号	70 号	90 号	110 号	130 号
针入度(25℃，100g，5s)，1/10mm	29	45	72	87	109	133
针入度指数 PI	0.36	-0.40	-0.26	-0.31	-0.44	-1.40
延度(10℃)，cm	0.1	13	>150	>150	>150	>150
延度(15℃)，cm	10	>150	>150	>150	>150	>150
软化点，℃	60.0	53.5	50.0	48.2	44.3	44.5
动力黏度(60℃)，Pa·s	2180	713	362	269	192	139
运动黏度(135℃)，mm²/s	1618	944.6	686.6	589.7	492.9	417.0
溶解度，%	99.88	99.88	99.89	99.90	99.90	99.92
闪点，℃	342	333	326	323	321	323
密度(25℃)，kg/m³	991.9	980.8	978.7	977.2	974.9	971.4
密度(15℃)，kg/m³	997.5	988.7	987.0	985.1	982.3	978.0
蜡含量，%	1.7	1.7	1.8	1.8	1.8	1.8
薄膜烘箱试验(163℃，5h)						
质量变化，%	0.033	0.048	0.029	0.013	0.017	0.019
针入度比，%	79	84	79	82	77	78
延度(10℃)，cm	0.1	6.0	21.0	66.0	>150	>150
延度(15℃)，cm	2.0	28.0	>150	>150	>150	>150

二、硬质沥青的发展

硬质沥青最早在国外应用较为广泛，尤其是欧洲，先是应用于路面的局部养护修补，逐步应用于新建公路路面基层[3]。法国在硬质沥青的研究和应用方面处于世界领先地位，20 世纪 80 年代初，法国在中下沥青层中常用针入度为 3.5~4.5mm 的沥青，沥青用量为 4.5%；法国还研究开发了一种高模量沥青混合料，称为 EME 和 BBME，用于道路基层，使用的硬质沥青制备混合料，其针入度为 1mm/2mm 或 1.5mm/2.5mm，试验结果表明，使用硬质沥青的沥青混合料的抗永久变形能力得到提高，其疲劳寿命比原底面层混合料的疲劳寿命增长 30%。法国采用高模量沥青混凝土主要通过两种途径：一是直接采用硬质沥青，主要采用的是针入度为 1mm/2mm 或 1.5mm/2.5mm 的硬质沥青；另一种是采用高模量添加剂。其中前者占 70% 左右，后者占 30%，法国 40 多年应用实践表明：硬质沥青为法国减轻沥青路面车辙问题、提高沥青中下面层模量提供了一个良好的技术方案。

法国开展了一系列的研究，在同样的集料级配条件下，评价各种沥青结合料对混合料抗车辙性能的影响。试验内容包括针入度 1mm/2mm 和 5mm/7mm 沥青、4%SBS 改性沥青、7%EVA 改性沥青和聚乙烯改性沥青。试验显示硬质沥青的车辙深度远小于常规的针入度 5mm/7mm 沥青混凝土，甚至小于 SBS 改性沥青混合料混凝土的车辙深度，表明硬质沥青混凝土抗车辙性能优良。

西班牙、美国、南非等许多国家也对硬质沥青技术进行了专项研究，并制订出了适用于当地气候环境的评价体系和技术规范。欧洲各国 2009—2012 年硬质沥青占沥青消耗总量的百分比，已普遍达到 15%~60% 之间，产品执行的技术标准有 D/N EN12591—2009（表 3-3）和 NF EN13924—2006（表 3-4）。

表 3-3 硬质沥青的技术要求（D/N EN12591—2009）

项　　目	30/45	20/30
针入度(25℃, 100g, 5s), 1/10mm	30~45	20~30
软化点(环球法), ℃	53~59	57~63
闪点, ℃	≥240	≥240
溶解度, %	≥99	≥99
含蜡量, %	≤2.2	≤2.2
费拉斯脆点, ℃	≤-5	
TFOT(RTFOT)后		
质量损失, %	≤0.5	≤0.5
针入度比, %	≥53	≥55
软化点的增高量, ℃	≤8	≤8
老化后的软化点, ℃	≥54	≥57

表 3-4 硬质沥青的技术要求（NF EN13924—2006）

项　　目	15/25	10/20
针入度(25℃, 100g, 5s), 1/10mm	15~25	10~20
软化点(环球法), ℃	55~71	58~78
动力黏度(60℃), Pa·s	≥550	≥700
闪点, ℃	≥245	≥245
溶解度, %	≥99	≥99
运动黏度(135℃), mm^2/s	≥600	≥700
费拉斯脆点, ℃	≤0	≤3
TFOT(RTFOT)后		
质量损失, %	≤0.5	≤0.5
针入度比, %	≥55	≥55
软化点的增高量, ℃	≤8	≤10
老化后的软化点, ℃	≥57	≥60

三、国内硬质沥青的研究与开发

我国在借鉴国外经验的基础上,从20世纪90年代开始对硬质沥青研究。2004年,30号重交通沥青在庐铜(庐江—铜陵)高速公路桥面试验段的中面层应用,铺设长度为2km,提高了路面的使用性能。沙庆林院士结合西部项目"重载交通长寿命沥青路面关键技术研究",采用克拉玛依30号沥青、泰州30号沥青分别在吉林长春绕城高速公路中面层,盐通(盐城—南通)高速连云港段中面层,河北沿海高速公路秦皇岛段中下面层铺筑了试验路,结果表明30号沥青具有较好的高温抗永久变形能力。

1. 硬质沥青标准

国内硬质沥青产品标准有国家标准 GB/T 38057—2019(表3-5),交通行业标准 JTT 13059—2020(表3-6)和中国石油企业标准 Q/SY 1785—2015(表3-7)。

表3-5 硬质道路石油沥青性能要求(GB/T 38057—2019)

项 目	HA-15	HA-25	HA-35	HA-45
针入度(25℃,100g,5s),1/10mm	10~20	20~30	30~40	40~50
延度(25℃),cm	≥10	≥30	≥50	≥80
软化点(环球法),℃	≥60	≥57	≥55	≥50
动力黏度(60℃),Pa·s	≥2000	≥1100	≥600	≥350
闪点,℃	≥260			
溶解度,%	≥99.0			
含蜡量,%	≤3.0			
密度(15℃),kg/m³	报告			
TFOT(RTFOT)后				
质量损失,%	≤±0.3	≤±0.3	≤±0.4	≤±0.4
针入度比,%	≥70	≥67	≥65	≥63
延度(25℃),cm	报告			

表3-6 路用硬质沥青性能要求(JTT 13059—2020)

项 目	15	25	35	45
针入度(25℃,100g,5s),1/10mm	10~20	20~30	30~40	40~50
软化点(环球法),℃	≥60	≥57	≥55	≥50
动力黏度(60℃),Pa·s	≥2000	≥1100	≥600	≥350
闪点,℃	≥260			
溶解度,%	≥99.5			
含蜡量,%	≤3.0			
TFOT(RTFOT)后				
质量损失,%	≤±0.6			
针入度比,%	≤65	≤65	≤65	≤65

表 3-7 硬质道路石油沥青性能要求（Q/SY 1785—2015）

项　目	10/20	20/30	35
针入度(25℃，100g，5s)，1/10mm	10~20	20~30	30/45
软化点(环球法)，℃	≥60	≥55	≥52
延度(25℃)，cm	≥30	≥50	≥80
动力黏度(60℃)，Pa·s	≥2000	≥1000	≥400
动力黏度(135℃)，mPa·s	≥700	≥500	≥400
闪点，℃		≥260	
溶解度，%		≥99.0	
含蜡量，%		≤2.2	
密度(15℃)，kg/m³		报告	
TFOT(RTFOT)后			
质量损失，%		-0.3~0.3	
针入度比，%	≥75	≥70	≥65
软化点升高，℃		≤6	

2. 中国石油硬质沥青产品与技术

中国石油的硬质沥青是以环烷基稠油为原料，采用蒸馏、溶剂脱沥青、调和等工艺加工生产而得，采用"溶剂深度脱沥青—软组分回调技术"制备的硬质沥青产品，一方面浓缩了胶质含量，使产品具有优良的高温性能，另一方面采用软组分回调技术，改善硬质沥青的低温抗裂性能，较好地兼顾了硬质沥青高低温性能。其核心技术在于充分利用了环烷基稠油资源生产的脱油沥青具有胶质含量高、蜡含量低的特点，从沥青的高温流变性研究入手，优化了硬质沥青的族组成，提高了硬质沥青胶体的内聚力和抗车辙性能；同时开发了适宜的沥青低温改进助剂，解决了沥青高温性能提高后带来的低温性能下降的技术问题，较好地解决了硬质道路沥青产品普遍存在的高温稳定性与低温抗裂性能相矛盾的技术难题。克拉玛依石化和燃料油公司是国内批量生产合格硬质沥青技术并成功应用到实体工程的为数不多的厂家。

（1）克拉玛依石化硬质沥青生产技术。

克拉玛依石化是国内较早研究低标号沥青和硬质沥青的单位[4]，并相继铺设了十余条低标号沥青和硬质沥青的试验路段，结果表明，低标号沥青和硬质沥青能显著提高沥青路面的高温抗车辙性能，尤其是硬质沥青应用于高模量沥青混合料，不仅可以改善沥青路面的高温抗车辙性能，而且还可以提高沥青路面的耐久性能和抗水损坏性能。

根据原油性质差异，可以采用三种生产工艺得到硬质沥青，即溶剂脱沥青法、氧化法及调和法。克拉玛依石化采用三种不同生产工艺生产的硬质沥青的基本性质见表 3-8 和表 3-9。

第三章 道路沥青产品技术

表 3-8 克拉玛依石化三种不同生产工艺制备的 20 号硬质沥青的基本性质

项目		测试方法	溶剂脱沥青法	氧化法	调和法
针入度(25℃，100g，5s)，1/10mm		JTG E20—2011 T 0604	18	20	19
软化点(R&B)，℃		JTG E20—2011 T 0606	67.5	83.5	69
动力黏度(60℃)，Pa·s		JTG E20—2011 T 0620	6500	>20000	12900
TFOT 后	质量变化，%	JTG E20—2011 T 0610	+0.022	+0.020	+0.030
	残留针入度比，%	JTG E20—2011 T 0604	85	95	78.9
	软化点(R&B)，℃	JTG E20—2011 T 0606	71.5	86	75.6
	软化点增加，℃	JTG E20—2011 T 0606	4.0	2.5	6.6
动力黏度(135℃)，Pa·s		JTG E20—2011 T 0625	3.792	18.6	4.231
脆点，℃		JTG E20—2011 T 0613	-11	-15	-12

注：表中 135℃ 动力黏度的技术指标为根据运动黏度与动力黏度的关系，采用实测密度计算而得。

表 3-9 克拉玛依石化三种不同生产工艺制备的 20 号硬质沥青的 PG 性能等级

原样沥青		溶剂脱沥青法	氧化法	调和法	规范
黏度(135℃)，Pa·s		0.933	0.678	0.583	≤3.0
闪点，℃		356	367	323	≥230
动态剪切流变 $G^*/\sin\delta$，kPa	88℃	1.008			≥1.0
	91℃	0.747			
	94℃			1.245	
	97℃			0.9936	
	113℃		1.034		
	116℃		0.8246		
RTFOT 后残留物					
质量变化，%		0.021	0.018	0.026	≤1.0
动态剪切流变 $G^*/\sin\delta$，kPa	85℃	2.584			≥2.2
	88℃	1.878			
	94℃			2.64	
	107℃		2.662	1.933	
	110℃		2.131		

续表

原样沥青		溶剂脱沥青法	氧化法	调和法	规范
70℃ MSCR 试验	$J_{nr}3.2$，kPa^{-1}	0.4177	0.0211	0.1535	≤0.5
	J_{nr-iff}，%	8.37	1.772	7.154	≤75
PAV 后残留物					
动态剪切流变 $G^*/\sin\delta$，kPa	39℃	1464			≤5000
	42℃			1231.9	
	45℃		891.8		
BBR s 值 (60s/MPa)	-7℃				≤300
	-8℃	218		188.5	
	-9℃	252		224	
	-11℃		180.5		
	-11℃		204		
BBR m 值 (60s)	-7℃				≥0.3
	-8℃	0.309		0.306	
	-9℃	0.292		0.294	
	-11℃		0.304		
	-11℃		0.292		
路用性能分级		PG88-16E	PG107-22E	PG94-16E	

从表 3-8 和表 3-9 的结果可知，三种工艺生产的硬质沥青，其高温性能从优到劣的排序为氧化工艺>调和工艺>溶剂脱沥青工艺，而其低温性能从优到劣的排序为氧化工艺>调和工艺=溶剂脱沥青工艺。

2006—2020 年，克拉玛依硬质沥青以其优异的路用性能在我国的中西部地区高速公路建设中得到了广泛应用，15 年间累计使用各类硬质沥青 10 万余吨，试验路段情况见表 3-10。

表 3-10 克拉玛依硬质沥青试验路段

铺设时间	沥青种类	工程应用地点
2006 年	30 号沥青	吉林长春绕城高速公路
2007 年	50 号沥青	"二—广"国道洛阳段的南洛高速公路
2008 年	50 号沥青	"二—广"国道洛阳段的南洛高速公路
2009 年	50 号沥青	克拉玛依石化大道和昌盛路
2009 年	50 号沥青	四川 108 国道干线的成—德大道
2010 年	50 号沥青	山西忻—阜高速公路
2013 年	30 号沥青	准格尔—兴和高速
2013 年	20 号沥青	新疆阿喀高速公路
2018 年	50 号、30 号沥青	陕西铜川 G309 线和甘肃白银 G109 线
2020 年	50 号、30 号沥青	甘肃敦煌—当金山

(2) 燃料油公司硬质沥青生产技术。

燃料油公司根据南美重油高黏特性，通过常减压蒸馏工艺可直接生产硬质沥青产品，工艺路线易于实现,生产成本较低,典型性质分析见表3-11。

表3-11 燃料油公司30号、50号沥青性质汇总

项 目		30号	50号	试验方法
针入度(25℃,100g,5s),1/10mm		32.8	51.6	JTG E20—2011 T 0604
针入度指数PI		-1.11	-1.30	JTG E20—2011 T 0604
软化点,℃		56.8	50.2	JTG E20—2011 T 0606
延度(15℃,5cm/min),cm		44	>100	JTG E20—2011 T 0605
延度(10℃,5cm/min),cm		5	16.5	JTG E20—2011 T 0605
密度(15℃),g/cm³		1043.2	1042.3	JTG E20—2011 T 0603
溶解度(三氯乙烯),%		99.98	99.97	JTG E20—2011 T 0607
闪点(开口),℃		>290	281	JTG E20—2011 T 0611
含蜡量(蒸馏法),%		1.55	1.67	JTG E20—2011 T 0615
动力黏度(60℃),Pa·s		783	344	JTG E20—2011 T 0620
薄膜烘箱加热试验残留物	质量变化,%	-0.10	-0.29	JTG E20—2011 T 0609
	针入度比(25℃),%	70.7	64.0	JTG E20—2011 T 0604
	延度(15℃,5cm/min),cm	6	20.2	JTG E20—2011 T 0605
	延度(10℃,5cm/min),cm	2	5.2	JTG E20—2011 T 0605

燃料油公司生产的昆仑标准硬质沥青产品以优异的性能和客户好评度,成绩斐然,在南方地区进行了大面积推广应用,年生产销售硬质沥青30号和50号沥青达$10×10^4$t以上,近5年每年销售量超$10×10^4$t。

(3)昆仑硬质沥青特点及应用。

硬质沥青产品的开发及应用大大提升了中国石油沥青品牌效应。主要代表性应用工程包括海南环岛路、吉林长春绕城高速公路、四川108国道干线的成德大道、广东江肇高速、湖南衡桂高速、湖南怀通高速、交通部足尺环道、二连—广州高速公路河南洛阳段、吉林长春绕城高速公路、二广(二连浩特至广州)国道洛阳段的南洛高速公路。

按照石油沥青技术要求,对昆仑30号沥青、国内70号沥青和SBS改性沥青进行分析评价,昆仑30号沥青和硬质沥青除了在延度指标上与70号沥青具有一定差距外,其余指标均表现出优异的路用性能,特别是高温指标,其软化点和60℃黏度比70号沥青高很多,

说明昆仑30号沥青和硬质沥青适宜于夏季炎热的地区或重载交通公路，对提高沥青路面的高温性能有很大帮助，指标对比情况见表3-12。

表3-12 各种沥青常规分析数据

项　目		K-20号	K-30号	T-30号	70号	SBS改性沥青
针入度(25℃，100g，5s)，1/10mm		19	30	28	68	69
PI		—	0.21	-0.139	-0.783	0.137
软化点，℃		68	59.5	57.5	51	64
延度，cm	5℃					38
	15℃	—	55	21	>100	
	25℃		>100	>100	>100	
动力黏度(60℃)，Pa·s		6600	1710	1610	313	1080
RTFOT						
质量变化，%		0.021	0.03	0.03	0.03	0.26
残留针入度比，%		85	80	67	70	76
残留延度，cm	5℃					23
	15℃	—	21	9	41	

30号沥青的高温性能相当甚至优于SBS改性沥青，远远高于70号沥青的高温性能；其低温性能接近或相当于70号沥青。而硬质沥青的高温抗车辙性能远高于30号沥青和SBS改性沥青，但其低温抗裂性能只有2000左右，这也是目前大多将其应用于道路中下面层的根本所在[5-10]，沥青混合料性能见表3-13。

表3-13 各沥青混合料性能试验对比

沥青种类	油石比，%	混合料类型	车辙试验动稳定度，次/mm		低温弯曲试验最大弯拉应变，με	
			检测值	指标	检测值	指标
T-20号	5.6	EME-14	7311		2052	
K-30号	4.4	SAC-25	4743		2986	
T-30号	4.5	SAC-25	5726		3454	
70号	4.4	SAC-25	2817	≥1000	3802	≥2000
SBS改性沥青	4.6	SAC-25	4263	≥2800	4132	≥2500

昆仑硬质沥青特点包括三个方面：①率先提出将硬质道路沥青产品应用于解决沥青路面频繁出现的车辙和拥包破坏的问题，代替成本高的SBS改性沥青，引领路面材料向节能环保的方向发展；②采用"溶剂深度脱沥青—软组分回调技术"组合工艺优化了沥青的族组成结构，最大限度地平衡了硬质沥青产品的高低温性能，拓宽了产品使用温度范围；③不同生产工艺的硬质沥青，具有不同的高低温性能，用户可根据当地气候条件与交通量选择合适的硬质沥青产品[11]。

昆仑硬质道路沥青主要适用于解决因高温气候或重在交通引起的辙问题，一方面可用于铺筑新建沥青路面的上面层、中面层或下面层，尤其在南方高温地区完全可以替代高成本的SBS改性沥青；在北方地区主要适用于中面层和下面层，能够达到增强路面强度、稳固基层的作用。另一方面可用于对抗车辙性能要求较高的老旧高速公路的翻新、维修、改造。本产品还可用于薄层和超薄层结构沥青路面，如高等级公路立交桥、跨江(海)大桥桥面等路面的铺设[12]。

4. 硬质沥青发展

近十年我国高速公路和城市快速路建设飞速发展,新型结构路面在高速公路的面层、城市环城路等地应用越来越多,改性沥青的大量使用就是因为原有的重交通道路沥青不能满足一些路面结构的性能要求,但这无疑增加了大量的建设成本。人们逐渐认识到硬质沥青优良的力学性能,采用硬质沥青铺设道路已成为公路建设的发展趋势[13-15]。随着物流业的迅猛发展,重载车加剧了对路面的损害,再加上气候变暖的影响,对硬质沥青的需求将进一步加大。

在未来几十年,随着高速公路和高等级公路建设的快速发展,以及20世纪90年代建成的高速公路将进入翻新、维修高潮期,硬质沥青以其优良的高温抗车辙性及较低的生产和施工成本,将具有良好的应用前景。

第二节 聚合物改性及橡胶沥青

随着道路行业对沥青材料性能要求的提高,传统的石油沥青已不能满足路面日益提高的使用要求,聚合物改性沥青应运而生。聚合物改性沥青改变了石油沥青性质依赖原油性质的特点,聚合物作为改性剂显著提高了沥青材料的高低温性能和抗疲劳性能,提高了沥青路面的性能,减少了路面病害的发生,延长了沥青路面的使用寿命,使沥青材料功能性更加突出。目前,聚合物改性沥青的产量已突破 $500×10^4$ t/a,并且每年以5%~10%的速度增长,成为道路沥青重要组成部分。

橡胶沥青是将磨细的废旧轮胎胶粉作为改性剂,不仅为废旧轮胎等固体废弃物的处置提供了新的途径,实现了废物再利用,符合循环经济的发展要求,而且橡胶粉优良的弹性,也赋予沥青材料较好的路用性能,提高了道路整体性能,延长了路面使用寿命。近年来,从交通运输部到部分省市的交通部门都制订了橡胶沥青产品标准或施工技术规范,促进了橡胶沥青产品生产和应用技术的发展,随着我国环境保护政策日趋严格和人们环保意识的提高,环保型橡胶沥青成为橡胶沥青产品的主要发展方向。

聚合物改性沥青和橡胶沥青是中国石油重要的特种沥青产品,主要通过工厂化方式进行生产。燃料油公司、克拉玛依石化等企业建有改性沥青生产装置,通过剪切—发育工艺的优化,实现聚合物改性沥青产品质量的稳定和提升,产品在全国各地得到应用。

一、改性沥青生产的三个关键指标

由于交通行业的迅速发展,交通量和汽车轴载的迅速增加,加之极端高低温气候频现,道路行业对沥青和沥青混合料的性能提出了更高的要求:一方面要求沥青混合料具有高温稳定性,不易产生车辙;另一方面要求具有低温抗裂性和抗疲劳性能,并延长路面的使用年限。20世纪60年代以来,国内外许多学者对沥青的性能和结构进行了大量研究,由于沥青材料结构的复杂性及其对环境因素的敏感性,虽然沥青生产工艺可使性能得到明显改善,道路设计部门也竭力采用优质道路石油沥青,但是许多道路的使用结果仍不尽人意。传统的石油沥青已经不能满足日益增长的交通量和道路建设的需要，改性沥青应运而生。

按照我国《公路沥青路面施工技术规范》(JTG F40—2004)的定义[10]，改性沥青是指"掺和橡胶树脂、高分子聚合物、天然沥青、磨细的橡胶粉，或者其他材料等外掺剂（改性剂），从而使沥青或沥青混合料的性能得以改善的沥青结合料"。改性剂是指"在沥青或沥青混合料中加入的天然的或人工的有机或无机材料，可熔融、分散在沥青中，改善或提高沥青路面性能的材料"。改性沥青结束了沥青质量严重依赖原油的历史，通过改性材料的优选与复配，可以将沥青的高低温性能进行提高，以适应沥青路用性能的要求，生产中要特别注意相容性、溶胀和分散性三个关键指标。

1. 相容性

聚合物要能够均匀地分散在沥青中，必须与沥青很好的相容，稳定地存在，否则，改性沥青的性能将大大降低，不仅造成生产成本高昂，而且应用效果很差。从热力学上讲，相容性是指两种或两种以上的物质按任意比例均能形成均相物质的能力；而物理上的含义是指两种物质混溶以后形成一个稳定的体系，不发生分层或者相分离。对于改性沥青而言，则是指聚合物能够均匀地分布于沥青中，不发生明显分层现象。

总体来讲，能完全满足热力学混溶条件形成均相体系的材料极少，而热力学不相容则是常见情况。沥青与高聚物存在着分子量、化学结构的差异，因而属于热力学不相容体系，但这也许是沥青改性所期望的。与聚合物共混物相类似，由于不同组分相界面上的相互作用，使聚合物共混物具有很多均相物质所难达到的性质，聚合物在沥青-聚合物体系中的理想状态是细分布而不是完全互溶，达到物理意义上的相容很有必要。

研究表明，聚合物是否与沥青相容，主要与沥青中沥青质的分子量和含量、软沥青质相位的芳香度、聚合物的分子量与结构、聚合物的剂量等因素有关。当聚合物的分子量接近或大于沥青质的分子量时，就会破坏沥青相位的平衡。聚合物与沥青质争夺软沥青质的相位，如果没有足够的软沥青质，相位就可能分离，也就形成聚合物与沥青不相容，当沥青组分比例在饱和分8%~12%，芳香分与胶质85%~89%，沥青质1%~5%，与聚合物相容性好。

当聚合物加入沥青中时，聚合物首先要吸收油分而溶胀，使体积增大5~10倍。当聚合物添加剂量较高的情况下，吸收的油分也将增加。只有聚合物充分溶胀，它才有可能分散成细小颗粒。聚合物的分子结构对相容性也有很大影响，试验表明，对于热塑性弹性聚合物SBS，线型结构较星型结构易分散。因此，在制备聚合物改性沥青时，基质沥青的性能的选择很关键，并对聚合物的分子量、分子结构、分散状态加以选择，使它们能形成很好的配伍，相容性好是改性沥青的首要条件，相容性好可以起到四个方面作用：(1)改性作用，相容性好的改性沥青体系，改性剂粒子很细，很均匀地分布于沥青中，相容性差则改性剂粒子呈絮状、块状或发生相分离和分层现象；(2)聚合物(特别是嵌段共聚物)在低剂量下发生溶胀，形成一种连续的网络结构，发挥改性作用；(3)改善储存、运输过程中的稳定性，相容性差的改性沥青，在搅拌完成且温度降低后可能发生相分离或分层现象，这将导致前期工作的失败；(4)减少搅拌时间和搅拌机的功率要求，减少能量消耗，并防止改性沥青的老化。

在沥青与聚合物的相容性测试方面，还依靠改性沥青小试试验，来考察不同工艺条件下制备的改性沥青样品的储存稳定性。另外,国内有研究人员利用沥青的胶体不稳定指数,通过基质沥青的四组分来进行胶体不稳定指数的计算,进而推算基质沥青与 SBS 的相容性,规定胶体不稳定指数 I_C=(饱和分+沥青质)/(胶质+芳香分),当 $I_C \leq 0.2$ 时,沥青与 SBS 的相容性较好,当 $I_C > 0.3$ 时,沥青与 SBS 的相容性较差,但是这种方法也有其局限性,通过实际应用发现,该方法并不适用所有沥青,只能起到一定的指导作用,在实际配方的确定过程中,还需使用小试试验的方法来进行相容性的考察。几种常见沥青的四组分和 I_C 值见表 3-14。

表 3-14 几种沥青的 I_C 值

油源类型		中海	科威特	沙中	克拉玛依石化	SK	埃索	CPC	玛波
基质沥青组成,%	饱和分(S)	17.9	8.2	8.2	27.9	9.9	7.8	8.39	16.7
	芳香分(A)	33.2	52.4	52.6	25.7	49.9	54.12	54.48	42.2
	胶质(R)	43.8	32.1	34.5	45.6	31.0	28.94	27.75	26.9
	沥青质(AT)	5.1	7.3	4.7	0.6	9.7	9.14	9.38	14.1
$I_C=(S+AT)/(A+R)$		0.3	0.18	0.15	0.4	0.2	0.20	0.22	0.4
稳定性		较差	可以	好	差	可以	可以	可以	差

2. 溶胀

聚合物加入沥青后没有发生化学反应,但是在沥青轻质组分的作用下,体积将会胀大。Nahas 把溶胀与改性沥青的抗车辙性能相联系,而 Brule 认为溶胀是使改性沥青的拉伸应力—应变关系得以改善的关键。总而言之,溶胀是聚合物改性沥青起到改性作用的重要环节,同时也是其区别于其他类型的改性剂,如矿物填充料的最大特点,有研究者将改性剂的溶胀称为"发育",表现了区别于聚合物又不同于沥青的界面性质。溶胀程度随着聚合物剂量的增加而降低,在高剂量下,聚合物在沥青中的溶胀程度略有降低,但形成网状结构。它使沥青的力学性质产生很大改善,而实际上限于经济方面的因素,聚合物剂量应有所限制。在低剂量下,聚合物被溶胀,表现为沥青中的胶质和饱和分吸附于聚合物表面,形成类似于沥青本身的另一种胶体结构。组分比例发生变化,沥青的性能得到改善,所以在低剂量聚合物情况下,保证聚合物的溶胀是很重要的。这可以通过选择合适的沥青而实现,如选择饱和分和芳香分含量较高的沥青或标号较高的沥青。

3. 分散度

分散度是指聚合物在沥青中的分布状态及聚合物粒子的大小。聚合物细小、均匀的分布是保证相容性的前提,也是发挥改性效果的保证。如果忽视分散度,聚合物很难发挥改性作用,甚至有副作用。聚合物在沥青中的分散度对改性沥青性质有很大影响,改性沥青制备的过程,就是使聚合物尽可能充分地分散,分散度的好坏是加工质量的重要标准。聚合物只有充分分散在沥青中,才能真正发挥改性作用。实验表明,当聚合物改性沥青经加工后,成为均匀的混合物(在显微镜下,聚合物颗粒尺寸在 10μm 以下),用肉眼看不见粒

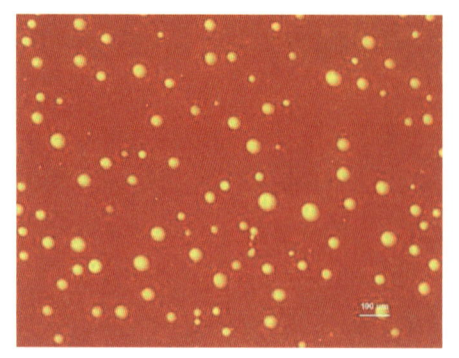

图 3-2　SBS 改性沥青的荧光显微镜照片

子的存在，改性沥青的软化点就会有较大幅度的提高；相反，如果有明显粒子可见，则改性沥青的软化点提高就很少(图 3-2)。

二、聚合物改性剂的种类

除了橡胶沥青以外，一般聚合物改性剂可分为热塑性弹性体类、橡胶类和树脂类三类。

1. 热塑性弹性体

热塑性弹性体主要是苯乙烯类嵌段共聚物，如苯乙烯—丁二烯—苯乙烯(SBS)、苯乙烯—异戊二烯(SIS)、苯乙烯—聚乙烯/丁基—聚乙烯(SE/BS)等嵌段共聚物，由于它兼具橡胶和树脂两类改性沥青的结构与性质，因此也称为橡胶树脂类。属于热塑性橡胶类的还有聚酯弹性体、聚脲烷弹性体、聚乙烯丁基橡胶浆聚合物、聚烯烃弹性体等。

研究表明，热塑性弹性体对沥青结合料的温度稳定性、形变模量、低温弹性和塑性变形能力都有很好的改善，所以这类弹性体已成为目前世界上使用最为普遍的道路沥青改性剂，其中应用最多的是 SBS。SBS 由于具有良好的弹性(变形的自恢复性及裂缝的自愈性)，已成为目前世界上使用最为普遍的道路沥青改性剂。SBS 是由苯乙烯(硬段 S)和丁二烯(构成软段 B)组成的三嵌段共聚物(图 3-3)。根据苯乙烯和丁二烯所含比例的不同和分子结构的差异可以分为线型和星型两种。线型 SBS 对提高沥青的低温延度效果较好，星型 SBS 对提高沥青的软化点和黏度效果较好。目前 SBS 改性沥青已用于全国各区域高等级公路建设，并且应用的层位也已经由磨耗层(上面层)发展到上、中面层。

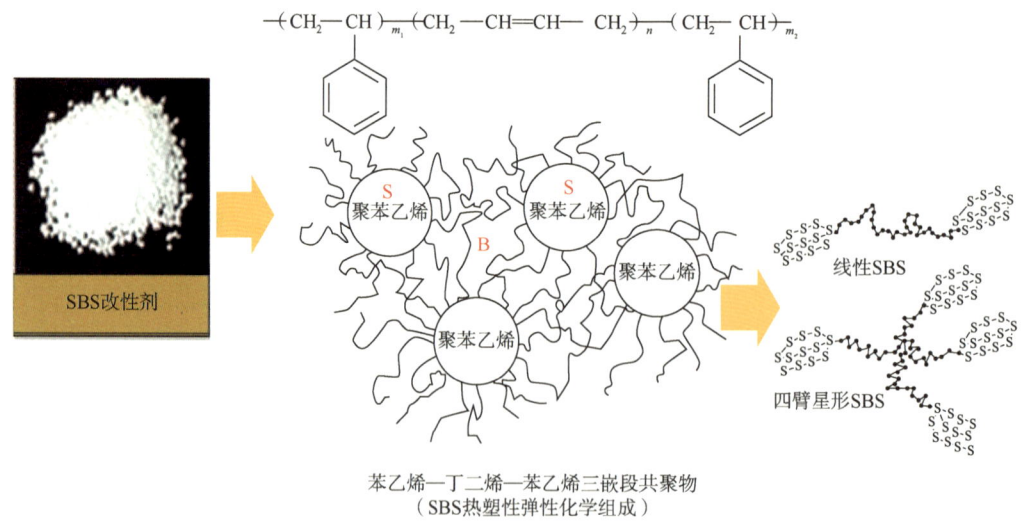

图 3-3　SBS 的分子结构

2. 橡胶类

橡胶即聚合物弹性体，主要有天然橡胶、合成橡胶和再生橡胶三大类。在道路工程中，主要采用合成橡胶来改性沥青。其中丁苯橡胶(SBR)是世界上应用最广泛的改性剂之一，它是丁二烯—苯乙烯聚合物,根据苯乙烯含量多少又分为许多品种,通常用于沥青改性的多为苯乙烯含量为30%的丁苯橡胶。氯丁橡胶具有极性,常掺入煤沥青,作为煤沥青的改性剂。SBR能显著提高沥青的低温变形能力,改善沥青的感温性和黏弹性。有关文献认为,由于SBR与沥青的分子量相差太大,二者兼容性较差,因此改性沥青的结构属于一种镶嵌结构。在低温下由于沥青硬而橡胶相对较软,这样在受到外力作用时,胶粒的变形拉伸起到一定程度的增韧增塑作用,降低了整体材料的脆性,使得低温性能得到改善。同时由于改性剂分子量大,掺入沥青后使得改性沥青平均分子量增大,弹性增强,而且改性剂的大分子在沥青中起着缠绕的作用,阻碍了沥青分子的流动,因而沥青高温性能增强。SBR改性沥青主要用于西藏和青海等寒冷地区的道路工程。

3. 树脂类

树脂类材料按其可塑性分为热塑性树脂和热固性树脂。热塑性树脂主要有聚乙烯(PE)、乙烯—醋酸乙烯共聚物(EVA)、无规聚丙烯(APP)、聚苯乙烯和聚酰胺等。热固性树脂主要为环氧树脂(EP)和聚氨酯,用热固性树脂可配制具有高强度、高性能的沥青混凝土材料,但由于其工艺比较复杂,施工难度大,除在某些特殊工程中外,应用不太普遍,在道路工程中用于沥青改性的主要为PE和EVA,但是由于近年来SBS改性沥青生产和应用技术的发展,加之树脂类改性沥青存在低温脆性强、容易离析的缺点,其在道路行业的应用已经很少。

三、SBS改性沥青生产及性能评价

1. 改性沥青生产工艺技术

SBS改性沥青由于其较优的高低温性能和抗疲劳性能,已经成为道路材料里重要的一类改性沥青材料,在高等路面建设中已经成一个必不可少的产品。经过20多年的发展,生产技术已经日益成熟和基本定型,生产设备设施、工艺流程、产品工艺配方等方面对沥青行业来说已经是个广谱的技术,关键在于选择适宜的基质沥青、助剂等原料,以及工艺条件操作控制精度和能力。

(1) 生产工艺流程。

SBS改性沥青生产工艺流程图如图3-4所示,SBS改性沥青生产工艺是个间歇式生产过程,一套装置的产量是由发育罐或成化罐的容量决定的。

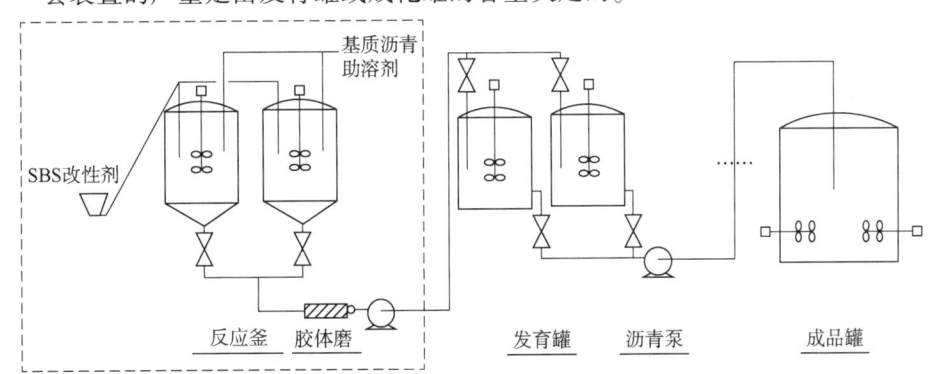

图3-4 SBS改性沥青生产流程示意图

(2) 主要设备及工艺过程。

SBS 改性沥青主要采用剪切研磨与搅拌发育相结合的工艺，剪切设备分为胶体磨和高速剪切机两类。搅拌反应釜一般是 10~30m³ 带搅拌立式罐。另外还有导热油炉、原料罐等设备设施。

采用胶体磨法和高速剪切法加工改性沥青，一般都需要经过改性剂的融胀、研磨分散和发育三个阶段。每一个阶段的工艺流程和时间随改性沥青及加工设备的不同而不同，加工温度是关键。SBS 经过溶胀阶段后，研磨后的颗粒才会越来越小，研磨分散后，需加入交联剂进行化学交联作用，使 SBS 在沥青中形成网状结构，稳定分散。另外，SBS 改性沥青还需经过搅拌发育阶段，在这一阶段，SBS 颗粒继续溶胀，改性沥青的高低温性能持续提高并维持一定程度的稳定。

2. 改性沥青性能评价主要指标

(1) 温度敏感性。

国内评价沥青的温度敏感性的指标采用针入度指数 PI，主要是测试沥青在 15℃、25℃ 和 30℃ 等 3 个或 3 个以上的温度条件下的针入度后按规定方法计算得到的，如果 30℃ 的针入度过大，可采用 5℃ 代替。

(2) 高温稳定性。

软化点(环球法)是目前世界上普遍使用的评价沥青高温性能的常规指标，也是我国道路沥青最常用的三大指标之一，其数值表达直观，且与路面发软变形的程度相关联。沥青的软化点实际上是个等黏温度，沥青试样在钢球的恒定荷载下被穿透，说明沥青的黏度达到了所能承受的极限。大量研究证明，沥青软化点的温度大体相当于针入度为 80mm，或黏度为 1300Pa·s 时的温度。

(3) 低温性能。

国内普遍使用沥青的延度来评价其低温性能，是指沥青在规定温度和一定拉伸速率下的拉伸长度。对于改性沥青来说，5℃ 的延度(速率 5cm/min)是合适的指标。这是因为普通沥青在掺加改性剂后其性能有了很大的变化，尤其是对于掺加了改善低温性能的改性剂的沥青来说，继续采用 10℃ 延度无法拉开沥青性能的档次，从而无法加以比较。

(4) 弹性性能。

国内采用沥青的弹性恢复指标来评价改性沥青的弹性性能，用于测定和评价改性沥青在外力作用下，变形后可恢复变形的能力。对于改性沥青来说，这是一个比较重要的评价指标。这个试验采用一般的沥青延度试验设备，首先浇注"8"字形的沥青试样，冷却后放在 25℃ 的水中保温 1h，接着脱模并在延度仪上进行拉伸，拉伸温度为 25℃，拉伸速率为 5cm/min。当拉伸到 10cm 时，停止拉伸并从中间剪断试样，在水中原封不动地保持 30min 后，把剪断的试样两头对接起来并测量其恢复后的长度。按下式计算其弹性恢复率：

$$弹性恢复率 = (10-x)/10 \times 100\%$$

式中　x——恢复后的试样长度，cm。

弹性恢复试验的恢复率越大表明沥青的弹性性能越好。

(5) 耐老化性能。

沥青的老化性能是沥青路用性能的重要性质，美国 SHRP 等都将其作为一项重要指标进行研究，并提出了一系列新的评价方法和指标。沥青老化后，由于轻质油分的挥发，低分子向大分子转化，沥青的密度增加、溶解度变小、闪点提高、黏度增大、针入度变小、软化点升高、延度变小、脆点升高、PI值得到改善。在这些变化中，轻质油分的挥发将使沥青质量发生变化。薄膜烘箱试验(TFOT)和旋转薄膜烘箱试验(RTFOT)模拟沥青在拌和过程中的老化过程，美国SHRP试验中的压力老化试验(PAV)模拟沥青使用7~10年的长期老化过程。在我国交通行业规范中，使用质量损失、残留针入度比和残留延度来表征改性沥青的耐老化性能，但是，在实际应用中发现，残留延度和针入度比并不能十分准确地表征不同改性沥青的耐老化性能，沥青在老化前后的软化点变化和黏度的变化值更能在一定程度上反映改性沥青的耐老化性能。

（6）存储稳定性。

SBS改性沥青是由SBS颗粒和沥青组成的多相混合系统，由于它们之间的混合过程主要是物理混合过程，沥青与SBS分子量和分子结构方面差异较大，是一种不稳定体系，那么SBS与沥青的相容性是SBS改性沥青的关键指标。如果两者的相容性不好，则影响SBS改性沥青性能的发挥，不仅影响产品质量，还会造成生产成本居高不下。对于SBS与沥青的相容性的表征，一般采用离析试验来进行测定，试验方法的原理是将改性沥青放入盛样管中，在163℃条件下放置48h后，从盛样管顶部和底部分别取样，测定其环球法软化点之差，来评价聚合物改性沥青的离析程度（表3-15）。

表3-15　昆仑SBS改性沥青指标分析结果（JTG F40—2004）

项　目	SBS类（Ⅰ类）技术要求				典型实测值	
	Ⅰ-A	Ⅰ-B	Ⅰ-C	Ⅰ-D	Ⅰ-C	Ⅰ-D
针入度(25℃，100g，5s)，1/10mm	>100	80~100	60~80	40~60	65	55
针入度指数 PI	≥-1.2	≥-0.8	≥-0.4	≥0	-0.23	0.03
延度(5℃)，cm	≥50	≥40	≥30	≥20	34	27
软化点，℃	≥45	≥50	≥55	≥60	79	82
运动黏度(135℃)，Pa·s	≤3				1.6	2.1
闪点，℃	≥230				280	270
溶解度，%	≥99				99.88	99.80
弹性恢复(25℃)，%	≥5				94	93
离析(48h软化点差)，℃	≤2.5				1.4	1.5
TFOT(RTFOT)后残留物							
质量变化，%	≤±1.0				-0.27	-0.24
针入度比(25℃)，%	≥50	≥55	≥60	≥65	72	80
延度(5℃)，cm	≥30	≥25	≥20	≥15	25	19

四、橡胶沥青

1. 定义和技术发展

通常用废旧汽车轮胎制备的橡胶粉，加入一定量到沥青中，在一定温度下通过搅拌或搅拌加剪切碾磨生产出的改性沥青称橡胶沥青。橡胶沥青规模化研究及生产应用已有近20年的历史。产品品种由单一的橡胶沥青产品发展到与SBS等聚合物复合改性，生产技术从生产工艺条件到设备设施都有了改进和发展，路面应用技术也得到快速发展[16-17]。

根据美国ASTM08-88标准的定义，橡胶沥青是由沥青、回收废轮胎橡胶以及一定的添加剂组成的混合物，其中胶粉的含量不少于15%。胶粉在热沥青中充分溶胀形成一种黏性凝胶，使得改性沥青的黏度增大。

橡胶沥青利用了橡胶粉的弹性对沥青进行改性，具有优良的高低温性能和抗疲劳性能，但是由于橡胶粉自身的化学组成特点和物理性能，在加工应用等环节存在诸多问题需要解决，主要问题有三方面：(1)在加工环节，生产橡胶沥青时胶粉添加困难，胶粉易聚集在沥青表面引发火灾等危险，橡胶沥青加工温度高(达200℃)，造成使用过程的污染大、能耗高、沥青老化和设备投资大等问题；(2)在热储存及使用过程中发生性能衰减及沉淀离析等不稳定问题，致使难以工厂化生产；(3)尽管橡胶沥青或橡胶沥青的价格比SBS改性沥青便宜，但是其高的用油量(6%~9%，比SBS改性沥青高1%~3%)，导致筑路的总成本居高不下。上述三个问题一直阻碍其快速发展。

为解决上述问题，从工厂化加工角度，我国在传统橡胶沥青上后续加工开发了橡胶改性沥青，即在原有的橡胶沥青基础上采用胶体磨或高速剪切设备对其进行二次剪切加工，从而达到传统橡胶沥青的技术性能指标，而又具有工厂化胶粉沥青的稳定性。

橡胶沥青技术的发展始于20世纪50年代中期。80年代末，我国开始引进国外的高分子聚合物改性沥青技术，即剪切研磨技术，在我国公路建设中新材料的应用主要集中在常规改性沥青技术的推广应用上。虽然废旧轮胎橡胶沥青的研究仍在继续，但并未引起公路界更多的重视，也没有取得更大的进展。

直至21世纪初，随着中国公路建设如何更加符合"建设资源节约型、环境和谐型社会"命题的提出，废旧轮胎橡胶粉在沥青路面中的应用再次成为我国公路界关注的热点。2001年，在交通部公路科学研究院的主持下，交通部西部科技项目中列入了"废旧胶粉用于筑路的技术研究"。该项目的研究主要集中于在采用40~120目细胶粉的条件下对干法处理与湿法处理的橡胶沥青结合料和混合料的性能研究，并在广东中山、河北沧州、四川成都、山东德州、山东淄博等地铺筑了一系列试验路段。

2001—2010年是橡胶沥青生产应用快速发展阶段，逐步形成以30~60目的废轮胎胶粉为改性剂，采用搅拌加剪切碾磨工艺生产，胶粉加入量在18%~22%，生产温度在180—200℃，采用工厂化(所谓的湿法工艺)生产为主。

2010—2015年，由于橡胶沥青生产工艺过程及筑路使用过程中温度高烟气大，受环保要求限制，很多省市限制其使用，这个过程孕育出对胶粉的"脱硫"或"熟化"等技术，对胶粉处理后期望降低生产反应温度，达到环保要求。此项技术还在发展中，未来有望大面积推广使用。

克拉玛依石化、辽河石化以及燃料油公司都结合自身沥青资源的特点，开展了橡胶沥青生产的研发工作，并取得了一系列研究成果。其中，燃料油公司结合玛瑞—波斯坎原油生产的沥青(玛波沥青)的特点，在2010年就开展了橡胶沥青产品生产工艺的研究，开发满足于交通运输部《橡胶沥青及混合料设计施工技术指南》指标要求的橡胶沥青产品

(表3-16),并基于橡胶沥青储存稳定性差、生产温度高、烟气排放量大的缺点,开发橡胶沥青的低温生产工艺并改善橡胶沥青的储存稳定性(表3-17)。

表3-16 燃料油公司橡胶沥青指标分析结果

项 目	1号	2号
旋转黏度(180℃),Pa·s	1.8	2.6
针入度(25℃,100g,5s),1/10mm	61	56
软化点,℃	72	81
延度(5℃),cm	23	30
弹性恢复(25℃),%	78	79

表3-17 燃料油公司橡胶沥青热储存过程中指标的变化

样品储存时间,h	1号样品 黏度(180℃),Pa·s	1号样品 软化点,℃	2号样品 黏度(180℃),Pa·s	2号样品 软化点,℃
0	4.4	72	2.6	81
2	4.9	71	2.5	79
16	4.9	69	2.6	77
32	4.8	70	2.4	79
48	4.7	70	2.5	78

使用玛波沥青生产的橡胶沥青具有软化点高、延度好等特点,并且橡胶沥青在热储存过程中180℃黏度和软化点的变化不大,稳定性明显提高。

2. 橡胶沥青技术标准

我国尚未制定统一的橡胶沥青技术国家标准,但是交通运输部在2008年12月组织编写出版了《橡胶沥青及混合料设计施工技术指南》[18],作为交通运输部"材料节约与循环利用专项行动计划系列指南"之一,并在此基础上,于2011年制定了交通运输行业标准《公路工程路用废胎胶粉橡胶沥青》(JT/T 798—2011),见表3-18。

表3-18 《公路工程路用废胎胶粉橡胶沥青》(JT/T 798—2011)技术要求

项 目	技术要求 寒区	技术要求 温区	技术要求 热区	技术要求 钢桥面铺装
旋转黏度(180℃),Pa·s	1.5~3.0	2.5~3.5	3.0~4.0	3.0~4.5
针入度(25℃,100g,5s),1/10mm	60~80	50~70	40~60	40~60
软化点,℃	>50	>58	>65	>65
弹性恢复(25℃),%	>50	>55	>60	>75
延度(5℃,1cm/min),cm	>10	>10	>5	>20

注:气候分区参见JTG F40—2004附录A。

另外,北京、天津等地制定了橡胶沥青地方性技术标准。北京针对当地的气候和交通环境提出了《北京市废旧轮胎胶粉沥青混合料设计施工技术指南》(表3-19)。

表 3-19　北京市橡胶沥青技术指标

试验项目	指标要求	试验项目	指标要求
旋转黏度(180℃)，Pa·s	1.0~4.0	薄膜烘箱试验残留物	
针入度(25℃，100g，5s)，1/10mm	40~80	质量损失，%	≤0.4
软化点，℃	≥47/56	针入度比(25℃)，%	≥80
弹性恢复，%	≥55	软化点比，%	≤110
延度(5℃)，cm	≥10	延度比(5℃)，%	≤40

2005年11月，江苏省交通科学研究院中心试验室参考我国现行改性沥青产品技术标准和美国亚利桑那州橡胶沥青技术标准，并结合工程应用经验，制定了橡胶沥青技术标准（表3-20），基质要求采用70号道路沥青。

表 3-20　江苏交科院橡胶沥青技术指标

项　　目	技术要求	项　　目	技术要求
黏度(177℃)，Pa·s	1.5~4.0	软化点，℃	≥54
针入度(25℃，100g，5s)，1/10mm	≥25	弹性恢复(25℃)，%	≥60

3. 橡胶沥青生产技术

橡胶沥青生产的关键因素是温度控制。无论用于喷洒的橡胶沥青还是用于拌和的橡胶沥青，其生产方法并没有什么区别。生产前，基质沥青需预先加热到160℃以上的温度。橡胶沥青必须在搅动状态下至少45min才能获得良好的反应效果，反应温度应维持在180~190℃。橡胶沥青生产完成后，在待用阶段应将橡胶沥青保温储存。用于储存橡胶沥青和基质沥青的储存罐需有加热和保温装置，以使储存罐能保持在规定的温度，温度一般在180~190℃范围内，不宜超过200℃[19]。

每次使用前，必须对橡胶沥青的质量进行检验，橡胶沥青质量技术指标，尤其是黏度必须符合有关规定要求。橡胶沥青经45min的反应之后，如果在4h内不使用，应该停止加热。保温罐里的橡胶沥青的降温速度是不同的，在使用前应对温度进行测试，如温度低于180℃就需要再加热。橡胶沥青冷却后再加热到规定温度称为一个加热循环。一般橡胶沥青再加热的循环次数不应超过两次。橡胶沥青在冷却加热循环过程中，性能会发生一定的变化，因此在使用前应进行检测，尤其是考察黏度是否满足要求。如橡胶沥青延迟时间过长，但只要橡胶沥青处于液态，橡胶和沥青就会继续发生反应，在这个过程中橡胶会不断发生裂解，使性能降低。为了使黏度等指标恢复到规定的水平，一般采取再添加胶粉的措施，但添加量一般不超过沥青的10%，同时在180~190℃温度下混合，并保持45min的反应时间，以恢复成满足要求的橡胶沥青。除温度外，橡胶沥青无论在保存还是在加热升温过程中，搅拌是非常重要的。若在保存阶段不予搅拌，则会导致橡胶沥青沉淀和离析。在升温过程中往往由于局部温度过高，若不加以搅拌，则会导致导热油或燃烧机管道附近的橡胶沥青在高温下老化，胶粉颗粒进一步加速裂解细化等，以致严重影响橡胶沥青产品的质量。在橡胶沥青生产过程中，不同阶段搅拌的作用具体体现为：

（1）在预拌阶段，若搅拌不均匀会使橡胶粉在沥青中结成团状，在后续的路面施工中将会在路面上出现油斑现象。

（2）在橡胶与沥青反应阶段，通过搅拌有利于胶粉颗粒与沥青的接触而发生反应，促进裂解和塑化，缩短橡胶沥青的制备时间。

（3）在储存阶段，若搅拌不均匀会使橡胶粉在基质沥青中发生沉淀，导致橡胶沥青出现离析现象。

橡胶沥青产量必须与拌和机的产量相匹配。若橡胶沥青产量跟不上拌和机的产量，将影响拌和料的生产效率，严重时将导致摊铺现场因橡胶沥青混合料供应不足而停工待料，以致不能连续摊铺，最终影响路面施工质量，甚至延误工期，因此橡胶沥青生产设备的产量必须与拌和楼的生产能力相匹配。

橡胶沥青的生产工艺主要包括两种：搅拌工艺和搅拌—剪切工艺（图3-5和图3-6），大部分生产厂采用搅拌—剪切工艺进行生产，通过剪切作用，橡胶粉能够被撕扯成更小的颗粒，增大颗粒的比表面积，促进橡胶粉在沥青中吸油溶胀，生产的橡胶沥青的性能更佳。国内研究者通过技术研究，均认为橡胶沥青现代生产工艺的关键主要有以下四个方面：

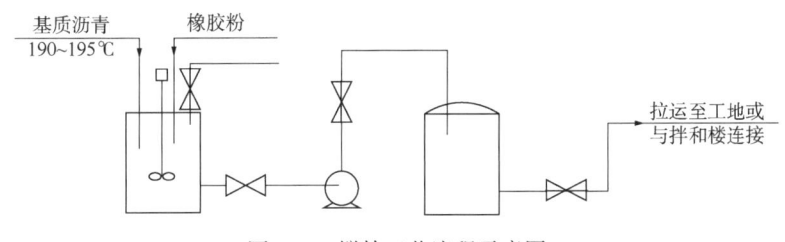

图3-5 搅拌工艺流程示意图

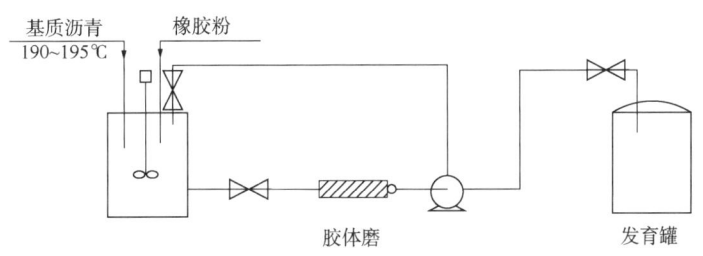

图3-6 搅拌—剪切工艺流程示意图

（1）橡胶粉掺量。橡胶沥青中胶粉的剂量宜在15%以上，橡胶颗粒溶胀后的体积占30%~40%，这样溶胀胶粉颗粒的"触角"之间才能相互联结，并在橡胶沥青的空间中形成"三维网络结构"。

（2）制备温度。橡胶沥青制备温度宜达到180℃以上，这主要是因为胶粉与热沥青接触中，需要有一个反应过程，而这个反应需要在高温下进行。如果沥青的温度比较低，则完成反应的时间比较长，提高温度可以缩短反应时间，提高生产效率。大量试验表明，180~190℃是制备橡胶沥青最为适宜的温度。

（3）胶粉分散。在橡胶沥青制备过程中，必须通过搅拌使胶粉均匀地分散在沥青中，胶粉绝不能成团结块，否则会严重影响橡胶沥青的质量。

（4）搅拌方式。橡胶沥青中的橡胶粉最终仍以"颗粒"存在，受地球引力的作用，它会向沥青贮罐底部沉淀和离析，所以橡胶沥青在溶胀反应过程中必须从底部进行"卧式"的翻滚式搅拌，以防止胶粉沉淀在罐底。

4. 橡胶沥青的应用

国内沥青路面的基本结构主要还是以半刚性基层沥青路面为主，沥青面层通常为两层或三层结构，中、下面层主要采用密级配沥青混凝土。对于半刚性基层来说，面层将承受更大的剪切应力，而且较大的剪切应力主要发生 5~12cm 的深度内。由于中、下面层承受着较大的剪切应力，更容易发生车辙变形，因而具有较高的抗车辙能力是中、下面层结构设计中要考虑的重要因素。除此之外，半刚性基层沥青路面还有两个常见的早期病害：半刚性基层抗水损害的能力较弱，被水浸泡后发生唧浆、变软、下沉，导致沥青路面出现坑洞、网裂；干缩裂缝、收缩裂缝导致沥青面层产生反射裂缝。

橡胶沥青混合料具有良好的抗疲劳和抗反射裂缝的性能，但同时要求使用较高的结合料用量，其结合料用量通常要高出普通沥青混合料 2%~3%，成本也将相应增加[20]。此外，橡胶沥青混合料用于结构性承载层，其结构层的抗疲劳性能与结构层的厚度有关，更适合用于 30~45mm 的薄层结构，当结构层厚度超过 60mm 后，与普通密级配沥青混合料相比已经没有更大的性能优势。

作为沥青面层表面的磨耗层，除一定的承载能力外，更重要的是满足功能性方面的要求，包括平整度、抗滑性、耐磨性与耐久性、抵抗温度与收缩应力的能力以及保护下层路面不受水浸入的能力，橡胶沥青都具有独特的优势。

2013 年 10 月，燃料油公司生产的昆仑橡胶沥青在北京三环辅路大修中进行了试验路铺筑，沥青混合料类型选用 ARAC-13 级配，并对沥青混合料的各项性能进行了检测（表 3-21）。

表 3-21 混合料高温稳定性试验结果

类 型	马歇尔稳定度，kN	流值，0.1mm	车辙试验，60℃，动稳定度，次/mm
昆仑橡胶沥青 ARAC-13 混合料	10.45	32.8	5979
A 品牌橡胶沥青 ARAC-13 混合料	10.25	31	5354
规范要求（1-3-2 区）	≥8.0	20~40	≥3000

注：市售橡胶沥青采用现场加工制备，对比混合料采用类似级配。

昆仑橡胶沥青产品 ARAC-13 混合料的马歇尔稳定度、流值及车辙试验的动稳定度，均满足《公路沥青路面施工技术规范》（JTG F40—2004）提出的沥青混合料的性能要求，通过与 A 品牌橡胶沥青混合料对比发现，橡胶沥青混合料的马歇尔稳定度和动稳定度均优于 A 品牌橡胶沥青混合料，具有良好的高温抗车辙能力。

采用浸水马歇尔试验和冻融劈裂试验两种试验方法评价橡胶沥青混合料的水稳定性，昆仑橡胶沥青产品混合料浸水马歇尔试验中所测定的马歇尔残留稳定度和劈裂强度比，均能满足现行规范《公路沥青路面施工技术规范》（JTG F40—2004）的要求（表 3-22）。

表 3-22 马歇尔残留稳定度试验结果

指　　标	残留稳定度比,%	劈裂强度比,%
昆仑橡胶沥青产品 ARAC-13 混合料	92.4	80.4
A 品牌橡胶沥青 ARAC-13 混合料	93.4	82.5
规范要求(1-3-2区),不小于	85	80

注：A 品牌橡胶沥青采用现场加工制备，对比混合料采用相同级配。

沥青混合料弯曲试验是通过小梁受荷弯曲，由破坏时的跨中挠度求得沥青混合料的破坏弯拉应变[21-22]，昆仑橡胶沥青产品混合料的低温弯曲试验的破坏应变结果满足现行规范《公路沥青路面施工技术规范》(JTG F40—2004)的要求。通过与 A 品牌橡胶沥青混合料对比发现，其低温抗裂能力优于 A 品牌沥青混合料，具有良好的低温性能(表 3-23 和表 3-24)。

表 3-23 低温弯曲试验结果

类　　型	低温弯曲试验(-10℃)破坏应变, $\mu\varepsilon$
昆仑橡胶沥青产品 ARAC-13 混合料	3114
A 品牌橡胶沥青 ARAC-13 混合料	2364
规范要求(1-3-2区)	≥2500

注：A 品牌橡胶沥青采用现场加工制备，对比混合料采用相同级配。

表 3-24 动态模量试验结果

类型	温度,℃	加载频率 0.1Hz 动态模量,MPa	相位角,(°)	1Hz 动态模量,MPa	相位角,(°)	10Hz 动态模量,MPa	相位角,(°)
试样1	4	7362	25.13	13530	16.76	18969	11.69
试样1	20	1756	31.56	3933	30.9	7858	24.54
试样1	40	207	25.38	412	33.25	1217	36.99
试样2	4	6980	24.51	13671	16.11	18767	12.03

随着温度的升高和频率的降低，动态模量均有下降的趋势。也就是说，在高温和慢速交通条件下，沥青混合料的动态模量均有所降低，橡胶沥青混合料同样如此。低温和快速交通条件下，沥青混合料的动态模量均是增加的。

水泥路面加铺改造工程是橡胶沥青的一个优势应用领域。在水泥路面的加铺改造工程中，反射裂缝往往是需要解决的主要问题，而橡胶沥青具有优异的黏弹性能，因此，在水泥路面的加铺改造中，不论是用于应力吸收层还是热拌沥青混合料都应优先采用橡胶沥青结合料。橡胶沥青在罩面工程中的应用，主要有两种形式：一种是在原路面上直接铺设橡胶沥青混合料罩面层；另一种是在原路面上先铺一层橡胶沥青应力吸收层，然后再在其上铺设橡胶沥青混合料罩面层(图3-7)。

图3-7 橡胶沥青试验路摊铺现场

橡胶沥青在桥面铺装中主要应用于混凝土桥梁的防水黏结层和桥面铺装的混合料。混凝土桥梁的沥青铺装层最大厚度为90~120mm，最小铺装层厚度为30mm。铺装结构可以是单层的或双层的结构。单层结构的铺装厚度通常为40~50mm，极限铺装厚度为30mm。双层铺装结构通常用于高速公路、一级公路和中等交通量以上的道路桥梁上，铺装的总厚度为90~120mm，上面层30~50mm，下面层50~70mm，在下面层与混凝土桥面之间应设有防水黏结层。为便于施工，桥面铺装的下面层，通常与路面的中面层等厚，而桥面铺装的上面层则通常与路面的上面层等厚，宜采用橡胶沥青混合料来铺设，下面层通常可采用普通沥青、改性沥青或橡胶改性沥青混合料。铺装层与混凝土桥面之间的防水黏结层，对于重交通、特重交通条件宜采用橡胶沥青结合料，对于中等和较轻的交通条件也可采用橡胶改性沥青结合料，铺层之间的黏层可采用普通乳化沥青黏层油。

第三节 乳化沥青

乳化沥青是一种借助于机械力作用将熔融的热沥青分散于含有乳化剂及助剂的水溶液中所形成的水包油(O/W)或油包水(W/O)的乳液材料，具有良好的施工性能和其他材料无可比拟的优点，在许多领域得到了广泛应用[23]。

乳化沥青是中国石油特种沥青产品的重要组成部分，燃料油公司和克拉玛依石化建有乳化沥青生产装置，各企业根据不同原油生产的基质沥青特点，开发了配伍性良好的乳化配方体系，并可根据客户需要在全国范围内建立了委托加工点，实现乳化沥青产品的稳定供应。

一、乳化沥青的特点和用途

乳化沥青与热沥青相比，具有应用范围广、施工过程便捷、原料低廉易得、生产效率高和施工季节长等诸多优点[24]。在全球能源紧缺、环境恶化的巨大压力下，乳化沥青的应用迎合了人们对节约能源、减少污染、保护环境等日益高涨的要求，近年来引领了沥青工程的技术发展趋势，用量和应用范围也得到了高速发展。尤其在公路、机场、广场、码头、街道的新建、改造、养护和再生工程中得到了广泛应用。此外，乳化沥青还用于高速铁路的CA砂浆[25]，建筑防漏、防渗、防潮等工程，制造隔热保温材料，生产乳化燃料，金属和非金属材料防腐处置，改良植物栽培的土壤等。

二、沥青乳化剂

沥青乳化剂是表面活性剂的一种，是一种"两亲性"分子，即分子的一端是亲水基团；另一端是亲油基团。亲油部分一般由碳氢原子团组成，一般含直链或支链烷基、环烷基、松香、木质素衍生物等，结构差别很小；亲水部分原子团则种类繁多，结构差异较大，这使得乳化剂有多种不同类型。常见的亲水基团有羧基、羟基、氨基、磺酸基、磷酸酯基等。沥青乳化剂按其亲水基在水中是否离解可分为离子型和非离子型两大类。离子型乳化剂按其离子电性，又分为阴（或负）离子型、阳（或正）离子型和两性离子型三类。乳化剂的类型、用量对乳化沥青的质量、稳定性起着关键性作用。同时乳化剂的结构还决定了乳化沥青在性能上的差异，正是这种差异的存在，才使得沥青乳化剂满足了不同乳化沥青的各种施工工艺，由此也使得乳化沥青的品种越来越多样化和功能化[26]。

1. 沥青乳化剂的乳化机理

沥青乳液是一个多相分相体系，水为连续相，是沥青的分散介质，沥青为分散相，以微粒形式均匀分散于水相中，其稳定性因乳化剂的存在而大大加强。常温下，水的表面张力较大，沥青的表面张力较小，同时，沥青与水的界面张力还随沥青性质不同而变化。根据吉布斯（Gibbs）定律 $G=\sigma_{aw} \cdot S+C$，其中，G为沥青微粒表面自由能；S为沥青微粒的总表面积；σ_{aw}为沥青与水的界面张力；C为常数[27]。

当沥青与水的界面张力（σ_{aw}）为一定值时，沥青经过机械力作用被碾磨成微米级大小的颗粒，从而使其沥青微粒的表面积大大增加，由此沥青乳液的表面自由能（G）也会随着沥青微粒总表面积（S）的增加而增大。沥青乳液体系是一个热力学不稳定体系，为了保持其热力学平衡，沥青微粒自然趋向"聚析"以降低表面自由能。为保持沥青微粒的高度分散性，即既不缩小沥青微粒的总表面积（S）而又能保持沥青乳液体系的稳定，唯一的途径就只有降低沥青乳液体系的界面张力（σ_{aw}）。乳化剂在沥青乳液体系中，其亲油基一端吸附于沥青内部，亲水基一端吸附于水中，以锚形固定于界面上，从而降低了沥青与水的界面张力。当吸附的乳化剂分子达到饱和状态时，在沥青微粒表面形成一层被乳化剂分子包封的有一定机械强度的坚固的分子薄膜，使沥青微粒具有亲水性，而均匀稳定地分散在水中，因而使沥青乳液体系形成稳定的分散系。

在沥青乳液体系的界面上，乳化剂定向排列，在降低沥青与水的界面张力的同时，还在沥青微粒的周围形成"界面膜"。此膜使沥青微粒在相互碰撞时，不致产生聚结。界面膜的紧密程度和强度，与乳化剂在水中的浓度有密切的关系。当乳化剂在最适宜的用量时，界面膜由密排的定向分子组成，此时界面膜的强度最高，沥青微粒聚结需要克服较大的阻力，因而保证了沥青乳液体系的稳定性。

通常在稳定的沥青乳液中，沥青微粒都带有电荷，其来源于离解、吸附和沥青微粒与水之间的摩擦。离解与吸附带电同时发生。沥青乳液界面上电荷层的结构，一般是扩散双电层分布。双电层由两部分组成：第一部分为单分子层，基本上固定在界面上，这层电荷与沥青微粒的电荷相反，因此称为吸附层，第二部分由吸附层向外，电荷向水介质中扩散，此层称为扩散层。乳化沥青的稳定性取决于在吸附层与扩散层界面上的电动电位的大小。由于每一沥青微粒界面都带相同电荷，并有扩散双电层的作用，因此，沥青乳液体系称为稳定体系。沥青乳液之所以能形成高稳定的分散体系，主要是由于乳化剂降低了体系的界面能、界面膜形成和界面电荷的作用。

2. 沥青乳化剂的分类

（1）按离子类型分类：当沥青乳化剂溶解于水溶液，凡能离解生成离子或离子胶束的叫作离子型沥青乳化剂，不能离解成离子或离子胶束的叫作非离子型乳化剂。同时，离子型乳化剂按生成的离子电荷种类又可分为阴离子型、阳离子型和两性离子型。阴离子型沥青乳化剂在水中溶解时，离解生成离子或离子胶束，与亲油基相连的亲水性基团带负电荷。常用阴离子沥青乳化剂的亲水性基团含有羧酸盐、硫酸酯盐、磺酸盐等。阳离子型沥青乳化剂，就其形式而言，正好与阴离子沥青乳化剂结构相反，在水中溶解时离解生成离子或离子胶束，与亲油基相连的亲水性基团带正电荷。阳离子沥青乳化剂按其分子结构还可以细分为烷基胺、酰胺、咪唑啉、环氧乙烷二胺、胺化木质素、季铵盐类。两性离子型沥青乳化剂在水中溶解时离解成离子或离子胶团，且与亲油基相连的亲水基团，既带正电荷又带有负电荷。两性离子型乳化剂按其分子结构及性能，又可分为氨基酸型、甜菜碱型、咪唑啉型。乳化剂应用情况见表3-25。

表3-25 世界各国沥青乳化剂的应用

乳化剂类型	国家	常用乳化剂	主要产品品名或代号
阴离子乳化剂	美国	妥尔油，松香，木质素	—
	捷克	烷基芳基磺酸盐	—
	中国	肥皂，皂脚，皂粉，油酸，环烷酸铝皂，磺化植物油，十二烷基硫酸钠	2301, 2302, EL-2-1
阳离子乳化剂	美国	季铵盐类	Enlphalt, Shellgrip
	日本	丙烯二胺类	Asfier
	加拿大	烷基二胺类	Duomeet, Redicote
	法国	酰胺类	Neolastic, Micmell
	西班牙	—	Teleoflex
	中国	十八烷基三甲基氯化铵，十六烷基三甲基溴化铵，烷基酰氨基多胺、烷基丙烯二胺、阳离子咪唑啉、胺化木质素	EM-2-3, RH-CO1, SM-1, SM-II, JAS-1、2、3, ASF, 1831, 1631
两性离子乳化剂	美国	氨基酸类、甜菜碱类、咪唑啉类	—
	中国	氨基酸钠，卵磷脂等	—
非离子乳化剂	美国	聚乙烯二醇，多元醇，聚氧乙烯醚	PEN-5, F75N, SSO-21
	中国	平平加，烷基聚环氧乙烯醚	O-20, OP

(2) 按 HLB 值大小分类：按亲水基亲油基的平衡值来分沥青乳化剂的类型，它是以乳化剂的吸附薄膜被水和油湿润程度的差异来决定的。当 HLB 值为 4~6 时，为油包水型沥青乳化剂，即亲油基的基数大，亲水基的基数小；HLB 值为 8~18 时，为水包油型沥青乳化剂，即亲水基的基数大，亲油基基数小。乳化剂的特性与形成乳液的特性有非常重要的关系。如易溶于水而不易溶于另一相的物质对于"油在水中"类型的乳液来说，是很好的乳化剂。相反地，易溶于非极性的沥青相而微溶于水相的物质，可使水在油中乳化。按上述不同的 HLB 值乳化剂可分别制备水在油中（油包水型 W/O）乳液和油在水中（水包油型 O/W）乳液。在道路工程中所用的沥青乳液大部分为水包油型乳液，其乳化剂的 HLB 值均在 8~18 范围内。

(3) 按破乳速度分类：按乳化沥青与矿料接触后分解破乳的速度分类方法，是针对用单一乳化剂所制备的乳液与矿料拌和时分解破乳速度的快慢而言，按上述原则，可分为快裂型、中裂型、慢裂型沥青乳化剂（表 3-26）。

表 3-26　沥青乳化剂按破乳的速度分类

类型	沥青乳化剂	代号
中裂	中裂阳离子沥青乳化剂 BH-Z2	802
		802D
慢裂快凝	慢裂快凝型阳离子沥青乳化剂 BH-MK	801U
		801M
慢裂慢凝	慢裂慢凝型阳离子沥青乳化剂 BH-MM	803C
		803E
		803T
快裂	快裂阳离子沥青乳化剂 BH-K	802K-1
		802K-2
		802K-3
SBS 改性	SBS 改性沥青专用乳化剂 BH-SBS	802S
冷再生	冷再生沥青乳化剂	801L

3. 国内外沥青乳化剂

早在 1925 年东京大地震恢复时期，日本开始使用沥青乳化剂，1930 年开始实现商业化生产，并在第二次世界大战后得到迅速恢复与发展。1951 年，法国开始研制阳离子乳化剂。1957 年，美国把阳离子乳化剂应用在道路施工，并于 1959 年开始商业化。20 世纪 70 年代，苏联研制出烷基三甲基氯化铵阳离子乳化剂。目前国外沥青乳化剂的品种很多，他们根据不同的用途（或不同的气候区域）使用不同的沥青乳化剂。其中美德维实伟克、阿克苏诺贝尔、法国西卡等都有几十种沥青乳化剂供用户选择。

我国阳离子沥青乳化剂的研制和应用起步较晚，1977 年研制成功，1978 年交通部组建了"阳离子乳化沥青及其路用性能研究"课题协作组，为发展我国阳离子乳化沥青做了大量工作。1981 年列为交通部重点科研项目，1985 年进行了技术鉴定并决定"七五"期间在全国范围内推广应用。1987年在杭州召开的阳离子乳化沥青推广会,并提出1990年我国有1/3路面使用阳离子沥青乳化剂。预防性养护技术到20世纪90年代末才引进我国,虽然全国多个省市的沥青乳化剂已广泛用于筑路修路,但是由于大部分原料依赖于进口,从而导致阳离子沥青乳化剂的产量和质量远远满足不了实际应用的需要[28-29]。

4. 中国沥青乳化剂的发展趋势

沥青乳化剂行业呈现出"点面结合",各省市消费较为普遍,多集中在渤海湾、长三角、珠三角等沿海经济带。近年来随着我国道路建设及养护、建筑行业的快速发展,我国沥青乳化剂行业发展迅猛,在经济较发达的区域中心省市消费量较大,尤其在一、二线城市,沥青乳化剂市场规模飞速增长。

沥青乳化剂以阳离子表面活性剂为主,阴离子、非离子、两性离子表面活性剂都可以根据用途的不同来使用。木质素、羧甲基纤维素、聚乙烯醇等也有应用。胺系表面活性剂是有效的沥青乳化剂,但其本身又难溶于水,能溶于醋酸、盐酸,可在酸性溶液中使用。环氧乙烷加成物也能满足充分乳化能力,但因成本稍高,往往用于特殊用途。

非离子表面活性剂可与阳离子表面活性剂并用,特别是采用矿渣作为骨料的情况下与非离子表面活性剂混用能保持乳化稳定性。

较有发展前途的阳离子沥青乳化剂有以下几种:用$C_{21}—C_{26}$脂肪酸聚氧乙烯多胺型乳化剂制备的阳离子沥青乳化剂,能在任何气候条件下对公路的任何压轧原料都有良好的黏结性;以$C_{17}—C_{20}$烷基三甲基氯化铵制备的阳离子沥青乳化剂快速混合,能在压轧的酸性原料上形成附着膜,甚至能用于寒冷气候条件下的公路表面铺装;低泡型阳离子地面铺装沥青乳化剂也是有发展前途的一种;一种含有卵磷脂的沥青乳化剂,由酸性卵磷脂沥青乳化剂与阳离子沥青乳化剂复配,提高阳离子沥青乳化剂分散剂和稳定性;铺路用阳离子活性乳化剂,由0.2~5份季铵盐化合物和0.01~3份烷氧基化的烷基苯基长链醇或烷基胺和0.01~3份长链烷基胺或季铵盐化合物制成,这种乳液用于铺路石头和矿物集料接触,具有破乳时间可以控制,黏附性强,黏度可调整,储存稳定性高以及制备方法简单等特点。

随着能源危机的加剧和人们环保意识的增强,以及人们对乳化沥青认识的深入,乳化沥青的用量逐年增加,使用的范围进一步扩大。但是,目前国内沥青用乳化剂品种单一、种类不全,有效成分较低,产品质量不稳定,对各种沥青的适应性较差,应该在对现有乳化剂复配、改性的基础上,努力开发多品种多系列的乳化剂以满足不同的需要。其中,微表处技术是乳化沥青技术的一个重要分支,其对乳化剂的性能要求很高,既要有较快的初凝时间,达到快速开放交通的要求,又要具有适宜的破乳速率,满足可拌和时间的要求。随着研究的深入和技术水平的进步,阳离子沥青乳化剂的普适性会更广,尤其是用于乳化SBS高分子聚合物改性沥青的专用沥青乳化剂,以逐渐满足我国不同种沥青乳化的需求。

对于乳化沥青的发展,主要集中在如何控制沥青乳液的破乳时间,制备均一稳定的精细乳液。一般乳液中沥青的含量在65%以下,但欧美国家研制出的乳液,其沥青浓度高于70%,甚至高达80%的O/W型乳液。如何进一步拓宽乳化沥青的应用范围,实现乳化沥青的高性能化,是世界各国共同关注的热点之一。例如,对基质沥青进行改性,较好地解决沥青高温易流淌泛油、低温硬脆开裂等不足。另外,阻燃沥青乳液的出现不仅解决了防水问题,而且增大了阻燃效果。

三、乳化沥青的生产

1. 乳化沥青生产设备

乳化设备与乳化工艺密切相关，设备是根据工艺进行设计和组装的，设备必须保障沥青能够顺利完成乳化，同时还要考虑操作、生产效率、动力及能源消耗等问题。根据乳液生产规模的大小，乳化设备的配置也应有所区别，专门生产乳化沥青的工厂其设备配置比较齐全，自动化程度也较高。一般而言，沥青乳化设备主要由以下几部分组成：沥青加热熔化和供给系统；供水及水加热系统；乳化剂水溶液掺配系统；计量控制系统；乳化机及管线系统；乳液储存及外运系统等。此外，在组建乳化工厂时，还应设置管路保温、换热及热能回收系统，电气控制系统，乳液质检实验室等。专业的沥青乳化厂投资较大，占地较多。目前，很多施工单位普遍采用小型橇装移动式乳化设备。其特点是便于搬运、生产灵活、配方可调可制、设备投资低、占地少、产品运输距离短、便于现场使用。这种形式比较适合中国的情况。

乳化机是完成沥青液相破碎分散的关键装置，其性能的好坏对乳液的质量有重要影响，它是乳化设备的心脏。用乳化机破碎分散的过程是一个很复杂的力学作用过程，一般都是利用剪切、挤压、摩擦、冲击和膨胀扩散等作用完成沥青液相的粉碎分散。采用的力学作用原理不同，乳化机的构造形式也不相同，一般常用的乳化机有搅拌机、均化器、胶体磨等，其中采用最多的是胶体磨类的乳化机[30]。

2. 乳化沥青的生产流程

乳化沥青主要由以下5种主要的材料组成：沥青（或改性沥青）、水、乳化剂、酸和改性剂。为了储存稳定或者满足其他特殊用途，还会掺加少量添加剂。生产透层油、黏层油时一般不加入改性剂。

（1）沥青的准备。沥青（或改性沥青）是乳化沥青中的最主要组成部分，一般占乳化沥青总质量的30%~65%。当乳化沥青喷洒或者拌和完成后，乳化沥青破乳，其中的水分蒸发后真正留在路面上的是沥青（或改性沥青）。因此，沥青（或改性沥青）的质量至关重要。根据乳化沥青的用途，选择适宜的沥青（或改性沥青）品牌和标号后。沥青（或改性沥青）的准备过程主要是将沥青加热并保持在适宜的温度的过程。对于改性沥青，还要求改性沥青不分层，无离析现象。通常，沥青温度为120~140℃，对SBS改性沥青而言，其温度至少要预热至150~170℃。沥青准备过程中温度的控制十分重要，如果沥青温度过低，会造成沥青黏度大，流动困难，从而导致乳化困难；如果沥青温度过高，一方面会造成沥青老化，同时也会使乳化沥青的出口温度过高，影响乳化沥青的稳定性。

（2）皂液的准备。根据所需乳化沥青的不同，选择适宜的乳化剂种类和剂量以及添加剂种类和剂量，配制乳化剂水溶液（皂液）。据乳化沥青设备和乳化剂种类的不同，乳化剂的水溶液（皂液）的制备过程也有差异。在配制阳离子乳化剂皂液时，一般需要加酸调节pH值至2~3，并采用pH计核准，同时还要严格控制皂液的温度，皂液在进入乳化设备前的温度一般控制在50~60℃之间，如果生产SBS改性乳化沥青，其皂液的温度最好适当提高5~10℃。因为皂液的pH值和温度对沥青的乳化和乳化沥青的储存稳定性具有重要影响。

（3）沥青的乳化。将合理配比的沥青和皂液一起放入乳化机，经过增压、剪切、研磨等机械作用，使沥青形成均匀、细小的颗粒，稳定而均匀地分散在皂液中，形成水包油型的沥青乳状液。

（4）乳化沥青的储存。乳化沥青从乳化机出来后，需要采用换热器将乳化沥青冷却后再进入储罐，这对乳化沥青尤其是 SBS 改性乳化沥青的储存稳定性具有至关重要的作用。同时大型的储罐中应配置搅拌装置，并定期进行缓慢搅拌，以减缓乳化沥青的分层离析。对于微表处用改性乳化沥青，最好将乳化沥青的温度降低至 40~60℃。并且不建议当天生产当天使用，应该在储罐中储存 24h 以上，使其乳化沥青颗粒的表面能尽可能地降低，以有利于施工拌和。

3. 改性乳化沥青生产工艺

改性乳化沥青的生产工艺可以分为以下几类：

（1）先乳化后改性。制作出乳化沥青后掺加胶乳改性剂，即先乳化后改性。这种生产工序是先将热沥青和乳化剂皂液一起通过胶体磨制成普通的乳化沥青，再通过机械搅拌将胶乳状的改性剂加入乳化沥青中，制成改性乳化沥青。该方法的优点是，乳化沥青的生产工艺简单，使用方便；缺点是需要采用带搅拌的乳化沥青储存罐或带搅拌的乳化沥青洒布设备。

（2）边乳化边改性。将胶乳改性剂掺配到乳化剂水溶液中，然后与沥青一起进入胶体磨制作出改性乳化沥青；或将胶乳改性剂、乳化剂水溶液、沥青同时经过胶体磨制作改性乳化沥青，这两种方法可以统称为边改性边乳化工艺。边改性边乳化工艺的优点是与生产普通乳化沥青的工艺完全相同，不需要对生产设备做任何改动；缺点是采用该方法生产改性乳化沥青时，沥青的计量受到一定限制，且要求改性剂胶乳能够耐受皂液的 pH 值。而将胶乳改性剂通过管道直接连接到胶体磨的方法可以克服上述缺点，但要求对普通乳化沥青设备进行必要的改进后方可用于改性乳化沥青的生产。

（3）先改性后乳化。先将沥青改性，再乳化改性沥青，制作出改性乳化沥青。先采用 SBR 或 SBS 改性剂对基质沥青进行改性，制成改性沥青，再将成品改性沥青加热到一定温度，成为流淌状并和皂液一起进入胶体磨，制作改性乳化沥青。该方法的优点是制作的改性乳化沥青具有较高的软化点、黏度大、低温抗裂性能好、储存稳定性好、生产成本低等。缺点是对乳化沥青设备要求高，需要带压操作，同时改性乳化沥青出料温度高，需要及时将改性乳化沥青降温至适当范围。

四、乳化沥青技术标准

对于乳化沥青的分类、产品标准及检测方法，各行业和各国家都有各自相关的标准与规范，而且并不统一，但检测的内容与实质仍然基本相似[31-34]。

国际上最有代表性的美国乳化沥青标准一直处于不断进行更新中，AASHTO 乳化沥青标准最新版本为 2015 年，见表 3-27 和表 3-28，ASTM 相关标准见表 3-29。近年来，针对公路沥青路面的实际病害、不同地域的气候条件和交通量的大小以及乳化沥青材料的特性等，美国乳化沥青工作组（ETF）正在开展表面处治性能分级（SPG）和乳化沥青性能分级（EPG）研究。在 SPG 试验方法体系中，原样乳化沥青依然采用传统方法，利用低温蒸发的方法进行乳化沥青残留物回收，分别采用 DSR 试验和 BBR 试验进行高温性能和低温性能的评价。与热沥青 PG 性能分级不同，在 SPG 性能规范中，乳化沥青性能以 3℃ 为一个等级进行划分。在乳化沥青胶结料选择时，首先应根据当地的气候数据，选择相应的高低温等级，然后根据交通量水平调整 SPG 等级，最后通过比较传统材料的 SPG 等级，最终确定 SPG 等级。

在 EPG 性能规范中，除了常规试验指标(如电荷、破乳速度、筛上剩余量、残留物回收及含量、溶解度、浮标特性等)外，还增加了乳化沥青的工作特性、高温及低温性能指标。EPG 性能规范的总体架构是：采用布氏黏度仪确定乳化沥青的工作特性，同时还将乳化沥青的稳定性、喷洒性和流淌性的测试方法进行了修正，并制定了乳化沥青应用于不同表面处治技术时的工作性指标阈值；通过 DSR 动态剪切流变试验评价乳化沥青的低温性能，采用 5℃ 及 15℃ 频率扫描，采集 G^* 和 δ，计算位移因子，合成主曲线，计算不同低温等级对应临界相位角的 G^*；通过 MSCR 试验评价乳化沥青的高温性能，确定交通量等级。这种评价体系，既保留了较好的传统乳化沥青评价方法，同时也与基于路用性能的 PG 分级体系有机结合，推动了乳化沥青标准体系的更新与完善，为合理选用乳化沥青提供了科学依据。

表 3-27　美国 AASHTO M 140-16 关于乳化沥青的技术要求

项目		RS-1h	RS-1	RS-1S	RS-2h	RS-2	RS-2S	HFRS-2	试验方法
赛波特黏度，s	25℃	20~100							AASHTO T72-10(2015)
	50℃				75~400				
储存稳定性(24h),%		≤1.0							ASTM D6930-19
抗破乳性(35mL, 0.02mol/L CaCl$_2$),%		≥60						≥50	ASTM D6936-17
筛上剩余,%		≤0.10							ASTM D6933-18
蒸馏残留物含量,%		55			65				AASHTO T 302-15
蒸馏残留物性质	针入度(25℃,100g, 5s), 1/10mm	≥40~90	≥90~150	≥150~250	≥40~90	≥90~150	≥150~250	≥100~250	AASHTO T49
	延度(25℃), cm	≥40							AASHTO T 51
	灰分含量,%	≤1.0							AASHTO T 111
	浮标特性(60℃), s							≥1200	AASHTO T 50

表 3-28　美国 AASHTO M 140-16 关于乳化沥青的技术要求

项目		MS-1	MS-2	MS-2h	HFMS-2	HFMS-2h	HFMS-2s	SS-1h	SS-1	试验方法
赛波特黏度，s	25℃	20~100						20~100	20~100	AASHTO T 72-10 (2015)
	50℃		≥100							
储存稳定性(24h),%		≤1.0								ASTM D6930-19
筛上剩余,%		≤0.10								ASTM D6933-18

续表

项目		MS-1	MS-2	MS-2h	HFMS-2	HFMS-2h	HFMS-2s	SS-1h	SS-1	试验方法
蒸馏油分馏出物,%						1.0	7.0			ASTM D6997-12 (2020)
蒸馏残留物含量,%		55	65					57	57	AASHTO T 302-15
蒸馏残留物性质	针入度(25℃, 100g, 5s), 1/10mm	≥90~250	≥40~90	≥90~250	≥40~90	≥250				AASHTO T 49
	延度(25℃), cm	≥40								AASHTO T 51
	灰分含量,%	≤1.0								AASHTO T 111
	浮标特性(60℃), s	≥1200								AASHTO T 50

表3-29 美国ASTM D2397关于乳化沥青的技术要求

项目		CRS-1	CRS-2	CMS-2	CMS-2h	CSS-1	CSS-1h	CQS-1h	试验方法
破乳速度		快裂		中裂		慢裂		快裂	ASTM D6936-17
粒子电荷		阳离子(+)							ASTM D7402
筛上剩余,%		≤0.10							ASTM D6933-13
赛波特黏度, s	25℃					20~100			ASTM D7404-17
	50℃	20~100	100~400	50~450					
旋转黏度, mPa·s	25℃					45~220			ASTM D7226-13
	50℃	45~220	220~880	110~990					
与水泥拌和稳定性,%						2.0		N/A	ASTM D6935-17
蒸馏油分馏出物,%				3		12			ASTM D6997-12
蒸馏残留物含量,%		≥60		≥65		≥57			ASTM D6997-12
针入度(25℃, 100g, 5s) 1/10mm		≥100~250		≥40~90		≥100~250		≥40~90	ASTM D5/D5M-20
延度(25℃), cm		≥40							ASTM D113
溶解度,%		≥97.5							ASTM D2042

AASHTO乳化沥青工作组采用Superpave研究方法开发了乳化沥青性能规范及相应的试验方法，涉及碎石封层、微表处、现场冷再生、稀浆封层、雾封层、砂封层、黏层、拖刷封层、泡沫沥青稳定、超薄磨耗层(NovaChip)、冷拌材料(新料和回收料)等12项技术用乳化沥青的标准，具体的标准类型包括规范、试验方法、推荐实践、施工指南规范和QA规范。

我国乳化沥青主要用于沥青路面表面处治、半柔性贯入式路面、冷拌沥青混合料路面、再生沥青混合料路面以及喷洒透层、黏层和封层等。《公路沥青路面施工技术规范》（JTG F40—2004）、《微表处技术规程》及地方标准都较为明确地规定了乳化沥青的品种、使用范围以及技术指标，对施工过程具有较强的指导性，技术人员容易掌握。表3-30是我国主要道路乳化沥青和改性乳化沥青的技术要求。辽河石化和克拉玛依石化相继开发了道路高渗透乳化沥青、黏层乳化沥青，具有优异的渗透深度和黏结强度。

表3-30 我国道路阳离子乳化沥青技术要求及中石油道路乳化沥青性质

项目		辽河石化	克拉玛依石化	品种及代号				试验方法
				喷洒用			拌和用	
		PC-2	PC-1	PC-1	PC-2	PC-3	BC-1	
破乳速度		慢裂	快裂	快裂	慢裂	快裂或中裂	慢裂或中裂	JTG E20—2011 T 0658
粒子电荷		阳离子(+)	阳离子(+)	阳离子(+)				JTG E20—2011 T 0653
筛上残留物(1.18mm筛),%		≤0	≤0.02	≤0.1				JTG E20—2011 T 0652
黏度	恩格拉黏度计 E_{25}	3.1	17.3	2~10	1~6	1~6	2~30	JTG E20—2011 T 0622
	道路标准黏度计 $C_{25,3}$	—	25.2	10~25	8~20	8~20	10~60	JTG E20—2011 T 0621
蒸发残留物	残留分含量,%	≥53.4	≥62	≥50	≥50	≥50	≥55	JTG E20—2011 T 0651
	溶解度,%	≥99.1	≥99.4	≥97.5				JTG E20—2011 T 0607
	针入度(25℃,100g,5s), 1/10mm	83	92	50~200	50~300	45~150		JTG E20—2011 T 0604
	延度(15℃), cm	≥61.8	≥150	≥40				JTG E20—2011 T 0605
与粗集料的黏附性,裹覆面积		>2/3	>2/3	>2/3	>2/3		—	JTG E20—2011 T 0654
与粗、细粒式集料拌和试验		—	—	均匀	—		均匀	JTG E20—2011 T 0659
常温储存稳定性,%	1d	≤0.6	≤0.4	≤0.3	≤1			JTG E20—2011 T 0655
	5d	≤2.8	≤2.1	≤2.5	≤5			
渗透实验	渗透时间,s	605	—	—	—	—	—	GB/T 38050—2019
	渗透深度,mm	6.09	—	—	—	—	—	
	渗透状态	V	—	—	—	—	—	

此外，燃料油公司、辽河石化和克拉玛依石化还以I-C类SBS改性沥青为原料，分别开发出了路用性能优异的SBS改性乳化沥青，见表3-31。相比于传统SBR改性乳化沥青，SBS改性乳化沥青突出的优点是：具有优良的高温抗车辙、低温抗开裂、疲劳耐久性能，与矿物集料的黏结能力和弹性恢复性能优异，可以显著提高道路质量。此外，由于SBS改性乳化沥青是直接对SBS改性沥青进行乳化，取代了昂贵的SBR改性胶乳，生产成本大幅度降低，因此倍受行业技术人员的推崇。

表 3-31　我国道路阳离子改性乳化沥青技术要求及中石油改性乳化沥青性质

项目		辽河石化		克拉玛依石化		品种及代号		试验方法
		PCR	BCR	PCR	BCR	PCR	BCR	
破乳速度		快裂	慢裂	快裂	慢裂	快裂或中裂	慢裂	JTG E20—2011 T 0658
粒子电荷		阳离子(+)	阳离子(+)	阳离子(+)	阳离子(+)	阳离子(+)	阳离子(+)	JTG E20—2011 T 0653
筛上剩余量(1.18mm),%		0	0	0.07	0.03	≤0.1	≤0.1	JTG E20—2011 T 0652
黏度	恩格拉黏度计 E_{25}	3.1	8.3	9.6	26.9	1~10	3~30	JTG E20—2011 T 0622
	沥青标准黏度计 $C_{25,3}$	—	—	20.1	41.6	8~25	12~60	JTG E20—2011 T 0621
蒸发残留物	含量,%	53.4	61.8	63.1	63.8	≥50	≥60	JTG E20—2011 T 0651
	针入度(25℃,100g,5s),1/10mm	83	87	70	72	40~120	40~100	JTG E20—2011 T 0604
	软化点,℃	54.6	54.2	71	74	≥50	≥53	JTG E20—2011 T 0606
	延度(5℃),cm	61.8	57.7	24	24	≥20	≥20	JTG E20—2011 T 0605
	溶解度(三氯乙烯),%	99.1	99.4	99.37	99.39	≥97.5	≥97.5	JTG E20—2011 T 0607
与矿料的黏附性,裹覆面积		>2/3	>2/3	>2/3	>2/3	>2/3	—	JTG E20—2011 T 0654
储存稳定性,%	1d	0.6	0.3	0.6	0.9	≤1	≤1	JTG E20—2011 T 0655
	5d	3.0	2.6	1.6	1.9	≤5	≤5	JTG E20—2011 T 0655

此外，在高速铁路建设中，板式无砟轨道的刚性轨道板与混凝土道床之间的调平减振结构层常用到 CA 砂浆，它是由水泥、乳化沥青、砂和多种外加剂组成，经水泥与沥青共同作用胶结硬化而成的一种具有一定弹性和韧性的新型有机无机复合材料。作为 CA 砂浆的重要组成部分和韧性提供者，乳化沥青质量的好坏将决定性地影响 CA 砂浆的使用性能。燃料油公司和辽河石化分别利用南美重油沥青和辽河稠油沥青成功开发出满足 CRTS Ⅰ 型无砟轨道及 CRTS Ⅱ 型无砟轨道技术要求的 CA 砂浆专用乳化沥青，并通过了原铁道部铁科院等权威部门的检测，两种砂浆所用的乳化沥青性能分别见表 3-32 和表 3-33。

表 3-32　CRTS Ⅰ 型乳化沥青检测结果

项目	检测结果	标准规定值	试验方法
外观	符合	浅褐色液体，均匀，无机械杂质	JC/T 797
恩氏黏度(25℃)	11	5~15	JTG E20—2011 T 0622
水泥混合性,%	0	<0.1	JTG E20—2011 T 0657
筛上剩余物(1.18mm),%	0	<0.1	JTG E20—2011 T 0652
颗粒极性	阳性	阳性	JTG E20—2011 T 0653
储存稳定性(1d,25℃),%	0.8	<1.0	JTG E20—2011 T 0655
储存稳定性(5d,25℃),%	3.2	<5.0	JTG E20—2011 T 0655
低温储存稳定性(-5℃)	无颗粒或块状物	无颗粒或块状物	JTG E20—2011 T 0656
蒸发残留物含量,%	60	58~63	JTG E20—2011 T 0651
蒸发残留物针入度(25℃,100g,5s),1/10mm	69	60~120	JTG E20—2011 T 0604
蒸发残留物溶解度(三氯乙烯),%	99	≥97	JTG E20—2011 T 0607
蒸发残留物延度,cm	150	≥50(15℃)	JTG E20—2011 T 0605

表 3-33　CRTS II 型乳化沥青测试结果

项　目		测试结果	技术指标	试验方法
筛上剩余物(1.18mm),%		0	<0.1	JTG E20—2011 T 0652
颗粒极性		阴	阴	JTG E20—2011 T 0653
粒径	平均粒径，μm	4.2	≤7	GB/T 19627—2005
	模数粒径，μm	2.2	≤5	
水泥适应性(20s)，s		224	≥70	JTG E20—2011 T 0657
储存稳定性(1d, 25℃)，%		0.2	<1.0	JTG E20—2011 T 0655
储存稳定性(5d, 25℃)，%		1.2	<5.0	JTG E20—2011 T 0655
低温储存稳定性(-5℃)		无粗颗粒或块状物	无粗颗粒或块状物	JTG E20—2011 T 0656
蒸发残留物	残留物含量，%	61	≥60	JTG E20—2011 T 0651
	针入度(25℃, 100g, 5s)，1/10mm	78	40~120	JTG E20—2011 T 0604
	软化点(环球法)，℃	48.5	≥42	JTG E20—2011 T 0606
	溶解度(三氯乙烯)，%	99.96	≥99	JTG E20—2011 T 0607
	延度(25℃)，cm	>100	≥100	JTG E20—2011 T 0605

整体来讲，我国乳化沥青和改性乳化沥青的技术要求与美国标准基本相当。值得关注的是，近年来我国各地方对微表处和碎石封层用的乳化沥青和改性乳化沥青在技术指标要求上都明显提高，甚至有些指标，如蒸发残留物延度、软化点、弹性和黏韧性还高于欧美。这也体现了我国近年来在乳化沥青技术研究、生产应用方面已取得了长足的进步与发展。

与此同时，我们还应看到我国在乳化沥青技术研究方面与欧美仍然还存在一定差距，对不同用途的乳化沥青分类还不够细化，检测与分析方法较为单一，而且标准更新不够及时。与乳化沥青相关的 11 个试验方法都包含于《公路工程沥青及沥青混合料试验规程》(JTG E20—2011)中，其中有 7 个试验方法均为 1993 年发布，已有 25 年未做任何修订。在乳化沥青残留物获取和含量测定方面，中国只有蒸发试验法，而欧美国家除了蒸发试验外，还有低温蒸发、真空蒸馏法等。近年来，我国也开始对水分仪法测定乳化沥青残留物含量、采用蒸馏法获取乳化沥青残留物、乳化沥青渗透性试验方法进行研究，并着手制定相应的试验标准。

第四节　机场沥青

截至 2020 年，国内已建成运输机场 260 个左右，通用机场 500 多个，形成北方、华东、中南、西南和西北五大区域机场群，机场建设迎来高速发展期，机场道面材料的需求量大增。机场道面承载飞机起降和滑行等功能，从路面结构形式和材料组成上，与高速公路沥青路面类似，但由于飞机荷载与公路汽车荷载显著不同，而且飞机的高温尾气对机场道面的耐高温性能和抗老化性能也提出了更高的技术要求。

机场道面分为水泥道面和沥青道面两类，与水泥道面相比，沥青道面由于施工工期短、养护维修方便，并且具有良好的平整性、舒适性、抗滑性等优点而被国外诸多大型民用机场所采用。国际民航组织统计的1038条跑道中，有650条机场跑道道面类型为沥青混凝土道面。

由于经验缺乏、原材料使用性能不佳以及设计方法和管理理念，我国多数已建机场仍采用的是水泥混凝土道面，截至2017年，229个民用机场中有超过90%的机场跑道道面类型为水泥混凝土道面。我国从20世纪80年代开始进行机场跑道采用沥青混合料的研究，随着国内经济飞速发展，航空交通量迅猛增长，国内绝大多数机场跑道随着使用年限的增长，已经无法满足现阶段大型客机、高密度的起降要求，都要逐步展开修筑加铺，并逐步采用沥青混凝土替代传统水泥混凝土机场道面。中国石油利用辽河稠油、新疆九区稠油资源优势，成功开发出了性能优良的机场跑道专用沥青产品，国内近20个机场跑道成功使用，获得良好的经济效益和社会效益，提升了昆仑沥青品牌效应。

机场沥青道面不像水泥混凝土道面那样具有良好的稳定性。由于沥青的物理力学性质受气候和时间因素的影响，沥青道面在夏季高温下会变软，容易出现车辙、推移等塑性变形，影响道面的平整度，即产生所谓的热稳性问题。在冬季寒冷时沥青道面虽然很坚硬，但在温度应力作用下容易产生收缩开裂，即低温缩裂问题。此外，受雨水浸蚀可能还会使沥青从集料表面产生剥离以及在大气作用下沥青因老化而丧失黏附力等。相比与普通道路，机场跑道用沥青材料需要更好的耐久性、高温抗冲击稳定性和低温抗开裂性。

机场沥青具有技术要求高、工程用量小、生产组织难度大等特点，中国石油机场沥青产品广泛用于国内各大机场道面维修工程中，尤其克拉玛依石化生产的沥青由于其优异的低温性能和黏附性，得到了机场建设部门的好评。近年来，随着机场建设部门对机场沥青性能和产品种类要求的提高，燃料油公司开发的机场道面用高黏高弹沥青、宽温域改性沥青等高等级机场沥青产品也受到了机场建设部门的高度认可，在东北和华南等地区得到应用。

一、机场道面沥青标准

我国机场沥青道面所用沥青产品的标准为中国民用航空局发布的《民用机场沥青混凝土道面设计规范》(MH 5010—1999)，随着民用机场沥青道面技术水平的不断发展，技术指标要求已经远远不能满足目前机场运量和气候条件的要求。2017年底，中国民用航空局发布《民用机场沥青道面设计规范》(MH/T 5010—2017)，其中对机场道面石油沥青、聚合物改性沥青等提出了更为严格的技术要求，沥青类型宜根据航空交通量等级及所在地的气候分区确定(表3-34至表3-37)。此外，还规定对于太阳辐射极强烈区的沥青道面上面层，应进行抗紫外老化性能的增强设计；对用于上面层的沥青材料进行沥青材料抗紫外老化能力的评价，紫外老化试验后的残留延度比(15℃)不小于60%。

表 3-34　机场沥青道面适用的沥青类型[35]

气候分区 (高温指标—低温指标)	航空交通量等级	沥青结合料		
^	^	石油沥青	改性沥青	
^	^	^	SBS 改性沥青类等级要求	用于改性的基质沥青
夏炎热—冬严寒 夏热—冬严寒 夏炎热—冬寒 夏热—冬寒	重 中	A-90, A-70	(Ⅰ-B; Ⅰ-C)	A-110, A-90
^	轻	A-110, A-90	^	^
夏炎热—冬冷 夏炎热—冬温 夏热—冬冷 夏凉—冬温	重 中	A-70, A-50	(Ⅰ-C; Ⅰ-D)	A-90, A-70
^	轻	A-90, A-70	^	^
夏凉—冬寒	重 中	A-110, A-90	(Ⅰ-B; Ⅰ-C)	A-130, A-110
^	轻	A-130, A-110	(Ⅰ-A; Ⅰ-B)	^

注：沥青道面也可采用以 PE、橡胶粉等材料作为改性剂的改性沥青；改性沥青也可采用沥青 PG 分级指标。

表 3-35　石油沥青技术要求 (MH/T 5010—2017)

项　目	沥青标号					试验方法
^	A-130	A-110	A-90	A-70	A-50	^
针入度(25℃, 100g, 5s) 1/10mm	120-140	100-120	80-100	60-80	40-60	JTG E20—2011 T 0604
软化点, ℃	≥40	≥43	≥45	≥46	≥49	JTG E20—2011 T 0606
延度(15℃), cm	≥100				≥80	JTG E20—2011 T 0605
延度(10℃), cm	≥50	≥50	≥50	≥50	≥40	JTG E20—2011 T 0605
动力黏度(60℃), Pa·s	≥60	≥120	≥160	≥180	≥200	JTG E20—2011 T 0620
蜡含量(蒸馏法), %	≤2.2					JTG E20—2011 T 0615
闪点, ℃	≥230		≥245	≥260		JTG E20—2011 T 0611
溶解度, %	≥99.0					JTG E20—2011 T 0607
旋转薄膜(RTFOT)或薄膜(TFOT)加热试验						
质量变化, %	≤±0.8					JTG E20—2011 T 0610、T 0609
残留针入度比, %	≥54	≥55	≥57	≥61	≥63	JTG E20—2011 T 0604
延度(15℃), cm	≥35	≥30	≥20	≥15	≥10	JTG E20—2011 T 0605
延度(10℃), cm	≥12	≥10	≥8	≥6	≥4	JTG E20—2011 T 0605

表 3-36 聚合物改性沥青技术要求（MH/T 5010—2017）

项 目	SBS类（Ⅰ类）				SBR类（Ⅱ类）			EVA、PE类（Ⅲ类）				试验方法
	Ⅰ-A	Ⅰ-B	Ⅰ-C	Ⅰ-D	Ⅱ-A	Ⅱ-B	Ⅱ-C	Ⅲ-A	Ⅲ-B	Ⅲ-C	Ⅲ-D	
针入度(25℃，100g，5s)，1/10mm	>100	80~100	60~80	40~60	>100	80~100	60~80	>100	60~80	40~60	30~40	JTG E20—2011 T 0604
延度(5℃)，cm	≥45	≥35	≥25	≥20	≥60	≥50	≥40	—	—	—	—	JTG E20—2011 T 0605
软化点，℃	≥55	≥60	≥65	≥75	≥45	≥48	≥52	≥50	≥52	≥56	≥60	JTG E20—2011 T 0606
黏度(135℃) Pa·s	≤3												JTG E20—2011 T 0625/T 0619
闪点，℃	≥230												JTG E20—2011 T 0611
弹性恢复(25℃)，%	≥60	≥65	≥70	≥75	—	—	—	—	—	—	—	JTG E20—2011 T 0662
黏韧性，N·m	实测				≥5				—	—	—	—	JTG E20—2011 T 0624
韧性，N·m	实测				≥2.5				—	—	—	—	JTG E20—2011 T 0624
储存稳定性48h 软化点差，℃	≤2				—			无改性剂明显析出凝聚				JTG E20—2011 T 0661
旋转薄膜(RTFOT)或薄膜(TFOT)加热试验												
质量变化，%	≤±0.8												JTG E20—2011 T 0609/T 0610
针入度比(25℃)，%	≥50	≥55	≥60	≥65	≥50	≥55	≥60	≥50	≥55	≥58	≥60	JTG E20—2011 T 0604
延度(5℃)，cm	≥30	≥25	≥20	≥15	≥30	≥20	≥10	—	—	—	—	JTG E20—2011 T 0605

表 3-37 湖沥青复合改性沥青技术要求

项 目	技术要求	试验方法
针入度(25℃，100g，5s)，1/10mm	30~50	JTG E20—2011 T 0604
软化点，℃	≥80	JTG E20—2011 T 0606
25℃弹性恢复，%	≥80	JTG E20—2011 T 0662
5℃延度，cm	≥15	JTG E20—2011 T 0605

注：湖沥青复合改性沥青为SBS改性沥青与湖沥青复合改性后的沥青，SBS改性沥青和湖沥青掺配比例应根据试验确定。

二、机场道面沥青生产技术

机场道面石油沥青是指直接由原油经常减压蒸馏或常减压蒸馏—溶剂脱沥青—调和等工艺生产的石油沥青产品,保留了沥青的原始组成,有利于沥青质量的稳定。昆仑机场道面石油沥青产品是以优质环烷基原油为原料,通过常减压蒸馏或常减压蒸馏—溶剂脱沥青—调和工艺生产,产品性能满足《民用机场沥青道面设计规范》(MH/T 5010—2017)中各牌号石油沥青的技术指标要求,PG 等级可达 PG64-28 等级,高低温性能优良,黏附性能良好,沥青组分分布合理,与 SBS 等聚合物具有较好的相容性,改性效果优良,适于作为现场改性和工厂化改性的沥青原料,见表 3-38。

表 3-38 昆仑机场道面石油沥青技术指标

项　目	石油沥青 A-130	A-110	A-90	A-70	A-50	典型实测值 昆仑 A-90
针入度(25℃,100g,5s),1/10mm	120~140	100~120	80~100	60~80	40~60	89
软化点,℃	≥40	≥43	≥45	≥46	≥49	46
延度(15℃),cm	≥100					>150
延度(10℃),cm	≥50	≥50	≥50	≥50	≥40	>100
动力黏度(60℃),Pa·s	≥60	≥120	≥160	≥180	≥200	179
蜡含量(蒸馏法),%	≤2.2					1.7
闪点,℃	≥230		≥245		≥260	270
溶解度,%	≥99.0					99.98
旋转薄膜(RTFOT)或薄膜(TFOT)加热试验						
质量变化,%	≤±0.8					-0.14
残留针入度比,%	≥54	≥55	≥57	≥61	≥63	63
延度(15℃),cm	≥35	≥30	≥20	≥15	≥10	>100
延度(10℃),cm	≥12	≥10	≥8	≥6	≥4	≥12
PG 等级	—	—	—	—	—	PG64-28

机场道面改性沥青,是指石油沥青经过高分子聚合物改性后的沥青产品,包括 SBS 类、SBR 类、EVA 类、PE 类以及 SBS 与湖沥青复合改性类,共计 5 大类 12 个牌号。其中,SBS 改性沥青由于生产工艺成熟,高低温性能优异,应用最为广泛,生产流程如图 3-8 所示。昆仑机场道面改性沥青产品性能满足《民用机场沥青道面设计规范》(MH/T 5010—2017)中 SBS 类改性沥青的各项技术指标要求,软化点可到 80℃以上,延度可达 40cm 以上,PG 等级可到 PG82-28,储存稳定性良好,具有优异的高温抗车辙、低温抗开裂和耐老化性能,见表 3-39。

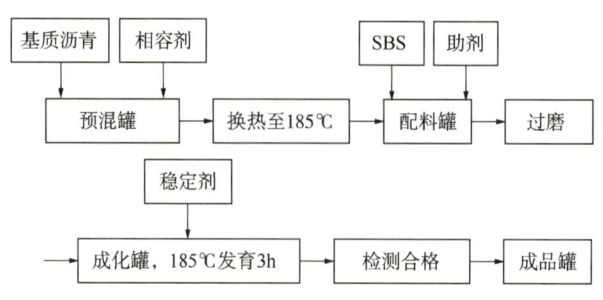

图 3-8 SBS 改性沥青生产流程

表 3-39 昆仑机场道面专用改性沥青技术指标

项 目	技术指标			昆仑沥青典型实测值		
	I-B	I-C	I-D	I-B	I-C	I-D
针入度(25℃，100g，5s)，1/10mm	80~100	60~80	40~60	82	66	53
延度(5℃)，cm	≥35	≥25	≥20	45	68	40
软化点，℃	≥60	≥65	≥75	67	90	89
黏度(135℃)，Pa·s	≤3	≤3	≤3	2.198	2.050	2.900
旋转薄膜(RTFOT)或薄膜(TFOT)加热试验						
延度(5℃)，cm	≥25	≥20	≥15	≥31	56	29.7
PG 等级	—	—	—	PG76-34	PG82-34	PG82-28

机场道面高黏沥青是指石油沥青经 SBS 与聚合物复合改性生产的黏度较高的沥青产品，与道路用高黏高弹沥青类似，利用不同高分子聚合物在沥青中溶胀分散形成的空间网络结构，提高沥青的高温稳定性和低温抗裂性能，降低沥青的温度敏感性，从而提高沥青道面的服役性能，生产流程如图 3-9 所示。昆仑机场道面高黏沥青产品通过复合改性工艺进行生产，产品软化点可达 80℃ 以上，5℃ 延度可到 40cm 以上，60℃ 动力黏度可达 100000Pa·s 以上，135℃ 动力黏度小于 3.0Pa·s，PG 等级达到 PG82-28 等级，高低温性能兼备，抗疲劳性能优异，施工和易性好。产品技术指标参照国内外公路路面高黏高弹沥青及机场道面特殊要求制定，分为普通型和和易型两类产品，见表 3-40。

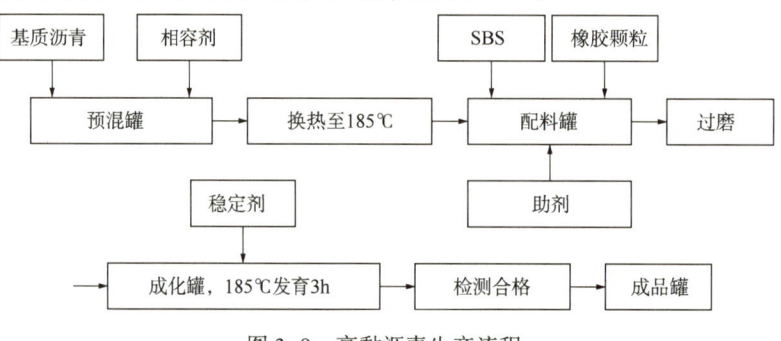

图 3-9 高黏沥青生产流程

表 3-40 昆仑机场道面高黏沥青技术指标及典型值

项 目	高黏沥青 普通高黏高弹沥青	高黏沥青 和易型高黏高弹沥青	典型实测值 昆仑高黏高弹沥青
针入度(25℃，100g，5s)，1/10mm	40~80	40~80	72
延度(5℃)，cm	≥40	≥40	50
软化点，℃	≥80	≥80	87
动力黏度(60℃)，Pa·s	≥50000	≥100000	140000
黏度(135℃)，Pa·s	报告	≤4.0	2.9
弹性恢复(25℃)，%	≥95	≥95	98
旋转薄膜(RTFOT)或薄膜(TFOT)加热试验			
质量变化，%	≤±0.8		-0.15
针入度比(25℃)，%	≥70	≥70	88
延度(5℃)，cm	≥20	≥20	30
PG 等级	PG82-28	PG76-28	PG82-28

辽河石化是国内较早开展机场道面沥青应用的企业，辽河石化和克拉玛依石化生产的机场跑道专用沥青分别于 1996 年、1999 年在伊宁机场及敦煌机场进行了首次试用。此后，辽河石化生产的机场沥青又先后在众多机场跑道建设中得到了应用。表 3-41 至表 3-43 为辽河石化机场道面沥青性质的分析结果。

表 3-41 辽河石化机场道面沥青的性质分析结果

项 目		技术指标 AB-90	技术指标 AB-110	技术指标 AB-130
针入度(25℃，100g，5s)，1/10mm		91	108	128
延度，cm	15℃	>150	>150	>150
	10℃	>150	>150	>150
软化点(R&B)，℃		47	45	44
溶解度(三氯乙烯)，%		99.9	99.9	99.9
闪点(COC)，℃		>260	>260	>260
蜡含量(蒸馏法)，%		1.9	1.9	1.9
密度(25℃)，g/cm³		1.0110	1.0109	1.0100
薄膜烘箱试验 TFOT(163℃，5h)				
质量损失，%		-0.05	0.003	0.06
针入度比，%		70	65	63
延度，cm	15℃	>150	>150	>150
	10℃	81	>150	>150
PG 等级		PG64-28	PG58-28	PG58-28

表 3-42 昆明长水机场用机场沥青性质分析

项 目		技术要求	试验结果	试验方法
针入度(25℃,100g,5s),1/10mm		60~80	73.1	GB/T 4509—2010
针入度指数		-1.5~1.0	-1.3	
软化点(R&B),℃		≥45	46.8	GB/T 4507—2014
延度,cm	15℃	>150	>150	GB/T 4508—2010
	10℃	>50	>150	
黏度(60℃),Pa·s		≥160	205	JTG E20—2011 T 0620
闪点(COC),℃		≥260	260	GB/T 267—1998
溶解度(三氯乙烯),%		≥99.5	99.9	GB/T 11148—2008
蜡含量(蒸馏法),%		≤2.2	1.2	SH/T 0425—2003
密度(25℃),g/cm³		实测	1.0183	GB/T 8928—2008
薄膜烘箱试验 TFOT(163℃,5h)				
质量变化,%		±0.8	-0.1	GB/T 5304—2001
针入度比,%		≥61	63.4	GB/T 4509—2010
延度,cm	15℃	≥15	≥85	GB/T 4508—2010
	10℃	≥6	≥8.7	

表 3-43 昆明长水机场用改性沥青 PG 性能分级结果

样品		壳牌 SBS 改性沥青			昆仑 SBS 改性沥青			技术要求值
PG 等级		PG76-22			PG76-22			
新鲜沥青								
黏度(135℃),Pa·s		2.47			2.30			≤3.0
动态剪切 DSR (10 rad/s)	温度	G^*,kPa	$G^*/\sin\delta$ kPa	δ,(°)	G^*,kPa	$G^*/\sin\delta$ kPa	δ,(°)	$G^*/\sin\delta$ ≥1.0kPa
	76℃	2.25	2.68	57.2	2.49	2.69	67.8	
	82℃	1.46	1.78	55.1	1.39	1.52	66.4	
RTFOT 后残余沥青								
动态剪切 DSR (10rad/s)	温度	G^*,kPa	$G^*/\sin\delta$ kPa	δ,(°)	G^*,kPa	$G^*/\sin\delta$ kPa	δ,(°)	$G^*/\sin\delta$ ≥2.2kPa
	76℃	3.67	3.96	68.0	2.26	2.35	73.7	
	82℃	1.89	2.01	70.3	1.30	1.35	75.5	
PAV 后残余沥青								
动态剪切 DSR (10rad/s)	温度	G^*,kPa	$G^*\cdot\sin\delta$ kPa	δ,(°)	G^*,kPa	$G^*\cdot\sin\delta$ kPa	δ,(°)	$G^*\cdot\sin\delta$ ≤5000kPa
	31℃	1190	927	51.2	862	701	54.4	
弯曲梁流变 BBR(60s)	温度	蠕变劲度 S,MPa		m 值	蠕变劲度 S,MPa		m 值	S≤300; m≥0.300
	-18℃	206		0.315	226		0.326	
	-24℃	310		0.268	343		0.279	

三、机场道面沥青发展趋势

以往机场建设部门对机场道面沥青技术要求较低，普通的 SBS 改性沥青就能满足使用要求，随着飞机大型化和起降频次增加，以及对飞机起降过程中安全性能要求的提高，机场道面沥青技术要求也将越来越高。此外，随着机场道面施工技术的发展，结合高温、高寒、高海拔地区等特殊气候区域的特点，机场建设部门对沥青材料的抗寒、抗紫外老化、抗盐、PG 等级诸多方面也提出更高的要求，高黏高弹沥青、PG82-28、PG82-34 等级沥青等功能性沥青材料在国内机场建设中的使用量将逐渐增大[36-37]。

SEAM 是一种新型的改性剂，以其作为改性剂生产的沥青混合料具有很好的高温抗车辙、抗水损坏和耐久性。在国外一些地区得到了广泛应用，特别是一些温差较大的地区。

德国的 Duroflex 和法国的 PR PLAST.S 能够大幅度增加沥青混合料的弹性模量，显著改善沥青路面的抗车辙能力。此类添加剂不同于传统的沥青改性剂，生产工艺简单，使用时直接投入沥青拌和机的拌缸，无须事先与沥青拌和，操作方便[38]。

此外，纳米技术作为推动世界新科技发展的动力，正在逐渐渗透到交通材料领域，为交通材料的发展提供了一个新的研究思路。纳米材料及其技术在沥青改性中的应用已经成为国内外学者的研究热点之一。

第五节 其他特种沥青

随着公路行业的发展，道路建设部门对沥青产品的需求已不仅限于重交通沥青产品，加之高温极寒等极端天气和重载交通的加剧，传统的重交通沥青已不能满足道路使用的实际需要，造成车辙、拥抱和路面开裂等病害频发。另外，道路部门对沥青产品的需求也日趋多元化，针对不同区域和不同应用工程的设计需要开发的具有特殊功能的特种沥青的需求量大幅增加，特种沥青研发能力和生产技术体现了沥青生产企业的技术水平和实力，也代表了道路沥青行业的发展方向[39]。

温拌沥青等其他特种沥青产品是伴随着国内道路建设往环保化、功能化等方向发展的趋势而出现的新型沥青材料。中国石油在新型沥青产品方面持续加大研发和应用力度，取得了一些的技术突破和成果。近年来，中国石油以市场为导向，紧扣行业发展方向，加大了特种沥青的研发和推广力度，开发出桥面沥青、灌缝沥青、温拌沥青和彩色沥青等系列特种沥青产品。

一、桥面沥青

桥面铺装是铺筑于桥面板上的一个结构层，其作用是保护上部结构的桥面板，防止过往的汽车直接碾压磨损桥面板，同时分散汽车荷载，为车辆提供平整防滑的行驶表面，对其强度、抗高低温性能和疲劳耐久性均有很高的要求[40-42]。在我国应用较多的桥面铺装沥青材料主要包括浇注式沥青混凝土、改性沥青 SMA 和环氧沥青混凝土这三种类型。

1. 浇注式沥青混凝土

浇注式沥青混凝土是在高温状态下（220~260℃）进行拌和，摊铺时依靠自身的流动性摊铺整平成型的免碾压沥青混凝土。这种材料一般无须碾压就能达到无空隙、不透水的状态，具有耐侵蚀性好、耐磨性、变形能力强等特性。

浇注式沥青混凝土的优点：(1)流动性。在较高施工温度（220~260℃）下具有较好的流动性和施工和易性，在施工时仅需要配制沥青摊铺机摊铺整平，免碾压工序就能达到规定所要求的密实度和平整度，在限载的桥梁或狭窄的地方，如人行道、中央分割带等无法采用机械碾压的区域施工优势更加明显。(2)密水性。浇注式沥青混凝土内细集料和矿粉掺量高、沥青含量高等特点，使得骨料能够达到悬浮状态。与常规的热碾压沥青混凝土相比，浇筑式沥青混凝土的孔隙率更小，接近于零，内部也不宜形成连续的空隙，所铺筑的结构层不透水，是其他碾压式沥青混凝土无法相比的。(3)抗裂性。和通常的加热拌和式沥青混凝土比较，浇注式沥青混凝土的石粉含量多，可以使浇筑式沥青混凝土适应反复弯曲变形，做到与结构层的同步变形，具有优良的抗低温开裂与抗疲劳开裂性能。(4)抗滑性。当浇注式沥青混凝土混合料表面还是热的尚未凝固的时候，可以撒布预拌的黑色石屑嵌入混凝土中，形成整体，提高其抗滑性。

浇注式沥青混凝土的不足之处有：(1)高温性能较差，易形成车辙和推移，这是因为浇注式沥青混凝土中的矿粉含量高、拌和温度高，都较容易引起沥青老化，迅速降低沥青混合料的使用性能。(2)施工要求高，铺装时需要使用专用的摊铺机和运输车，对桥梁面板的清洁度要求严格。

2. 改性沥青SMA

沥青玛蹄脂碎石(SMA)混合料是在浇注式沥青混凝土基础上为解决车辙问题而发展起来的新型材料，是一种由沥青、纤维稳定剂、矿粉及细集料按一定比例拌和均匀后组成的沥青混合料，将其在间断级配的粗集料骨架空隙中进行有效填充形成的一种路用性能显著的密实结构混合料。

改性沥青SMA的优点：(1)高温性能。SMA沥青混凝土施工温度150~170℃，生产温度180℃，温度低可保证沥青老化程度相对较低，高温稳定性优于普通沥青混凝土，能有效地减少桥面的车辙病害。(2)抗变形性能。SMA为骨架密实结构，由于增大了粗集料的比例，添加了纤维稳定剂，在石料的嵌挤作用下，使得SMA结构具有优异的抗变形能力。(3)耐久性。在桥面铺装中应用SMA混合料，冷却后的SMA路面非常坚硬，具有较高的强度和构造深度，能极大提高桥面行车的安全性。(4)抗滑性。SMA沥青混合料的表面构造较大，高质量的碎石和间断级配使其具有足够的抗滑性能，适宜作为面层结构。

改性沥青SMA的缺点：(1)密水性不足，SMA混合料本身的防水效果不如浇注式沥青混合料，特别是对于边缘欠压部分，空隙率可能更大，易出现因密水性问题而产生病害。(2)施工要求高，虽然施工不需要特殊的设备，但SMA混合料对材料的小幅波动很敏感，在拌和中即使是很小的级配波动，对SMA混合料质量都可能产生较大影响。

3. 环氧沥青混凝土

环氧沥青混合料是通过在沥青中添加热固性的环氧树脂和固化剂，通过不可逆的固化反应得到的混合物，这种固化物从根本上改变了沥青的热塑性质，赋予了沥青全新的物理性质和力学性能。

环氧沥青混凝土的优点：(1)高温性能。环氧沥青固化后形成不溶的热固性材料，此固化过程是不可逆的，即使温度升得再高(300℃以上)，材料仍呈固态形式，这样就保证了环氧沥青在高温下仍能保持较好的力学性能，能有效地减少高温车辙等病害。(2)黏结性。环氧沥青的黏结力是通过物理和化学两个方面的作用产生的，而不仅仅是通常的物理黏结力，因此其黏结力很大。(3)耐疲劳性。环氧沥青混凝土由于强度高，在同样的应力水平下，表现出极其优良的耐疲劳性，几乎是普通沥青混凝土疲劳寿命的10~30倍。(4)耐腐蚀性。环氧沥青混凝土与普通沥青混凝土不同，不会因为柴油等燃油渗入而导致沥青失去黏结力变得松散。

环氧沥青混凝土的缺点：(1)施工要求高。环氧沥青混凝土需要使用专用的施工设备，其性能受到成型时的温度、时间以及湿度等因素变化的影响非常大，从而导致其对施工质量控制体系的要求十分严格。(2)成本高。采用环氧沥青混凝土铺装桥面，不论前期的工程造价还是后期的养护成本都高于其他类型的桥面铺装。

中国石油开发生产出高黏高弹桥面沥青，形成中国石油沥青产品独有技术，在江苏润阳大桥、江苏泰州大桥、上海崇启高架桥、香港昂船洲大桥、黑龙江乌苏大桥、沈阳三环后丁香大桥、香港昂船洲大桥及广州明珠湾大桥得到成功应用，产品性能超过SK、壳牌等国外品牌的同类产品，大大提升了中国石油"昆仑"沥青品牌效应。表3-44为广州明珠湾大桥桥面工程用改性沥青的指标要求和产品分析结果。

表3-44 广州明珠湾大桥桥面工程用改性沥青质量指标

项　　目		本项目要求	试验结果
针入度(25℃，100g，5s)，1/10mm		20~40	28
延度(5℃)，cm		≥20	25
软化点(R&B)，℃		≥85	105
弹性恢复率(25℃)，%		≥90	95
黏度(60℃)，Pa·s		实测	—
黏度(200℃)，Pa·s		≤0.6	0.41
闪点(克利夫兰开口杯)，℃		≥280	282
TFOT (或 RTFOT)	质量损失，%	±0.1	-0.126
	针入度比，%	≥70	87
	延度(5℃)，cm	≥15	16
	弹性恢复率(25℃)，%	—	92
PG 等级		PG88-22	PG100-22

二、灌缝沥青

2019年，全国公路总里程501×10⁴km，养护里程495×10⁴km，占公路总里程的98.8%。路面裂缝是路面的主要病害之一，路面裂缝的修补是路面养护的主要工作之一。路面裂缝的存在不仅影响行车的舒适性和安全性，而且路表雨水通过裂缝渗入基层，还将大大削弱路基的强度和稳定性，使路面受到更加严重的破坏。使用灌缝沥青对路面裂缝进行灌缝，是目前广泛使用的路面修补技术[43]。

图3-10 道路裂缝病害

1. 路面裂缝

路面裂缝按其破损的几何形状一般可分为横向裂缝、纵向裂缝、块状裂缝、龟裂等，(图3-10)。产生横向裂缝的主要原因是由于温度的变化而导致的温缩裂缝和疲劳裂缝以及半刚性基层的反射裂缝导致的路表横向裂缝。纵向裂缝一般较长，在20~60m范围内，主要原因是由于路面出现裂缝时，路表积水和雨水渗入路基中，使基层材料的强度降低，路基沉降，而路的另一侧路基强度仍较好，导致路两侧产生了不均匀沉降引发纵向裂缝的产生[44]。块状裂缝的外观主要是大块的不规则多边形，每边长0.4~3m。其原因是筑路时采用了低标号的沥青材料，沥青质硬，在低温环境以及车辆荷载的反复作用下极易脆裂，最终导致块状裂缝的出现。龟裂为不规则多边形状，形如乌龟背壳上的纹理，其短边长度不超过100mm的裂缝。其成因主要是由于路面的柔性不足，在交通荷载的反复作用下，表面层沥青材料因疲劳产生的裂缝。

2. 灌缝材料性能要求

灌缝是一种预防性养护措施，对于各种类型的裂缝，无论修补其中哪一种，所使用的灌缝材料都需要具备6个方面的性能：(1)高温稳定性，主要是评价灌缝材料在高温条件下抗软化或抗流淌的能力，灌缝材料在夏季高温天气，易受热变软甚至出现流淌，在车辆荷载形成的压缩应力作用下，裂缝中的材料很容易被挤出或溢出裂缝，而使灌缝失效。(2)抗裂延伸性，使材料始终能与裂缝壁面贴合并保持对裂缝的封闭作用。(3)黏附抗脱性，使裂缝壁面与灌缝材料之间形成一个整体，能有效传递拉压应力、剪切应力，并防止材料过早断裂造成灌缝失效。(4)低温抗裂性，灌缝材料在冬季及低温天气很容易变脆，失去原有的柔韧性。因此，灌缝材料应具有良好的抗低温脆裂性。(5)抗硬物嵌入性，进行灌缝修补后的裂缝表面往往容易嵌入硬物，造成灌缝失去传递载荷的能力，灌缝材料应当具有一定的抗硬物嵌入性。(6)抗老化性，为了提高灌缝材料的耐久性，避免灌缝较早失效，应检测裂缝灌缝材料是否具有较好的耐老化性[45]。

这些性能指标彼此独立，有些(比如高温稳定性和低温抗裂性)还相互对立，同时满足所有的评价指标非常难，实际灌缝要求满足哪几项指标，应具体结合裂缝灌缝的时机、气候条件以及裂缝的类型来选择确定。

3. 灌缝沥青

在沥青路面裂缝修补中采用的灌缝材料大致可以分为热灌缝材料、冷灌缝材料及专用材料等三大类，其中热灌缝材料和冷灌缝材料中以灌缝沥青类产品为主，有关灌缝沥青的标准并不完善，仅有JT/T 740—2015《路面加热型密封胶》和JT/T 969—2015《路面裂缝贴缝胶》两项标准可供参考。

热灌缝沥青包括热沥青、SBS改性沥青、沥青橡胶、橡胶改性沥青及低模量橡胶改性沥青等，因价格不高、对施工人员的要求不苛刻而受到广泛采用。热沥青是最早使用的路面裂缝修补材料，在各种裂缝灌缝材料中成本最低，但已经不能满足高等级路面的灌缝需要，但由于其价格低廉，一些低等级路面仍在使用。改性沥青，相比普通沥青具有更加优良的低温抗裂性和高温稳定性，同时其延展性和弹性也更好，用其修补裂缝更能满足灌缝沥青对黏结性和拉伸强度等性能的要求，可以更好地抵抗环境因素和车辆载荷带来的各种病害，主要有聚合物改性沥青类和树脂类。冷灌缝沥青，包括乳化沥青、改性液体沥青等，由于其受限制条件较少，不需加热使用，可用在潮湿的路面、有灰尘的壁面，较有代表性的是乳化沥青。乳化沥青较热沥青具有一些显著的优点，乳化沥青（特别是阳离子乳化沥青）不怕水，能裹覆潮湿石料，且低温不影响其流动性和浸润性，因此在雨后、裂缝潮湿或低温条件下进行裂缝灌缝，对其修补性能影响很小。但乳化沥青在黏结性能上很难与热沥青相比，更多地用于无或较低水平位移裂缝的灌缝，且多在裂缝处于潮湿状态或低温天气等环境条件较恶劣情况下，作为裂缝的应急灌缝材料。

三、温拌沥青

温拌沥青混合料（WMA）是一种新型节能环保道路材料。它是通过一定技术措施降低沥青胶结料的黏度，在拌和、摊铺、碾压温度比传统热拌沥青混合料（HMA）降低20~50℃的条件下，沥青胶结料仍能与矿料完全裹覆，而且其路用性能不低于HMA。WMA技术的优点是减少了燃料能源消耗，降低了有毒有害气体和粉尘排放，减轻了沥青胶结料在拌和过程中的老化程度，延长了运输距离和施工季节，在国际上被认为是沥青混合料拌和及施工工艺的一次革命性突破。美国权威科学家早在2008年曾预言5~10年内传统的HMA技术将被WMA技术取代，我国道路沥青专家也曾表示："希望将来在人口密集的一线城市全面应用WMA技术"[46-47]。

1. WMA技术的诞生与发展

传统的HMA是一种热拌、热铺道路材料。在较高的拌和、摊铺及碾压温度下，其生产和施工过程不仅要消耗较多的燃料能源，而且还会排放大量的废气和粉尘，污染公路沿线环境，危害施工人员身体健康，特别是在长隧道沥青路面施工过程中，聚集在有限空间内的有毒有害气体对施工人员的身体健康危害更大。此外，沥青胶结料还会在高温条件下产生严重的热老化，缩短了使用寿命。而冷拌沥青混合料，尽管在环境保护、能源消耗方面具有一定优势，但由于其路用性能却难以保证，一般只适用于路面养护。20世纪90年代，欧美许多国家为了达到《京都议定书》签署的减少排放的标准，开始研制一种新型节能环保沥青混合料，即WMA[48]。

WMA技术最早由Shell和Kolo-veidekke于1995年开始联合开发，并于1996年首次进行了现场试验。1999年，在德国sch6nstadt-schwarzenborn公路上采用Aspha-min温拌剂铺筑了世界第一条温拌沥青试验路段，经过现场测算，节约了30%的燃油，使用8年后，路面状况仍然很好。同年，仍然采用Aspha-min温拌剂，在德国Flensungen至Ruppertenrod的B49号公路上铺筑了一段试验路，当时施工季节已为冬天，室外温度低至0℃，通车8年后，路面情况仍然良好。2003年，美国开始引入WMA技术，NAPA、美国联邦公路局（FHWA）

以及一些厂商联合设立基金资助美国国家沥青技术中心（NCAT），专门用于温拌沥青技术研究[49]。

2005年，我国交通部公路科学研究院、美国Mead Westvaco公司以及同济大学开始合作对WMA技术进行研究，并于同年9月在北京市昌平区110国道上采用乳化沥青温拌技术（拌和温度为120℃）成功铺筑了我国第一条、全球第六条Evotherm Warm Mix Asphalt（E-WMA）试验路。随后，经过几年的研发和推广，在全国的公路和市政工程行业内得到了高度认可和广泛应用，并在北京、上海、江苏、河南、辽宁、河北、四川、浙江8个省市实施了逾30个项目，包括橡胶沥青、改性沥青等多种黏结料以及多种路面结构，多应用于城市道路、高速公路和高海拔地区、隧道路面等各种不同的路面施工项目，经历几年的行车考验，其路用性能良好。通过几年的不懈努力，我国道路沥青在引进、吸收、消化的基础上创新发展了WMA技术，国内温拌沥青胶结料、添加剂、混合料市场百花齐放，其中发明授权专利多达195件，温拌沥青添加剂占一半以上。北京、河北、青海、江西、上海、河南、辽宁、江苏、福建、陕西、湖北、山东、吉林等地借鉴HMA技术，陆续出台了WMA技术地方标准与规范，WMA技术普遍被接受。2014年，GB/T 30596—2014《温拌沥青混凝土》国家标准发布实施，标志着我国WMA技术已逐渐发展成熟[50]。

2. 温拌沥青混合料技术原理及分类

WMA同HMA一样，其强度仍然主要靠集料间的嵌挤作用和沥青胶结料与集料间的黏结作用形成。温拌沥青胶结料在混合料生产过程中起到黏结和润滑的作用，黏结作用使得WMA整体成型，润滑作用使得内摩阻力减小，易于压实而不至于压碎。影响WMA黏结和润滑作用的主要因素是沥青胶结料的黏温特性，因此，如何实现温拌沥青胶结料在较低的温度条件下仍然具有较好的裹覆性能，关键取决于采用何种技术手段来改变沥青较胶结料的黏温特性[51-53]。按其技术手段分类，WMA技术种类及基本原理大致可以分为有机降黏型、发泡型和表面活性剂型。

3. WMA技术标准

虽然我国对WMA技术的研究起步比较晚，但在WMA技术诞生后的短短几年间，各地很快就在引进、吸收、消化国外研究成果及应用经验的基础上，借鉴HMA技术，再创新地发展了WMA技术。通过几年的研究与工程实践，北京、河北、青海、江西、上海、河南、湖北、陕西、山东、吉林、辽宁、江苏、浙江等地陆续出台了WMA技术地方标准与规范，随后由深圳市海川实业股份有限公司起草的《温拌沥青混凝土》（GB/T 30596—2014）也于2014年6月发布实施。另外，由中国石化牵头，中国石油、中国海油共同参与制订的《温拌沥青石化行业标准》也已颁布实施。

对比WMA国家标准、各地方技术指南与规范，其WMA各材料（沥青胶结料、集料、填料、纤维稳定剂）、配合比设计以及生产、施工基本上是沿用了《公路沥青路面施工技术规范》（JTG F40—2004）的相关规定，它们都只是在《公路沥青路面施工技术规范》（JTG F40—2004）的基础上增加了温拌沥青添加剂的基本性能要求或指标，并给出了建议的施工温度，有的对沥青胶结料的软化点指标、集料的含水量指标、WMA的车辙动稳定度、低温抗裂性能和渗水性能指标略有提高或改变。

总之，我国WMA技术地方标准、行业标准以及国家标准陆续颁布实施，不仅有利于规范行业内温拌沥青产品的生产及质量控制,加快温拌沥青产品的应用推广,更有利于我国绿色低碳环保交通运输体系建设。温拌沥青技术仍然处于发展阶段,现有 WMA 技术标准、规范因局限于一小类温拌技术,不能囊括整个快速发展的温拌技术领域,WMA 技术还缺乏长期、系统的工程实践数据,以下几点仍然值得关注:

(1) 采用何种技术措施来实现温拌,所采用的技术措施是否对沥青胶结料本身性质有负面影响,是否影响到沥青胶结料性质的还原,许多标准没有给出具体指标要求。

(2) 在引进温拌沥青添加剂后,沥青胶结料与集料的黏附性能如何,采用何种评价方法来对其检测,具体指标要求是多少,许多标准也没有给出明确答案。

(3) 在施工温度降低的条件下,集料的水分是否烘干,或者残留的水分与 WMA 的后期水损坏的关联性有多大,集料的含水量指标是否应有更为严格的要求和限制。

(4) 在施工温度降低的条件下,WMA 的压实性能如何,对其压实度是否应该区别于 HMA。

(5) WMA 技术是一种沥青路面新技术,其节能减排效果、经济效益还需进一步验证。WMA 的长期路用性能还需深入研究。

四、彩色沥青

长久以来,沥青路面通常只有黑色这一种颜色,这在经济快速发展、居住环境色彩纷呈、绿色空间日益得到注重的今天,黑色的沥青路面就会显得单调并且乏味。随着社会经济的发展,彩色沥青路面引起了广泛关注,其不但可以美化环境、改善道路景观,还可以起到强化交通警示、划分交通区间等作用,在一些大中型城市已得到应用,但成本和技术制约了其推广。普通沥青的成本在为 2600 元/t,而彩色沥青结合料的成本为 1.5 万~2 万元/t,是普通石油沥青的 5~7 倍。同时彩色沥青路面的颜料成本高,施工要求严格,致使彩色沥青路面的铺装成本约为普通沥青路面的 15~20 倍。通过改进彩色沥青结合料的生产技术,降低彩色沥青路面的造价,推广彩色沥青路面的应用范围,已成为道路工程研究的热点。彩色沥青的制备工艺一般分为两类:一类是在普通石油沥青的基础上制备彩色沥青,第二类是合成浅色胶结料。

普通石油沥青由沥青质、胶质、芳香分、饱和分等组成,沥青质为深棕色至黑色,而其他组分的颜色较浅。可以通过颜料遮盖法和脱沥青质法,制备彩色沥青结合料。颜料遮盖法是制备彩色沥青最简单的方法,它是将无机颜料与普通石油沥青在高温混合而成,通过颜料的颜色来改变普通石油沥青的颜色,但需要添加大量的无机颜料,这不仅会危害沥青胶结料的性质,而且造价昂贵。实际工程中通常在混合时添加部分白色颜料(如钛白粉等),遮盖沥青的黑色,制备的彩色沥青色泽暗淡不鲜艳,降低胶结料的性质。脱沥青质法是采用特殊的溶剂将道路石油沥青中的黑色沥青质溶解并将之脱去,保留颜色较浅的其他组分,制备得到的浅色沥青胶结料颜色稍浅;但制备工艺十分烦琐,成本昂贵,脱色沥青的性质相对石油沥青有所下降。

合成浅色胶结料制备一般也分两类:一类是单一的浅色胶结料,高分子材料具有优良的可设计性,可以通过控制材料分子量和分子量分布,得到相应的针入度、软化点和黏度,通过共聚等方法改变分子的结构和组成,通过合适的制备技术得到理想的聚集状态,浅色胶结料就是综合这些方法制备出与普通石油沥青性质相近的材料，工艺简单、胶结料颜色浅、色彩效果佳，但需要前期投入加工设备，浅色胶结料的脆性大，耐久性差。另一类是聚合物复合法制备浅色胶结料，聚合物的组成和聚集态对浅色胶结料的性质影响较大，通过掺入一定比例的聚合物并利用适当的制备工艺，可以生产出性质与优质石油沥青相当甚至接近改性沥青水平的改性浅色胶结料，制备工艺较简单，浅色胶结料的颜色浅，色彩效果佳，性质良好，但需要前期投入加工设备。人们对彩色沥青路面的色彩要求逐渐提升，覆盖法所生产的彩色沥青已经很难满足现代交通日益发展的需要，主要还是几种浅色胶结料，特别是采用聚合物复合法制备彩色沥青结合料最为常见。

彩色沥青产品标准最早是住房和城乡建设部（简称住建部）于 2015 年 5 月实施的 CJJ/T 218—2014《城市道路彩色沥青混凝土路面技术规程》，将彩色沥青分成普通彩色沥青、特种彩色沥青和彩色乳化沥青三类，并规定了适用范围，基本上沿用了道路用沥青的质量评价标准体系，增加了颜色等级（铁钴法）和烘后颜色（有无明显变化）这两个黑色道路沥青标准里没有的指标，用大量篇幅规定了路面技术相关的各种材料选择与施工技术设计标准。国家标准 GB/T 32984—2016《彩色沥青混凝土》于 2017 年 7 月实施，偏重于检验，将彩色沥青分为彩色沥青结合料和改性彩色沥青结合料两类，将"彩色沥青"更名为更加切合实际的"彩色沥青结合料"，对 AC、SMA 和 OGFC 这三种典型级配类型的彩色沥青混凝土进行了质量规范，彩色沥青混合料外观如图 3-11 所示。

图 3-11　彩色沥青混合料

中国石油自 2003 年开始，以克拉玛依优质环烷基稠油适宜馏分为基础原料，通过复配高分子聚合物填充剂、改性剂、颜色遮盖剂、化学偶联剂、稳定剂和着色剂等功能性添加剂，优化工艺配方，最终研制出性能优异的彩色沥青产品。中国石油聚合物复合法彩色沥青，具有色彩鲜艳、颜色可调、与石料黏附性好、高低温路用性能优异、抗变形能力强等性能特点，可广泛用于公路、城市街道、广场、操场、风景区和公园等场所。近年来，利用玛波馏分油为原料，成功开发出路用彩色沥青产品，使得"昆仑"彩色沥青产品在性能和成本上更具市场竞争力。伊朗抽出油作为彩色沥青基础油的市场应用最多，价格最低，颜色最深，味道较大；KN4010 环保彩色沥青基础油原料，成本较高，但透明如水，没有异味，是高端彩色沥青路面应用的优质原料。

针对路面掉渣（石料与彩色沥青剥离）、改性彩色沥青易离析和生产工艺复杂等问题，参考 CJJ/T 190—2012《透水沥青路面技术规程》和 JT/T 860—2013《沥青混合料改性添加剂》，创新性地开发出了高黏改性彩色沥青产品和应用了"干法"制备彩色沥青混合料工艺及"高黏"生产配方，有效地解决了上述技术问题。"昆仑"彩色沥青以环烷基稠油的适宜馏分油为基础原料，复配高分子聚合物、颜色遮盖剂、化学偶联剂、稳定剂和抗氧剂等辅助添加剂，在适宜的工艺条件下反应制备而成"脱色沥青"，结合各种颜色的高鲜亮色粉，可铺筑成为性能优良的功能性彩色沥青路面。根据气候情况、交通特点等因素开发了景观路面彩色沥青、等级路面彩色沥青、高黏透水路面彩色沥青三个等级彩色沥青产品，生产流程如图 3-12 和图 3-13 所示。

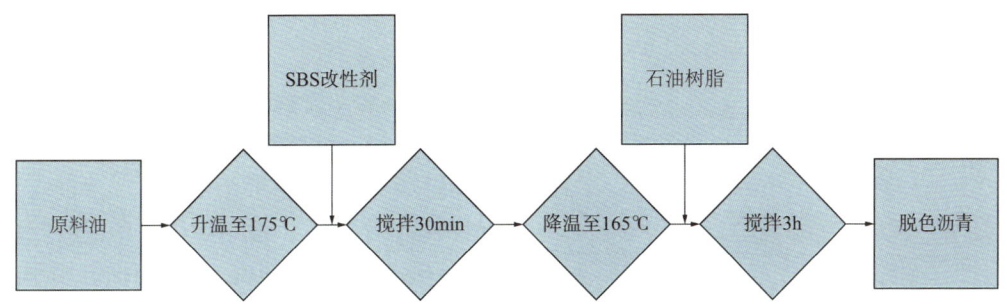

图 3-12 彩色沥青生产流程

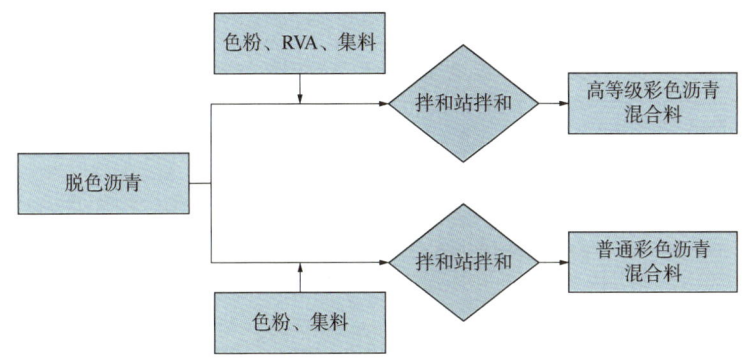

图 3-13 彩色沥青混合料生产流程

1. 景观路面彩色沥青

景观路面彩色沥青是按照普通重交通沥青等级控制，利用复合改性后的浅色胶结料，配以耐候性高的鲜亮色粉，在特殊工艺下制备而成的彩色沥青产品。再经过专业的混合料配合比设计，经过热拌和摊铺碾压工艺即可铺筑而成具有一定结构厚度（通常为 2~4cm）的彩色沥青路面（图 3-14 和图 3-15）。

昆仑景观路面彩色沥青有红、黄、蓝、绿等多个系列，所用色粉成分以氧化铁为主，均按照国家标准（GB/T 1863—2008）中的 A 级（或 I 型）最高等级进行生产和质量管控，软化点可达 50℃ 以上，除作为一般的小区、公园步行道路外，更可用于环湖、沿海等自行车

图 3-14　景观路面

图 3-15　彩色沥青路面

道的铺筑，完美实现城市建设中"彩化、绿化、亮化"的目标，性能见表 3-45。参照国内外相关产品技术指标制定了企业标准，对沥青和混合料都进行了限定，适用于机动车道（密级配）以及非机动车道（密级配）沥青路面，用于小区或公园步行道，也可作为环湖、滨河自行车道使用，比如呼和浩特市 2014 年市政道路工程，大青山自行车道彩色沥青路面罩面。

表 3-45　昆仑景观路面彩色沥青技术指标

项　目		技术指标	典型数据	试验方法
沥青指标	软化点，℃	≥45	51	JTG E20—2011 T 0606
	动力黏度（60℃），Pa·s	≥140	739	JTG E20—2011 T 0620
	延度（10℃），cm	≥5	8	JTG E20—2011 T 0605
	弹性恢复（25℃），%	—	45	JTG E20—2011 T 0662
沥青混合料（AC-13）	孔隙率，%	3~5	3.4	JTG E20—2011 T 0705
	稳定度 MS，kN	≥6	9.4	JTG E20—2011 T 0709
	残留稳定度，%	≥80	85.1	JTG E20—2011 T 0709
	冻融劈裂强度比 TSR，%	≥70	78.2	JTG E20—2011 T 0729
	车辙动稳定度（60℃），次/mm	≥500	1162	JTG E20—2011 T 0719
	弯曲极限应变（-10℃），$\mu\varepsilon$	≥2000	2806	JTG E20—2011 T 0715
	疲劳性能（200$\mu\varepsilon$，15℃，20Hz）	≥50000	87344	JTG E20—2011 T 0739

第三章 道路沥青产品技术

将原料油逐步升温至175℃,并持续缓慢搅拌。将SBS改性剂缓慢加入基础原料油中,加快搅拌频率,持续搅拌30min。温度下降至165℃,加入石油树脂,持续搅拌至少3h,直至混合均匀。典型配方为减四线:SBS(791H):燕山C9树脂12号色=33:6:61。

温度对彩色沥青生产的影响很大,这是由于彩色沥青原料受热易分解和改性剂条件相容性导致的。混合温度太高,大分子低聚物分解、轻软组分流失,导致彩色沥青低温性能变差、针入度变大;混合温度太低,改性剂和树脂不能与原料。

油形成均匀的胶体体系。SBS与树脂的搅拌时间至少为3h,具体时间根据现场拌和设备性能调整。以沥青体系均匀、所有SBS和树脂颗粒全部溶解为度,无颗粒、无结团成块或严重的固液分离现象为准。

2. 等级路面彩色沥青

等级路面彩色沥青是针对城市重交道路,面向城市机动车道所推出的一款高性能彩色沥青产品。在普通道路彩色沥青的基础上进行复合改性,使其满足甚至优于JTG F40—2004中A级道路沥青或改性沥青的性能,见表3-46。实现彩色沥青混凝土强度和抗变形承载能力的高标准,结合沥青混合料专项设计,满足重载交通彩色沥青路面复杂的受力环境和苛刻工况。混合料各项指标按照黑色路面路用性能需求控制,是普通路面彩色沥青路面抗车辙强度的4~8倍,提高抗低温和疲劳开裂性能50%左右。参照国内外相关产品技术指标制定,对沥青和混合料都进行了限定,适用于公交车道(密级配路面)彩色路面、普通机动车道的彩色沥青路面,2006年8月,应用于新疆高等级公路管理局石河子管理处道路改造工程。

表3-46 昆仑等级路面彩色沥青技术指标

	项 目	技术指标	典型数据	试验方法
沥青指标	软化点,℃	≥70	72	JTG E20—2011 T 0606
	动力黏度(60℃),Pa·s	≥5000	15000	JTG E20—2011 T 0620
	延度(10℃),cm	≥30	38	JTG E20—2011 T 0605
	弹性恢复(25℃),%	≥65	92	JTG E20—2011 T 0662
沥青混合料(AC-13)	孔隙率,%	3~5	3.6	JTG E20—2011 T 0705
	稳定度 MS,kN	≥8	13.2	JTG E20—2011 T 0709
	残留稳定度,%	≥80	91.4	JTG E20—2011 T 0709
	冻融劈裂强度比 TSR,%	≥70	82.4	JTG E20—2011 T 0729
	车辙动稳定度(60℃),次/mm	≥1000	3438	JTG E20—2011 T 0719
	弯曲极限应变(-10℃),με	≥2000	3459	JTG E20—2011 T 0715
	疲劳性能(200με,15℃,20Hz)	≥100000	143572	JTG E20—2011 T 0739

将原料油逐步升温至175℃,并持续缓慢搅拌。将SBS改性剂缓慢加入基础原料油中,加快搅拌频率,持续搅拌30min。温度下降至165℃,加入石油树脂,持续搅拌至少3h,直

至混合均匀。RVA改性剂与热集料同时放入拌和锅中，并在改性剂投放完毕后开始"干拌"计时，"干拌"10s后放入脱色沥青和色粉，进行混合料"湿拌"45s，整个过程温度控制在175~185℃。典型配方为减四线：SBS（791H）：C9树脂12号色 =33：6：61，掺入12%RVA改性剂。

3. 透水路面彩色沥青

为满足透水型沥青混合料的技术要求，采用黏度更高的重馏分油、特殊改性工艺生产，软化点可达到80℃以上，60℃动力黏度大于20000Pa·s。彩色+透水的完美结合，将海绵城市透水路面赋以鲜亮色彩，是彩色沥青路面中的"最高端"产品，路面结构如图3-16所示。适用于海绵城市透水彩色沥青路面铺装以及所有情况下的城市彩色道路路面铺装，路面采用20%左右孔隙率骨架—孔隙结构的沥青混合料做上面层，与普通路面相比，透水路面的大孔隙结构将水流通道迁移到路面内部进行，换来了表面无水流的行车舒适性，并有多重功能优势：大幅降低行车噪声，在海绵城市之外塑造"宁静城市"，荷兰等国家已经采用双层排水沥青路面作为主体技术启动国家层面的"超级降噪计划"。大幅提高雨天行车安全，减少雨天城市交通拥堵、追尾类事故。大幅提高雨天出行舒适度，避免行车溅水危及行人，雨天不湿鞋，提高城市形象和交通和谐度。缓解城市热岛效应，有效降低路表温度，上海浦东调查显示，夏天可有效降低路表温度3~5℃。

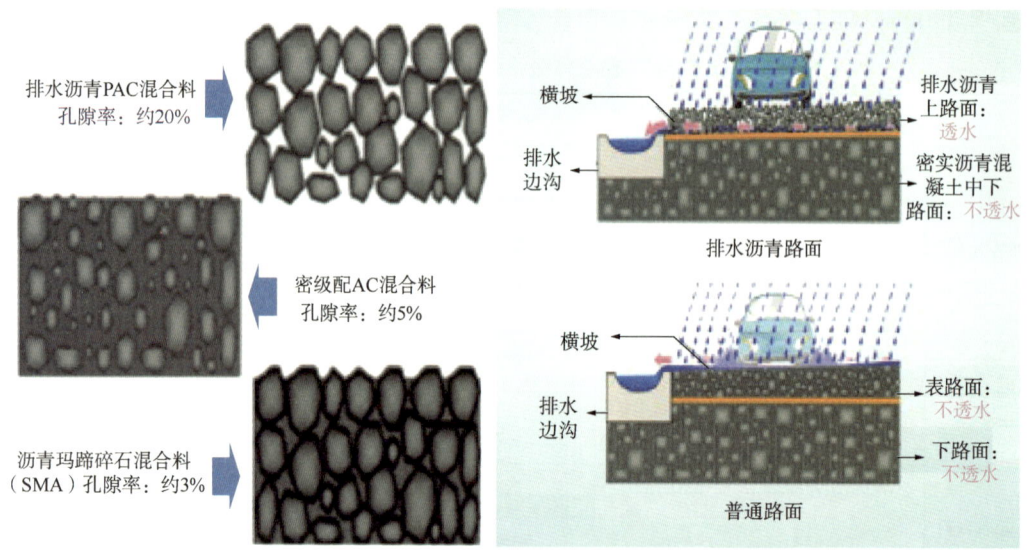

图3-16 排水路面结构

参照国内外相关产品技术指标，对沥青和混合料都进行了限定，适用于几乎所有情况下的经济型城市道路排水路面，2017年11月，河南鹤壁市河滨路彩色透水沥青路面，是鹤壁市海绵城市建设水系生态治理工程项目中的重要组成部分，沥青性质见表3-47。

第三章 道路沥青产品技术

表3-47 昆仑高黏透水路面彩色沥青技术指标

项　目		PAC-13沥青混合料		试验方法
		技术指标	典型数据	
沥青指标	软化点,℃	≥75	81	JTG E20—2011 T 0606
	动力黏度(60℃),Pa·s	≥20000	78756	JTG E20—2011 T 0620
	低温延度(10℃),cm	≥30	55	JTG E20—2011 T 0605
	弹性恢复,%	≥85	95	JTG E20—2011 T 0662
沥青混合料(PAC-13)	孔隙率,%	≥18	21.1	JTG E20—2011 T 0705
	沥青混合料飞散损失,%	<20	12.2	JTG E20—2011 T 0733
	稳定度 MS,kN	≥3.5	7.2	JTG E20—2011 T 0709
	残留稳定度,%	≥85	93.2	JTG E20—2011 T 0709
	冻融劈裂强度比 TSR,%	≥75	91.3	JTG E20—2011 T 0729
	车辙动稳定度(60℃),次/mm	≥3000	4424	JTG E20—2011 T 0719

参 考 文 献

[1] 张金升,贺中国,王彦敏,等.道路沥青材料[M].哈尔滨:哈尔滨工业大学出版社,2013.

[2] 中华人民共和国交通运输部.公路工程沥青及沥青混合料试验规程:JTG E20—2011[S].北京:人民交通出版社,2004.

[3] 梁春雨,刘峰.30#硬质沥青及沥青混合料的性能研究[J].中外公路,2006(6):185-188.

[4] 王金勤,李明科,罗来龙.克拉玛依30号、50号硬质道路沥青性能评价[J].石油炼制与化工,2009(8):63-67.

[5] 郝培文,张登良,胡西宁.沥青混合料低温抗裂性能评价指标[J].西安公路交通大学学报,2000(3):1-5.

[6] 詹小丽,张肖宁,谭忆秋.改性沥青低温性能评价指标研究[J].公路交通科技,2007(9):42-45.

[7] 黄拓,钱国平,李辉忠.30#硬质沥青及其混合料低温性能试验研究[J].中外公路,2008(6):224-226.

[8] 马峰,傅珍,编译.硬质沥青和高模量沥青混凝土在法国的应用[J].中外公路,2008(6):221-223.

[9] 赵晓晴,王选仓,侯荣国.长寿命路面应力吸收层有限元分析[J].中外公路,2009(1):64-68.

[10] 中华人民共和国交通部.公路沥青路面施工技术规范:JTG F40—2004[S].北京:人民交通出版社,2004.

[11] 刘闯,吴健,李长海.低标号硬质沥青动态剪切流变试验分析研究[J].中外公路,2007(4):257-259.

[12] 胡玉祥,张肖宁,王绍怀,等.高模量沥青混合料添加剂性能的试验研究[J].石油沥青,2006(3):8-12.

[13] 谭忆秋.沥青与沥青混合料[M].哈尔滨:哈尔滨工业大学出版社,2007.

[14] 沈金安.沥青及沥青混合料的路用性能[M].北京:人民交通出版社,2001.

[15] 张德勤.石油沥青的生产与应用[M].北京:中国石化出版社,2001.

[16] 王旭东,李美江,路凯冀.橡胶沥青及混凝土应用成套技术[M].北京:人民交通出版社,2008.

[17] 孙祖望,陈舜明,张广春,等.橡胶沥青路面技术应用手册[M].北京:人民交通出版社,2014.

[18] 交通部公路科学研究院. 橡胶沥青及混合料施工技术指南[M]. 北京：人民交通出版社，2008.

[19] 曹荣吉，陈荣生. 橡胶沥青工艺参数对其性能影响的试验研究[C]//2009 国际橡胶沥青大会论文集，2009.

[20] 孙雅珍，侯艳妮，王金昌，等. 橡胶沥青在应力吸收层的抗疲劳作用机理研究[J]. 广西大学学报（自然科学版），2020，45(1)：12-16.

[21] 沈金安. 沥青及沥青混合料路用性能[M]. 北京：人民交通出版社，2001.

[22] 贾志清，刘世清. 用弯曲梁试验评价沥青混合料的低温抗裂性能[J]. 西部交通科技，2006(2)：29-30.

[23] 孔祥军，彭煜，地力拜·马利克，等. 含空间位阻基团的沥青乳化剂合成及性能研究[J]. 石油学报，2013，29(1)：81-85.

[24] 彭煜，孔祥军，蔺习雄. 高性能阳离子乳化沥青的研制[J]. 石油沥青，2009，23(5)：34-39.

[25] 郑新国，刘竟，翁智财，等. CRTSⅡ型板式无砟轨道水泥乳化沥青砂浆的配制技术[J]. 铁道建筑，2009(8)：121-124.

[26] 姚秀杰，王凯，韩凌. 阳离子沥青乳化剂应用现状及研究进展[J]. 广东化工，2016，43(334)：136-138.

[27] 周鸿顺，汤发有. 阳离子乳化沥青及其乳化剂的应用进展[J]. 精细石油化工，1996(3)：5-7.

[28] 夏朝彬，马波. 国内外乳化沥青的发展及应用概况[J]. 石油与天然气化工，2000，29(2)：88-91.

[29] 贾愈，吕正龙. 欧美乳化沥青标准现状及中国的思考[J]. 石油沥青，2019，33(3)：1-8.

[30] 王文峰，吴冬生. 乳化沥青 PG 性能规范综述与研究进展[J]. 石油沥青，2019，33(3)：9-13.

[31] 王文峰，朱富万，牛晓伟，等. 中国、美国和欧洲乳化沥青评价指标及试验方法比较研究[J]. 石油沥青，2018，32(3)：7-11.

[32] EN 13808-2013 Bitumen and bituminous binders - framework for specifying cationic bituminous emulsions[S].

[33] ASTM D2397/D2397M-17 Standard specification for cationic emulsified asphalt[S].

[34] AASHTO M140-16 Standard specification for emulsified asphalt[S].

[35] 中国民用航空局. 民用机场沥青道面设计规范：MH/T 5010—2017[S]. 北京：中国民航出版社，2017.

[36] 徐佳俊. 大连机场沥青道面混合料设计及性能研究[D]. 哈尔滨：哈尔滨工业大学，2018.

[37] 罗俊. 沥青道面在我国民用机场应用的研究[J]. 建材与装饰，2018(19)：281-282.

[38] European asphalt pavement associaion. airfield uses of asphalt [R]. The Netherlands：European Asphalt Pave-ment Association，2003.

[39] 姚青梅. 改性沥青的发展现状及应用前景[J]. 科技传播，2010(9)：124-127.

[40] 黄卫. 大跨径桥梁钢桥面铺装设计[J]. 土木工程学报，2007(9)：65-77.

[41] 郭旭荣. 某桥面铺装 SMA-13 施工工艺和质量控制措施[J]. 山西建筑，2017，43(21)：167-168.

[42] 吕伟民. 钢桥面沥青铺装的现状与发展[J]. 中外公路，2002，22(1)：7-9.

[43] 唐鹰飞. 灌缝材料在沥青路面修补中的应用[J]. 现代交通技术，2010，7(4)：27-30.

[44] 张春喜. 沥青路面灌缝材料[J]. 科技视界，2016(19)：124-125.

[45] 张玮. 沥青路面灌缝材料研究进展[J]. 石油沥青，2015，29(2)：7-11.

[46] 杨小姻，李淑明，史保华. 温拌沥青混合料的技术与应用分析[J]. 石油沥青，2007，21(4)：58-61.

[47] 徐世法，颜彬，季节等. 高节能低排放型温拌沥青混合料的技术现状与应用前景[J]. 公路，2009(7)：195-198.

[48] 刘至飞，吴少鹏，陈美祝等．温拌沥青混合料技术现状及存在问题[J]．武汉理工大学学报，2014，(4)：170-173.

[49] John D'Angelo, Eric Harm, John Bartoszek. Warm-mix asphalt: European practice[R]. Federal Highway Administration, US, 2008.

[50] 宋科，何唯平，赵欣平，等．温拌沥青技术的发展概述[J]．特种混凝土与沥青混凝土新技术及工程应用，2013(1)：255-261.

[51] 秦永春，黄颂昌，徐剑，等．温拌沥青混合料节能减排效果的测试与分析[J]．公路交通科技，2009，26（8）：33-37.

[52] 程玲，闫国杰，陈德珍，等．温拌沥青混合料摊铺节能减排效果的定量化研究[J]．环境工程学报，2010，9（4）：2151-2155.

[53] 程一鸣．温拌沥青混合料应用研究及节能减排效益分析[J]．中外公路，2014，34(1)：314-318.

第四章 防水沥青及其他产品技术

沥青作为一种具有防水、防潮、防腐和黏结功能建筑材料，广泛应用于工业和民用各类建筑的防水、防潮工程中，其中用于生产沥青基防水卷材的专用沥青，就是重要的防水材料用沥青产品。据统计，近三年我国每年防水沥青用量达到$(500\sim600)\times10^4$t，仅次于道路沥青。

中国石油是国内最大的防水沥青生产商和供应商，"十二五"以来布局防水沥青技术开发和生产，2013年以委内瑞拉玛瑞、波斯坎重油成功开发出适用于高档防水卷材的防水沥青，2020年防水沥青销量突破150×10^4t，国内市场份额超过20%，供应国内前20名的防水卷材企业，占据了国内防水沥青高端市场。"十三五"期间开始防水沥青标准研究，经过三年的不懈努力，牵头起草的石化行业标准NB/SH/T 0981—2019《防水材料用沥青》于2019年10月1日正式实施，在引领行业发展方面发挥了重要作用，尤其是2020年新型冠状病毒肺炎疫情（简称新冠疫情）以来，国际油价震荡加剧，汽柴油市场持续低迷，防水沥青产品的开发与成功，既满足了市场需求，也实现了炼化企业的提质增效。

除防水沥青以外，沥青在一些特殊领域应用近年也在不断发展，最典型的包括水工沥青和电器用沥青，这两种特色沥青产品的用量虽然不及防水沥青，但是对产品的技术要求非常高，技术难度大，产品的附加值高，中国石油这几种特色产品也得到了应用，近年用量逐渐攀升，市场份额已达15%。

展望未来，防水沥青及其他特色沥青产品技术将朝着环保性、耐久性和高性能方向发展。随着我国地铁、住房、隧道等大规模基础设施的建设，由传统的高污染小作坊式的生产转向了规模化、环保化、智能化方向发展，沥青技术也将发生深刻的变革。由于工业建筑的大兴建及钢结构的快速发展，建筑物寿命及质量要求不断提高，高端、环保的防水卷材即将迎来大发展，同时汽车、烟草、造纸、食品、电子、医药、纺织、化工、物流、仓储及航空航天等厂房和构筑物的排水构造复杂，对屋面防水要求极高，也对高端防水和环保卷材有更高的市场需求，沥青材料环保化和长寿命将是防水沥青的发展方向。

第一节 防水卷材用沥青技术

防水卷材是指将沥青产品与高分子类防水材料混合料浸渍在胎体上，制作成的防水材料产品，通常以卷材形式提供，是一种起到抵御外界雨水、地下水渗漏的可卷曲成卷状的柔性建材产品，作为工程基础与建筑物之间无渗漏连接，是整个工程防水的第一道屏障，对整个工程起着至关重要的作用[1]。

防水卷材生产过程主要包括沥青调和、沥青改性、涂盖料浸渍和覆膜等步骤。第一步是对防水沥青的调和，传统采用 90 号或者 70 号沥青为原料，加入 10 号沥青或者氧化沥青，再加入软组分，调和得到"防水沥青"；第二步是防水沥青的改性过程，为了使生产的卷材具有更好的高低温性能及耐老化性能，需要加入改性剂进行改性，多采用苯乙烯—丁二烯—苯乙烯(SBS)、胶粉、聚丙烯(PP)等多种改性剂复合改性；第三步是制作涂盖料，在改性沥青基础上，通过加入滑石粉等填料，进一步制成涂盖料，置于蘸料池中；最后，预干燥过的胎基布经过蘸料池时进行浸渍，然后涂覆、水冷却、撒布或覆膜、辊冷却、卷曲、裁断、包装、码垛等即得到成品卷材[2]，防水卷材生产过程示意图如图 4-1 所示。

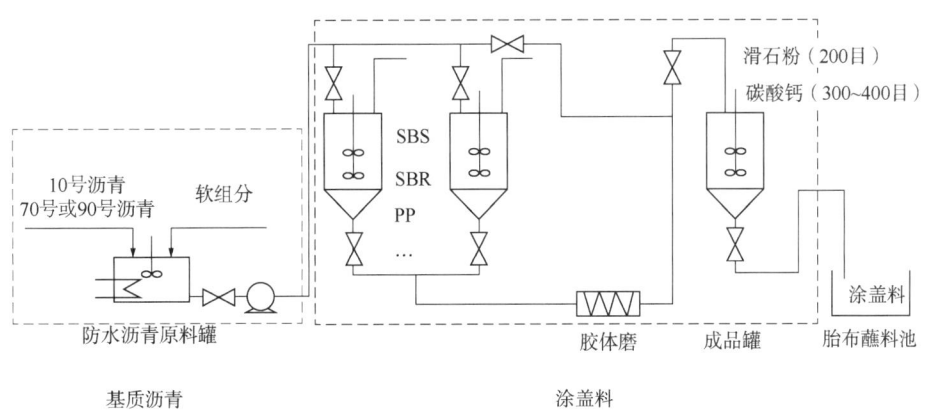

图 4-1　防水卷材生产工艺过程示意图

防水卷材产品，一般要求其有良好的耐水性，对温度变化的稳定性（高温下不流淌、不起泡、不滑动；低温下不脆裂），一定的机械强度、延伸性和抗断裂性，以及一定的柔韧性和抗老化性等，防水沥青作为防水卷材的主要原料，约占卷材质量的 40%，其高低温性能、抗老化性能等对卷材产品的品质起到很大作用[3]。

一、防水沥青技术发展概况

我国防水沥青技术的发展大致经历三个阶段。第一阶段为 20 世纪五六十年代，沥青基防水材料主要有石油沥青纸胎油毡、煤沥青纸胎油毡和乳化沥青防水涂料，最早用作防水卷材的浸渍料为 60~100 号沥青，涂盖料主要是 10 号沥青，主要采用氧化工艺生产。10 号沥青软化点高，突出的特征就是"硬"，对低温性能并无特殊要求，由于氧化工艺产生的尾气较难处理，会造成严重的环境污染，正逐渐被淘汰，10 号沥青的供应量已大幅降低。

第二阶段为 20 世纪八九十年代，国内开始研究聚合物改性沥青防水卷材，包括 SBS 和无规聚丙烯（APP）两大类，引进多条具有国际水平的改性沥青卷材生产线[4]，1990 年国内首套 $1×10^4$t/a SBS 改性沥青卷材生产装置在岳阳巴陵石化全面投产，SBS 改性沥青卷材开始得到大规模生产与应用。防水沥青原料主要是针入度为 70~100mm 的道路沥青，包括满足 GB/T 15180—2010 要求的重交通道路沥青（70 号和 90 号）和满足 NB/SH/T 0522—2010 要求的普通交通道路沥青（60 号和 100 号），相比单独使用 10 号沥青，防水卷材的高低温性能均有大幅度提升。20世纪90年代中后期是道路用改性沥青发展的井喷时期，也推动了防水材料质量升级，所用的石油沥青主要是调和产品，主要由10号沥青或脱油沥青（DOA）、70号沥青、90号沥青与软组分调和而成。

第三阶段为2000年以后，随着建筑行业对防水材料的要求逐步提升，改性沥青防水卷材成为建筑防水材料的主导产品，它改善了沥青的感温性，既具有良好的耐高低温性能，又提高了憎水性、黏结性、延伸性、耐老化性和耐腐蚀性，具有优异的防水性能，被广泛应用于建筑各领域，国产改性沥青基材料生产设备渐渐成熟，也推动了改性沥青防水卷材市场的发展。

二、防水卷材及防水沥青市场

近年来，随着建筑行业和基础建设的快速发展，防水卷材的使用已经由传统的工业与民用建筑的屋面防水向工业与民用建筑的地下防水、防潮、游泳池、消防水池的防水，地铁、隧道、混凝土铺筑路面的桥面、污水处理墙、垃圾掩埋场等市政工程的防水，水渠、水池等水利设施的防水等延伸，近年建筑防水材料行业发展有三个特征：一是产量保持平稳，2020年规模以上企业沥青和改性沥青防水卷材产量为 $12.2\times10^8 m^2$，较2019年下降 $0.1\times10^8 m^2$。二是经济效益明显提升，2020年规模以上建筑防水材料企业主营业务收入1087亿元，较2019年增加96.6亿元，同比增长9.8%，利润总额73.97亿元，较2019年增长8.17亿元，同比增长12.4%。

2020年，规模以上的中国建筑防水企业有723家，较2019年增加了70家。规模以上企业主营业务收入超过1087亿元，利润总额超过73亿元，毛利率较往年有所增长。

2015—2019年对规模以上的防水沥青公司（主营业务收入在2000万元以上）生产防水沥青用量统计见表4-1。换算原则为防水卷材与改性沥青防水涂料采用 $3kg/m^2$ 计算，玻纤胎沥青瓦采用 $1.5kg/m^2$ 计算。

表4-1 近几年规模以上企业沥青基防水材料用量统计

产品名称	2017年	2018年	2019年	2020年
防水材料总计，$10^4 m^2$	203047	221230	242916	251585
（1）防水卷材，$10^4 m^2$	97455	107483	122675	121703
（2）防水涂料，$10^4 m^2$	55567	61642	69536	76480
（3）玻纤胎沥青瓦，$10^4 m^2$	1477	1256	1237	1291
估算沥青用量，$10^4 t$	327	351	405	402

防水沥青行业现在处于上升趋势，规模以上的企业一直在增加，国内对于防水沥青材料的需求在不断增长，用于卷材和涂料的改性沥青的高针入度基质沥青具有广阔的市场前景（表4-2）。

沥青基防水材料主要有沥青基防水卷材（又称油毡）、沥青基防水涂料（包括以沥青为基料配制成的水乳型或溶剂型防水涂料）以及沥青基胶黏剂和沥青基建筑密封材料。

第四章 防水沥青及其他产品技术

表4-2 以面积计算的我国沥青基材料产品统计

产品名称	2017年	2018年	2019年	2020年
沥青基防水材料,10^4m^2	107267	117985	134342	134466
防水材料总量,10^4m^2	203047	221230	242916	251585
占比,%	52.8	53.3	55.3	53.4

我国年产$22\times10^8m^2$的防水材料,据美国屋面工程协会(NRCA)统计,美国为$7\times10^8m^2$,欧盟为$6\times10^8m^2$。同期的沥青用量(道路和建筑之和),印度为600×10^4t,印度尼西亚为150×10^4t,越南为65×10^4t,巴基斯坦为75×10^4t,缅甸为25×10^4t。

2018年,我国建筑防水材料有50%以上为沥青基材料,SBS/APP改性沥青防水卷材占比为27.43%(图4-2);改性沥青防水涂料占防水涂料的9.71%(图4-3),沥青瓦的占比为0.57%,改性沥青在防水行业的应用比例较大。

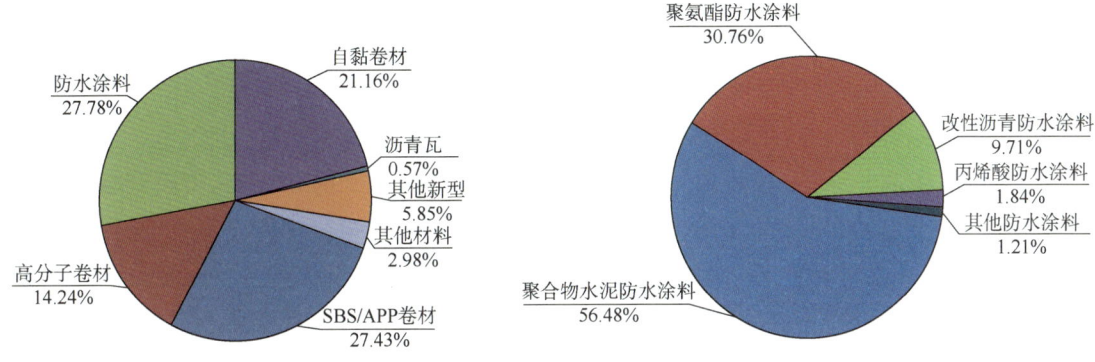

图4-2 防水材料分布　　　　图4-3 防水涂料分布

SBS改性沥青防水卷材已成为较为传统的建筑防水材料,由于其性能优于普通沥青防水卷材,施工工艺简单,减少环境污染,价格适中,常用于建筑屋面、墙体、隧道、公路、垃圾填埋场等处。其最大的优点是具有良好的防渗、防腐效果,能起到抵御外界雨水、地下水渗漏等作用,是建设部门推广的屋面防水材料之一[5]。SBS改性沥青在防水卷材中的使用量从2015年的$47684\times10^4m^2$增长到2018年的$60677\times10^4m^2$(表4-3),未来几年受地下交通、铁路建设拉动和管廊等地下防水在防水行业会处于中高速增长阶段的影响,其改性沥青防水材料的需求将会保持一定的速度增长,这些都将带动防水沥青的用量同步增长。

表4-3 近几年SBS改性沥青在防水行业中的使用量及增长率

年度	2015年	2016年	2017年	2018年
产量,10^4m^2	47684	51165	55463	60677
增长率,%		7.2	8.4	9.4

三、防水沥青生产工艺技术

防水沥青的四组分含量,对于聚合物改性沥青防水卷材的性能有直接影响。一般而言,用于 SBS 改性沥青的基质沥青,蜡含量不宜高于 5%,芳香分含量应大于胶质和沥青质总和且不低于 35%;用于 APP 改性沥青的基质沥青,沥青质含量宜在 5%~10%,蜡含量应小于5%,芳香分含量应不小于 30%,饱和分含量应不大于 25%[6]。进口南美原油具有蜡含量低,胶质、沥青质含量高等特点,其中玛瑞−16 和波斯坎原油(简称玛波原油)是国际公认的生产沥青的优质原料,主要采用蒸馏工艺和调和工艺生产防水卷材用沥青。防水卷材应用较多的防水沥青有 70 号或 90 号、F400、F300、F80 四大类,其中 70 号或 90 号沥青为常规重交沥青,F 系列防水沥青是中国石油近几年开发的高端特色产品,尤其是 F400 防水沥青,现已经成为中国石油的高端特色防水沥青。

(1) 70 号或 90 号道路沥青,是各防水企业普遍应用的沥青原料,生产卷材时将其与抽出油、10 号建筑沥青进行调和,作为聚合物改性沥青的原料,用于生产防水卷材中高端产品。但是,由于改性过程中需要调和,生产工艺相对复杂,有些企业为了降低成本,掺入劣质氧化沥青、废机油等原料,造成产品质量不稳定、生产过程不环保等问题,其生产技术与重交沥青相同,产品标准执行现行 GB/T 15180—2010 或 JTG F40—2004。

(2) F400 防水沥青,通过预先调和适量的"软组分",将产品 0℃ 针入度调到 200mm 左右,即得到 F400 防水沥青。防水卷材生产过程中将 F400 与 90 号沥青以不同比例调和至不同牌号,可以满足不同卷材产品的原料需求,用于防水卷材生产中聚合物改性沥青的制备,已经向国内多家规模型防水卷材生产企业供应近 8 年,相比 90 号沥青在一定程度上简化了防水卷材生产的工艺过程。由于 F400 实际上是当作软组分使用,防水卷材企业不用外购软组分,从而可以降低防水卷材生产成本,同时 F400 与聚合物改性剂具有更好的相容性和容纳度,可以提高卷材产品品质,F400 防水沥青是中国石油的高端特色产品,主要面向东方雨虹、科顺防水等龙头防水企业。目前该产品由中石油燃料油有限责任公司(以下简称燃料油公司)独家生产供应,年供应量 50 余万吨,经济效益显著。中国石油 F400 防水沥青典型值及应用于防水卷材生产的典型性质见表 4-4。

表 4-4 F400 防水沥青标准及典型值

项　　目	F400	典型值	试验方法
针入度(0℃,100g,5s),1/10mm	180~250	226	GB/T 4509—2010
软化点(环球法),℃	—	21.5	GB/T 4507—2014
柔度,℃	≤−10	≤−27	GB/T 328.14—2007
溶解度(三氯乙烯),%	≥99.0	≥99.6	GB/T 11148—2008
闪点,℃	≥200	≥226	GB/T 267—1988 或 GB/T 3536—2008

续表

项　目	F400	典型值	试验方法
蜡含量(蒸馏法),%	≤4.5	≤1.8	SH/T 0425—2003
蒸发损失,%	≤3.0	≤-1.0	GB/T 11964—2008
酸碱性(pH 值)	6~8	7	NB/SH/T 0981—2019 附录 A

国内某龙头防水卷材企业以中国石油 F400 沥青为原料制备了弹性体防水卷材和自黏型防水卷材，弹性体防水卷材性质完全满足 GB 18242—2008 技术要求，检测结果见表 4-5 和表 4-6。自黏型防水卷材性质完全满足 GB 23441—2009 技术要求，检测结果见表 4-7 和表 4-8。

表 4-5　SBS Ⅰ 型 3mm/4mm 性能指标

项目	指标	项目	指标
可溶物含量，g/m³	3mm：≥2100；4mm：≥2900	不透水性(30min)	0.3MPa
		热老化低温柔性,℃	-15
耐热性	90℃，无流淌、滴落	渗油性	≤2 张
低温柔性,℃	-20	接缝剥离强度，N/mm	1.5

原料组成：F400 沥青占 30%~40%，90 号沥青占 20%~25%，改性剂占 6%~8%，填充料占 21%~24%。

表 4-6　SBS Ⅱ 型 3mm/4mm 性能指标

项目	指标	项目	指标
可溶物含量，g/m³	3mm：≥2100；4mm：≥2900	不透水性(30min)	0.3MPa
		热老化低温柔性,℃	-20
耐热性	105℃，无流淌、滴落	渗油性	≤2 张
低温柔性,℃	-25	接缝剥离强度，N/mm	1.5

原料组成：F400 沥青占 29%~32%，90 号沥青占 28%~31%，改性剂占 8%~10%，填充料占 20%~22%。

表 4-7　自黏 Ⅰ 型 3mm/4mm 性能指标

项目	指标	项目	指标
可溶物含量，g/m³	3mm：≥2150；4mm：≥2950	热老化低温柔性,℃	-17
		持黏性，min	>60
耐热性	70℃，无流淌、滴落	渗油性	≤2 张
低温柔性,℃	-22	接缝剥离强度，N/mm	1.6
不透水性(30min)，MPa	0.3		

原料组成：F400 沥青占 33%~35%，90 号沥青占 32%~34%，改性剂占 5%~7%，填充料占 22%~25%。

表 4-8 自黏Ⅱ型 3mm/4mm 原料组成和性能指标

项目	指标	项目	指标
可溶物含量,g/m³	3mm：≥2150；4mm：≥2950	热老化低温柔性,℃	-22
		持黏性,min	>60
耐热性	70℃，无流淌、滴落	渗油性	≤2 张
低温柔性,℃	-32	接缝剥离强度,N/mm	1.7
不透水性(30min)	0.3MPa		

原料组成：F400 沥青占 33%~35%，90 号沥青占 33%~35%，改性剂占 9%~11%，填充料占 20%~22%。

(3) F300 防水沥青。

燃料油公司通过走访国内 20 多家卷材生产企业，希望可直接生产出具有环保性、产品质量稳定、操作便捷防水沥青产品，燃料油公司通过配方优化成功研制出 F300 防水沥青，典型值如表 4-9 所示。与 F400 防水沥青产品相比，F300 具有针入度更小、黏度更大等特点，且与 SBS 等材料相溶性好，生产得到的卷材产品低温性能更优，明显优于以 90 号沥青为原料的产品，并可有效降低软组分的调和量，从而降低卷材生产成本。

表 4-9 F300 防水沥青标准及典型值

项目	F300	典型值	试验方法
针入度(25℃,100g,5s),1/10mm	200~400	220	GB/T 4509—2010
软化点(环球法),℃	32	36	GB/T 4507—2014
柔度,℃	≤-2	≤-5.4	GB/T 328.14—2007
溶解度(三氯乙烯),%	≥99.0	≥99.6	GB/T 11148—2008
闪点,℃	≥230	≥240	GB/T 267—1988 或 GB/T 3536—2008
蜡含量(蒸馏法),%	≤4.5	≤1.8	SH/T 0425—2003
蒸发损失,%	≤3.0	≤0.06	GB/T 11964—2008
酸碱性(pH 值)	6~8	7	NB/SH/T 0981—2019 附录 A

2018 年，该产品在北京世纪洪雨科技有限公司完成中试生产应用，生产的自黏型防水卷材性能优于传统原料，综合成本可降低 0.32 元/m²，2018 年 F300 在该公司推广应用 2000t，2019 年应用 3500 余吨，2020 年应用 7500 余吨，市场前景广阔。

2020 年，燃料油公司利用中国石油云南石化公司(以下简称云南石化)70 号沥青、调和软组分开展 F300 防水沥青生产工艺和防水卷材制备研究，通过多次调整原料比例、优化调和工艺等手段在实验室反复试验，制备出符合行业标准 NB/SH/T 0981—2019 要求的 F300 防水材料用沥青。2020 年 5 月在云南石化进行 100t F300 防水沥青中试生产，并在东方雨虹

第四章 防水沥青及其他产品技术

昆明风行公司成功进行防水卷材中试生产,以 F300 防水沥青为原料可生产出符合国标的弹性体防水卷材和自黏型防水卷材,该产品已在云南地区使用超 1000t。

(4) F80 防水沥青。

2020 年,燃料油公司研究院联合中国石油乌鲁木齐石化公司(以下简称乌石化)研究院成立技术攻关组,以生产防水沥青为目标,开展西北局重质原油研制 F80 防水沥青的技术攻关。经过技术攻关小组半年多的不懈努力,通过反复调整原油配比、优化切割方案等手段在实验室反复试验,最终以西北局重质原油和调和软组分为原料通过蒸馏调和工艺成功开发出满足 NB/SH/T 0981—2019 要求的 F80 防水沥青新产品,典型数据见表 4-10,产品完全达到意向客户的要求,填补了西北地区防水沥青资源空白。截至 2021 年 5 月,已累计生产 F80 防水沥青近 10×10^4 t,经济效益显著。

表 4-10 乌石化 F80 防水沥青典型数据

项　　目	指标要求	F80 1号	F80 2号	F80 3号	F80 4号	F80 5号	F80 6号	试验方法
针入度(25℃,5s,100g),1/10mm	60~100	80	62	65	68	76	68	GB/T 4509—2010
软化点(环球法),℃	≥40	53	56.8	56.2	53.7	52	53.6	GB/T 4507—2014
柔度,℃	<6	<0	<0	<0	<0	<0	<0	GB/T 328.14—2007
溶解度(三氯乙烯),%	≥99.0	99.98	99.98	99.98	99.98	99.98	99.98	GB/T 11148—2008
闪点,℃	≥230	269	274	280	290	282	278	GB/T 267—1988
蜡含量(蒸馏法),%	≤4.5	<3	<3	<3	<3	<3	<3	SH/T 0425—2003
蒸发损失,%	≤1.0	0.08	0.08	0.06	0.1	0.12	0.09	GB/T 11964—2008
酸碱性(pH 值)	6~8	7	7	7	7	7	7	NB/SH/T 0981—2019 附录 A

中国石油长庆石化公司(以下简称长庆石化)防水沥青于 2016 研制成功,主要是以长庆石化组分-1 和组分-2 为原料,性质分析见表 4-11 和表 4-12。通过调和与微改性组合工艺后研制出满足 JTG F40—2014 中 70 号 B 防水沥青,其典型值见表 4-13。该产品在东方雨虹和科顺公司成功应用,月使用量为 15000~18000t,已经连续稳定使用近四年。

表 4-11 长庆石化组分-1 性质分析数据

项　　目	数值	项　　目	数值
针入度(25℃,100g,5s),1/10mm	5	四组分组成,% 饱和分	16.3
软化点,℃	107	四组分组成,% 芳香分	25.41
延度(10℃),cm	脆断	四组分组成,% 胶质	38.53
延度(10℃),cm	脆断	四组分组成,% 沥青质	19.74

表 4-12 长庆石化组分-2 性质分析数据

项 目	数值	项 目		数值
密度，kg/m³	1030	四组分组成，%	饱和分	37.4
运动黏度(40℃)，mm²/s	3612		芳香分	42.3
运动黏度(100℃)，mm²/s	48.38		胶质	13.9
闪点，℃	252		沥青质	4.5
凝点，℃	16			

表 4-13 长庆石化 70 号 B 防水沥青典型值

项 目		70 号 B 级质量指标	试验结果	试验方法
针入度(25℃，100g，5s)，1/10mm		60~80	63	GB/T 4509
软化点(环球法)，℃		≥44	47.2	GB/T 4507
延度(15℃)，cm		≥100	>100	GB/T 4508
闪点(开口)，℃		≥230	245	GB/T 267
蜡含量(蒸馏法)，%		≤3	2.9	SH/T 0425
薄膜烘箱试验 (163℃，5h)	质量变化，%	±0.8	-0.25	GB/T 5304
	针入度比，%	≥58	62	GB/T 4509
	延度(10℃)，cm	≥4	4.5	GB/T 4508

2019 年 NB/SH/T 0981—2019 标准实施后，为了进一步挖潜增效，在燃料油公司研究院的技术支持下，以长庆石化的组分-1 和组分-2 为原料，经过反复实验，确定了最佳配方和生产工艺，生产出合格 F80 防水沥青，各项指标满足标准要求(表 4-14)，为长庆石化降低了生产成本。截至 2021 年 5 月底，该 F80 防水沥青累计生产 7.41×10^4 t，相比 70 号 B 沥青，吨生产成本降低约 170 元，累计降低成本约 1259.7 万元，经济效益显著。

表 4-14 长庆石化 F80 防水沥青典型值

项 目	指标要求	检测值	试验方法
针入度(25℃，5s，100g)，1/10mm	60~100	76	GB/T 4509—2010
软化点(环球法)，℃	≥40	49	GB/T 4507—2014
柔度，℃	≤6	<0	GB/T 328.14—2007
溶解度(三氯乙烯)，%	≥99.0	99.98	GB/T 11148—2008
闪点，℃	≥230	256	GB/T 267—1988
蜡含量(蒸馏法)，%	≤4.5	2.1	SH/T 0425—2003
蒸发损失，%	≤1.0	-0.3	GB/T 11964—2008
酸碱性(pH 值)	6~8	7	NB/SH/T 0981—2019 附录 A

四、防水沥青标准

为了更好地控制防水卷材质量,现行的国家标准 GB/T 26528—2011《防水用弹性体(SBS)改性沥青技术要求》中对改性沥青的技术要求进行的限定,主要针对的改性沥青是卷材生产的中间产品。防水沥青一直未形成国家或者行业标准,2014年建材行业制定了一个技术要求 JC/T 2218—2014《防水卷材沥青技术要求》,见表4-16。由于指标较宽泛,无法有针对性地指导原料生产及应用,各单位还是根据自身原料需求采购满足要求的沥青原料。

表4-15 防水用弹性体(SBS)改性沥青技术要求(GB/T 26528—2011)

项　　目		技术指标 Ⅰ	技术指标 Ⅱ	试验方法
软化点(环球法),℃		≥105	≥115	GB/T 4507—2014
低温柔性(无裂纹),℃		-20 通过	-25 通过	GB/T 328.14—2007
弹性恢复,%		≥85	≥90	JTG E20—2011 T 0662
闪点,℃		≥230		GB/T 267—1988
溶解度,%		≥99.0		GB/T 11148—2008
渗油性	渗出张数	≤4.5		GB 18242—2008
离析	软化点变化率,%	≤20		GB/T 4507—2014

表4-16 防水卷材沥青技术要求(JC/T 2218—2014)

项　　目		指标 Ⅰ	指标 Ⅱ	试验方法
针入度(25℃,100g,5s),1/10mm		25~120		GB/T 4509—2010
软化点(环球法),℃		≥43		GB/T 4507—2014
延度(25℃),cm		≥10	≥50	GB/T 4508—2010
闪点,℃		≥230		GB/T 267—1988
密度(15℃或25℃),g/cm³		≤1.08		GB/T 8928—2008
柔性,℃		≤8	≤10	JC/T 2218—2014 附录A
溶解度,%		≥99.0		GB/T 11148—2008
蜡含量,%		≤4.5		SH/T 0425—2003
黏附性,N/mm		≥0.5	≥1.5	JC/T 2218—2014 附录B
沥青组分(四组分法),%	饱和分	报告①		SH/T 0509—2010
	芳香分			
	胶质			
	沥青质			

① 改性沥青卷材宜选用沥青质和饱和分含量相对高的沥青原料,自黏改性沥青卷材宜选用胶质和芳香分含量相对高的沥青原料。

燃料油公司生产的 F400 防水沥青早期称为"200 号"沥青，其性能指标无法满足现行标准，当时参照的是沥青再生剂的标准，"200 号"沥青也即 RA25，再生剂标准见表 4-17；东方雨虹对这种"200 号"制定了企业指标，见表 4-18。为了统一防水沥青的技术指标，规范防水沥青的生产、销售和应用，有必要针对防水卷材性能需求，研究防水沥青技术指标体系，建立更加适用的防水沥青标准。

表 4-17 再生剂质量要求（NB/SH/T 0819—2010）

项目	RA1	RA5	RA25	RA75	RA250	RA500	试验方法
运动黏度(60℃) mm²/s	50~175	176~900	901~4500	4501~12500	12501~37500	37501~60000	SH/T 0654
闪点,℃	≥220	≥220	≥220	≥220	≥220	≥220	GB/T 267
饱和分,%	≤30	≤30	≤30	≤30	≤30	≤30	SH/T 0509
薄膜烘箱试验前后黏度比	≤3	≤3	≤3	≤3	≤3	≤3	GB/T 5304 或 SH/T 0736
薄膜烘箱试验前后质量变化,%	-4~4	-4~4	-4~4	-4~4	-4~4	-4~4	
密度(25℃) g/cm³	实测	实测	实测	实测	实测	实测	GB/T 8928（半固态和固态）、GB/T 1884（液态）

表 4-18 200 号沥青技术指标

项　　目		指标	试验方法
针入度(0℃, 100g, 5s), 1/10mm		205~240	GB/T 4509—2010
软化点(环球法),℃		20~28	GB/T 4507—2014
低温柔性,℃		-27~-25 无裂缝	GB/T 328.14—2007
延度(10℃), cm		≥20	GB/T 4508—2010
闪点,℃		≥210	GB/T 267—1988
密度(15℃或25℃), g/cm³		≤0.98~1.02	GB/T 8928—2008
溶解度(三氯乙烯),%		≥99.0	GB/T 11148—2008
蜡含量(蒸馏法),%		≤2	SH/T 0425—2003
薄膜烘箱实验(163℃, 5h)	质量变化,%	≤1.3	GB/T 5304—2001
	针入度比,%	≥50	GB/T 4509—2010
	延度(10℃), cm	≥6	GB/T 4508—2010

针对国内没有专用防水沥青标准的现状，燃料油公司 2016 开始立项研究防水沥青标准，经过三年的不懈努力，防水材料用沥青标准 NB/SH/T 0981—2019 于 2019 年 10 月 1 日正式颁布实施，该标准根据针入度将防水沥青划分为 6 个牌号，见表 4-19。标准产品系列中既有市场上常用的低牌号沥青，也有燃料油公司自主研发的高牌号沥青，如 F400 防水沥青，用于防水卷材涂盖料的基质沥青可简化防水卷材生产配料工艺，与聚合物改性剂的相

容性更好，由于生产过程无须添加废机油，生产过程更加环保，受到国内防水龙头企业东方雨虹的青睐，已连续供应8年。

表4-19 防水材料用沥青技术要求及试验方法(NB/SH/T 0981—2019)

项目	F10	F40	F80	F150	F300	F400	试验方法
针入度(25℃，100g，5s)，1/10mm	0~20	20~60	60~100	100~200	200~400	—	GB/T 4509—2010
针入度[①](0℃，100g，5s)，1/10mm	—	—	—	—	—	180~250	GB/T 4509—2010
软化点(环球法)，℃	≥60	≥46	≥40	≥35	≥32		GB/T 4507—2014
柔度，℃	≤12	≤8	≤6	≤2	≤-2	≤-10	GB/T 328.14—2007
溶解度(三氯乙烯)，%	≥99.0						GB/T 11148—2008
闪点[②]，℃	≥230					200	GB/T 267—1988 或 GB/T 3536—2008
蜡含量(蒸馏法)，%	≤4.5						SH/T 0425—2003
蒸发损失，%	≤1.0				≤3.0		GB/T 11964—2008
酸碱性(pH值)	6~8						NB/SH/T 0981—2019 附录A

① 该指标测试方法采用GB/T 4509—2010的实验方法，仅将恒温水浴温度及测试温度变更为0℃。
② 仲裁时选用GB/T 267—1988《石油产品闪点与燃点测定法 开口杯法》。

第二节 防水沥青涂料

防水涂料一般以水泥基聚合物为主，约占56%。近年来非固化沥青防水涂料和喷涂速凝沥青橡胶防水涂料，由于性能优异和施工方便，受到市场青睐，增长迅速，广泛应用于屋面、地下防水、室内防水、防腐工程等领域。非固化沥青防水涂料以橡胶、沥青为主要组分，加入助剂混合制成，在使用年限内保持黏性膏状体的防水涂料，对于建筑工程变形缝等特殊部位的防水处理有突出的效果，广泛使用于非外露建筑防水工程。喷涂速凝沥青橡胶防水涂料采用双喷头技术，一个喷头为改性阴离子乳化沥青和合成高分子聚合物配制而成，另一个喷头装有破乳剂，二者混合、反应后生成一种性能优异的防水、防渗、防腐、防护涂料。沥青在防水涂料中的使用量增长率在11%左右，未来随着机械化施工进一步推广，沥青防水涂料的产量将会增加，近几年沥青在防水涂料中的使用量及增长率见表4-20。

表4-20 近几年沥青在防水涂料中的使用量及增长率

年份	2015	2016	2017	2018
产量，10^4t	8.47	9.71	10.69	11.94
增长率，%	—	14	10	11

一、防水涂料的概念与分类

沥青防水涂料是以沥青为基料配制的溶剂型或水乳型防水涂料，溶剂型沥青防水涂料是指将未改性的石油沥青直接溶解于汽油等溶剂中配制而成，又称为冷底子油。水乳型沥青防水涂料是指将石油沥青在化学乳化剂或矿物乳化剂作用下，分散于水中，形成稳定的水分散体构成的涂料[7]。

1. 冷底子油

冷底子油常用于防水层的底层，采用喷涂或刷涂的施工方法。一般要在基面完全干燥之后再施工，涂层要求薄而均匀，不留空白。若找平层表面过于粗糙，则应先涂刷一道快挥发性冷底子油，待干燥后再刷第二层冷底子油。两道冷底子油间隔时间一般为4~6h，用手指轻按第一遍冷底子油表面不留痕迹即可。

2. 乳化沥青防水涂料

乳化沥青防水涂料具有一定的防水性和防腐性。由于沥青本身性能的限制，乳化沥青防水涂料的使用寿命短，抗裂性、低温柔性和耐热性等性能较差，适用于防水等级为Ⅲ级、Ⅳ级的工业与民用建筑屋面、厕浴间防水层和地下防潮、防腐涂层的施工，是廉价低档的防水涂料。因此，乳化沥青防水涂料的生产及应用正逐渐减少。

3. 石灰乳化沥青防水涂料

石灰乳化沥青防水涂料是以沥青为基料，配以石灰膏为分散剂，石棉绒为填充料加工而成的一种冷沥青悬乳液。用石灰乳化沥青铺抹在基层以后，由于水分蒸发，悬浮体的内部结构重新分布，分散极细的沥青颗粒、石灰和石棉绒互相挤靠包裹，沥青凝结成膜，石灰在沥青中形成均匀的蜂窝状骨架，成为一种耐热性高、抗老化性好的防水层。具有耐候、耐温性能好，能在潮湿基面上施工，与基层黏结性能好，无毒、无污染，施工简单方便等优点，广泛应用于地下室、卫生间、厨房、屋面、公路、桥梁等防水工程。

4. 水性沥青基防水涂料

水性沥青基防水涂料是以多种橡胶共同复合对沥青进行改性，配制而成的聚合物改性沥青防水涂料，按照乳化剂、成品外观和施工工艺的差别分为水性沥青基厚质防水涂料和水性沥青基薄质防水涂料两类。水性沥青基厚质防水沥青涂料（AE-1类），按其采用的矿物乳化剂不同又分为水性石棉沥青防水涂料（AE-1-A）、膨润土沥青乳液（AE-1-B）和石灰乳化沥青（AE-1-C）。水性沥青基薄质防水沥青涂料（AE-2类），按其采用的化学乳化剂不同又分为氯丁胶乳沥青（AE-2-a）、水乳性再生胶沥青涂料（AE-2-b）和用化学乳化剂配制的乳化沥青（AE-2-c）。

二、非固化橡胶沥青防水涂料

非固化橡胶沥青防水涂料（以下简称非固化涂料）是以橡胶、沥青、软化油为主要组分，加入温控剂与填料混合制成的在使用年限内保持黏性膏状体的防水涂料，其物理力学性能见表4-21。

表4-21 非固化橡胶沥青防水涂料物理力学性能（JC/T 2428—2017）

项　目		技术指标
闪点,℃		≥180
固含量,%		≥98
黏结性能	干燥基面	100%内聚破坏
	潮湿基面	
延伸性,mm		≥15
低温柔性		-20℃，无断裂
耐热性,℃		65 无滑动、流淌、滴落
热老化 70℃，168h	延伸性,mm	≥15
	低温柔性	-15℃，无断裂
耐酸性(2%H_2SO_4溶液)	外观	无变化
	延伸性,mm	≥15
	质量变化,%	±2.0
耐碱性[0.1%NaOH+饱和$Ca(OH)_2$]	外观	无变化
	延伸性,mm	≥15
	质量变化,%	±2.0
耐盐性(3%NaCl溶液)	外观	无变化
	延伸性,mm	≥15
	质量变化,%	±2.0
自愈性		无渗水
渗油性,张		≤2
应力松弛,%	无处理	≤35
	热老化(70℃，168h)	
抗窜水性(0.6MPa)		无窜水

该涂料能封闭基层裂缝和毛细孔，能适应复杂的施工作业面；与空气接触后长期不固化，始终保持黏稠胶质的特性，自愈能力强、碰触即黏、难以剥离，在-20℃仍具有良好的黏结性能。它能解决因基层开裂应力传递给防水层造成的防水层断裂、挠曲疲劳或处于高应力状态下的提前老化等问题；同时，蠕变性材料的黏滞性使其能够很好地封闭基层的毛细孔和裂缝，解决了防水层的窜水难题，使防水可靠性得到大幅度提高；还能解决现有防水卷材和防水涂料复合使用时的相容性问题。

根据施工温度可以将非固化沥青涂料细分为非固化橡胶沥青涂料和水性非固化橡胶沥青涂料两大类。水性非固化橡胶沥青防水涂料是以改性沥青为基础，添加了聚苯乙烯聚合物及橡胶胶乳相关高分子助剂生产而成。产品不固化，长期保持黏稠状态，且延伸力极强。由于产品特性近年来使用率极高，是一种多功能环保型防水涂料。

非固化橡胶沥青防水涂料主要用于工业民用建筑屋面及侧墙防水工程，种植屋面防水工程，地下结构、地铁车站、隧道等防水工程，道路桥梁、铁路等防水工程，堤坝、水利设施等防水工程。

三、喷涂速凝橡胶沥青防水涂料

喷涂速凝橡胶沥青防水涂料是一种采用特殊工艺，将超细、悬浮、微乳型的改性阴离子乳化沥青和合成高分子聚合物配制而成（A组分），再与特种固化剂（B组分）混合、反应后生成的一种性能优异的防水、防渗、防腐、防护涂料。简而言之，喷涂速凝橡胶沥青防水材料主要成分是由2种以上高性能改性乳化橡胶沥青和化学促凝催化剂组成，具有迅速初凝固结特征的双组分系统。

喷涂速凝橡胶沥青防水涂料（简称喷涂速凝防水涂料）施工采用专用双喷嘴高压喷枪将防水涂料（A料）与固化材料（B料）喷出雾化后，二者在枪口外呈扇面交叉、混合，待到达基面后，涂料瞬间发生破乳并迅速固化，形成连续致密的防水涂膜。涂膜与基面黏结力强，有较好的延伸性，抗基层开裂性能好。该型涂料的喷涂施工受环境温湿度和基面条件的影响较小，在5℃以上以及基面无明水条件下即可施工，也可在不规则的基面及狭小空间内施工。此外，该新型涂料在施工过程中无烟雾及化学溶剂排放，是一种节能、环境友好型产品。喷涂速凝橡胶沥青防水涂料具有高弹性、高延伸性、超强黏结性、抗刺穿性、自愈性、环保、可在潮湿基面施工、快速成膜、施工效率高等一系列优点，除用于一般建筑工程的防水外，还可以满足高速铁路、高速公路和城市地铁建设以及水利工程的防水要求，具有很好的发展应用前景。目前，喷涂速凝防水涂料已在多项工程施工中取代传统卷材和涂料，成为一种新兴的防水材料。其优异的防水性能和高效环保的特点也逐渐引起了防水行业的关注（图4-4）。

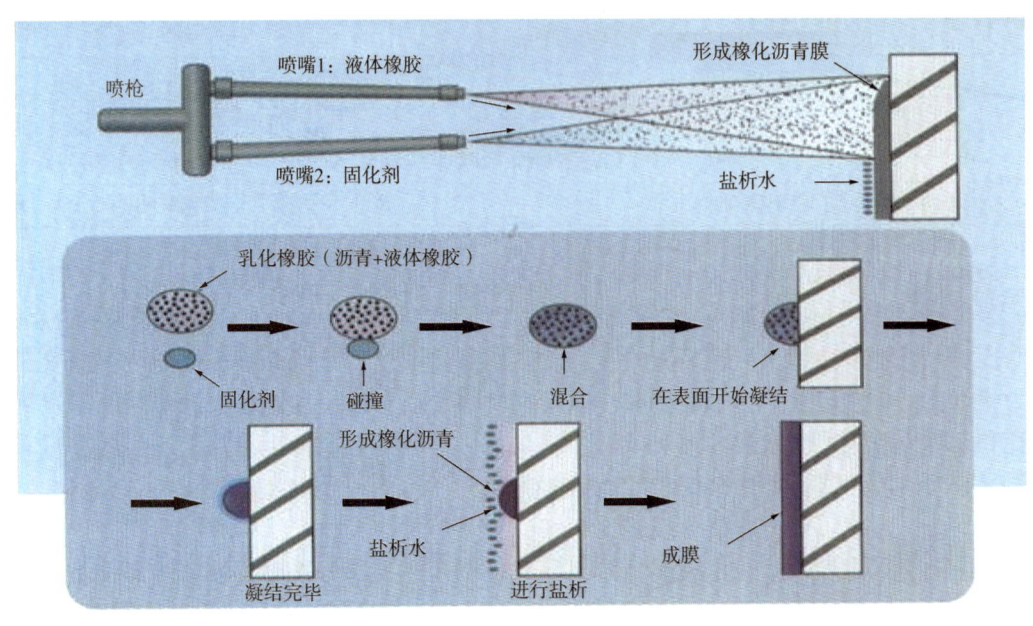

图4-4 喷涂速凝橡胶沥青防水涂料使用示意图

第四章 防水沥青及其他产品技术

喷涂速凝防水涂料主要由乳化沥青与高分子聚合物组成,其中乳化沥青占60%~90%,是喷涂速凝防水涂料的关键组分,其性能直接影响涂料品质和施工性能。防水涂料的可喷涂性、快速破乳固化以及储存稳定性等性能主要受乳化沥青的配方体系影响。因此,推动此类新型环保的喷涂速凝防水涂料的应用关键是开发出高性能的专用乳化沥青。根据喷涂速凝涂料的特点,要实现涂料的快速固化成膜性能,须通过筛选合适的乳化剂体系制备专用乳化沥青。要实现涂料的持续可喷涂性,需控制乳化沥青的颗粒粒径、颗粒物含量以及黏度。乳化沥青的粒径过大或颗粒物含量过多,易造成喷涂施工中的堵枪、堵泵现象,影响施工的连续性和效率。乳化沥青的黏度越小,越有利于喷涂施工,但黏度过低,乳化沥青的储存稳定性会变差。因此,喷涂速凝橡胶沥青防水涂料专用乳化沥青的制备过程中,应综合考虑以上因素,选择合适的乳化体系,使其具备粒径小、颗粒物含量以及黏度低、凝聚速度快、储存稳定性好等特点,以满足喷涂施工要求。作为一种新型的防水材料,相应的产品标准也在陆续出台。2015年,喷涂速凝防水涂料国家标准已经开始申请报批,行业标准JC/T 2215—2014也已经进入公示阶段。专用乳化沥青产品按照我国石油化工行业标准SH/T 0798—2007《阴离子乳化沥青》中相关指标要求执行。

中国石油自2013年立项开展喷涂速凝专用乳化沥青的研究,最终以优质南美环烷基重油为原料生产的沥青为原料,制备得到了各项指标均满足要求的喷涂速凝专用乳化沥青产品,产品质量指标按照我国石油化工行业标准SH/T 0798—2007《阴离子乳化沥青》中MS-1级沥青控制(表4-22)。以乳化沥青为原料通过改性工艺得到的高性能喷涂速凝防水涂料,各项指标满足行业标准JC/T 2215—2014《喷涂速凝橡胶沥青防水涂料》技术要求(表4-23),最终形成了产品生产、使用及施工成套技术,编写了《喷涂速凝专用阴离子乳化沥青用户使用手册》。

表4-22 中国石油喷涂速凝防水涂料专用乳化沥青技术指标

项 目	指标要求	实测值	试验方法
赛波特黏度,s	20~100	53.3	SH/T 0779—2005
常温储存稳定性(1d),%	<1	0.2	SH/T 0099.5—2005
蒸发残留物含量,%	≥55	60.6	
残留物延度(15℃),cm	≥40	>100	SH/T 0099.17—2005
残留物针入度,1/10mm	≥50	65.8	

表4-23 中国石油喷涂速凝防水涂料技术指标

项目	技术指标	检验结果	试验方法
外观	橡胶沥青乳液组成搅拌后颜色均匀一致、无凝胶、无结块无丝状物。破乳剂无结块,溶于水后能形成均匀的液体	橡胶沥青乳液组成搅拌后颜色均匀一致、无凝胶、无结块无丝状物。破乳剂无结块,溶于水后能形成均匀的液体	GB/T 328.3—2007
固体含量,%	≥55	55	GB/T 16777.5—2008
凝胶时间,s	≤5	2.6	JC/T 2215.6.6—2014

续表

项目		技术指标	检验结果	试验方法
实干时间, h		≤24	5.0	GB/T 16777.16—2008
耐热度		无流淌、滑落、滴落	无流淌、滑落、滴落	GB/T 328.11—2007
不透水性		无渗水	无渗水	GB/T 16777.15—2008
黏结强度, MPa	干燥基面	≥0.40	0.42	GB/T 16777.7—2008
	潮湿基面	≥0.40	0.43	
弹性恢复率, %		≥85	96	GB/T 528—2009
钉杆自愈性		无渗水	无渗水	JC/T 2215.6.12—2014
吸水率(24h), %		≤2.0	1.1	GB/T 328.27—2007
低温柔性	无处理	-15℃ 无裂纹、断裂	无裂纹、断裂	GB/T 16777.13—2008
	碱处理		无裂纹、断裂	
	酸处理		无裂纹、断裂	
	盐处理		无裂纹、断裂	
	紫外线处理		无裂纹、断裂	
拉伸性能	拉伸强度, MPa 无处理	≥0.80	1.36	GB/T 528.9—2007
	断裂伸长率, % 无处理	≥1000	1310	
	碱处理	≥800	1111	
	酸处理		1143	

生产得到的喷涂速凝橡胶沥青防水涂料专用乳化沥青具有如下特性：(1)高固含量，可以降低喷涂速凝橡胶沥青防水涂料的运输及生产成本。(2)较低的黏度，不会堵塞喷枪，可以保证喷涂施工的顺利实施。(3)良好的力学稳定性，在喷涂施工中不会在泵内破乳。(4)速凝性，在遇到固化剂后能够快速破乳、固化形成连续致密的防水涂膜，喷涂后3~5s内即可成型。(5)高性能，有超越15倍延展性和95%复原性及有效的隔音性能。(6)环保性能，施工过程中可以连续作业，不含挥发性有机化合物，无毒无味，无废气排放，不污染环境，可以适用于密闭的空间中。其优良的性能深受广大用户欢迎，具有较强的市场竞争力。

第三节 水工沥青

水工沥青是指主要用于水利工程中修筑水坝、海岸护堤、渠道及蓄水池等水利工程，起到防渗作用的石油沥青。采用沥青混凝土做水坝的防渗面层或芯墙，防渗性能比钢筋混凝土优越，且具有较高的塑性与柔性，能更好地适应水工建筑物的不均匀沉陷和变形，机械化施工速度快，工期短，造价低。所以，自从20世纪30年代在阿尔及利亚建成坝高58m的沥青混凝土斜墙防渗的格利布坝取得成功后，一些大型水利工程纷纷采用沥青混凝土防

第四章 防水沥青及其他产品技术

渗技术。沥青混凝土防渗主要应用在大坝面板、大坝心墙、蓄水库防渗护面、渠道衬砌、河海堤岸护坡、垃圾填埋场防渗、旧坝/渠/库防渗面翻修等方面。

随着我国水电行业的快速发展和我国沥青混凝土防渗技术的进步,将有越来越多的水利工程采用沥青混凝土防渗技术。由于水工沥青是沥青混凝土防渗的重要原料,为保证水利工程的安全性和耐久性,对水工沥青提出了非常严格的质量要求,其技术指标比高质量的重交道路沥青还要严格得多。

一、产品标准

美国、德国、日本等发达国家都有专门的水工沥青标准,但侧重点各有不同。德国标准主要参照道路沥青标准,对水工沥青的低温性能要求更为严格,提出了苛刻的低温延度及脆点要求,见表4-24。日本水工沥青标准则更接近建筑沥青要求(JISK 2207—1996),对软化点提出了苛刻的要求,另外对类似建筑沥青的针入度指数、垂长度等也提出了要求,1996年后还规定了耐老化性能及加热前后的脆点差。美国对用于沟渠、水道、池塘覆盖层的水工沥青(ASTM D2521—1993)规定了可以用P_2O_5作催化剂催化氧化沥青,对软化点、针入度提出了苛刻的要求。

表4-24 德国水工沥青标准

项目		B200	B80	B65	B45	B20
针入度(25℃,100g,5s),1/10mm		160~210	70~100	50~70	35~50	20~30
软化点(环球法),℃		37~44	44~49	49~54	54~59	59~67
脆点,℃		≤-15	≤-10	≤-8	≤-6	≤-2
灰分,%		≤0.50	≤0.50	≤0.50	≤0.50	≤0.50
不溶物(三氯乙烯),%		≤0.50	≤0.50	≤0.50	≤0.50	≤0.50
不溶物(环戊烷),%		≤0.50	≤0.50	≤0.50	≤0.50	≤0.50
延度(5cm/min),cm	7℃	—	≥5	—	—	—
	13℃	—	—	≥8	—	—
	25℃	—	—	—	≥40	≥15
蜡含量(蒸馏法),%		≤2.0	≤2.0	≤2.0	≤2.0	≤2.0
密度(25℃),g/cm³		≥1.000	≥1.000	≥1.000	≥1.000	≥1.000
TFOT后						
质量损失,%		≤1.50	≤1.00	≤0.80	≤0.80	≤0.80
软化点升高,℃		≤8.0	≤6.5	≤6.5	≤6.5	≤6.5
针入度比,%		≤50	≤40	≤40	≤40	≤40
延度(5cm/min),cm	7℃	—	≥2	—	—	—
	13℃	—	—	≥2	—	—
	25℃	—	—	—	≥15	≥5

2007年以前,我国水工沥青产品一直没有统一的质量标准,产品的技术要求均按各工

程提出的技术指标执行。为规范我国水工石油沥青的科研生产和应用，2006年中国石油大学(华东)重质油研究所与中国石油克拉玛依石化公司炼油化工研究院共同开展了水工沥青产品标准的研究，结合我国沥青实际生产情况，综合考虑水工沥青的使用要求后，起草制订了石油化工行业标准"水工石油沥青"产品标准SH/T 0799—2007，相关技术要求见表4-25。

表4-25 水工石油沥青技术要求(SH/T 0799—2007)

项 目	质量指标 1号	质量指标 2号	质量指标 3号	试验方法
针入度(25℃，100g，5s)，1/10mm	70~90	60~80	40~60	GB/T 4509—2010
延度(15℃，5cm/min)，cm	≥150	≥150	≥80	GB/T 4508—2010
延度(4℃，1cm/min)，cm	≥20	≥15	—	GB/T 4508—2010
软化点(环球法)，℃	44~52	46~55	48~60	GB/T 4507—2014
溶解度，%	≥99.0	≥99.0	≥99.0	GB/T 11148—2008
脆点，℃	≤-12	≤-10	≤-8	GB/T 4510—2017
闪点(开口)，℃	≥230	≥230	≥230	GB/T 267—1988
蜡含量(蒸馏法)，%	≤2.2	≤2.2	≤2.2	SH/T 0425—2003
灰分，%	≤0.5	≤0.5	≤0.5	SH/T 0422—2000
密度(25℃)，g/cm³	报告	报告	报告	GB/T 8928—2008
薄膜烘箱试验(163℃，5h)				GB/T 5304—2001
质量变化，%	≤0.6	≤0.5	≤0.4	GB/T 5304—2001
针入度比，%	≥65	≥65	≥65	GB/T 4509—2010
延度(15℃，5cm/min)，cm	≥100	≥80	≥10	GB/T 4508—2010
延度(4℃，1cm/min)，cm	≥6	≥4	—	GB/T 4508—2010
脆点，℃	≤-8	≤-6	≤-4	GB/T 4510—2017
软化点升高，℃	≤6.5	≤6.5	≤6.5	GB/T 4507—2014

除了石化行业标准，电力行业也制定了相关的水工沥青标准《水工碾压式沥青混凝土施工规范》(DL/T 5363—2006)和《土石坝沥青混凝土面板和心墙设计规范》(DL/T 5411—2009)，见表4-26和表4-27；水利行业也制定了《水工沥青混凝土施工规范》(SL 514—2013)以规范水工沥青市场的产品供应，见表4-28。目前，国内尚无统一的水工沥青国家标准，各水坝、水库等工程项目皆根据具体情况设计规定水工沥青的各项技术指标。

表4-26 水工石油沥青技术要求(DL/T 5363—2006)

项 目	指标				备注
沥青标号	SG50	SG70	SG90	SG110	
针入度(25℃，100g，5s)，1/10mm	40~60	61~80	81~100	101~120	
软化点(环球法)，℃	49~57	47~55	45~52	43~49	环球法

续表

项　目	指标				备注
延度，cm	≥150	≥150	≥150	≥150	15℃
	≥5	≥10	≥30	≥50	4℃，1cm/min
密度，g/cm³	≥1.0	≥1.0	≥1.0	≥1.0	25℃
蜡含量（蒸馏法），%	≤2.0	≤2.0	≤2.0	≤2.0	
当量脆点，℃	≤-6	≤-8	≤-10	≤-12	
溶解度，%	≥99.0	≥99.0	≥99.0	≥99.0	
闪点，℃	≥230	≥230	≥230	≥230	
薄膜烘箱试验 质量损失，%	≤0.2	≤0.4	≤0.6	≤0.8	
针入度比，%	≥68	≥65	≥60	≥58	
延度，cm	≥100	≥100	≥100	≥100	15℃
	≥2	≥4	≥8	≥12	4℃，1cm/min
软化点升高，℃	≤3	≤3	≤3	≤3	

表4-27　水工石油沥青技术要求（DL/T 5411—2009）

项　目	质量指标			试验方法
	SG90	SG70	SG50	
针入度（25℃，100g，5s），1/10mm	80~100	60~80	40~60	GB/T 4509—2010
软化点（环球法），℃	45~52	48~55	53~60	GB/T 4507—2014
延度（15℃，5cm/min），cm	≥150	≥150	≥150	GB/T 4508—2010
延度（4℃，1cm/min），cm	≥20	≥10	--	GB/T 4508—2010
溶解度（三氯乙烯），%	≥99.0	≥99.0	≥99.0	GB/T 11148—2008
脆点，℃	≤-12	≤-10	≤-8	GB/T 4510—2017
闪点（开口），℃	230	260	260	GB/T 267—1988
密度（25℃），g/cm³	实测	实测	实测	GB/T 8928—2008
蜡含量（蒸馏法），%	≤2	≤2	≤2	
薄膜烘箱后				
质量损失，%	≤0.3	≤0.2	≤0.1	GB/T 5304—2001
针入度比，%	≥70	≥68	≥68	GB/T 4509—2010
延度（15℃，5cm/min），cm	≥100	≥80	≥10	GB/T 4508—2010
延度（4℃，1cm/min），cm	≥8	≥4	—	GB/T 4508—2010
软化点升高，℃	≤5	≤5	—	GB/T 4507—2014

表 4-28　水工石油沥青技术要求(SL 514—2013)

项　目	沥青标号			
	110	90	70	50
针入度(25℃, 100g, 5s), 1/10mm	100~120	80~100	60~80	40~60
针入度指数 PI	-1.5~1.0			
软化点(环球法), ℃	≥43	≥45	≥46	≥49
延度(10℃, 5cm/min), cm	≥40	≥45	≥25	≥15
延度(15℃, 5cm/min), cm	100		80	
蜡含量(蒸馏法), %	2.2			
闪点, ℃	≥230	≥245	≥260	
溶解度, %	≥99.5			
密度(15℃), g/cm³	实测			
薄膜加热后				
质量变化, %	±0.8			
针入度比, %	55	57	61	63
残留延度(10℃, 5cm/min), cm	≥10	≥8	≥6	≥4
残留延度(15℃, 5cm/min), cm	≥30	≥20	≥15	≥10

二、生产工艺

由于水工沥青是沥青混凝土防渗的重要原料，为保证水利工程的安全性和耐久性，对水工沥青的高低温性能提出了严格的质量要求，因此水工沥青的生产工艺技术尤为重要。水工沥青的生产工艺包括减压蒸馏深拔工艺、氧化工艺、催化氧化工艺、沥青改性工艺、溶剂萃取工艺和调和法生产工艺。其中，减压蒸馏深拔工艺、氧化工艺、溶剂萃取工艺、调和法生产工艺与第二章石油沥青生产技术章节相同，本章节不再介绍，重点介绍其他几种水工沥青生产工艺。

1. 催化氧化工艺

沥青的催化氧化工艺早在 20 世纪 30 年代就在国外应用，起初主要应用于建筑沥青的生产，解决普通氧化的低温脆裂、高温流淌问题，主要以 P_2O_3 和 H_3PO_3 为催化剂。优点是通过催化氧化工艺可以使沥青在相同针入度的情况下软化点更高、低温延度更大。缺点是残留的催化剂在沥青储存和热装卸、热拌和过程中，在较高温度下会继续发生作用，使得沥青的针入度进一步降低，软化点进一步升高，表现为品质不稳定。

2. 沥青改性工艺

沥青改性工艺可以分为物理改性与化学改性两大类。物理改性指的是借助高速剪切机、胶体磨、混炼机等设备，使聚合物被剪切、磨成细小的粒子，使改性剂均匀分散于混合料中，与沥青混合形成稳定的状态。化学改性工艺为：通过加入化学助剂，使聚合物与沥青中的烃类化合物发生交联、接枝等反应，促使二者形成均匀稳定的胶体体系。通过加入不同功能的改性剂还可以重点改善沥青的某一方面的性能，比如 SBR、SBS 等可以显著改善沥青的低温延伸度。

目前，我国只有少数几个炼厂能够采用减压蒸馏和氧化半氧化工艺生产水工沥青。现有的减压蒸馏和氧化半氧化工艺更多受限于原油，我国低凝稠油资源日趋减少和原油性质高凝化，进口原油性质波动频繁，加上水工沥青指标要求严格，因此生产上常常出现沥青质量不稳定、生产工艺不够灵活等问题。如何克服原油性质波动，增加工艺灵活性，生产出低温延度合格的沥青，以满足我国水工建设的需求，是目前面临的主要问题。在我国石油工作者的积极努力下，未来一定能开发出更灵活、更稳定的工艺。

三、昆仑沥青产品及应用

按照产品性能，水工沥青可以分为两类：标准水工沥青和高性能水工沥青。

1. 标准水工沥青

昆仑标准水工沥青以优异的南美重油、新疆低凝稠油、辽河稠油为原料，产品具有优良的高温性能和优异的耐老化性能、低温抗脆裂性能及抗斜坡流淌性能，其延度、蜡含量、薄膜烘箱试验等指标均有较大的富余度，尤其是低温性能及耐老化性能明显优于标准要求，可以满足国内水电站及水利枢纽工程建设防水施工的需要，昆仑水工沥青性质见表4-29。该产品应用于各大型水利水电工程的主体防渗，可以起到很好的防渗及防护作用。

表4-29 SH/T 0799—2007技术指标及昆仑水工沥青性质

项目	"昆仑"1号 技术要求	"昆仑"1号 典型值	"昆仑"2号 技术要求	"昆仑"2号 典型值	"昆仑"3号 技术要求	"昆仑"3号 典型值	试验方法
针入度(25℃，100g，5s)，1/10mm	70~90	83	60~80	71	40~60	53	GB/T 4509—2010
延度(15℃，5cm/min)，cm	≥150	>150	≥150	>150	≥80	≥100	GB/T 4508—2010
延度(4℃，1cm/min)，cm	≥20	34	≥15	21	—	—	GB/T 4508—2010
软化点(环球法)，℃	44~52	47.2	46~55	48.9	48~60	51.2	GB/T 4507—2014
溶解度(三氯乙烯)，%	99.0	99.8	99.0	99.8	99.0	99.8	GB/T 11148—2008
脆点，℃	-12	-15	-10	-13	-8	-10	GB/T 4510—2017
闪点(开口杯)，℃	≥230	286	≥230	289	≥230	296	GB/T 267—1988
蜡含量(蒸馏法)，%	2.2	1.7	2.2	1.72	2.2	1.73	SH/T 0425—2003
灰分，%	≤0.5	0.2	≤0.5	0.2	≤0.5	0.1	SH/T 0422—2000
密度(25℃)，g/cm³	报告	1.005	报告	1.006	报告	1.008	GB/T 8928—2008
薄膜烘箱试验(163℃，5h)							
质量变化，%	≤0.6	-0.02	≤0.5	-0.04	≤0.4	-0.002	GB/T 5304—2001
针入度比，%	≥65	71	≥65	74	≥65	73	GB/T 5304—2001
延度(15℃，5cm/min)，cm	100	>150	80	>100	65	73	GB/T 4508—2010
延度(4℃，1cm/min)，cm	≥6	7.5	≥4	6.8	—	—	GB/T 4508—2010
脆点，℃	≤-8	-10	≤-6	-8	≤-5	-6	GB/T 4510—2017
软化点升高，℃	≤6.5	6.1	≤6.5	5.3	≤6.5	2.1	GB/T 4507—2014

2. 高性能水工沥青

高性能水工沥青是指通过添加适量的改性剂采用改性工艺得到性能更优良的水工沥青，具有更好的高温抗流淌特性及低温抗裂特性，满足施工项目的特定指标要求。昆仑高性能水工沥青采用自主开发的加工工艺和稳定技术，使各种材料相容并分散均匀，形成稳定的胶体结构，保证沥青具有良好高温性能的前提下，更加突出沥青材料的低温抗裂特性，低温抗裂性能远优于其他产品，昆仑高性能水工沥青性质见表4-30。

表4-30 多地项目技术指标及昆仑高性能水工沥青性质

项　目	四川项目技术要求	山东项目技术要求	云南项目技术要求	昆仑高性能沥青典型值	试验方法
针入度(25℃，100g，5s)，1/10mm	60~80	60~80	60~80	71	GB/T 4509—2010
延度(15℃，5cm/min)，cm	≥150	≥150	≥150	>150	GB/T 4508—2010
延度(4℃，1cm/min)，cm	—	≥10	—	34	GB/T 4508—2010
软化点(环球法)，℃	47~54	48~55	47~55	50	GB/T 4507—2014
溶解度(三氯乙烯)，%	99.5	99.0	99.0	99.8	GB/T 11148—2008
脆点，℃	≤-10	≤-10	≤-10	≤-14	GB/T 4510—2017
闪点(开口)，℃	≥230	≥260	≥230	306	GB/T 267—1988
蜡含量(蒸馏法)，%	≤2.2	≤2.0	≤3.0	1.68	SH/T 0425—2003
灰分，%	—	—	—	—	SH/T 0422—2000
密度(25℃)，g/cm³	报告	报告	报告	1.008	GB/T 8928—2008
薄膜烘箱试验(163℃，5h)					
质量变化，%	≤0.5	≤0.2	≤0.8	0.16	GB/T 5304—2001
针入度比，%	≥70	≥68	≥65	72	GB/T 5304—2001
延度(15℃，5cm/min)，cm	≥100	≥80	≥60	>100	GB/T 4508—2010
延度(4℃，1cm/min)，cm	—	≥4	≥4	25	GB/T 4508—2010
脆点，℃	≤-8	—	≤-8	-10	GB/T 4510—2017
软化点升高，℃	≤5.0	≤5.0	≤5.0	3.5	GB/T 4507—2014

三、水工沥青应用业绩

近年来，昆仑水工沥青以其优异的产品性能，已成功应用于三峡工程茅坪溪大坝、呼和浩特抽水蓄能电站、尼尔基水利枢纽、水立方防渗工程、张家口崇礼滑雪场蓄水池等工程。

其中，三峡工程茅坪溪大坝属长江三峡水利枢纽工程的一部分。大坝采用垂直沥青混凝土心墙防渗。最大墙体高度94m，墙体宽度0.5~1.2m。茅坪溪大坝从1997年开始施工建设，每年克拉玛依石化供应约1000t水工沥青，到2000年共提供4批约5000t水工沥青产品。

内蒙古呼和浩特抽水蓄能电站是经国家核准建设的一等大Ⅰ型水电工程，也是严寒地区的一座大型抽水蓄能电站，上水库沥青混凝土面板防渗层抗冻指标达-45°，是目前全国

第四章 防水沥青及其他产品技术

乃至全世界水电工程中最低的。昆仑极寒改性水工沥青(表4-31)的成功应用,开创了在高纬度极寒地区使用沥青混凝土坝面防渗的先河。

表 4-31 应用于呼和浩特抽水蓄能电站极寒改性水工沥青的性质

项　　目	产品性质	技术要求
针入度(25℃,100g,5s),1/10mm	105	≥100
延度(5℃,5cm/min),cm	75	≥60
软化点(环球法),℃	43	≥42
闪点(开口),℃	246	≥230
黏度(135℃),Pa·s	0.4	≤3
溶解度(三氯乙烯),%	99.8	≥99
黏韧性,N·m	7.3	≥5
韧性,N·m	3.7	≥2.5
旋转薄膜烘箱试验(RTFOT)后残留物		
质量损失,%	0.11	≤1.0
针入度比,%	63	≥50
延度(5℃),cm	38	≥30
PG 等级	PG64-34	—

尼尔基水利枢纽位于黑龙江省与内蒙古自治区交界的嫩江干流上,是国家"十五"计划重点项目,也是国家实施"西部大开发战略"标志性工程之一。尼尔基水库总库容 $86.1×10^8\text{m}^3$,总装机 $25×10^4\text{kW}$,多年平均发电量 $6.387×10^8\text{kW·h}$;总投资 75.69 亿元,总工期 5 年,水工沥青使用量 4500t。

新疆坎尔其水库工程,当地海拔约 2200m,属高原寒冷气候,全年平均气候 5.7℃,极端最低气温-23.3℃,气温≤0℃的天数为 161d,最大冻土深度 0.94m。自 1997 年完成第一期施工以来,防渗面板经过三个冬季和两个夏季的考验,水库大坝防渗面板依然光洁平整,没有发生开裂、流淌等现象。

此外,昆仑水工沥青还应用于山西里册峪水库防渗面板、甘肃渭源县峡口水库工程、四川南桠河冶勒水电站沥青混凝土防渗工程、河北张河湾抽水蓄能电站沥青混凝土防渗工程、山西西龙池抽水蓄能电站沥青混凝土防渗工程、四川大渡河龙头石水电站沥青混凝土防渗工程、重庆黔江城北水库沥青混凝土防渗工程、新疆哈密射月沟水库沥青混凝土防渗工程等项目。

2019 年,克拉玛依石化 4000t 水工沥青产品成功出口应用于巴基斯坦卡洛特水电站项目,为中国石油融入"一带一路",扩大产品出口形成示范效应。

第四节　电器用沥青

电器用沥青广泛应用于能源、交通、信息通信、建筑、铁路、城轨、汽车、航空、冶金、石油化工等众多领域,主要分为电缆沥青、海底电缆沥青、蓄电池沥青和电池封口剂等[8]。

一、电缆沥青

电缆正处在一个新的发展阶段，各地对电力基础设施的需求量越来越大，为降低输配电过程中的能耗，电缆的电压等级也越来越高。为积极执行国家制定的"坚持电线入地，提高电缆化比例"政策，城市外围一般采用220kV或500kV环网架空线，进入城区则多采用110kV及以上交联电缆。因此，110kV及以上高压交联电缆的需求量急剧增加。根据国家标准GB/T 11017—2002的要求，110kV高压电缆必须在金属护套外涂覆电缆沥青材料作为防腐层。电缆沥青作为动力电缆和通信电缆的外涂层，起着密封、防腐、绝缘等作用，是一种来源方便、价格低廉、性能优良的防腐材料。电缆沥青的应用对于改善电缆的使用条件及延长使用寿命具有重要的作用[9]，现行电缆沥青的技术指标见表4-32。

表4-32 电缆沥青的技术指标（NB/SH/T 0001—2019）

项　　目		1号	2号	3号	试验方法
软化点(环球法),℃		85~100		80~100	GB/T 4507—2014
针入度(25℃，100g, 5s), 1/10mm		≥35		≥50	GB/T 4509—2010
闪点(开口),℃		≥260			GB/T 267—1988、GB/T 3536—2008
垂度(70℃), mm		≤60			SH/T 0424—1992
溶解度(三氯乙烯),%		≥99.0			GB/T 11148—2008
冷冻弯曲(φ20mm)	0℃	合格	—	—	NB/SH/T 0001—2019附录A
	-10℃	—	合格	—	
	-15℃	—	—	合格	
黏附率(0℃),%		≥95			SH/T 0637—1996
热稳定性(200℃, 24h)	软化点升高,℃	≤15			NB/SH/T 0001—2019附录B
	针入度比,%	≥80			

电缆沥青按冷弯温度分为1号、2号和3号3个牌号，其中1号适用于南方地区用电缆，2号适用于北方地区用电缆，3号适用于海底电缆。

电缆沥青与普通沥青相比，有以下6个特点[10]：

（1）感温性。我国地域辽阔，冬季北方可达到-40℃，需要较好的耐寒性，沥青在0℃以下不脆裂，与金属黏结性能好，并保证在0℃以下电缆铺设、弯曲的情况下沥青不开裂。夏季在南方地表温度最高可达70℃，沥青应保证在此温度下不流淌、不黏结，有良好的热稳定性，在200℃恒温后不流淌，软化点升高小，针入度比大。

（2）黏附性。为了保证电缆防护层的质量，沥青必须牢固地涂覆在钢袋上，渗透在麻层里，要求沥青应具有优良的黏附性，黏附性表现在3个方面：在空气介质中，受到破坏时黏附面积要大；抗剥离性，当防护层破坏时，金属护套裸露于水中，沥青与金属仍有良好的结合能力，不使水向界面内渗透；沥青的内聚力大，沥青本身以及沥青与金属结合处有一定的黏结强度，以保证电缆护层有一定的机械强度。

（3）抗冲击性，电缆在运输和铺设过程中，难免会受到震动和冲击，如果电缆铺设在铁桥上，车辆通过铁桥时就会发生震动。因此，沥青应具有一定抗震性或抗冲击性能。两者同样是承受外界机械力作用的能力，只不过前者力小，并且频率高一些，而后者作用力大，作用时间短。研究表明，沥青原料的选择对抗冲击性具有很大的影响，不同原料生产的沥青，抗冲击性差异较大。

（4）流动性，沥青在高温下的流动性能。为了使电缆沥青在高温下涂于电缆防护层时，在该温度下具有较低的黏度，能很好地渗透到麻层的组织中，包结在金属表面，以形成牢固的保护层，对沥青就要求具有较好的流动性。沥青的流动性好，就可以降低涂覆温度，也可以减缓沥青的老化趋势。

（5）电气性能。不论是用在动力电缆或通信电缆的防护层材料，都处于电场中，因此，要求具有一定的电气性能，如绝缘电阻、耐电压、介电常数、介电损耗等。

（6）安全性。电缆沥青在使用中都是在较高的温度下进行的，因此沥青的闪点必须高于使用温度50℃。电缆沥青的指标除了软化点、针入度、延度外，还规定了与使用性能有关的冷冻弯曲性和黏附性两项指标。黏附面积大，黏附力高，说明沥青对金属及其他物料附着力强，不易脱落，可以很好地起到绝缘和防护作用。冷冻弯曲是测定沥青低温性能的指标，即在特定条件时经弯曲应不发生脆裂。

二、海底电缆沥青

建设海上风电场是国际新能源发展的重要方向，也将是我国风电产业发展的核心方向，对于海底电缆来说，其在海上风力发电及输电上的应用拥有广阔的市场前景，同时也必将大幅带动电缆沥青材料的市场用量。海底电缆沥青通常用作海底电缆的防护层，除了要满足一般电缆沥青的要求外，还在抗水性、抗老化性方面有特殊的要求：

（1）抗水性。沥青在许多场合都作为抗水材料使用，海底电缆浸泡在海水中，因而对海底电缆沥青抗水性要求则更高。由于海底电缆沥青在加工过程中有沥青酸及酸酐生成，在制造过程中沥青层也会出现微小的孔道，由于分子与离子间的运动，以及分子间力的作用而使水的分子或离子往沥青深处扩散，所以不同的沥青在水中具有不同的电阻，由于上述内在的原因和外在的影响，海底电缆沥青必须具有良好的抗水性。

（2）抗老化性。海底电缆沥青在海水中，在一些离子的作用下，容易发生电化学腐蚀，以及微生物的侵蚀，导致沥青黏附性下降，沥青层龟裂剥落。海底电缆在铺设过程中需要加热，会发生热老化，因此海底电缆沥青应具有抗老化性能，需要从原料及加工工艺上着手解决。海底电缆沥青技术指标见表4-33。

表4-33 海底电缆沥青的技术要求

项目		技术指标		试验方法
		国防用海底电缆沥青	一般海底电缆沥青	
软化点(环球法),℃		85~95	85~95	GB/T 4507—2014
延度(25℃,5cm/min),cm		20	6	GB/T 4508—2010
针入度(25℃,100g,5s),1/10mm		30~40	25~40	GB/T 4509—2010
黏附率,%		≤95	黏附性:合格	SH 0001—1990 附录 B
黏附力(0℃),kPa		≤980	黏附性:合格	
冻裂点,℃		≤-35		SH/T 0600—1998
抗冲击性		合格	合格	SH 0421—1992 附录 C
抗水性		合格	合格	协议方法
抗老化性能(200℃,24h)	软化点升高,%	≤10	≤10	SH 0001—1990 附录 C
	针入度下降,%	≤20	≤20	

海底电缆沥青的生产工艺为采用脱油沥青与减压渣油按比例调和,再与添加剂调配,然后经氧化的工艺方法制取。

海底电缆用沥青材料产品生产工艺多样,质量参差不齐,概括起来现有的电缆沥青的生产工艺主要有氧化、改性、溶剂脱沥青、调和等工艺,其中氧化、溶剂脱沥青、调和等工艺是沥青生产的通用工艺,其主要内容与本书第二章石油沥青生产技术章节相同,本节不再介绍,改性工艺与本章第三节中水工沥青采用的改性工艺相同,本节也不再介绍。

三、18号蓄电池沥青

18号蓄电池沥青是配制铝酸蓄电池封口剂主要原料,对蓄电池沥青除要求有足够的软化点和延度之外,还要求有较好的低温性能和韧性,要求沥青气密性好,经强烈的震动后,蓄电池表面无电液溅出的痕迹等(表4-34)。

表4-34 18号蓄电池沥青技术要求

参数	软化点(环球法),℃	针入度(25℃,100g,5s),1/10mm	闪点,℃
指标	130~160	16~20	>230

由于蓄电池沥青不能直接用于蓄电池封口,用户需要掺入矿物油,才能满足要求,但是掺入过程烦琐,使用不便,而且成本高。鉴于以上原因,使得18号蓄电池沥青的使用受到限制。

四、电池封口剂

电池封口剂主要用于干电池和一般蓄电池封口,产品质量要求很严,需要软化点高,耐热性、耐寒性、黏附性及耐酸性高性能好的沥青。其用于干电池和蓄电池封口,要求在

65℃不流淌及-20℃下不冻裂，并要求对金属电池电极的黏结性强，沥青在封口温度下流动性好，封口后沥青不收缩，还要求工艺性能好，易于熔化，质地均匀，外观光亮。

电池封口剂的技术指标见表4-35，按照使用区域及使用对象不同，分为4个牌号：20号用于干电池灌浇封口，30号用于一般蓄电池封口，35号用于寒区蓄电池封口，40号用于国防用蓄电池封口。

表4-35 电池封口剂的技术指标

项 目	质量指标				试验方法
	20号	30号	35号	40号	
软化点(环球法),℃	90~110				GB/T 4507—2014
针入度(25℃,100g,5s),1/10mm	≥40	≥50	≥60	≥70	GB/T 4509—2010
耐寒性(器皿法),℃	≤-20	≤-30	≤-35	≤-40	SH 0421—1992 附录A
耐热性,℃	≥65				SH 0421—1992 附录B
黏附率,%	≥95				SH/T 0637—1996
闪点(开口),℃	≥220				GB/T 267—1988
耐冲击性(0℃±2℃)	合格				SH 0421—1992 附录C
耐酸性	合格				SH 0421—1992 附录D

电池封口剂是利用减压渣油为原料，经氧化或者添加改性剂来制取的，工艺关键在于选择合适软化点的原料和改性剂加入条件及加入量。

参 考 文 献

[1] 王传民,郭文娟,刘波,等.防水卷材沥青的研制与生产[J].石油沥青,2017(31):49-51.
[2] 周利民.SBS改性沥青防水卷材现况与建议[J].浙江建筑,2000(2):42-43.
[3] 王晋斌,关敏杰,夏伟伟,等.10#沥青对SBS改性沥青防水卷材性能的影响研究[J].中国建筑防水,2018(21):4-7.
[4] 杨林.弹性体改性沥青防水卷材现状及常见质量问题[J].鉴定与检测,2015(10):60-61.
[5] 徐茂震,李文志,刘金景,等.SBS改性沥青防水卷材性能影响因素探讨[J].中国建筑防水,2015(1):15-20.
[6] 孔宪明,张小英.建筑防水沥青和改性沥青现状[J].石油沥青,2004,18(2):1-6.
[7] 沈春林.沥青防水材料[M].北京:中国标准出版社,2007.
[8] 李虎,徐萌,李福起.电缆沥青材料的使用现状及生产工艺概述[J].山东化工,2018,47(4):35-38,42.
[9] 裴政然,刘万千.我国特种沥青行业研究与生产现状和发展建议[J].云南化工,2019(7):32-36.
[10] 李虎.高性能电缆沥青材料的研究开发[D].青岛:中国石油大学(华东),2018.

第五章　橡胶油、白油与基础油产品技术

橡胶油(橡胶增塑剂)、白油和润滑基础油都是炼油特色产品,其中橡胶油和白油从使用的特性看并不是以润滑为核心,但它们的馏分与润滑油重合,在加工、营销、物流和使用过程中也与润滑油相似,在业务管理上多半都归入润滑油。这三类产品在性质要求上各有侧重,但又很接近,在使用过程中难免被相互替代和串换,各自的统计数据出入很大,中国市场的橡胶油和白油总计约有 $200×10^4t/a$ 的份额,基础油消费在 $700×10^4t/a$ 左右,不同口径数据出入很大。

随着国民经济的快速发展,我国橡胶产业的持续增长,带动了橡胶油需求量的增长。橡胶油作为橡胶生产和加工过程中的重要助剂,要求与橡胶有良好的相容性、亲和性,在改善橡胶加工过程中,能够减少混炼动力的消耗,促进各种辅料的均匀分散,提高硫化橡胶的伸长率、回弹性等工艺性能,改善橡胶的弹性、柔韧性、易加工、易混炼性等特性,是橡胶行业仅次于生胶和炭黑的第三大材料。

白油是经过超深度精制的矿物油品,具有良好的化学惰性及优良的光、热稳定性,常作为添加剂或辅助材料广泛应用于塑料、橡胶、纺织、电力、化妆品制造、制药、食品等行业,一般分为工业级、化妆级和食品级。随着食品工业、医药、化纤和轻纺工业的发展,化妆品的更新换代和人民生活水平的提高,人们对白油的品质要求越来越高,对化妆用油和食品级白油的需求量迅速增长。

基础油在各类润滑油中一般占 70%~99% 不等。它们不仅是功能添加剂的载体,更是满足润滑油性能要求的重要组分,并且对润滑油性能的贡献率随规格的升级换代而不断增加。现在基础油生产已形成溶剂精制和加氢两条典型技术路线,大部分低黏度基础油牌号将采用加氢Ⅱ/Ⅲ类基础油,但在 BS 等高黏度基础油方面,溶剂精制Ⅰ类基础油仍将长期有一定需求。

中国石油在"十二五""十三五"期间,充分发挥环烷基原油的资源特色,开展系列科研攻关,以低凝环烷基原油减压馏分油为原料,成功开发出满足欧盟 REACH 法规环保指标要求的绿色中、高芳香烃轮胎用橡胶填充油产品,SBR1778E 专用油,NAP10-1、NAP10-2、A0709、A1020,以及 TDAE 型 AP15、AP19-3 等系列产品,满足了环保轮胎企业需求;牵头制定了 GB/T 33322—2016《环保橡胶增塑剂　芳香基矿物油》,产品替代轮胎行业非环保用油。克拉玛依石化采用高压加氢工艺,以环烷基减压渣油为原料采用溶剂脱沥青—高压加氢组合工艺生产的 150BS 产品,一直是市场主流产品;以馏分油为原料生产优质白色环烷基矿物油橡胶增塑剂,牵头制定了行业标准 HG/T 5085—2016《橡胶增塑剂　环烷基矿物油》,还可生产多个牌号的高档化妆品、食品级白油,在市场上树立了良好的品牌形象。辽河石化 $40×10^4t/a$ 润滑油高压加氢装置于 2019 年投产,以辽河稠油馏分油为原料,采用加氢处理—异构脱蜡—补充精制的全氢工艺路线,生产 N 系列环烷基橡胶增塑剂、变压器油、环烷基白油等产品。石油化工研究院开发的异构脱蜡系列催化剂及贵金属精制催化剂,在大庆炼化实现工业应用,生产出 Ⅲ 类基础油。

展望未来，由于生产高芳香烃环保橡胶增塑剂原料受限产量不足，将部分被渣油型环保橡胶增塑剂或芳香烃树脂等合成材料代替；高压加氢工艺生产的环烷基橡胶增塑剂产品，在保证产品环烷基特性的前提下，市场将对光热安定性要求越来越高；化妆品级、食品级白油产品大部分高端市场仍被进口品牌占领，需要提高产品质量，提升市场竞争力；随着国内高压加氢等深加工装置的不断上马，Ⅱ类基础油趋于饱和，竞争激烈，而Ⅲ类基础油将成为市场需求旺盛的产品；光亮油作为重质润滑油系列中的高端组分，选择更合适的原料是未来研究的一个方向。

第一节 橡胶油产品及生产技术

在合成橡胶生产和制品加工过程中加入的矿物油，统称为橡胶油。国内外对橡胶油产品没有统一的分类标准，有的根据橡胶油在橡胶生产过程中的用途来分类，有的根据橡胶油组成结构来分类，按其在橡胶生产中的作用可分为橡胶填充油，以及橡胶操作油、加工油或软化剂。总体来说，理想的橡胶油应与橡胶相容性好，挥发性低，加工性、操作性、润滑性良好，对硫化橡胶的物理性能无坏的影响，乳化性能好，污染少、无毒，颜色浅、安定性好，来源充足，价格适中。

合成橡胶生产厂在生产胶料过程中填充一定量的橡胶油，习惯称为"橡胶填充油"。这是因为，像水充入海绵中一样，橡胶分子属于带支链的长链结构，分子之间相互交织在一起，橡胶油就填充在这些长链分子之间，所以就称为填充油。

在橡胶行业的下游企业，橡胶操作油、加工油和软化剂通常是从橡胶厂购入胶料，再在自己的工厂进行塑炼、混炼、压延、压出成型及硫化等加工（对于热塑冷弹体橡胶成型后无须硫化），在这些加工工艺中，必须加入10%~50%的橡胶油，才能将各种配料与橡胶混合均匀，如炭黑、硫黄等，通过加工胶料就变成了具有实用价值的橡胶制品。基于橡胶油在它们的工艺过程中所发挥的作用，习惯上将所加入的橡胶油组分称为"橡胶操作油"或"橡胶加工油"。胶料本身的硬度较高，如果再加入其他填料或骨料，则硬度会更高，加入一定量的橡胶油后，橡胶制品就会变得柔软并富有良好的弹性，一般橡胶油的含量越高，橡胶越软，所以橡胶油也被称为"橡胶软化油"[1]。

国际上，按照美国材料与试验协会制定的 ASTM D2226 标准，根据油品组成结构，将橡胶油产品分为高芳香烃油、芳香烃油、环烷油和石蜡基油4种。高芳香烃型橡胶油中含有多环芳香烃（PAHs），其具有难降解性和环境积累性，具有较强的脂溶性和疏水性，易于沉积到水中的沉积物和有机质中，最终通过食物链浓缩并转移到位于食物链最顶端的食肉生物群中，而且其中的某些物质对生物体具有较强的致癌、致畸作用和生殖毒性[2]。

随着欧盟委员会推出了名为REACH《化学品注册、评估、授权和限制制度》的关于化学品新政策的法规草案，于2006年12月18日获得欧洲议会和欧盟理事会正式通过，并于2007年6月1日生效，其附件17中对轮胎和填充油含有PAHs的限制条例已于2010年1月1日正式实施[3]。结合国内外对环保的要求日益严格，非环保型橡胶油在未来一段时间内将全部被环保型橡胶油替代。

炼油特色产品技术

我国作为橡胶制品生产大国，对橡胶制品的环保要求也日趋严格，并将国内的环保型橡胶油产品根据油品组成分为三种：芳香基矿物油、环烷基矿物油和石蜡基矿物油。

2018年，国内合成橡胶产量约为 $560×10^4t$，其中充油丁苯橡胶产量达到 $80.9×10^4t$，对环烷基及芳香基橡胶填充油需求量在 $20×10^4t$ 以上；热塑性弹性体全球产量在 $(480~620)×10^4t$，对环烷基橡胶油品需求量在 $60×10^4t$ 以上；橡胶制品行业主要是胶鞋、胶管、胶带等，主要填充石蜡基和环烷基橡胶油，总量在 $40×10^4t/a$ 以上。目前，国内绿色轮胎相关国家标准草稿已制定完毕并将拟实施，届时市场对于环保型轮胎用橡胶增塑剂产品的需求总量将会增加。

中国石油相关炼化企业高度重视企业产品品质，在与橡胶工业界长期合作中，根据橡胶行业实际需求，充分利用资源优势，生产出多种牌号、品质优良的环烷基、石蜡基、芳香基橡胶油产品。

一、橡胶增塑剂（环烷基矿物油）

橡胶油产品是伴随着合成橡胶工业的发展而产生、发展起来的一种润滑油产品，它不在设备中起润滑和密封的作用，而是在橡胶加工过程中参与合成、便于生产操作和改善橡胶性能，在橡胶合成及制品加工过程中是仅次于炭黑、生胶的第三大助剂材料。

在2017年实施的化工行业标准HG/T 5085《橡胶增塑剂 环烷基矿物油》中将符合标准要求、适用于热塑性弹性体SBS、苯乙烯—丁二烯橡胶、丁二烯橡胶、乙烯丙烯二烯烃三元共聚物、丁基橡胶、异戊二烯橡胶等橡胶合成用油以及橡塑制品的加工、增塑用油，定义为橡胶增塑剂环烷基矿物油。

环烷基橡胶油：C_N 大于35%，环烷烃含量较高而沥青质和极性化合物含量较低（图5-1），与热塑性弹性体SBS、SBR（丁苯橡胶）、NBR（丁腈橡胶）和BR（顺丁橡胶）有较好的共混性，为非污染型填充油，用其制备的充油橡胶的颜色稳定，不易发生析油和喷霜现象，高压加氢工艺生产的环烷基橡胶油可用于生产无色或彩色橡胶制品以及玩具、工具手柄和卫生橡胶制品，且弹性优于填充芳香基橡胶油制品。

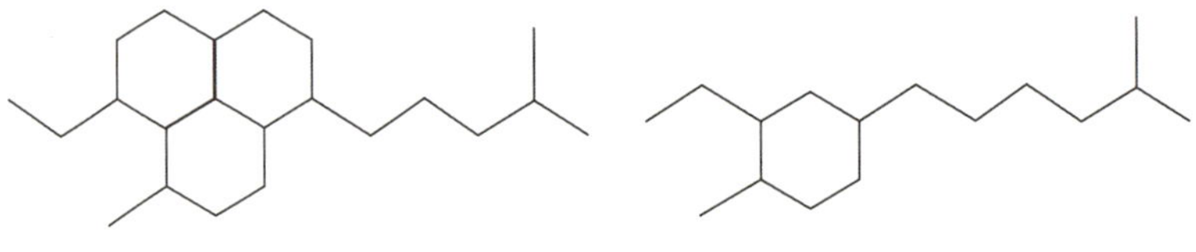

图5-1 三环烷烃和一环烷烃

环烷基橡胶油能够提供较高的溶解能力，可以与SIS压敏胶的橡胶段和塑料段进行很好的相容，在SIS压敏胶中环烷基橡胶油可以更为均匀地分散开来，增强了各相之间的吸引力。以环烷基橡胶油N4010和KG6W制成的SIS压敏胶，其180°剥离强度明显优于石蜡基橡胶油KP6025和KP6030制成的SIS压敏胶。在相同的苯乙烯含量条件下，环烷基橡胶油N4010制成的热熔胶产品具有更高的软化点及初黏力性能。

中国石油辽河石化、克拉玛依石化均采用高压加氢工艺，生产橡胶增塑剂环烷基矿物油，产品牌号为N4006、N4010、N4016，市场应用效果及占有率均较好。中国石油生产的橡胶增塑剂环烷基矿物油产品执行2017年实施的HG/T 5085—2016《橡胶增塑剂 环烷基矿物油》标准（表5-1）。

第五章 橡胶油、白油与基础油产品技术

表5-1 橡胶增塑剂环烷基矿物油技术要求和试验方法（HG/T 5085—2016）

项 目		指标			试验方法
		N4006	N4010	N4016	
(1)外观①		清澈透明			目测
(2)运动黏度，mm^2/s	40℃	报告	报告	报告	GB/T 265—1988
	100℃	5~7	9~11	15~17	
(3)苯胺点，℃		报告			GB/T 262—2010
(4)比色，(赛波特)号		≥+26	≥+26	≥+20	GB/T 3555—1992
(5)闪点(开口)，℃		≥185	≥210	≥220	GB/T 3536—2008
(6)倾点②，℃		≤-18	≤-15	≤-10	GB/T 3535—2006、NB/SH/T 0886—2014
(7)密度(20℃)，kg/m^3		报告			GB/T 1884—2000、GB/T 1885—1998
(8)折射率 n_D^{20}		报告			SH/T 0724—2002
(9)黏重常数(VGC)		报告			NB/SH/T 0835—2010
(10)紫外吸光系数(260nm)，L/(g·cm)		≤0.20	≤0.30	≤0.40	NB/SH/T 0415—2013
(11)机械杂质，%(质量分数)		无			GB/T 511—2010
(12)水分，%(体积分数)		痕迹			GB/T 260—2010
(13)硫含量，mg/kg		≤10			SH/T 0689—2000
(14)氮含量，mg/kg		≤10			SH/T 0657—2007
(15)稠环芳香烃(PCA)含量，%		<3			NB/SH/T 0838—2010
(16)蒸发损失(107℃，22h)，%(质量分数)		4.0	0.8	0.5	GB/T 7325—1987
(17)紫外光安定性，(赛波特)号		+15	+15	+5	HG/T 5085—2016 附录A
(18)热安定性，(赛波特)号		+20	+18	+10	HG/T 5085—2016 附录B
(19)碳型分析，%	C_A	1	1	1	SH/T 0725—2002
	C_N	40	40	40	
	C_P	报告	报告	报告	
(20)十六种多环芳香烃(PAH_S)之和，mg/kg		≤10			SN/T 1877.3—2007 第一法
萘，mg/kg		≤1			
苊烯，mg/kg		≤1			
苊，mg/kg		≤1			
芴，mg/kg		≤1			
菲，mg/kg		≤1			
蒽，mg/kg		≤1			
荧蒽，mg/kg		≤1			
芘，mg/kg		≤1			
苯并[a]蒽，mg/kg		≤1			
䓛，mg/kg		≤1			
苯并[b]荧蒽，mg/kg		≤1			
苯并[k]荧蒽，mg/kg		≤1			
苯并[a]芘，mg/kg		≤1			
二苯并[a,h]蒽，mg/kg		≤1			
苯并[g,h,i]苝(二萘嵌苯)，mg/kg		≤1			
茚并[1,2,3-cd]芘，mg/kg		≤1			

① 将试样注入100mL洁净量筒中，样品应均匀透明。如有争议时，将油温控制在(25±2)℃下，应均匀透明。
② 测试时试样中不允许含有降凝剂。如有争议时，以GB/T 3535方法测定结果为准。

二、橡胶增塑剂(芳香基矿物油)

芳香基矿物油橡胶增塑剂,因其优异的橡胶相容性、良好的加工性能、低挥发性等优势,在合成橡胶领域备受青睐,广泛用于SBR(丁苯橡胶)合成和橡胶轮胎的加工,也适用于BR(顺丁橡胶)、NR(天然橡胶)等有色或黑色橡胶制品加工。

国外于1990年左右就着手开发能够替代传统高芳香烃油的环保型橡胶增塑剂。到20世纪末期,欧洲国家率先开发出了处理芳香烃油(TDAE)和浅度溶剂抽提油(MES)产品,并得到了橡胶工业联络事务局的推荐认可,德国汉胜—罗圣泰可生产TDAE,瑞典尼纳斯主要生产环烷油NAP系列,产能30×10^4t/a,法国道达尔主要生产残渣芳香烃抽提油RAE橡胶增塑剂产品,壳牌及Ergon也纷纷推出MES产品(表5-2)。

表5-2 国内外典型芳香基矿物油产品性质

品种	TDAE	MES	NAP	RAE	橡胶增塑剂(芳香基)	橡胶增塑剂(芳香基)	橡胶增塑剂(芳香基)	橡胶增塑剂(芳香基)
牌号	Viratec c500	Czten exSNR	Nytex 4700	Flavex 595	A0709	A1020	A1820	A1820
密度,kg/m³	950	909	940	965	924.2	935	955.8	945.4
折射率	1.5300	1.501	—	1.5432	1.5051	1.5114	1.5267	1.5221
闪点,℃	270	240	220	290	210	228	238	262
倾点,℃	24	-6	-15	33	-5(凝点)	3(凝点)	-2(凝点)	-6
运动黏度(40℃)mm²/s	410	175	—	3300	114.7	—	—	—
运动黏度(100℃)mm²/s	19	14	28	62.5	8.369	20.08	22.44	22.65
VGC	0.89	0.85	0.866	0.92	0.8701	0.8624	0.8865	0.874
$C_A/C_N/C_P$	25/30/45	12/30/58	25/24/51	30/25/45	10.2/48.3/41.5	10.1/44.2/45.7	20/40.1/39.9	21/34/46
苯胺点,℃	68	93	90	82	79.3	89	76.4	75
PCA,%	<2.5	2.0	不适用	不适用	1.72	<3	<3	2.1
苯并芘BaP,mg/kg	0.2	0.2	0.4	0.2	检测不出	检测不出	检测不出	检测不出
8种芳香烃 mg/kg	1.0	1.5	5	2.0~4.0	检测不出	检测不出	1.6	1.0

其中TDAE是对芳香烃油进行再精制,除去有毒的多环芳香烃后而成。再精制有加氢和溶剂精制两种途径,一般以溶剂精制居多;NAP是以环烷基原油馏分油经溶剂精制或适当条件的加氢精制而成;MES是馏分油经溶剂浅度精制或采用加氢工艺浅度精制而成,如果原料为石蜡基,则还需经过脱蜡精制;RAE也称TRAE,它是以减压渣油为原料,经溶剂脱沥青,再经溶剂精制而成。

国内环保型橡胶增塑剂研发于2005年左右起步,相关产品质量逐步与进口产品相媲美，极大地冲击了进口产品的高价位，并缓解了国内橡胶制品对进口橡胶增塑剂的依赖。2017年7月1日，由中石油克拉玛依石化有限责任公司、中海油气开发利用公司、中国石油天然气股份有限公司辽河石化分公司、石油化工科学研究院（简称石科院）、苏州久泰集团有限公司、广州大港科技石油科技有限公司共同起草的《橡胶增塑剂 芳香基矿物油》标准成功实施，这也标志着国内中高芳香烃环保型橡胶填充油的质量统一化，使环保型橡胶增塑剂市场更规范化、标准化，有助于加快国产橡胶油品替代进口产品的步伐，扩大国产橡胶油品市场占有率。

目前，国内可规模化生产芳香基矿物油的厂家较少，主要是中国石油辽河石化、克拉玛依石化、中国海油滨州炼化、中国石化济南炼化等；其中，中国石油辽河石化、克拉玛依石化及中国海油滨州炼化采用环烷基原油生产芳香基矿物油；中国石化济南炼化采用胜利油田临盘采油厂中间基原油生产芳香基矿物油。

中国石油采用环烷基原油减压馏分油资源生产A0709、A1004、A1020、A1820产品，用户应用评价效果较好，市场认可度及占有率均较高；中国石化济南炼化采用中间基原油减压馏分油经过石科院自主开发的溶剂精制处理技术生产A1820橡胶增塑剂产品。中国海油滨州炼化采用环烷基原油减压馏分油经过溶剂精制处理生产A1020、A1220产品。

国内高芳香烃型橡胶增塑剂研发方面，辽河石化公司研究院以辽河环烷基减压馏分油为原料，开发出高芳香烃环保橡胶增塑剂双溶剂抽提新工艺，制备出了C_A值大于25%的环保橡胶增塑剂。中国海油也利用环烷基原油减压馏分油，采用溶剂精制工艺试制出了A1820高芳香烃橡胶增塑剂产品。虽然国产高芳香烃型环保橡胶增塑剂仍需要加大研发力度及获得市场认可，但已有效地改善了我国环保型橡胶增塑剂单纯依赖进口的现状。

芳香基矿物油没有统一国际标准，通常是各个生产企业自行制定企业标准，我国从2017年7月1日正式开始实施GB/T 33322—2016《橡胶增塑剂 芳香基矿物油》，见表5-3。以A0709牌号为例，A代表芳香基Aromatic Base，07代表油品碳型分析C_A值，09代表油品在100℃的运动黏度。C_A值越高，合成橡胶生产和橡胶制品加工中的充油量越大，且不易发生油品渗出。

表5-3 橡胶增塑剂芳香基矿物油技术要求和试验方法（GB/T 33322—2016）

项 目		A0709	A1004	A1020	A1220	A1426	A1820	A2530	试验方法
密度（20℃），kg/m³		报告	报告	报告	报告	报告	报告	报告	GB/T1884—2000、GB/T1885—1998
运动黏度 mm²/s	40℃	报告	报告	报告	报告	报告	报告	报告	GB/T 265—1988
	100℃	7~11	3~5	16~26	16~26	22~30	16~26	≥30	
闪点，℃		≥190	≥165	≥210	≥210	≥210	≥220	≥230	GB/T 3536—2008
倾点，℃		≤15	≤-10①	≤15	≤15	≤15	≤20	≤20	GB/T 3535—1992
苯胺点，℃		≤90	≤85	≤99	≤95	≤95	≤85	≤75	GB/T 262—2010

续表

项　目		A0709	A1004	A1020	A1220	A1426	A1820	A2530	试验方法
色度，号		≤1.5	≤0.5	—	—	—	—	—	GB/T 6540—1986
酸值，mg KOH/g		≤0.5	≤0.5	报告	报告	报告	报告	报告	GB/T 4945—2002
折射率 n_D^{20}		报告	报告	报告	报告	报告	报告	报告	SH/T 0724—2002
黏重常数(VGC)		报告	报告	报告	报告	报告	报告	报告	NB/SH/T 0835—2010
硫含量，mg/kg		报告	报告	报告	报告	报告	报告	报告	SH/T 0689—2000、GB/T 17040—2019
机械杂质[②]，%(质量分数)		无	无	无	无	无	无	无	GB/T 511—2010
水分，%(体积分数)		痕迹	痕迹	痕迹	痕迹	痕迹	痕迹	痕迹	GB/T 260—2016
稠环芳香烃(PCA)含量，%		<3	<3	<3	<3	<3	<3	<3	NB/SH/T 0838—2010
碳型分析[③]，%	C_A	≥7	≥10	≥12	≥14	≥18	≥25		SH/T 0725—2002、SH/T 0729—2004
	C_N	报告	报告	报告	报告	报告	报告	报告	
	C_P	报告	报告	报告	报告	报告	报告	报告	
8种多环芳香烃(PAHs)之和，mg/kg		≤10	≤10	≤10	≤10	≤10	≤10	≤10	SN/T 1877.3—2007 第一法
苯并[a]芘		≤1	≤1	≤1	≤1	≤1	≤1	≤1	
苯并[e]芘		报告	报告	报告	报告	报告	报告	报告	
苯并[a]蒽		报告	报告	报告	报告	报告	报告	报告	
䓛		报告	报告	报告	报告	报告	报告	报告	
苯并[b]荧蒽		报告	报告	报告	报告	报告	报告	报告	
苯并[j]荧蒽		报告	报告	报告	报告	报告	报告	报告	
苯并[k]荧蒽		报告	报告	报告	报告	报告	报告	报告	
二苯并[a,h]蒽		报告	报告	报告	报告	报告	报告	报告	

① 经用户同意，该指标可由供需双方协商确定。② 根据油品实际硫含量选用其中一种检测方法即可。③ 如有争议时，加氢精制产品以 SH/T 0729 为仲裁方法；非加氢精制产品以 SH/T 0725 为仲裁方法。

三、橡胶油加工工艺

用于 SBS 生产的橡胶填充油要求有高的环烷烃含量、浅颜色、低芳香烃含量，较好的流动性，采用传统糠醛精制(图 5-2)及白土精制的"老三套"加工工艺很难生产出高档的环烷基橡胶油产品。采用加氢工艺可以有效脱除环烷基馏分油的硫、氮和氧等杂质，深度饱和芳香烃，改善油品颜色，提高油品的光、热稳定性。中国石油克拉玛依油田和辽河油田有着优质的低凝环烷基原油资源，根据资源特色分别采用石油化工科学研究院及抚顺石油化工研究院的加氢工艺技术，在 15MPa 以上的压力下，采用不同的催化剂体系和环烷基稠油润滑油料，通过加氢处理—临氢降凝/异构降凝—贵金属补充精制工艺处理，生产满足行标要求的优质橡胶油产品。产品牌号为N4006、N4010、N4016，该系列油品环烷烃含量高、产品赛波特颜色均可以达到+30，芳香烃含量极低，在橡胶制品市场获得了极高的信任度和认可度。

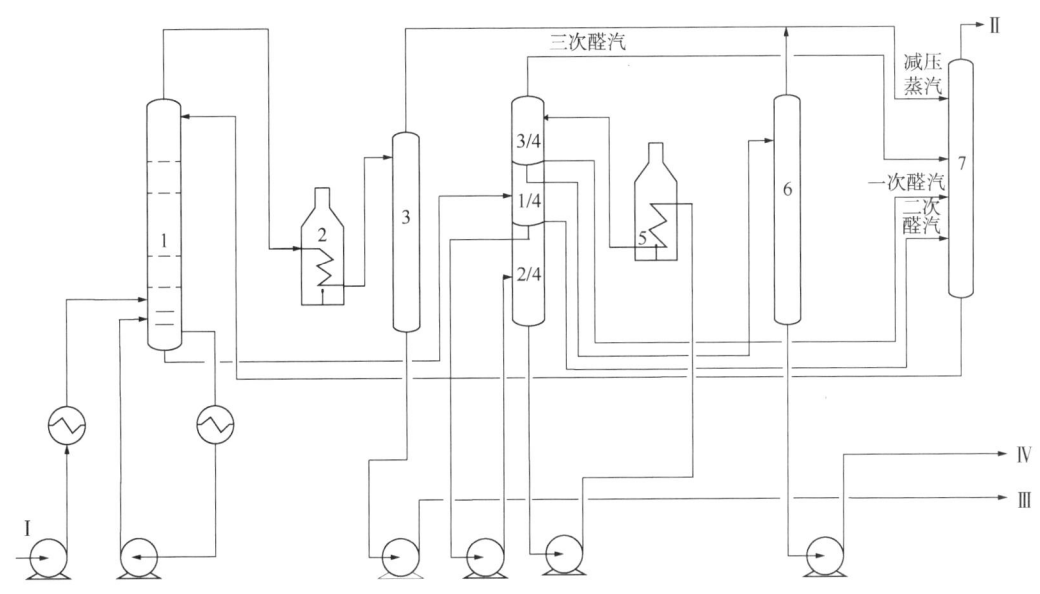

图5-2 糠醛精制工艺原理流程图

1—抽提塔；2—精制液加热炉；3—精制液汽提塔；4—三效蒸发塔；
5—抽出液加热炉；6—抽出液汽提塔；7—糠醛干燥塔；Ⅰ—原料油；Ⅱ—污水；Ⅲ—精制油；Ⅳ—抽出油

芳香基矿物油的加工工艺通常是以原油减压馏分为原料，按顺序经过溶剂精制、溶剂脱蜡、加氢或白土补充精制，如果以减压渣油为原料则先经过丙烷脱沥青处理后，得到的脱沥青油再按上述流程加工生产。目前也有将减压馏分油先经过浅度加氢精制，再通过溶剂精制处理来生产的工艺。

1. 溶剂抽提处理工艺

溶剂精制工艺（又称溶剂抽提工艺）是一种物理分离过程，它是利用馏分油中所含非理想组分在某些极性有机溶剂中的溶解度比理想组分溶解度大这一性质，来把非理想组分从馏分油中分离出去的一种加工方法。溶剂精制主要采用糠醛或N-甲基吡咯烷酮（NMP）等为溶剂，在一定的精制温度和溶剂比下，与原料油逆流接触，除去非理想组分，从而得到芳香基橡胶油产品。在原料油和溶剂保持不变的情况下，影响溶剂精制效果的因素包括剂油比、抽提温度、进料位置、萃取塔的结构和填料类型等。

辽河石化以环烷基原油减二线馏分油为原料，经过加氢脱酸预处理后，采用高效萃取塔，经过溶剂精制、白土补充精制处理，获得了优质的A0709橡胶增塑剂产品；以环烷基原油重质馏分油为原料，采用溶剂抽提工艺，可生产芳香烃含量适宜的满足国标的A1020、A1220、A1820橡胶增塑剂产品（表5-4），采用双溶剂抽提工艺可生产C_A在25%以上的环保橡胶增塑剂产品。采用溶剂两段抽提工艺也可以生产出C_A值较高的环保橡胶增塑剂产品。

表 5-4　中国石油昆仑芳香基矿物油橡胶增塑剂产品典型性质指标

品种	橡胶增塑剂芳香基	橡胶增塑剂芳香基	橡胶增塑剂芳香基
牌号	A0709	A1020	A1820
密度，kg/m³	924.9	934.8	955.8
折射率	1.5054	1.5111	1.5267
闪点，℃	202	221	238
倾点，℃	0	0	-2(凝点)
运动黏度(100℃)，mm²/s	8.56	18.91	22.44
VGC	0.8704	—	0.8865
$C_A/C_N/C_P$，%	10.2/48.5/41.3	10.0/45.0/45.0	20/40.1/39.9
苯胺点，℃	80.8	88	76.4
PCA，%	<3	<3	<3
苯并芘 BaP，mg/kg	检测不出	检测不出	检测不出
8 种芳香烃，mg/kg	检测不出	检测不出	1.6

中国石油生产的 A0709 橡胶增塑剂产品目前应用于兰州石化橡胶厂生产充油丁苯橡胶 SBR1778E。中国石油生产 A1020 橡胶增塑剂的炼化企业有克拉玛依石化及辽河石化，该产品市场应用广泛，主要用于车用轮胎胎侧橡胶填充油及操作用油，目前主要长期供应下游用户为佳通轮胎、焦作风神轮胎及贵州轮胎等知名轮胎企业，用户应用评价较好。

辽河石化利用资源特色，生产了 A1820 橡胶增塑剂产品，经国内权威鉴定机构北京橡胶工业研究设计院评定，充油胶料具有较好的综合性能，完全满足半钢轿车轮胎胎面胶性能要求。目前该产品在四川川橡集团已得到较好的应用。

2. 加氢处理工艺

加氢工艺是一种较为复杂的有机催化反应过程，基本原理是在适当的催化剂作用下，在氢气氛围下发生 S、N、O 等杂原子的脱除，芳香烃和烯烃饱和、正构烷烃异构化和裂化等反应。通常以减压馏分油为原料，采用镍—钼或镍—钴型加氢精制催化剂，在一定的反应压力，适宜的反应温度和空速条件下，生产环保型芳香基矿物油。克拉玛依石化采用润滑油减压馏分油中压加氢处理工艺，生产优质的环保橡胶增塑剂 A1020 产品。

加氢处理—溶剂抽提组合工艺是化学反应和物理分离相结合的工艺流程，基本原理是经过加氢处理的原料油，多环芳香烃含量降低，进行浅度溶剂精制处理后，可进一步降低 PCA 的含量。通常操作是采用适宜的加氢改质催化剂，在相对缓和的条件下加氢，将稠环芳香烃部分芳环饱和并打开，减少稠环芳香烃的同时，保持油品的高芳香烃含量，再经过浅度抽提后生产高芳香烃含量的芳香基矿物油产品。

3. 两段法生产环烷基矿物油加氢工艺

两段法加氢工艺生产环烷基矿物油工艺，通常以润滑油馏分油(减二线、减三线)为原料，第一段加氢为加氢精制，在较高的氢分压和高温条件下，在催化剂作用下，脱除原料油中的硫、氮、氧等杂原子及金属杂质，避免第二段贵金属催化剂中毒，同时还将原料油中的一部分芳香烃和稠环芳香烃选择性加氢饱和。第一段加氢精制催化剂的金属活性成分主要是 W-Ni、Mo-Ni 等非贵金属组分，其载体主要是氧化铝、氧化镁和活性白土等(图 5-3)。

第二段加氢主要作用是将一段加氢生成油中的芳香烃进行深度加氢饱和，使用还原态

第五章 橡胶油、白油与基础油产品技术

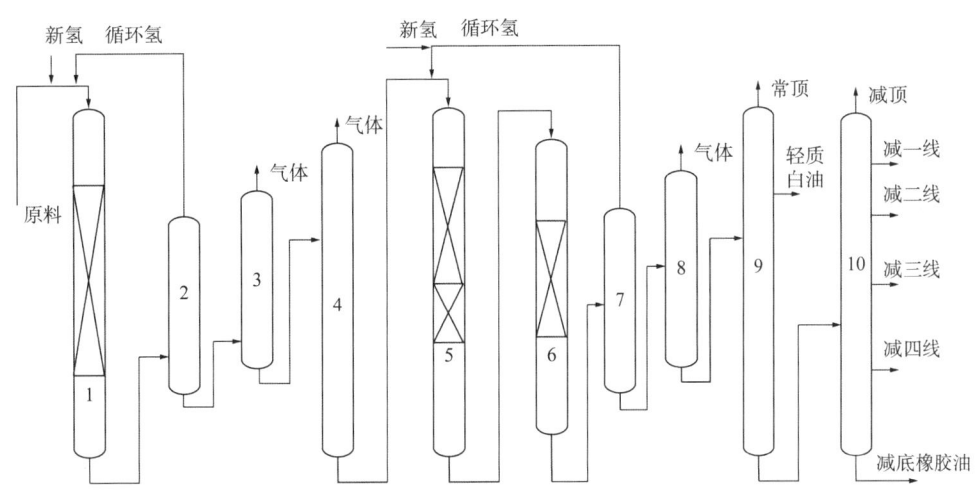

图 5-3 两段润滑油高压加氢工艺原则流程图

1—加氢处理反应器；2—高压分离器；3—低压分离器；4—汽提塔；5—异构脱蜡反应器；6—补充精制反应器；7—高压分离器；8—低压分离器；9—常压蒸馏塔；10—减压蒸馏塔

（金属态）催化剂，其主要活性成分为 Pt 和 Pd 等贵金属。经过第二段加氢后再经过蒸馏可得到 N4006、N4010、N4016 环烷基矿物油橡胶增塑剂产品（表 5-5），中国石油克拉玛依石化及辽河石化均采用两段加氢工艺生产昆仑环烷基橡胶增塑剂产品，具有性质稳定、颜色水白、环烷基特性显著、芳香烃含量极低的特点，与橡胶相容性好，光、热稳定性好，广泛用于热塑性弹性体 SBS 合成，以及制鞋、胶黏、光缆等行业。

表 5-5 中石油昆仑环烷基矿物油橡胶增塑剂

品种	橡胶增塑剂环烷基	橡胶增塑剂环烷基	橡胶增塑剂环烷基
牌号	N4006	N4010	N4016
密度，kg/m^3	899.6	905.7	915.9
折射率	1.4877	1.4914	1.4965
倾点，℃	-30	-18	-4
运动黏度（100℃），mm^2/s	5.823	10.60	15.47
比色，（赛波特）号	+30	+30	+30
$C_A/C_N/C_P$，%	0/56.4/43.6	0/52.3/47.7	0/53.8/46.2
苯胺点，℃	92.3	100	104
紫外吸收（260nm）	0.036	0.035	0.005
紫外光安定性，（赛波特）号	+26	+27	+20
热安定性，（赛波特）号	+22	+21	+26
稠环芳烃（PCA）含量，%	0.82	0.84	<3
16 种多环芳香烃（PAHs）之和，mg/kg	<0.8	<0.8	<10

第二节 白油产品及生产技术

白油是深度精制后的矿物油，通常是白色。白油是一种有较高附加值的产品，无色、无味、无臭，具有化学惰性及优良的光、热稳定性，广泛用于日化行业、药品生产、食品

炼油特色产品技术

加工、纤维和纺织、聚苯乙烯树脂、石油化学工业、塑料和橡胶加工、皮革加工等领域。白油按照其饱和烃的纯度进行分类，常用的有工业级白油、化妆品级白油、食品级白油和医药品级白油。不同级别的白油采用的原料不同，轻质白油原料、一般分两类，一类是采用石蜡基或环烷基馏分油通过加氢裂化得到的轻质馏分，另一类是直接采用低硫直馏煤油或柴油为原料；工业白油一般采用石蜡基或环烷基馏分油通过加氢制得，黏度比较大的工业白油采用环烷基馏分油为原料；食品级、化妆品级和医药级白油由于与人体接触紧密，要求比较高，一般采用石蜡基原料加氢制得。2019 年，国内白油总产能达 $342×10^4$ t/a，其中工业白油 $251×10^4$ t/a，轻质白油 $30×10^4$ t/a，化妆品级白油 $16×10^4$ t/a，食品医药级白油 $25×10^4$ t/a。目前来看，国内白油产能以工业白油为主，轻质白油、化妆品级白油、食品医药级白油为辅。

中国石油大庆炼化、克拉玛依石化均采用高压加氢工艺，采用不同黏度的基础油原料生产出满足石油化工行业标准 NB/SH 0007—2015 要求的化妆品级白油产品，克拉玛依石化采用高压加氢工艺还可以生产出满足国标 GB 1886.215—2016 要求的食品级白油产品。

一、轻质白油

轻质白油是以加氢裂化轻质馏分或低硫直馏煤、柴油为原料，经深度加氢精制后分馏而成。经过该工艺生产的轻质白油溶解力强，挥发性好；饱和烃含量大于 99%，产品安定性好；低硫、低芳、无毒、无异味；该产品馏分窄，也可根据实际使用能情况进行调整。

随着环保法规的完善及食品卫生安全指标的提高，对轻质白油产品中的硫化物含量和芳香烃含量等指标的要求越来越严格，产品的质量标准正逐步与国外标准接轨，普通轻质白油产品正逐渐被低硫、低芳香烃的特种轻质白油产品所取代。这意味着国内需求必然要向更高质量发展以适应涂料、印染、食品、制药等各行业相应的国际标准。

轻质白油属于环保型产品，适用于无味气雾杀虫剂、无味油漆稀释剂、工业清洗剂、胶黏剂溶剂等行业。按照芳香烃含量、颜色、硫含量、溴指数的不同，将轻质白油产品分为轻质白油(Ⅰ)和轻质白油(Ⅱ)。

轻质白油(Ⅰ)按照馏程、闪点及黏度的不同可分为 W1-TA、W1-20、W1-30、W1-40、W1-60、W1-70、W1-80、W1-90、W1-100、W1-110、W1-120、W1-130、W1-140 和 W1-TB 共 14 个牌号。轻质白油(Ⅱ)按照馏程、闪点及黏度的不同可分为 W2-TA、W2-20、W2-30、W2-40、W2-60、W2-70、W2-80、W2-90、W2-100、W2-110、W2-120、W2-130、W2-140 和 W2-TB 共 14 个牌号。

轻质白油采用的是石油化工行业标准 NB/SH/T 0913—2015(表 5-6 和表 5-7)，由全国石油产品和润滑剂标准化技术委员会石油蜡类产品分技术委员会(SAC/TC280/SC3)归口，规定了轻质白油的产品分类、技术要求、试验方法、取样、标志、包装、运输和储存及安全，适用于以石油馏分、合成油馏分为原料，经加氢精制及精密分馏得到的轻质白油，产品适用于专用设备校验、金属加工、日用化学品等行业。

第五章　橡胶油、白油与基础油产品技术

表5-6　轻质白油（Ⅰ）技术要求和试验方法（NB/SH/T 0913—2015）

项目		W1-TA	W1-20	W1-30	W1-40	W1-60	W1-70	W1-80	W1-90	W1-100	W1-110	W1-120	W1-130	W1-140	W1-TB	试验方法
馏程	初馏点，℃	≥150	≥120	≥135	≥155	≥185	≥195	≥205	≥215	≥230	≥245	≥260	≥275	≥280	≥210	GB/T 6536—2010
	终馏点，℃	≤275	≤160	≤170	≤200	≤225	≤235	≤245	≤255	≤270	≤285	≤300	≤315	≤320	≤320	
闪点（闭口），℃		≥38	实测	≥30	≥40	≥60	≥70	≥80	≥90	≥100	≥110	≥120	≥130	≥140	≥80	GB/T 261—2008
运动黏度（40℃），mm²/s		1.0~2.7	—	—	—	1.2~1.5	1.3~1.7	1.6~1.9	1.8~2.3	2.1~2.7	2.3~3.0	2.7~4.3	3.3~5.0	3.5~5.0	2.0~5.0	GB/T 265—1988
芳香烃含量%（质量分数）		≤0.2										≤0.5				NB/SH/T 0913—2015 附录A
倾点①，℃					—							≤-3				GB/T 3535—2006
易炭化物					—							通过					GB/T 11079—2015
密度（20℃）②，kg/m³								报告								GB/T 1884—2000，GB/T 1885—1998
比色，（赛波特）号								≥+28								GB/T 3555—1992
硫含量③，mg/kg								≤2								SH/T 0689—2000
铜片腐蚀（50℃，3h），级								≤1								GB/T 5096—2017
溴指数，mg Br/100g								≤100								GB/T 0630—1996
机械杂质级水分④								无								目测

① 也可以采用SH/T 0771，在有异议时，以GB/T 3535测定结果为准。
② 也可以采用SH/T 0604，在有异议时，以GB/T 1884测定结果为准。
③ 也可以采用SH/T 0253，在有异议时，以SH/T 0689测定结果为准。
④ 将样品注入100mL玻璃量筒中观察，应当透明，没有悬浮和沉降的机械杂质和水分，在有异议时，以GB/T 260和GB/T 511测定结果为准。

表 5-7 轻质白油（Ⅱ）技术要求和试验方法（NB/SH/T 0913—2015）

项目		W1-TA	W1-20	W1-30	W1-40	W1-60	W1-70	W1-80	W1-90	W1-100	W1-110	W1-120	W1-130	W1-140	W1-TB	试验方法
馏程	初馏点，℃	≥150	≥120	≥135	≥155	≥185	≥195	≥205	≥215	≥230	≥245	≥260	≥275	≥280	≥210	GB/T 6536—2010
	终馏点，℃	≤275	≤160	≤170	≤200	≤225	≤235	≤245	≤255	≤270	≤285	≤300	≤315	≤320	≤320	
闪点（闭口），℃		≥38	实测	≥30	≥40	≥60	≥70	≥80	≥90	≥100	≥110	≥120	≥130	≥140	≥80	GB/T 261—2008
运动黏度（40℃）mm²/s		1.0~2.7	实测	—	—	1.2~1.5	1.3~1.7	1.6~1.9	1.8~2.3	2.1~2.7	2.3~3.0	2.7~4.3	3.3~5.0	3.5~5.0	2.0~5.0	GB/T 265—1988
芳香烃含量%（质量分数）①				≤0.01						≤0.05						NB/SH/T 0913—2015
倾点，℃				—						≤-3						GB/T 3535—2006
易炭化物							通过									GB/T 11079—2015
密度②（20℃），kg/m³						报告										GB/T 1884—2000, GB/T 1885—1998
比色，（赛波特）号							≥+30									GB/T 3555—1992
硫含量，mg/kg							≤1									SH/T 0689—2000
铜片腐蚀（50℃，3h），级							≤1									GB/T 5096—2017
溴指数，mg Br/100g							≤50									SH/T 0630—1996
机械杂质级水分④							无									目测

① 也可以采用 SH/T 0771，在有异议时，以 GB/T 3535 测定结果为准。
② 也可以采用 SH/T 0604，在有异议时，以 GB/T 1884 测定结果为准。
③ 也可以采用 SH/T 0253，在有异议时，以 SH/T 0689 测定结果为准。
④ 将样品注入 100mL 玻璃量筒中观察，应当透明，没有悬浮和沉降的机械杂质和水分，在有异议时，以 GB/T 260 和 GB/T 511 测定结果为准。

二、工业白油

工业白油通常根据其饱和烃的纯度进行分类,常用的工业白油适用于化纤、铝材加工、橡胶增塑等用油,不同类别的白油用途上也有所不同。用于化纤等工业,作纺织时的润滑剂、溶剂和冷却剂,可使纤维与织物柔软光亮,还可作为合成树脂与塑料加工等工业中的湿润剂、溶剂及润滑剂等。也适用于纺织机械、精密仪器的润滑以及压缩机密封用油。除此之外,工业级白油还可用作高级润滑油的原料以及油田、石油钻机的专用润滑剂。

近年来由于环境保护监管力度的加强,白油需求量最大的纺织、化纤行业发展速度放缓,对于工业白油的需求量有所下降,但仍是主要的消费领域。纺织化纤企业主要集中分布于华东地区,且其中的大部分企业是通过采购白油料自行生产纺织油剂,生产出的纺织油剂中的白油含量通常高于90%。

工业白油按照颜色、倾点、硫含量、芳香烃含量、硫酸显色、硝基萘分析结果分为工业白油(Ⅰ)和工业白油(Ⅱ)。分别按照黏度不同将产品分为5号、10号、15号、22号、32号、46号、68号、100号、150号、220号、320号共12个牌号。执行石油化工行业标准NB/SH/T 0006—2017(表5-8和表5-9),规定了工业白油的产品分类、技术要求、试验方法、采样、标志、包装、储存及交货验收,适用于石油馏分经脱蜡、化学精制或加氢精制而制取的工业白油,适用于化纤、铝材加工、橡胶增塑等用油,也适用于作纺织机械、精密仪器的润滑用油以及压缩机密封用油。

三、食品级和化妆品级白油

随着居民生活水平提高,国内白油市场对高端白油需求迫切,食品级和化妆品级白油需求逐渐增加,市场潜力巨大。

食品级白油适用于食品上光、防黏、消泡、密封、抛光和食品机械,延长酒、醋、水果、蔬菜或罐头的储存期,以及用作润滑性泻药、药膏和药剂的基础油,药片、药丸的脱模剂,手术器械、制药机械的防腐润滑等。近年来食品安全问题被广泛关注,国家食品安全法律法规不断完善,食品级白油使用呈不断增长趋势。食品级白油按照100℃黏度不同划分为1号、2号、3号、4号、5号共5个牌号,执行GB 1886.215—2016《食品安全国家标准 食品添加剂 白油(又名液体石蜡)》,适用于由石油的润滑油馏分经脱蜡、化学精制或加氢精制所制得的食品添加剂白油(表5-10)。

化妆品级白油适用于作化妆品工业原料,生产发乳、发油、唇膏、护肤脂等,也用于食品、农药等行业。国内化妆品消费也在迅速崛起,已成为世界第二大化妆品消费国,对化妆品级白油的需求与日俱增。化妆级白油按照40℃黏度不同划分为10号、15号、26号、36号、50号和70号共6个牌号,执行石油化工行业标准NB/SH 0007—2015,规定了以石油润滑油馏分经深度精制而成的化妆级白油的技术要求、试验方法、取样、标志、运输、储存和验收(表5-11)。产品适用于保湿剂、防晒剂、润肤油、沐浴油、护发产品以及油膏的基础油,也可用于其他化妆品成分的中性和保护性稀释剂,以及化妆品的生产机械的润滑、包装容器的脱模剂等。

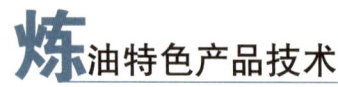

表 5-8 工业白油（I）技术要求和试验方法（NB/SH/T 0006—2017）

项 目	质量指标											试验方法
牌号	5	7	10	15	22	32	46	68	100	150	220	320	
运动黏度(40℃)，mm²/s	4.14~5.06	6.12~7.48	9.00~11.0	13.5~16.5	18.0~26.0	28.8~35.2	38.0~56.0	61.2~74.8	90.0~110	报告	报告	报告	GB/T 265—1988
运动黏度(100℃)，mm²/s	—	—	—	—	—	—	—	—	—	13.0~16.5	17.0~21.0	21.5~26.5	GB/T 265—1988
闪点(开口)，℃	≥120	≥130	≥140	≥150	≥160	≥180	≥190	≥200	≥200	≥210	≥220	≥230	GB/T 3536—2008
倾点，℃	≤0			≥+25					≤-6					GB/T 3535—2006
比色，(赛波特)号									≥+23				GB/T 3555—1992
铜片腐蚀(50℃，3h)，级	≤1												GB/T 5096—2017
铜片腐蚀(100℃，3h)，级	—							≤1						GB/T 5096—2017
硫含量①，mg/kg	≤10												SH/T 0689—2000
芳香烃含量，%（质量分数）	≤5												NB/SH/T 0966—2017
外观	无色、无异味、无荧光、透明的液体												目测②

① 也可采用 GB/T 11140 和 NB/SH/T 0842 进行测定，结果有异议时，SH/T 0689 方法为准。
② 将试样注入 100mL 玻璃量筒中，室温（20±5℃）下观察，无色、无异味、无荧光、无游离水。

表5-9 工业白油(Ⅱ)技术要求和试验方法(NB/SH/T 0006—2017)

项目		质量指标											试验方法
牌号		5	7	10	15	22	32	46	68	100	150	220	320	
运动黏度(40℃),mm²/s		4.14~5.06	6.12~7.48	9.00~11.0	13.5~16.5	18.0~26.0	28.8~35.2	38.0~56.0	61.2~74.8	90.0~110	报告	报告	报告	GB/T 265—1988
运动黏度(100℃),mm²/s		—	—	—	—	—	—	—	—	—	13.0~16.5	17.0~21.0	21.5~26.5	GB/T 265—1988
闪点(开口),℃		≥120	≥130	≥140	≥150	≥160	≥180	≥190	≥200	≥200	≥210	≥220	≥230	GB/T 3536—2008
倾点,℃		≤-3						≤-9						GB/T 3535—2006
比色,(赛波特)号							≥+30							GB/T 3555—1992
铜片腐蚀(50℃,3h),级		≤1						—						GB/T 5096—2017
铜片腐蚀(100℃,3h),级		—						≤1						GB/T 5096—2017
硫含量①,mg/kg							≤5							SH/T 0689—2000
芳香烃含量,%(质量分数)							≤0.2							NB/SH/T 0966—2017
硫酸显色							通过							NB/SH/T 0006—2017 附录A
硝基萘							通过							NB/SH/T 0006—2017 附录B
外观		无色、无异味、无荧光、透明的液体												目测②

① 也可采用GB/T 11140和NB/SH/T 0842进行测定,结果有异议时,SH/T 0689方法为准。
② 将试样注入100mL玻璃量筒中,室温(20℃±5℃)下观察,无色、无异味、无荧光、无游离水。

表 5-10　食品级白油技术要求和试验方法（GB 1886.215—2016）

项目	质量指标 低中黏度 1号	2号	3号	4号	高黏度 5号	试验方法
运动黏度（100℃），mm²/s	2.0~3.0	3.0~7.0	7.0~8.5	8.5~11	≥11	GB/T 265—1988
运动黏度（40℃），mm²/s	符合声称	符合声称	符合声称	符合声称	符合声称	GB/T 265—1988
初馏点，℃	>230	>230	>230	>230	>350	SH/T 0558—1993
5%（质量分数）蒸馏点碳数	≥14	≥17	≥22	≥25	≥28	SH/T 0558—1993
5%（质量分数）蒸馏点温度，℃	>235	>287	>356	>391	>422	SH/T 0558—1993
平均分子量	≥250	≥300	≥400	≥480	≥500	GB/T 17282—2012
比色，（赛波特）号	≥+30	≥+30	≥+30	≥+30	≥+30	GB/T 3555—1992
稠环芳香烃，紫外吸光度（260~420nm），cm	≤0.1	≤0.1	≤0.1	≤0.1	≤0.1	GB/T 11081—2005
铅（Pb），mg/kg	≤1.0	≤1.0	≤1.0	≤1.0	≤1.0	GB/T 1886.215—2016
砷（As），mg/kg	≤1.0	≤1.0	≤1.0	≤1.0	≤1.0	GB/T 5009.76—2014
重金属（以 Pb 计），mg/kg	≤10	≤10	≤10	≤10	≤10	GB/T 5009.74—2014
易炭化物	通过试验	通过试验	通过试验	通过试验	通过试验	GB/T 11079—2015
固态石蜡	通过试验	通过试验	通过试验	通过试验	通过试验	SH/T 0134—1992
水溶性酸或碱	不得检出	不得检出	不得检出	不得检出	不得检出	GB/T 259—1988
性状①	无色、无味、无荧光透明油状液体					

① 取适量试样置于清洁干燥的烧杯中，在自然光下观察其色泽、状态并嗅其气味。

表 5-11　化妆品级白油的技术要求和试验方法（NB/SH 0007—2015）

牌号	10	15	26	36	50	70	试验方法
运动黏度（40℃），mm²/s	7.6~12.4	12.5~17.5	24.0~28.0	32.5~39.5	45.0~55.0	63.0~77.0	GB/T 265—1988
易炭化物	通过						GB/T 11079—2015
比色，（赛波特）号	≥+30						GB/T 3555—1992
重金属（以 Pb 计），mg/kg	≤10						GB/T 5009.74—2014
铅（Pb），mg/kg	≤1						GB/T 1886.215—2016
砷（As），mg/kg	≤1						GB/T 5009.76—2014
稠环芳香烃，紫外吸光度（260~420nm），cm	≤0.1						GB/T 11081—2005
固态石蜡	通过						SH/T 0134—1992
性状①	无色、无味、无荧光透明油状液体						

① 将 300mL 试样倒入 500mL 的烧杯中，在室温和良好空气环境下静置数分钟后，用目测和嗅觉判定。

四、白油生产技术

白油生产工艺主要有磺化工艺、溶剂萃取工艺和加氢工艺三种。随着炼油技术的发展，加氢工艺已经成为生产白油的主要加工工艺，该工艺具有流程简单、收率高、质量好、无"三废"污染等优点，能显著提高油品的安定性和环保性，满足用户对油品质量不断提高的技术要求。随着产业结构调整、生产技术进步、环保法规日益严格以及市场对高品质产品的需求量与日俱增，白油生产和应用正在逐步向低硫、低芳香烃、系列化的方向发展。

加氢工艺生产白油，在一定的压力和氢气环境下，原料中的硫、氮、氧等非烃化合物氢解，烯烃、芳香烃进行加氢饱和反应，原料中的金属和胶质等重组分被脱除。加氢后的加氢产物再经过分离、汽提、分馏等工艺，可以得到不同馏分段的白油产品。加氢工艺生产白油的优点：原料来源相对广泛、可实现连续化生产、产品收率高、质量好，而且与其他产生废渣的化学精制方法相比还有利于保护环境和改善工人劳动条件，适用于各黏度牌号的工业级白油、化妆品级白油和食品医药级白油。根据原料性质和加氢段数的不同，加氢法白油生产工艺又分为一段白油加氢工艺、两段白油加氢工艺和三段白油加氢工艺。

1. 一段白油加氢工艺

一段白油加氢工艺一般采用的原料为经过精制的润滑油基础油、加氢裂化尾油，芳香烃含量一般低于5%（质量分数），S、N含量在5mg/kg以下。以此为原料，经过一段加氢工艺就可以得到需要的工业白油、食品级白油、化妆品级白油等。操作条件一般为：压力10~20MPa，反应温度200~300℃，氢油比500:1，空速$0.5 \sim 1.5 h^{-1}$，主要反应是芳香烃加氢饱和，脱除芳香烃、易于脱除的含氧化合物、部分易脱除的硫化物、少量氮化物以及其他极性物质等，从而改善油品的颜色、气味、透明度，提高油品的光、热安定性、耐黄变等性能。

抚顺石油三厂于1984年首次以临氢降凝后的加氢裂化尾油为原料，采用中国石化抚顺石油化工科学研究院（简称抚研院）开发的含镍的3842催化剂，在15.0 MPa反应压力下，采用一段加氢法生产低黏度的化妆用白油。1989年，抚顺石油三厂改用石科院开发的RA-1白油高活性加氢催化剂，开车一次成功，装置生产能力由5000t/a提升至1×10^4t/a。操作压力为15.0 MPa，反应温度为219℃，以降凝后的加氢裂化尾油为原料，可生产出15号食品级白油。抚研院曹春清等人以加氢裂化尾油为原料，采用异构脱蜡—加氢补充精制工艺生产食品级白油。以一段串联（2个固定床反应器串联）一次通过工艺，在高压条件下（15.6 MPa）生产食品级白油。该工艺可以生产出符合美国食品药品监督管理局（FDA）及国家标准GB 4853—1994要求的优质食品级白油。

金熙俊[4]对抚顺石化三厂白油加氢装置的改造进行了报道："调整加氢工艺，通过一段加氢生产多种优品级的白油"。万海[5]等对其进行了轻白油试生产的研究工作，以加氢生成油经常压分馏得到的塔底油为原料，采用加氢精制—临氢降凝—芳香烃精制的串联加氢工艺，在适宜的操作条件下，产出了合格的轻质白油产品。

大庆炼化公司林源炼油厂3×10^4t/a白油加氢装置采用石科院开发的白油加氢技术（RDA）及RLF-10W贵金属加氢催化剂，在氢分压17.5MPa、反应温度191~208℃条件下，以大庆炼化异构脱蜡装置生产的不同黏度的润滑油基础油为原料，生产出了10号、15号、26号、36号和70号化妆品级白油，产品质量符合石油化工行业标准NB/SH 0007—2015。

中国石油克拉玛依石化的 5×10^4 t/a 白油加氢装置采用石科院开发的贵金属白油加氢催化剂（RLF-10W），在反应压力15MPa、反应温度215~240℃、空速 $0.5h^{-1}$ 条件下，以克拉玛依石化润滑油高压加氢装置生产的不同黏度的基础油为原料，生产出了1号、2号、3号、4号和5号食品级白油，产品质量符合国家标准GB 1886.215—2016的要求，并通过食品级认证；也可生产出10号、15号、26号、36号、50号和70号化妆品级白油，产品质量符合石油化工行业标准NB/SH 0007—2015的要求。

2. 两段白油加氢工艺

两段白油加氢工艺对原料的适应性强，该工艺的原料来源较为广泛，如润滑油馏分油（减二线、减三线）、加氢裂化尾油、合成油、经过溶剂脱蜡与溶剂精制的润滑油基础油和中性油等。第一段加氢为加氢精制，其目的是在较高的氢分压和高温条件下，通过催化剂的作用，脱除原料油中的硫、氮、氧等杂原子及金属杂质，从而避免第二段贵金属催化剂中毒，同时还将原料油中的一部分芳香烃和稠环芳香烃选择性加氢饱和。第一段加氢精制催化剂的金属活性成分主要是W-Ni，Mo-Ni等非贵金属组分，其载体主要是氧化铝、氧化镁和活性白土等。第一段加氢可得到工业白油和S、N含量很低的加氢生成油。第二段加氢的主要作用是将第一段加氢生成油中的芳香烃进行深度加氢饱和，使用还原态（金属态）催化剂，其主要活性成分为Pt和Pd等贵金属。经过第二段加氢可得到化妆品级白油、食品与医药级白油。在第一段加氢与第二段加氢之间设立分馏系统来将第一段加氢的反应产物进行汽提和分馏，将反应产物中的轻质油品分离出去，将分馏后得到的低硫、低氮的重质馏分油作为第二段加氢的进料。

姚春雷等进行了加氢裂化尾油生产食品级白油的研究，以抚研院开发的石蜡烃择形异构化（WSI）技术，生产食品级白油。以浅度溶剂精制油为原料，采用二段加氢工艺，第一段为加氢处理，脱除硫、氮等杂质，第二段采用WSI加氢择型异构—补充精制一段串联流程，后经蒸馏得到不同规格的白油产品。

3. 三段白油加氢工艺

若生产食品级白油的原料直接为原油馏分油，就需要三段及以上加氢工艺。第一段加氢是对原料进行加氢处理的过程，包括加氢精制反应和加氢裂化反应两部分，使原料质量符合下一个工序要求，主要目的是脱除硫、氮、氧等杂原子化合物，并使部分芳香烃得到饱和；第二段加氢是对一段生成油临氢降凝/异构脱蜡的过程，其中临氢降凝过程是采用具有裂化功能的分子筛催化剂，将高倾点的正构烷烃经适度裂化成小分子的烷烃；而异构脱蜡过程是指在专用分子筛催化剂作用下，将高倾点的正构烷烃经异构化反应生成低倾点的支链烷烃；两种方法的主要目的是除去蜡组分，但异构脱蜡过程产品的收率更高。第三段加氢则是进一步加氢精制，又叫作加氢补充精制或加氢后精制，主要目的是脱除少量的含硫化合物、含氮化合物，芳香烃饱和，以改善油品的色度、气味、透明度等。第一段加氢处理采用抗硫、氮能力较强的非贵金属催化剂。第三段加氢主要为芳香烃深度饱和过程，催化剂通常为贵金属分子筛催化剂。二段反应器与三段反应器之间设汽提和分馏装置，将反应产物中的轻质油品分离出去，将分馏后得到的低凝点的加氢处理油作为第三段的进料。

中国石油克拉玛依石化 30×10⁴t/a 的环烷基润滑油加氢装置和 40×10⁴t/a 的润滑油加氢装置均采用两段加氢工艺，以两段加氢得到的轻质组分为原料，通过精密分馏生产不同馏程的轻质白油。三段白油加氢工艺比两段白油加氢工艺对原料的适应性更强，原料通常为减压馏分油或轻脱油。

第三节 基础油产品及生产技术

早在公元前 1400 年，牛油或羊油就在埃及被用作战车车轴的润滑剂。之后的 3000 年中，动物油脂基本是中外古代的主要润滑剂。20 世纪 20 年代以后，随着汽车工业及发动机技术的发展，提出了高性能润滑剂的需求，原油被分馏切割为轻、中、重不同黏度的窄馏分，用作内燃机的润滑；20 世纪 30 年代以后，由于石油馏分基础油已不能满足发动机等设备对润滑油的性能要求，各种添加剂被开发出来，润滑油成为基础油与添加剂复配的产物。

在现代各类润滑油中，基础油占 70%~99%。它不仅是各种添加剂的载体，更是满足润滑油性能要求的重要组分，并且对润滑油性能的贡献率随规格的升级换代而不断增加，是润滑油的基础。

"十二五"以来，中国石油大庆炼化采用改进的异构脱蜡系列催化剂及补充精制催化剂，生产出满足要求的多种牌号基础油，克拉玛依石化采用高压加氢工艺生产的 150BS 产品，一直是市场主流产品。

一、基础油的分类

全球通行的基础油分类基准是美国石油学会的 API 1509，它于 1993 年依据硫含量、饱和烃、黏度指数，首次把润滑油基础油划分为Ⅰ、Ⅱ、Ⅲ、Ⅳ和Ⅴ五个类别，以方便研究和实现发动机油的基础油互换，既保证润滑油性能，又降低配方开发成本，增强润滑油生产商的资源灵活性。石蜡基基础油包含在Ⅰ、Ⅱ、Ⅲ类基础油中；PAO(聚 α-烯烃)是Ⅳ类基础油；环烷基烷基苯、PAG 聚醚和酯类合成油，以及其他任何未被前四类所包含的基础油都归属Ⅴ类油。

其最新版本为 API 1509—2019，其附录 E 为"乘用车发动机油和柴油发动机油的基础油互换规则"，在过去 5 个分类基础上，还细分出了Ⅱ+和Ⅲ+两个亚分类(表 5-12)。

表 5-12 API 基础油分类

分类	硫含量,%	条件	饱和烃,%	黏度指数
Ⅰ	>0.03	和(或)	<90	≥80~<120
Ⅱ	≤0.03	和	≥90	≥80~<120
Ⅱ+	≤0.03	和	≥90	≥110~<120
Ⅲ	≤0.03	和	≥90	≥120
Ⅲ+	≤0.03	和	≥90	≥130~<150
Ⅳ	聚 α-烯烃			
Ⅴ	Ⅰ—Ⅳ类以外的其他基础油			

二、基础油的生产工艺

为了改进润滑馏分作为基础油使用的质量，20世纪30年代以后，酸处理、溶剂精制等基础油精制工艺陆续出现，到20世纪70年代形成了典型的溶剂精制生产技术路线；20世纪90年代以后，加氢裂化在炼油工业广泛应用，雪佛龙率先将加氢裂化、催化脱蜡、加氢精制结合起来，形成全加氢路径生产基础油的精制工艺，并在1993年工业化了加氢异构技术，取代催化脱蜡工艺，成为典型加氢技术路线。

润滑基础油必须具有合适的黏度、黏度指数、倾点等基本理化要求。因此，首先要把满足润滑需要所需黏度的石油馏分切割出来，即由减压分馏得到减压馏分油和减压渣油。减压蒸馏通过热分离方法从常压渣油中按黏度级别分割出沸点范围不同的3~5个馏分润滑油料，待进一步加工。这是润滑油基础油加工的第一步，此后根据精制工艺的不同分为溶剂精制工艺和加氢精制工艺，成为两条典型技术路线。

传统溶剂精制技术路线，以润滑油馏分为原料，经过溶剂精制、溶剂脱蜡和白土补充精制后，得到基础油。溶剂精制工艺是利用苯酚、糠醛、甲基吡咯烷酮等有机溶剂对基础油中的理想组分（少环长侧链的环烷烃、芳香烃和液态烷烃）和非理想组分（胶质、多环短侧链的芳香烃、环烷酸类及含硫、氮、氧的极性物质）的溶解度不同，对油料进行抽提，非理想组分溶解在溶剂中被抽出，理想组分留在精制液中。之后分别蒸出溶剂即可得到精制油和抽出油。溶剂比、抽提温度、温度梯度、抽提塔效率等因素对精制深度都有显著影响。溶剂精制油料的黏度指数提高，氧化安定性得到改善。

溶剂脱蜡工艺，一般指酮苯脱蜡，目的是将油料中的蜡组分减少至一定程度，从而使得产品的低温流动性或凝点达标，以满足各种机械在低温下的使用要求。丙酮对蜡和油的溶解度都很小，在0℃或更低时对蜡几乎不溶解。甲苯可以增加溶剂对油的溶解能力，以保证脱蜡油的收率。因此，不同油料或同一油料不同的脱蜡深度需求可以通过调配酮苯溶剂组成实现。增加酮含量，利于提高溶剂选择性，降低脱蜡温差，利于蜡晶粒度增大。另一方面，酮含量增高，溶剂溶解能力下降，溶剂比和温度一定时，脱蜡油收率会降低。此外，溶剂比、冷却速度、溶剂加入方式等因素都影响脱蜡工艺的最终效果。

国内白土补充精制和加氢补充精制工艺共存，国外主要是加氢补充精制工艺。白土精制是利用白土对润滑油中极性物质吸附强、对理想组分吸附极弱的特点，将经过溶剂精制和溶剂脱蜡的润滑油料中残留的少量胶质、沥青质、硫化物、氮化物、有机酸及微量溶剂、水分等有害物质吸附除去，使得油品颜色、安定性、机械杂质、水分、酸值、抗乳化性等理化指标进一步改善。白土精制的主要操作条件为白土用量、精制温度和接触时间。若原料和白土性质确定，白土用量越大，产品质量越好。但白土用量增至一定程度，油品质量提高已不明显，还会增加废白土的处理量。

加氢工艺是通过加氢处理或加氢裂化将润滑油原料油中非理想组分转化为理想组分，是化学过程。润滑油加氢精制或加氢裂化发生的化学反应包括稠环芳香烃加氢生成稠环环烷烃，稠环环烷烃部分加氢开环、生成带长侧链的单环环烷烃或单环芳香烃，正构烷烃或分支程度低的异构烷烃临氢异构化成为分支程度高的异构烷烃，以及脱除含硫和含氮化合物。加氢裂化催化剂是加氢裂化技术的核心。加氢裂化催化剂按目的产品可分为轻油型（以最大量生产石脑油和部分中间馏分油为目的产品)、中油型(以生产中间馏分油和部分石脑油为目的产品)、高中油型(以最大量生产中间馏分油,即煤油和柴油为目的产品)和重油型(以生产润滑油基础油原料为目的产品)等。加氢精制后的润滑油料黏度指数提高,氧化安定性改善。

加氢降凝的目的与溶剂脱蜡类似,也是将油料中的蜡组分减少至一定程度,改善产品的低温流动性,以满足各种机械在低温下的使用要求,只是采用化学过程。根据所用催化剂的不同,分为临氢降凝及异构脱蜡两种类型。以选择性加氢裂化为主的临氢降凝,采用裂解活性很强的分子筛为担体的催化剂,以正构烷烃的选择性加氢裂化为主,同时也能裂化进入分子筛孔穴的环状烃类的长侧链以及侧链上碳数较少的异构烷烃。以加氢异构化为主的异构脱蜡是使凝点高的正构烷烃加氢异构转变为凝点低的含有 2~3 个侧链的异构烷烃,因此异构脱蜡的收率及产品黏度指数比溶剂脱蜡和临氢降凝都高。高选择性的异构脱蜡催化剂必须避免过度的加氢裂化。

国外最具有代表性的润滑油基础油异构脱蜡成套技术是 Chevron 的 ISODEWAXING 技术和 ExxonMobil 的 MSDW 技术,目标是生产 II、III 类润滑油基础油。Chevron 的异构脱蜡催化剂 ICR-422 在国内的大庆炼化和高桥石化均曾有应用。

三、中国石油基础油生产技术

中国石油曾经以大庆优质石蜡基原油为基础,采用传统溶剂精制路线,生产的大连 150N、400N 等著名基础油产品畅销国内外,但随着近年大庆原油退出大连,优势已经减退;1999 年,大庆炼化投产的异构脱蜡生产技术路线,曾经长期存在低黏度牌号不合理和高黏度牌号浊点高等问题。

"十二五"以来,中国石油石油化工研究院与中国科学院大连化学物理研究所开发了石蜡基异构脱蜡系列催化剂及其配套工艺技术。其中,PIC-802 催化剂于 2008 年 10 月在大庆炼化替代原进口催化剂实现首次工业应用;2012 年,改进型 PIC-812 催化剂在大庆炼化实现二次工业应用;2017 年,配套开发的补充精制 PHF-301 催化剂也替代进口催化剂,实现第三次工业应用。2000 年建成的克拉玛依石化高压加氢装置生产的 150BS 产品,一直是市场主流产品;但由于深度加氢,对添加剂的溶解和油膜性能方面有所不足。

未来,中国石油基础油技术和生产仍然任重而道远,面临着高低黏度牌号都需要优化提质扩量的任务,以满足新时代机器设备对更长润滑寿命和更加减摩节能的长期需求。中国石油典型基础油性质见表 5-13。

表 5-13 中国石油典型基础油性质

项目	HVI150	HVI400	VHVI6	VHVI10	HVIH150BS	测试方法
油品色度,号	<1.0	<1.5	<0.5	<0.5	<0.5	GB/T 6540—1986
密度(20℃),kg/m^3	868.5	879.9	848.0	850.5	877.2	NB/SH/T 0604—2000
运动黏度(40℃),mm^2/s	31.77	81.75	33.69	59.71	430.9	ASTM D445—2019
运动黏度(100℃),mm^2/s	5.298	9.571	5.892	9.388	28.37	ASTM D445—2019
黏度指数	97	93	120	138	93	GB/T 1995—1998

续表

项目	HVI150	HVI400	VHVI6	VHVI10	HVIH150BS	测试方法
倾点(浊点),℃	-12	-9	-21(-18)	-18(-5)	-18(10)	ASTM D97—2016、GB/T 6986—2014
低温动力黏度(-20℃) mPa·s			1560	3060	—	GB/T 6538—2010
蒸发损失,%			7.8	—	—	SH/T 0731—2004
硫含量,%	0.037	0.066	1.3	1.5	5	GB/T 11140—2008
氮含量,%	0.002	0.006				NB/SH/T 0704—2010
旋转氧弹,min	213	195	345	361	360	NB/SH/T 0193—2008

四、基础油在润滑油中的作用

润滑油在机器设备中要发挥润滑减摩、极压抗磨、清洗、分散、冷却、密封防锈等作用。基础油是润滑油的基本组分，在船用油、车用油、工业油中的占比70%~99%不等。基础油是功能添加剂的载体，更是满足润滑油性能要求的重要组分。随着规格的提升，只是发展添加剂技术是不够的，必须依托性能优异的基础油才能调和满足标准要求的润滑油产品。

润滑油需要具备合适的黏度和黏温性能、氧化安定性能、极压抗磨、清净、分散、低温性能、抗乳化、抗泡沫与空气释放等性能。其中，黏度和黏温性能、抗氧化、蒸发损失、抗乳化、空气释放性等性能必须以合适的基础油为基础。上述有些性能利用添加剂可以稍许改善，如黏温性能、抗氧化性等；而另一些性能，如蒸发损失、空气释放性等，添加剂也无能为力。润滑油的极压抗磨、清净、分散、高温抗氧等性能一般来自添加剂组分，但基础油仍会发挥载体作用，确保所选添加剂能够发挥预设的作用。

基础油的各项性能是由其结构组成决定的。以基础油的黏度和黏度指数为例，不同的烃类、非烃类的贡献不同。其中长链烷烃和环烷烃是润滑油优良的黏温性能的主要贡献者；芳香烃具有较高的黏度和较差的黏度指数，胶质更是如此。而内燃机油、工业润滑油和特殊润滑油对基础油性质要求的侧重点也有所不同。

内燃机油添加剂加量较大，在一定程度上可赋予和补偿基础油性能，对基础油主要要求合适的黏度、黏度指数、低温动力黏度、蒸发损失等性质。工业润滑油包括液压油、齿轮油、涡轮机油、压缩机油等，通常添加剂加量不高，更依赖基础油的性质，要求基础油具有合适的黏度、黏度指数、抗乳化度、空气释放值、热氧化安定性等。

第四节　橡胶油、白油与基础油主要技术指标及测试

HG/T 5085—2016《橡胶增塑剂　环烷基矿物油》检测项目有十余项，但在研究和使用过程需要特别关注的主要是碳型结构、光热稳定性、紫外吸光系数等三组主要技术指标。按照国家标准GB/T 33322—2016《橡胶增塑剂　芳香基矿物油》的要求，产品有十余项检测

项目,除了密度、黏度、闪点等基础指标,在研究和使用过程需要特别关注碳型结构、苯胺点及多环芳香烃含量等三组主要技术指标。

白油产品分为工业白油与轻质白油、化妆品级和食品级白油,除食品级白油产品执行国家标准,其余产品均执行石油化工行业标准,对产品的指标要求不尽相同,除了基础指标外,轻质白油和工业白油的芳香烃含量指标,食品级和化妆品级白油的稠环芳香烃紫外吸光度(260~420nm)指标,以及食品级白油的易炭化物指标需要特别关注。综合来看,橡胶油与白油共同的特殊检测指标有8项。

高质量的基础油,需要与各种高性能添加剂复配,经过大量的研究、试验、验证才能满足设备制造商对润滑油的性能要求。所以,用于发动机油、齿轮油和其他工业润滑油调配的基础油,关注点常有所不同,需要通过不同类型的专项分析或试验;作为通用的基础油,一般需要首先关注外观颜色、密度、黏度与黏度指数、闪点、倾点等5组指标。

一、橡胶油与白油8项特殊指标

1. 碳型结构

橡胶油的结构特性决定了橡胶油与不同橡胶胶种的相容性,从而确定其适用性范围,所以以橡胶油的碳型结构特点作为橡胶油分类依据。按照 ASTM D2140—2008(2017)《Standard Practice for Calculating Carbon-Type Composition of Insulating Oil of Petroleum Origin》(计算石油类绝缘油碳型结构组成的标准试验方法)中给出的油品黏重常数(VGC)、比折光度以及苯胺点与油品分子碳原子结构类型之间的经验关系,通过测定油品黏度(ν)、相对密度(d)、分子量(M)及折射率(n)来确定油品中碳原子的结构类型,对橡胶油进行分类,一般 $C_P>60\%$ 的称为石蜡基、$C_N>35\%$ 的称为环烷基、$C_A>30\%$ 的称为芳香基,它们之间难免也会有些重叠(图5-4)。

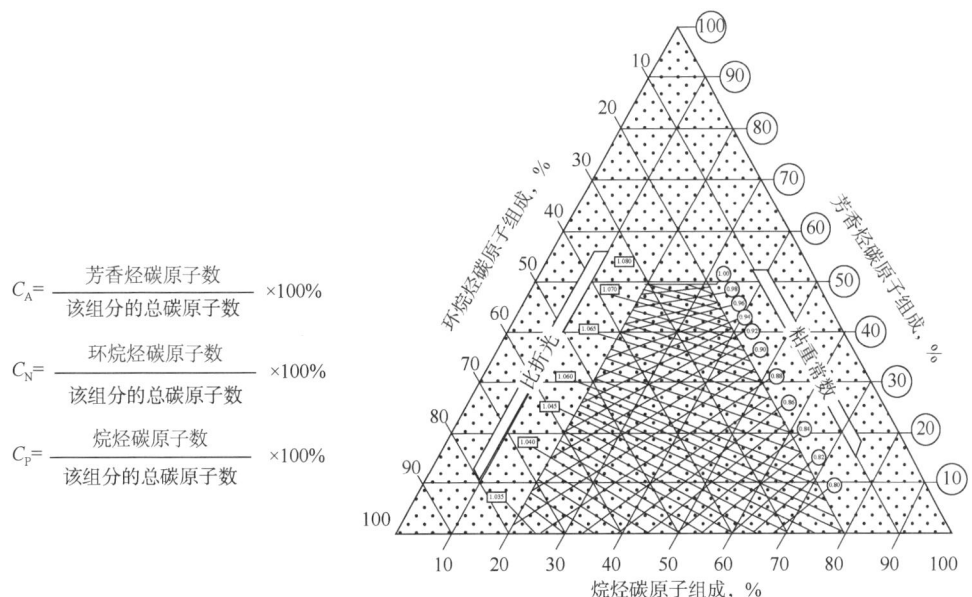

图5-4 油品碳型组成

2. 光热稳定性

橡胶油的光、热稳定性是指浅色橡胶油对光照和加热过后的质量稳定性，即在光照、热辐射的条件下，橡胶油的颜色、组分、透光性是否发生了明显变化，一般用赛波特色号的变化来表征。它反映橡胶油精制程度，是关系到其应用范围的一项重要使用性能指标。橡胶中所含有的不饱和键对光、热、氧的作用较敏感，尤其在紫外光照射下，会发生黄变、交联、硬化变质而无法加工使用。

高压加氢的深精制工艺并没有彻底解决环烷基橡胶油产品在日光照射下不变色的问题。高压加氢橡胶油生产出来的初始颜色为无色透明，但在日光照条件下油品颜色会逐渐变黄，日光强烈照射时黄变现象更为明显；高压加氢深度的不同、催化剂的活性不同以及"后精制"方案不同，造成了橡胶油光安定性能上的差异。昆仑环烷基橡胶油光稳定性优于目前市场上的竞品环烷基橡胶油，这是区别特性之一。

橡胶油的光安定性是在中高档橡胶的加工生产中必须考察的一项重要指标，也是影响橡胶制品外观的重要指标，橡胶油光稳定性能够直观反映橡胶油在运输、储存、使用过程中受光照发生的色变情况，从而反映出其内部分子变质的快慢程度。

橡胶油光稳定性测定方法有：中国石油润滑油公司标准 Q/SY-RH-4018—2006《橡胶油紫外光稳定性测定法》或化工行业标准 HG/T 5085—2016《橡胶增塑剂 环烷基矿物油》附录 A 方法。在特制石英比色皿内装入 (100±1) g 样品，放在紫外光安定性测定仪内的 4r/min 转盘上（图 5-5），箱内温度为 55℃，在两只转盘距离 22.0cm 的 300W 太阳灯照射，紫外光强度 $(20±1)×100μW/cm^2$ 照射 14h，测定试验前后样品赛波特颜色的变化，不同标准中对不同黏度橡胶油的光稳定性的要求不同，但一般色号下降不应大于 15 个单位（表 5-14）。

表 5-14 不同标准不同黏度橡胶油的光稳定性（试验后赛波特号）要求和典型值

运动黏度(100℃), mm²/s		5.0~<7.0	9.0~<11.0	15.0~<17.0	GB/T 265
光稳定性	标准	≥+15	≥+15	≥+5	Q/SY RH4018
	典型值	+28	+26	+20	
光稳定性	标准	≥+15	≥+15	≥+5	HG/T 5085
	典型值	+30	+29	+25	

图 5-5 油品光安定性指标分析方法

第五章　橡胶油、白油与基础油产品技术

紫外光稳定性试验方法：将装有 120mL 试样的试验杯放置到试验仪的转盘上，并以（5.5±0.5）r/min 的速度旋转，同时控制试验仪辐射强度为（1050±150）μW/cm²、温度为（50±1）℃，6h 后测定试样的颜色。用紫外光照射后试样的颜色来表示试样的紫外光稳定性，昆仑 KN4006 和 KN4010 橡胶油的紫外光稳定性结果为+30 和+28，对照组竞品的紫外光稳定性结果为+11 和-3（图 5-6）。

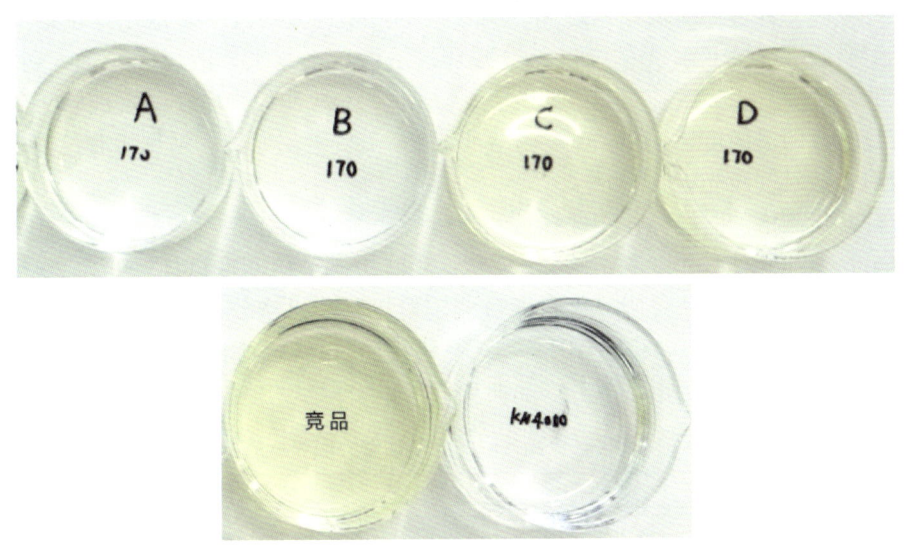

图 5-6　光照处理后的样品比对

橡胶油的热稳定性：温度升高会使氧化反应的反应速率增加，橡胶在 140~210℃高温加工时，由于双键的交联或降解会使胶料的性能恶化，橡胶油的热稳定性就成为橡胶加工生产过程中要考虑的一个重要因素，也是昆仑环烷基橡胶油光稳定性优于其他环烷基橡胶油的区别特性之一。

橡胶油热稳定性测定方法有：中国石油润滑油公司标准 Q/SY-RH-4017—2006《橡胶油热稳定性测定法》或化工行业标准 HG/T 5085—2016《橡胶增塑剂　环烷基矿物油》附录 B 方法。在（160±1）℃下，将装有 100±1g 试样的样品杯放入试验箱转盘上以 5~6r/min 的速度旋转，4h 后取出油样，通过测定油样在试验前后颜色的变化，来确定产品对热及空气影响的抵抗能力，不同标准中对不同黏度橡胶油的光稳定性的要求不同，但一般色号下降不应大于 15 个单位（表 5-15）。

表 5-15　不同标准不同黏度橡胶油的热稳定性（试验后赛波特号）要求和典型值

运动黏度(100℃)，mm²/s		5.0~<7.0	9.0~<11.0	15.0~<17.0	GB/T 265
热稳定性	标准	≥+20	≥+20	≥+10	Q/SY RH4017
	典型值	+30	+25	+20	
热稳定性	标准	≥+20	≥+20	≥+10	HG/T 5085
	典型值	+30	+28	+20	

热稳定性试验：将装有规定量试样的试验杯杯放在试验箱的转盘上，并以规定的速度

旋转，当温度达到规定的要求（如160℃）时开始计时，在达到规定的时间（如4h）后停止加热，冷却30min后测定试样的赛波特颜色，表示试样的热稳定性，一般昆仑 KN4010 的热稳定性结果为+25，其他对照品的结果约为+1。

3. 橡胶油紫外吸光系数

橡胶油的紫外吸光系数可以间接反映油中芳香烃的含量的多少，芳香烃和多环芳香烃对紫外光有吸收，并遵循朗伯比尔定律。当一束平行单色光通过一定液层厚度的有色溶液时，由于溶质吸收了光能，光的强度就会减弱，溶液浓度越大，液层越厚，入射光越强，光被吸收的就越多。吸光度 A 可以表示为：$A=ECL$，其中 E 是物质在一定波长下的特征常数，与对光吸收的灵敏度呈正相关，C 为溶液浓度，L 为液层厚度，适用于有色溶液和均匀非散射的固、液、气吸光物质。

在进行含量测定的时候，往往选择被测物质的最大吸收波长，以减少外界干扰，GB/T 11081—2005《白油紫外吸光度测定法》中规定，用二甲基亚砜萃取试样，并在 260~420 nm 波长范围内测定萃取物的紫外吸光度，通过测定可以判断出橡胶油是否可以达到食品和医药化妆级的等级要求。表 5-16 是美国食品药品管理局（FDA）对间接与食品接触的橡胶油紫外吸光度的指标要求及国内市场部分产品典型值。

表 5-16　FDA 对间接与食品接触的橡胶油紫外吸光度的要求及典型值

项目		要求	昆仑油典型值	其他典型值	试验方法
紫外吸光度	260nm	≤0.30	0.011	2.51	SH/T 0415—1992
	280~289nm	≤4.0	0.061	3.86	ASTM D2269—2010
	290~299nm	≤3.3	0.071	3.12	
	300~329nm	≤2.3	0.068	1.48	
	330~350nm	≤0.8	0.035	0.97	

还有一种紫外吸光度的检测方法是 SH/T 0415—1992《石油产品紫外吸光度检验法》，用合适的溶剂稀释样品并在 220~420nm 波长范围内测定试样的紫外吸光度。两种方法测试方式相同，样品前处理过程不同。无色透明的橡胶油紫外吸光度检测对试剂要求较高，需要用萃取法进行样品处理，测定过程较为复杂。普通橡胶油产品的紫外吸光度测定过程简单，只需采用合适的溶剂稀释后即可测定，方便快速。

4. 苯胺点

石油产品与等体积的苯胺搅拌混合后，互相溶解成为均匀液相时可以达到的最低温度，称为苯胺点。苯胺点可以反映橡胶油与橡胶之间的相容性。苯胺点较高的橡胶油芳香烃含量较少，对橡胶的溶胀性低，甚至有使之收缩的倾向。苯胺点低的橡胶油含有的芳香烃较多，油品和橡胶的相容性较好，更易使橡胶溶胀。一般相同运动黏度的矿物油，组成为石蜡基的油苯胺点最高，组成为环烷基的油苯胺点居中，芳香烃油苯胺点最低。

苯胺点的测定标准方法是 GB/T 262《石油产品和烃类溶剂苯胺点和混合苯胺点测定法》，把一定量的苯胺和油品在试管里混合，机械搅拌并控制加热，直到两种物质完全混合。随后把混合物按照控制的速度降温，当混合物刚开始分离成两种相态时，记录下来的温度就是苯胺点。

5. 橡胶油多环芳香烃含量

多环芳香烃指的是橡胶油烃组成中所包含的多环芳香烃PAHs的含量,涉及对人体健康的毒害风险。近年来随着人们对健康、安全的重视,橡胶油与充油橡胶制品已经应用到食品加工包装、医疗橡胶耗材、一次性卫生用品、文具和玩具等人们生活的各个方面。多环芳香烃是被最早认识的化学致癌物质,所以欧盟、美国和日本都在进口产品中增加了多环芳香烃含量的限制要求,其意义就在于控制油品中的致癌物质在安全限以内,保证产品的健康环境友好。

苯并[a]芘　　苯并[b]荧蒽　　苯并[a, h]蒽

这里需要注意的是,要区分开芳香碳、芳香烃、多环芳香烃的差别:芳香碳指的是苯环上的碳原子;芳香烃指的是连接有苯环的烃类;多环芳香烃指的是分子中含有两个或两个以上并环苯环结构的烃类化合物,并且不包含任何杂原子和取代基的烃类,如萘、蒽、菲、芘等200多种多环芳香烃。

多环芳香烃的检测方法有很多,对于不同的固体或液体产品有不同的检测方法,每一种检测方法测定的结果之间没有可比性。润滑油产品常用的检测方法有:SN/T 1877.3—2007《矿物油中多环芳香烃的测定方法》、GB/T 24893—2010《动植物油脂　多环芳香烃的测定》、GB/T 23213—2008《植物油中多环芳香烃的测定　气相色谱—质谱法》、SN/T 3094—2012《柴油机燃料和航空燃料中的芳香烃和多环芳香烃的测定　超临界流体色谱法》、SN/T 4943—2017《食品级润滑油(脂)中多环芳香烃的测定　气相色谱—质谱联用法》。橡胶油执行标准HG/T 5085—2016《橡胶增塑剂　环烷基矿物油》中对多环芳香烃的限制要求,基本都来源于REACH法规的高度关注物质限制要求。

采用出入境检验检疫行业标准SN/T 1877.3—2007《矿物油中多环芳香烃的测定方法》第一法测定(气质联用法)或者美国US EPA方法8270D:2007《用气质联用仪GC-MS测定半挥发性有机化合物》:样品先用环己烷溶解,用二甲基亚砜萃取后,加入氯化钠溶液,再用环己烷反萃取。环己烷萃取液经洗涤后,用氮气吹至近干,用正己烷溶解后,再用硅胶固相萃取柱净化,经浓缩定容后,用GC-MS气质谱联用仪测定,内标法定量。橡胶油标准HG/T 5085—2016《橡胶增塑剂　环烷基矿物油》中所规定的十六种多环芳香烃每种芳香烃的含量不得超过1mg/kg,总多环芳香烃含量不得超过10mg/kg。

6. 芳香烃含量

轻质白油的芳香烃含量测定方法在轻质白油行业标准NB/SH/T 0913附录A中,采用的是紫外分光光度计法:将未稀释或经过稀释的试样装入石英比色皿中,在紫外—可见分光光度计上测定270nm附近最大吸光度和285nm处吸光度,用已知的平均吸光系数计算烷基苯类与萘类的含量。

工业白油的芳香烃含量测定方法采用行业标准 NB/SH/T 0966《白油中芳香烃含量的测定　紫外分光光度法》：将未稀释或经异辛烷稀释的白油试样装入石英比色皿中，在紫外—可见分光光度计上测定 270nm 附近最大吸光度、285nm 处吸光度和基线吸光度，用已知的平均吸光系数计算烷基苯类与萘类的含量，将烷基苯类和萘类化合物含量之和作为试样的芳香烃含量。两种方法名称不同，但计算过程一致。

7. 稠环芳香烃与紫外吸光度

由于许多芳香烃化合物被确认或被怀疑具有致癌和致突变作用，因此对于食品和医药化妆级白油的紫外吸光度有严格要求。在 260~420nm 的紫外光范围内，烷烃和环烷烃不能吸收能量，而芳香烃和多环芳香烃在这一波长范围内吸收能量，因此，用吸收程度来表示芳香烃含量，紫外吸光度越小，表明油中芳香烃含量越少。测试过程采用 GB/T 11081《白油紫外吸光度测定法》：待测样品经过正己烷和二甲基亚砜处理后作为试样萃取液，正己烷经过二甲基亚砜处理后作为参比液，在 260~420nm 的紫外光范围内，测试萃取液的紫外吸光度。

8. 易炭化物

食品级白油产品的最关键指标之一为易炭化物，易炭化物分析可检测油品中易发生磺化反应物质的多少，对于经过深度精制的油品，发生磺化反应的物质是芳香烃，其主要反应机理为：白油中的芳香烃与硫酸发生取代反应，生成磺酸化合物，而磺酸化合物带有很强的色泽，如果油品中芳香烃含量多，生成的磺酸化合物就多，则酸层色泽就深，易炭化物分析就不易通过。另外，被磺化的物质结构和性质对磺化反应有很大影响，油品中芳香烃的组成结构差别也决定了发生磺化反应物质量的多少，也就是形成空间位阻效应，硫酸与芳香烃无法接触发生反应。因此，易炭化物分析是否能通过，不仅取决于芳香烃含量的多少，还取决于芳香烃的结构组成。

测试过程采用 GB/T 11079—2015《白油易炭化物试验法》：清洁干燥试管内注入质量分数为 94.7%±0.2% 的硫酸溶液至 5mL 刻线处，然后加入试样至 10mL 刻线处，塞上试管塞，将试管放在 (100±0.5)℃ 的水浴中。加热 30s 后，松开塞子释放压力，再塞上试管塞，按住塞子，垂直方向剧烈振荡 3 次，振荡频率 5 次/s，每 30s 重复一次，每次试管离开水浴不得超过 3s。10min 后取出试管，室内静置 10~30min，观察油层是否变色，将试管置于比色器中，将酸层颜色与经过振荡分层的标准比色液进行比较。

二、基础油 5 组常用指标

1. 外观和颜色

基础油外观要求澄清透亮，不能含有沉淀或混浊。通常溶剂精制基础油呈淡琥珀色，直至深棕色，其色度可由 ASTM D1500 或者 GB/T 6540—1986《石油产品颜色测定法》测试；加氢基础油通常是水白色，其色度可根据 ASTM D156 或者 GB/T 3555—1992《石油产品赛波特颜色测定法(赛波特比色计法)》测定赛波特色度。

2. 密度

密度是基础油单位体积的质量，是基础油生产和交易定量的重要参数。一般而言，基础油的密度随黏度、芳香烃和环烷烃含量的增大而增大；随异构烷烃含量的增加、黏度指数的增加而减小。基础油的密度可由 GB/T1884、GB/T1884 或者 SH/T0604 等方法测试。

3. 黏度与黏度指数

基础油的生产、销售和应用必须确定其 40℃ 或 100℃ 的运动黏度，以 cSt 或者 mm^2/s 为单位。基础油的黏度牌号仍延续历史习惯，以 100℉ 的赛氏黏度（SUS）取整数确定，如 100N、150N。一般而言，基础油黏度随馏分的增重而增大。基础油的黏度可由 GB/T 265 或者 ASTM D445 等方法测试。

黏度指数即 VI，是黏度随温度变化程度的度量。黏度指数越高，黏度随温度的变化越小。VI 是根据 40℃ 和 100℃ 的运动黏度计算或查图得到。石蜡基基础油的 VI 在 95 以上，环烷基基础油的 VI 可小至 0 及以下。在经济的精制深度下，原油基的溶剂精制基础油的 VI 很难达到 105。加氢精制基础油的 VI 可以达到 95~140，与原料的 VI、加氢裂化深度、加氢脱蜡工艺等相关。基础油的黏度指数可由 GB/T 1995 或者 ASTM D2270 等方法测试。

4. 闪点

在规定试验条件下，试验火焰引起试样蒸汽着火，并使火焰蔓延至液体表面的最低温度，修正到 101.3kPa 大气压下。闪点反映了基础油蒸馏曲线前端的沸点分布情况。基础油的切割工艺越优、黏度指数越高，闪点也越高。基础油一般测试开口闪点，采用 GB/T 3536 或者 ASTM D92 的方法测试。

5. 倾点

倾点是测定特定条件下基础油失去流动性的温度。石蜡基基础油的倾点受脱蜡工艺的条件影响，一般在 -15~-9℃。环烷基基础油蜡含量很低，倾点可达 -50~-30℃。对光亮油等黏度极大的基础油，更可能的原因是倾点温度下黏度已足够大，试验条件下已观察不到样品的流动。倾点一般采用 GB/T 3535 或者 ASTM D97 测定，也有其他方法，如 ASTM D5950、ASTM D5949、ASTM D 5985、ASTM D6749。

基础油更深一步的技术指标还包括饱和烃含量、酸值、残炭、硫含量、氮含量、碱性氮含量、蒸发损失、低温动力黏度、空气释放值、抗乳化度、氧化安定性等。各项技术指标通常相互关联，也有相互制约的，只有选择合适的原料和加工工艺，获得均衡的指标和性能，才能满足各类润滑油产品的性能要求。

参 考 文 献

[1] 杨俊杰. 合理润滑手册：润滑油脂及其添加剂[M]. 北京：石油工业出版社，2011.
[2] 李晶，魏绪玲，赵玉中. 国内外橡胶填充油生产现状和中国石油发展建议[J]. 弹性体，2012，22(4)：83-86.
[3] 吕涯，裘峰，尹玖黎. 环境友好型高芳香烃橡胶填充油的现状和探索[J]. 合成橡胶工业，2010，33(2)：88-91.
[4] 金熙俊. 白油加氢装置技术改造[J]. 当代化工，2002，31(4)：223-225.
[5] 万海，高云，毕慧峰，等. 轻白油生产工艺技术研究[J]. 炼油技术与工程，2009，39(11)：5-7.

第六章 电气绝缘油产品技术

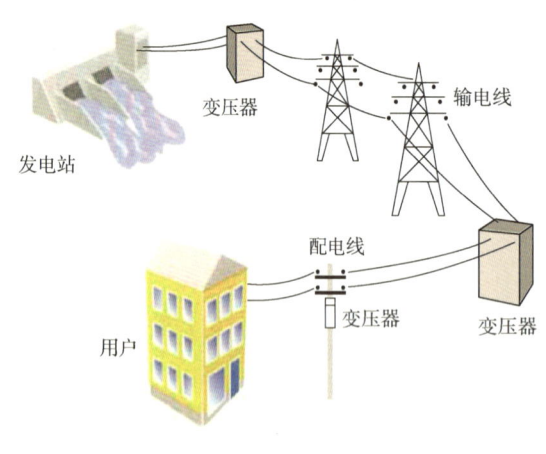

图6-1 电力传输运行示意图

电力行业是关系到一个国家社会和经济发展的支柱产业，世界各国对电力能源的需求，长期呈现增加趋势。据报道，2020—2030年全球电力需求年均增长将为3.3%；2030—2040年年均增长3.8%；2040—2050年年均增长2.6%。在未来几十年中，全球能源互联网发展合作组织将推动非洲互联电网、欧洲互联电网、亚洲互联电网、北美洲互联电网和南美洲互联电网和国家之间的大型跨境电力互联项目建设，将促进输变电工程项目等电力基础设施投资和电网建设投资不断加大（图6-1）。

电气绝缘油是应用于变压器、电抗器、互感器、套管、油开关、充油电缆等充油电气设备中，起绝缘、冷却和灭弧等作用的各种液体绝缘油品的广泛名称。其中矿物型变压器油是电气绝缘油中应用最广泛的油品，是制造变压器五种主要材料之一，在变压器设计、制造、运行过程中起到重要作用。变压器是电力行业输变电系统建设的核心装备，变压器设计、制造技术发展水平决定了输变电技术核心装备技术发展水平。电力行业规模、技术水平的不断发展，促进了以变压器为核心的装备制造及配套材料的生产技术水平的提高，促进了变压器油的质量标准和生产工艺技术不断发展。

变压器油需求量占电气绝缘油总需求量的98%以上，硅油变压器油约占全球变压器油市场的5%，生物可降解变压器油占全球变压器油市场价值的5%，矿物型变压器油将持续占据主导地位。

我国电网建设和运行已经处于世界最高水平，对世界范围内输变电技术的发展和应用起到引领和示范作用。作为变压器制造主要材料之一，变压器油的刚性需求与变压器市场需求量关联度极高，促使变压器油产品的质量不断提高，生产规模不断扩大（图6-2）。同时，电网互联互通和国际能源合作，积极推动以清洁和绿色方式满足全球电力需求，推动全球能源互联网重大示范项目落地。通过发挥我国特高压、智能电网、新能源发展的领先优势，以"一带一路"沿线国家的电网互联互通为突破口，推动全球能源互联网建设，变压器、变压器油也将走出国门。

国内市场，国家加大电网投资，加快"西电东送""南北互供"、跨区域联网等工程建设，带动中国输配电设备行业的快速发展。未来几年，在电网改造、特高压建设、智能电网建设以及电力工业发展的带动下，将拉动变压器需求增长和变压器油用量提升，变压器油在向着和变压器同寿命周期的水平发展,在变压器配套选择变压器油时,必须对变压器油有充分的了解,才能合理、正确地选择变压器油,保证变压器乃至输变电系统的平稳、高效和长周期运行[1-3]。

图 6-2 2005—2017 年变压器油市场需求量统计

第一节 变压器油生产技术

变压器油是电气绝缘油中应用于变压器、电抗器、互感器、套管等充油电气设备中的一类绝缘油品。由于历史沿袭,变压器油这一名称代替国际上常用的矿物绝缘油或变压器绝缘油这个术语。电气绝缘油属于液体绝缘介质范围,我国电气绝缘油分类等效采用 IEC 1039(1990)《绝缘液体一般分类》制定了 GB/T 7631.15—1998 分类标准,在 IEC 1039(1990)标准中对绝缘液体一般分类进行了规范(表 6-1)。按照 ISO/IEC 协议,根据 ISO 8684 和 ISO6743-0 分类,绝缘液体属于 L 类(润滑剂,工业润滑油及相关产品),识别绝缘液体族类的第一字母将是 N;第二个字母表明主要应用范围,其中 C 表示用于电容器,T 表示用于变压器和开关,Y 表示用于电缆。

表 6-1 一般绝缘液体的分类及名称

类别	类目	IEC 出版物编号	IEC 小类	观察资料
L	NT	296	Ⅰ,Ⅱ,Ⅲ	IEC 296,矿物油
L	NT	296	ⅠA,ⅡA,ⅢA	IEC 296,阻化矿物油
L	NY	465	Ⅰ,Ⅱ,Ⅲ	IEC 465,电缆油
L	NC	588	C-1,C-2	IEC 588—3,电容器用氯化联苯
L	NT	588	T-1,T-2,T-3,T-4	IEC 588—3,变压器用氯化联苯
L	NY	867	1	IEC 867,第 1 篇 烷基苯
L	NC	867	2	IEC 867,第 2 篇 烷基二苯基乙烷
L	NC	867	3	IEC 867,第 3 篇 烷基萘
L	NT	836	1	IEC 836,硅液体
L	NY	963	1	IEC 963,聚丁烯

炼油特色产品技术

一、变压器油的基属分类

绝缘油依据基础油种类分为矿物型和合成型两大类,合成型电气绝缘油主要是针对特殊设备和运行条件要求而生产、应用,绝缘油主体还是矿物型变压器油。矿物型变压器油,按照 IEC 60050(212):1990 中 212-07 绝缘液体和气体一般术语的定义:212-07-02 矿物绝缘油,从含有少量其他天然化学物质的石油原油中提炼出来的烃类混合物绝缘液体;212-07-03 环烷烃绝缘油,从不含蜡或低蜡的原油中提炼的矿物绝缘油;212-07-04 石蜡烃绝缘油,从含蜡量高的原油中提炼的矿物绝缘油。也就是说,矿物变压器油可以分为从石蜡基原油和环烷基原油生产的两类,选择合适的变压器油基础油对产品开发和生产高质量的变压器油以及电力行业变压器选油、用油都是一项重要的工作。

随着炼油技术进步,变压器油生产工艺从酸碱精制、溶剂精制工艺向加氢精制工艺和加氢改质工艺发展,石蜡基原油也可以生产倾点与环烷基油相当的变压器油,从变压器油表观性质已经不能快速直观的辨别变压器油的类型。因此,现在确定变压器油基础油类型常用分析方法是分析油品碳型结构(也称结构族组成),碳型结构分析方法是将组成复杂的矿物基础油看成是由芳香环、环烷环和烷基侧链这三种结构组成的单一分子[4],其中 C_A 值是指芳香环上的碳原子占整个分子总碳数的百分数,C_N 值是指环烷环上的碳原子占整个分子总碳数的百分数,C_P 值是指烷基侧链上的碳原子占整个分子总碳数的百分数。目前碳型结构按 ASTM D3238($n-d-m$ 法)、ASTM D2140($n-d-v$ 法)和 IEC 590(红外光谱法)得到。国际上,按碳型分布对变压器油基础油一般分类为:若基础油 $C_P=42\%\sim50\%$,则为环烷基油;若基础油 $C_P=50\%\sim56\%$,则为中间基油;若基础油 $C_P=56\%\sim65\%$,则为石蜡基油。

二、变压器油的功能

变压器(图6-3)、电抗器、互感器、充油套管、油开关等电气设备内部充入的电气绝缘油主要具有提高介电绝缘、冷却灭弧、信息载体和保护材料等四个方面的功能。

1. 提高绝缘功能

在电气设备中,变压器油可将不同电位(势)的带电部分隔离开来,使其不至于形成短路,因为空气的介电常数为1.0,而变压器油的介电常数为2.25。油的绝缘强度要比空气的大得多。假设变压器油的线圈暴露在空气中,则运行时很快就会被击穿。如果变压器线圈之间充满了变压器油,则增加了绝缘强度,就不会被击穿,并且油的质量越高,设备的安全系数就越大,所以变压器油的可靠绝缘性能,是其主要功能之一。

在变压器油质量标准中对应的技术指标有绝缘强度、介质损耗因数、界面张力、介电常数及

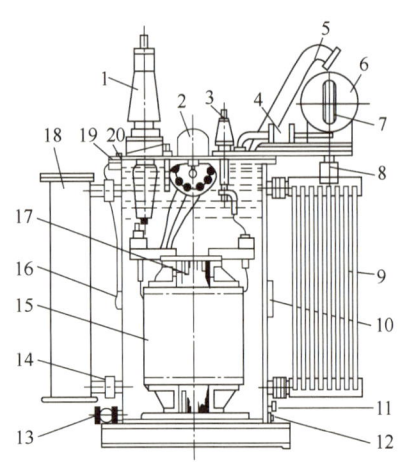

图6-3 变压器结构简图
1—高压套管;2—分接开关;3—低压套管;
4—瓦斯继电器;5—防爆管;6—油枕;
7—油位表;8—吸湿器;9—散热器;10—铭牌;
11—接地螺栓;12—油样活门;13—放油阀门;
14—活门;15—绕组;16—温度计;17—铁芯;
18—净油器;19—油箱;20—变压器油

体积电阻率等分析项目，具体的试验方法由于变压器油质量标准不同而有所差异。

2. 冷却灭弧功能

变压器在带电运行过程中，由于线圈有电流通过，因电阻引起功率损耗，这部分损耗称为"铜耗"，电流通过铁芯时，由于铁芯磁通发生作用，引起功率损耗，这部分损耗称为"铁芯损耗"，这两部分损耗均以发热的形式表现出来。如果不将线圈内的这种热量散发出去，它必然会使线圈和铁芯内积蓄的热量越来越多而使铁芯内部温度升高，从而会损坏线圈外部包覆的固体绝缘，以致烧毁线圈。若是使用变压器油，那么线圈内部产生的这部分热量，先是被油吸收，然后通过油的循环而使热量散发出去，从而可保证设备的安全运行。吸收了热量的变压器油其冷却方式有自然循环冷却、自然风冷、强迫油循环风冷和强迫油循环水冷等方式，一般大容量的变压器大部分采用强迫油循环的冷却方式。

变压器油的冷却作用，在开关设备中还表现为灭弧。当油浸开关在切断电力负荷时，其固定触头和滑动触头之间会产生电弧，此时的电弧温度很高，并且随开断电流的大小而不同，如果不将弧柱的热量带走，使触头冷却，那么在初始电弧发生之后，还会有连续的电弧产生，从而很容易烧毁设备。同时还会引起过电压的产生而使设备损坏。当油浸开关在最初开断而受到电弧作用时，由于高温会使油发生剧烈的热分解，会产生约70%的氢气，同时由于氢的导热系数较大[41W/(m·K)]，此时氢气就可以吸收大量的热，并且将热量传导至油中，而直接将触头冷却，从而达到了灭弧的目的。

对于变压器油的散热冷却性能在变压器油质量标准中并没有直接明确规定，但变压器油不同温度下的比热和导热系数是变压器设计中需要重点关注的性质，一般变压器油比热性能采用蓝宝石法进行测定，导热系数采用传感器法进行测定。

3. 信息载体功能

电气设备带电运行，不能轻易拆检设备来判断是否存在故障或缺陷，电力部门通过分析运行变压器油中的溶解气组成和糠醛含量等来监测变压器的运行状态。如油中含气量增加反映设备可能存在密封上的缺陷；油中气体成分，如氢气、乙炔可反映设备内部潜伏性故障；固体绝缘材料老化表现为油中水分、酸值、糠醛等含量的增加等。这也是要求新油中乙炔含量、糠醛含量为未检出的主要原因。

4. 保护材料功能

变压器油除以上三大功能之外，充填在绝缘材料的空隙中，还起到保护铁芯和线圈组件的作用；另外，油会先与混入设备中的氧发生反应，将纤维素和其他固体绝缘材料所吸收的氧含量减少到最低限度，延缓它们的寿命。

三、变压器油主要性能

变压器油在变压器、电抗器、互感器等电气设备中，要发挥介电绝缘、冷却灭弧、信息载体、保护材料等作用，就要求变压器油需要具备必要的电气性能、材料相容性、低温性能和抗氧化安定性，并且需要保持清洁。

1. 电气性能

变压器油作为变压器中的主要绝缘材料，必须具有优异的电气性能。变压器油的电气性能通过击穿电压、介质损耗因数表示。

(1) 击穿电压。变压器油的击穿电压是指将变压器油放到装有一对电极的容器中施加电压，当电压逐渐增高到某一值时，油的电阻突然降为 0 时，强大的电流以火花或电弧形式穿过油，此时的临界电压称为击穿电压。影响变压器油击穿电压的主要因素有水分、杂质、温度等，温度对击穿电压的影响较为复杂，干燥、不含杂质的油，其击穿电压靠油的中性粒子的不游离性维持，在一定电场强度及温度下稳定性较好；当温度上升至 70~80℃ 时，油内分子状态要发生很大变化，黏度也相应变小，由电场引起的离子运动速度增大，从而增大离子碰撞发生游离的可能性，因此促使油发生击穿。若油中含有水、杂质，温度对击穿电压的影响就不同了。温度较低时，水分呈乳浊状，在电场作用下产生极性顺序排列，电子很容易沿着这种整齐排列的桥路通过，因此，当温度低时击穿电压值较小；当温度升高时，油的黏度变小，水分乳浊体活性变大，这样乳浊体形成松散状态就不易结成桥路，使击穿电压稍高。当温度升高至 70℃ 以上时，油的黏度达到较小值，油的分子活性增加，水分乳浊体就难以借助油的黏度阻滞作用而逃脱电场束缚，又重新结成桥路造成击穿[5]。击穿电压不仅取决于总水含量，也取决于水处于什么状态。同样的水含量能不同程度地降低击穿电压，分子状态的水（被溶解的水）的击穿电压与乳化态的水的击穿电压就不同，但当水接近或超过饱和限度时，则击穿电压取决于水滴的多少和形状。温度较高时水滴尺寸较小，击穿电压较高。在一定温度下，油内只能溶解一定量的水，如果水量超过这一限度，其多余的水会沉降到容器的底部，对击穿电压无影响。在水存在时，纤维、灰尘和其他污染物对击穿电压有不利影响，纤维可以急剧地降低击穿电压，纤维的结构和大小对击穿电压影响不同，细质棉纤维比粗质纤维影响要大。空气中灰尘与水一起落入油中，能大大降低击穿电压，并有一定的危险性。除上述影响因素外，油的内在质量变化对击穿电压也有影响。油氧化产生的有机酸、酮、醛、树脂、油泥及一部分低分子酸和结合水，在电场作用下都能生成大量游离体，特别是变压器油内部的绝缘质纤维、棉纱纤维，加剧了这些游离体结成桥路的倾向，使击穿电压进一步降低。

击穿电压是衡量电器内部能耐受电压的能力而不被破坏的尺度，也是检验变压器油性能好坏的主要手段之一。干燥清洁的油品具有相当高的击穿电压值，但当油中含有游离水、溶解水或固体污染物时，由于这些杂质都具有比油本身大的电导率和介电常数（表 6-2），它们在电场作用下会构成导电桥路，而降低油的击穿电压。此试验可以判断油中是否存在有水分、杂质和导电微粒，但不能判断油品是否存在酸性物质或油泥。国内外普遍采用的评价击穿电压的试验方法有：IEC 156（GB/T 507）、ASTM D877、ASTM D1816。圆盘电极（ASTM D877）对水分含量的反应不及 VDE 电极（IEC 156、ASTM D1816）敏感，一般在水分含量高于 30mg/kg 时反应就不灵敏。

表 6-2 有关物质的介电常数

物质	介电常数，F/m	物质	介电常数，F/m
空气	1.0	磁制品	7.0
矿物油	2.25	水（纯水）	81.0
橡皮	3.6	冰（纯）	86.4
纸	4.5（平均）		

(2) 脉冲击穿电压性能。在 ASTM D3487 和 IEC 296 标准中，对脉冲击穿电压提出要求。直流脉冲和不均匀间隙的击穿电压性能与交流强度是大不相同的。其设计是模拟雷雨时闪电打击一台变压器的情况，而这个结果并不受 IEC 156 正常测试的污染物的影响。在测定脉冲击穿电压时，所使用的电极是针和钢球。若向针施加负脉冲，就会发现击穿电压取决于油的精制程度，芳香烃含量越低，其数值越高。IEC 897 和 ASTM D3300 这两种方法十分相似。而 ASTM D3487 要求的最低值为 145kV，市面上大部分油都可达到该数值。

(3) 介质损耗因数。当变压器油受到交流电压作用时，将引起部分电流的损失，并转变为热能，造成油温升高，由于这部分电流的损失是由于通过介质所引起的，因此称为介质损耗。若无介质损耗，则加于变压器油的交流电压与通过变压器油的电流之间的相角应为 90°，但由于变压器油有介质损耗，所以电压与电流之间的相角小于 90°，它与 90° 相角的差为介质损失角，以希腊字母 δ 表示。当施加于变压器油以交流电压 U 时，通过的电流可分为三个分量。电流通过介质时分成上述三部分电流，由于部分电流损失，所以形成合成损失电流 I，合成电流 I 与电压 U 之间的相角为 ϕ，90° 与 ϕ 之差为 δ。

一般所谓介质损耗因数是指介质在一定电压作用下产生的一切电流损失，它应是有效电流损失总和对无功电流总和之比即 $\tan\delta$。$\tan\delta$ 越小损耗越小，油的绝缘性越好。由此可知，介质损耗因数主要是反映油中泄漏电流而引起的功率损失，介质损耗因数的大小对判断变压器油的劣化与污染程度非常敏感。

对于新油而言，介质损耗因数只能反映出油中是否含有污染物质和极性杂质，而不能确定存在于油中的是哪种极性杂质。一般来讲，新油的极性杂质含量很少，所以其介质损耗因数也很小。但当油氧化或过热而引起劣化，或混入其他杂质时，随着油中极性杂质或充电的胶体物质含量增加，介质损耗因数也会随之增加。对于芳香烃含量高的变压器油来讲，由于对变压器中的橡胶、油漆及其他有关的材料等具有较强的溶解作用而形成某些胶体杂质从而影响介质损耗因数。油的介质损耗因数值随温度的升高而增加，因为介质的导电率随温度的升高而增大，相应地其泄漏电压和介质损耗因数也会增大。为了排除油中水分对介质损耗因数的影响，现在一般测定高温下的介质损耗因数，如各国普遍采用测定 90℃下的介质损耗因数，而美国的 ASTM D3487 中则要求测定 100℃下的介质损耗因数，这样或许能更直接地反映出油中污染物的存在。国内外普遍采用的介质损耗因数的试验方法有 IEC 247（GB/T 5654）和 ASTM D924。

(4) 在电场作用下产生气体的倾向。变压器油在受到电应力场的作用下，部分烃分子会发生裂解而产生气体，这部分气体以微小的气泡从油中释放出来。如果小气泡量增多，它们会互相连接而形成大气泡。由于气体与油之间的电导率有很大的差异，在高压电场的作用下，油中会产生气隙放电现象，有可能导致绝缘的破坏，这种现象在超高压输变电设备中显得尤为突出，为克服这种倾向，对用于超高压设备的油品提出了更高的质量要求，要求超高压油应具有吸气性能。有的国家在标准中规定了此项性能指标，如英国的 BS148、美国的 ASTM D3487、IEC 296、我国的超高压变压器油 SH 0040 标准等。目前世界上许多国家实际用于超高压设备的油品，均表现为吸气性倾向，油品的这一性能与其内在的化学结构有关，一般来讲，芳香烃具有吸气能力。当油品中的芳香烃含量达到某一值时，油就表现出吸气性能。但也应看到，芳香烃既有吸气性能，又具有吸潮性，且表现为抗氧化能力和电气性能差。因此，对油品的性能指标应进行综合分析考虑，不能单纯强调某一方面。国内外普遍采用的析气性的试验方法有 IEC 628A 和 ASTM D2300B(GB/T 11142)。

（5）体积电阻率。在各国绝缘油标准中，日本的 JIS C2320 中对油的体积电阻率提出了要求，根据不同类别和牌号，要求 80℃ 体积电阻率分别不小于 $0.1\times10^{12}\Omega\cdot m$、$0.5\times10^{12}\Omega\cdot m$ 和 $1\times10^{12}\Omega\cdot m$。所谓体积电阻率是指导电率的倒数。变压器油精制深度越高，绝缘性越好，体积电阻率就越高。影响体积电阻率的因素很多，当有杂质离子混入及受潮时，将使体积电阻率大大降低；温度对体积电阻率影响也很大，这是因为当温度升高时，形成介质漏导的离子数及离子移动的速度增大，体积电阻率随之下降，温度每升高 100℃，其绝缘电阻约降低一半。

（6）油流带电。当通过导管（就如在变压器中）输送油时，其中带负电荷的粒子可以被导管壁的物料吸附，表明当油离开导管时，油所带的电荷是正电荷，这在变压器中是一个很严重的问题。一般来讲，精制深度高、极性分子含量低的油中，其油流带电是很低的。芳香烃本身对油流带电影响并不十分明显，但油中的碱性氮即使含量低至 μg/g 或 ng/g 级的水平，其影响都很大。日本的变压器制造商要求在变压器油中加入苯并三氮唑（BTA），以消除油流带电，不同的变压器制造商对 BTA 的加入量有不同的要求，日本三菱电气要求加入量为 30μg/g，而日本的东芝公司则要求为 10μg/g。中国石油克拉玛依石化生产的普通环烷基变压器油中，由于其复合配方中加入的辅助添加剂具有与 BTA 类似的结构，同样具有消除油带电的作用，因而不需再加 BTA 即可达到日本变压器制造商的要求。

2. 材料相容性

变压器油在变压器中循环过程中与变压器内部绝缘材料接触，变压器内部固体绝缘材料起到绝缘和支撑的作用，变压器油和变压器内部绝缘材料长期受高温、高压电场的作用，两者相互配合，不仅决定了变压器的结构设计和安全容量，还影响到变压器油和固体绝缘材料的电气、机械和热稳定性能，并且通过变压器油质量变化和溶解气体含量分析可以对变压器的运行状况进行监测。变压器油与变压器内部绝缘材料之间的相互影响规律直接关系到变压器的运行维护和安全评估。变压器油与绝缘材料的相容性与变压器油组成相关。

3. 低温性能

变压器油的低温性能主要包括低温运动黏度和倾点。变压器的功能之一是进行热传导，为使变压器油保持较好的流动性，要求变压器油在高温时具有较低运动黏度以加快传热。但为了保证电气设备在低温下冷启动，变压器油低温运动黏度又不能太大，也就是黏度指数也不能太低，所以并不是所有环烷基原油都能生产优质变压器油，需要进行原料优选或改质。

油品恰好能够流动的最低温度称之为油品的倾点，是衡量油品低温性能的指标。变压器油的倾点是一项相当重要的指标，对于气候寒冷的地区，低倾点具有特别重要的意义，因为低倾点能保证在这个气候条件下仍可进行循环，从而起到绝缘和冷却作用。环烷基原油一般具有较低的倾点，在加工过程中，不经脱蜡即可生产倾点低于 -45℃ 的变压器油，倾点是用户根据气候条件选用变压器油的重要依据。

4. 氧化安定性

变压器油在一定条件下抵抗氧化作用的能力称为氧化安定性。变压器油加入变压器后，在运行过程中，因受溶解在油中的氧气、温度、电场、电弧及水分、杂质和金属催化剂等的作用，发生氧化、裂解等化学反应，会不断变质，生成大量的过氧化物及醇、醛、酮、酸等氧化产物，再经过缩合反应而生成油泥等不溶物[6]，这些氧化产物将对变压器造成致命的影响，因此变压器油的氧化安定性是一项重要的指标。变压器油氧化安定性与变压器油组成相关，因此应选用组成适宜的原料及加工工艺，以保证油品具有较好的氧化安定性。此外，可以通过添加抗氧剂提高变压器油氧化安定性。

四、变压器油生产工艺技术

矿物油型变压器油是原油通过一定的加工工艺生产的优质石油产品。变压器油的性能在一定程度上与原油的组成有关，矿物型变压器油生产工艺根据原料来源的不同主要有两种类型。

第一类是采用环烷基原油直馏组分为原料，低凝环烷基稠油具有密度大、黏度大、环烷烃含量高、蜡含量低、倾点低、沥青质含量低等特点，是生产电气绝缘油理想原料。经过适度精制工艺加工而成的基础油加入抗氧化剂生产，代表生产企业是中国石油克拉玛依石化，始终是以新疆油田环烷基原油直馏馏分为原料，不断完善以溶剂精制与加氢精制组合工艺，持续提高变压器油质量水平，生产的环烷基变压器油产品质量、市场占有率均居国内变压器油之首，广泛应用于330kV等级以上变压器、国家电网指定500kV等级以上变压器。

变压器油的长期应用证明，高质量的变压器油必须具备环烷基特性，且含一定的芳香烃，以保证对氧化产物具有良好的相溶性，防止其进一步聚集形成稳定的油泥沉淀，附着在变压器内部绝缘材料上，造成绝缘故障。根据变压器油产品要求，环烷基变压器油生产工艺主要有两种：传统的溶剂精制工艺和中压加氢工艺。两种工艺都以变压器油直馏组分为原料，经过适度精制加工而成，保留了原油中天然的理想组分，产品质量稳定可靠。

第二类以石蜡基原油重质组分裂化后低温性能优异的低黏轻组分为原料，采用高压加氢工艺，加入抗氧化剂生产，这类变压器油芳香烃含量非常低，通常碳型分析中 C_A 值为零。

1. 溶剂精制工艺

溶剂精制工艺是传统的变压器油生产工艺，利用酚、糠醛等极性溶剂与馏分油中非理想组分的相似相溶的作用，将非理想组分从油中抽提分离出来，从而改善基础油的化学稳定性。它是一种物理分离的工艺过程，很好地保留了原油中的天然理想组分，利用该工艺生产的变压器油，保留了环烷基特性，芳香烃含量高，具有很好的油泥溶解性，析气性优异，产品质量稳定可靠。

溶剂精制工艺具体工艺流程为环烷基低凝稠油经常减压蒸馏得到变压器油馏分，经加氢脱酸—糠醛精制—络合脱氮—白土补充精制工艺得到变压器油基础油。

（1）加氢脱酸工艺原理。经过常减压切割后的润滑油组分，含有一定量的S、N、O化合物、重金属杂质、烯烃等，润滑油加氢精制的目的就是在一定的温度、氢压以及催化剂作用下，脱除S、N、O化合物中的S、N、O杂原子，降低油品中重金属和烯烃含量，从而使油品质量、气味、颜色得到改善，酸值下降，提高油品的氧化安定性和对添加剂感受性等，满足产品质量的要求。主要化学反应如下：

① 加氢脱硫：加氢脱硫反应主要是碳—硫键、硫—硫键的断链反应。在石油馏分中存在多种类型的硫化物，如硫化物、多硫化物、硫醇、硫醚等。其反应如下：

硫醇：R—SH+H_2 ⟶ R—H+H_2S

硫醚：RSR′+H_2 ⟶ R—H+R′—H+H_2S

噻吩类：

$$R-\text{苯并噻吩} + 3H_2 \longrightarrow R-\text{乙基苯} + H_2S$$

② 加氢脱氮：脱氮反应在比较苛刻的情况下进行。氮化物一般以杂环化合物形式存在，反应生成相应的烃和NH_3。

$$R-\text{喹啉} + 4H_2 \longrightarrow R-\text{乙基苯} + NH_3$$

③ 加氢脱氧：石油馏分中所含氧化物主要是酚类和环烷酸，其含量很少。

R—COOH+$3H_2$ ⟶ R—CH_3+$2H_2O$

④ 烯烃饱和：烯烃的加氢速度很快，比较容易进行，分子量越小越容易加氢，正构烯烃比异构烯烃易于加氢，单环烯烃比多环烯烃易于加氢，二烯烃的加氢速度比单烯烃更快，低压和较低的温度即可进行，因此烯烃的饱和不需要很高的反应温度。

RCH=CH_2+H_2 ⟶ R—CH_2—CH_3

对于脱S、N、O的反应，其中，脱S的速度最快，其次是脱O，脱N的反应速率最慢。

（2）糠醛精制工艺是脱除润滑油原料中大部分多环短侧链芳香烃和胶质、沥青质等物质，使其黏温性质、氧化安定性、残炭值、色度等性质得以改善，符合产品规格标准。

利用溶剂在一定的温度条件下，选择性地从混合液中溶解其中一部分，使混合液分离的过程即为溶剂精制。溶剂精制不仅受溶剂量影响，也受萃取温度的直接影响，糠醛精制即是溶剂精制的一种。

糠醛是一种选择性较强而溶解能力较低的溶剂，糠醛对润滑油馏分中各种烃类的溶解度不同，根据其对多环短侧链的芳香烃和环烷烃、胶质、沥青质、硫和氮的化合物等不理想组分溶解能力强，对少环长侧链的烃类（理想组分）溶解能力差的特点，使糠醛与润滑油馏分接触，在低于临界溶解温度条件下，借助于密度不同，使理想组分与非理想组分分开，抽余液中主要是烷烃、少环长侧链的环烷烃及芳香烃等理想组分，抽出液中主要是多环短侧链的环烷烃和芳香烃、胶质、沥青质等润滑油的不理想组分，从而改善油品黏温性能，提高油品的氧化安定性，降低残炭值，使油品颜色变浅。

糠醛对不同烃类的溶解能力有所不同，大致顺序为：胶质>多环芳香烃>少环芳香烃>环烷烃>烷烃。溶剂的溶解能力与选择性往往相互矛盾，溶解能力越强，选择性越低；温度对溶剂的溶解能力又有直接影响，一般溶剂的溶解能力随温度的升高而升高，糠醛精制过程应控制合适的精制温度及溶剂比。

(3) 络合脱氮工艺原理。石油中含氮化合物可分为两大类：一类是碱性氮化合物，主要包括苯胺、吡啶、喹啉及其衍生物；另一类是非碱性氮化合物，主要包括吡咯、吲哚、咔唑及其衍生物。

络合脱氮工艺原理是利用脱氮剂与碱性氮化合物形成碱性氮络合物，以达到脱氮目的。油品中碱性氮化物中的氮原子上存在孤对电子，能与质子或其他 Lewis 酸结合。而脱氮剂的非金属中心离子具有 3d 空轨道，接受由配位体碱性氮化物提供的一个或多个孤对电子，形成碱性氮络合物，从而达到脱氮目的。反应式如下：

$$\left[\begin{array}{c}R\\N\end{array}\right] + H^+ \longrightarrow \left[\begin{array}{c}R\\NH\end{array}\right]^+$$

由于脱氮剂和碱性氮络合物具有强极性，在电场的作用下，脱氮油中的碱性氮络合物和剩余的脱氮剂定向运动而聚集，又由于其密度比基础油的大很多，所以逐步沉降在底部，达到与油品分离的目的。

(4) 白土精制。白土精制即为润滑油的补充精制，主要目的是改善油品颜色，除去糠醛精制后遗留糠醛、酸类物质等不理想组分，从而提高变压器油氧化安定性，保证变压器油产品质量稳定。溶剂精制或酸碱精制后的润滑油均不同程度的含有胶质、沥青质、环烷酸皂、磺酸、无机盐类及残余的溶剂、酸渣等非理想组分。这些物质的存在不仅会腐蚀设备、磨损机械，还会直接影响油品的氧化安定性和其他理化指标，必须通过白土补充精制来除去这些有害物质。

白土精制是油与白土在较高的温度下充分混合，利用白土对上述非理想组分有很强的选择吸附能力，同时在接触塔底吹入一定量的过热蒸汽以便将含硫化合物、残余溶剂及少量轻质馏分气体提出，从而达到改善油品颜色、氧化安定性、抗腐蚀性、抗乳化性等指标的目的。

2. 中压加氢工艺

随着国际变压器油标准 IEC 60296—2012 对变压器油抗氧化性能要求的提高，要求在不添加金属抑制剂情况下产品氧化性能满足变压器油指标要求，中国石油克拉玛依石化与润滑油公司共同努力，经过长期对变压器油组成与应用性能的深入研究，确定了中国石油环烷基变压器油质量升级工艺路线，必须在保留变压器油环烷基特性的同时仍然保留一定的芳香烃，在这个认识的基础上，通过优化加氢工艺催化剂和加氢工艺条件对变压器油馏分进行适度加氢，达到提高变压器油抗氧化性能，使得变压器油在具有优异氧化安定性的同时还具有适宜的组成，能够与变压器内部材料具有良好的相容性。

(1) 加氢处理。润滑油加氢处理工艺是在高温、高压条件下和氢气在催化剂的作用下，将润滑油馏分中黏度指数较低的多环芳香烃、大分子直链烷烃或多环烷烃等非理想组分加氢饱和并裂解开环，转化成带烷基侧链的高黏度指数的单环环烷烃、单环芳香烃和异构烷烃的催化加氢处理过程。

一般来说，加氢催化剂都是具有加氢、裂解活性的双功能催化剂，而加氢原料油则是由各种烃类和含硫、氮、氧的杂环化合物组成的复杂混合物，对润滑油加氢处理过程来说，希望发生的反应有：①多环芳香烃加氢生成多环烷烃的反应；②多环烷烃部分加氢开环反应；③正构或低异构烷烃加氢异构为高分枝异构烷烃。还有一些化学反应要避免发生，如正构烷烃和异构烷烃的加氢裂化、芳香烃和环烷烃加氢脱除烷基侧链的反应、稠环芳香烃的缩合反应。

（2）临氢降凝。润滑油原料在较高的温度和压力条件下，通过催化剂作用与氢气发生加氢异构化和选择性加氢裂化反应，使其中凝固点较高的正构烷烃转化为凝固点较低的异构烷烃与低分子烷烃，而保持其他烃类基本上不发生变化，达到降低油品的凝固点的目的。

润滑油组分加氢降凝工艺根据产品的质量要求不同，分为临氢降凝工艺和异构化降凝两类工艺，其中临氢降凝工艺利用催化剂对原料油中烷烃选择性裂化达到改善油品凝点、倾点的目的，其工艺特点是在降凝的同时对原料油黏度指数破坏较大，多用于环烷基、中间基的蜡含量较低的原料油适度改善低温性，因此直链烷烃含量较高的石蜡基直馏馏分生产变压器油不能通过临氢降凝工艺达到改善低温性能的目的。基于此，石蜡基变压器油基础油均采用高压加氢裂化生产轻组分以改善低温性能。

（3）加氢补充精制。经过降凝后的油品进入加氢补充精制反应器，主要进行不饱和烃类饱和，以提高油品的安定性，同时除去部分有害杂质，如氧、硫、氮等。经加氢补充精制工艺得到的油品即为变压器油基础油。

3. 高压加氢生产工艺

石蜡基原油由于含蜡量较高、凝点高，对于直馏变压器油馏分原料（一般馏程 280～360℃），无法采用物理精制工艺和加氢精制生产变压器油基础油。但随着高压加氢技术水平的提高，采用石蜡基馏分油经高压加氢裂化得到的轻组分直接作为变压器油基础油，解决了石蜡基原油生产变压器油的瓶颈，但其环烷烃含量低，无芳香烃，对变压器油运行过程中产生的油泥没有良好溶解性，油泥易附着在绝缘材料表面。现在高压加氢工艺经过适当的调整，也可以很好地应用于环烷基变压器油的生产中。

高压加氢生产变压器油基础油一般采用三段加氢，工艺流程为加氢裂化—异构脱蜡—加氢补充精制。其原理是蒸馏润滑油馏分通过加氢裂化发生脱硫、脱氮、多环芳香烃饱和脱氧（主要脱除环烷酸）、裂化等一系列润滑油改质反应，加氢裂化的产物经过气液分离、常压汽提后，进入异构脱蜡反应器，通过蜡异构化和裂解反应，使润滑油的凝点降低，异构的产物直接进入加氢补充精制反应器，进一步进行脱氮、烯烃饱和、芳香烃饱和等反应，以改善润滑油的氧化安定性、光安定性和颜色。

其中，加氢裂化是在高压、氢气条件下，将含硫、氮、氧以及微量金属元素（如 Ni 和 V）的烷烃、芳香烃、环烷烃的复杂混合物进行氢解、开环、加氢脱烃、裂化、异构化、缩合等反应。在异构脱蜡和加氢补充精制中发生的化学反应主要是烷烃（石蜡）异构化、少量的烷烃裂化、芳香烃（加氢）饱和。馏分油经过三段高压加氢发生的化学反应非常复杂，主要有以下反应：

（1）杂原子化合物脱除。

① 加氢脱氮（HDN）。

$$\text{R-}\underset{N}{\bigcirc\!\!\bigcirc} + 4H_2 \longrightarrow \text{R-}\bigcirc\text{-CH}_2\text{CH}_3 + NH_3$$

在脱除氮原子之前，氮原子所在的环首先被加氢饱和。

② 加氢脱硫（HDS）。

$$\text{R-benzothiophene} + 3H_2 \longrightarrow \text{R-ethylbenzene} + H_2S$$

在加氢裂化操作中，硫是容易被加氢脱除的。

③ 加氢脱氧（HDO）。

$$\text{R-phenol} + H_2 \longrightarrow \text{R-benzene} + H_2O$$

④ 加氢脱金属反应（HDM）。

$$M \xrightarrow[H_2S]{H_2} M_xS_y + H\text{-卟啉}$$

（M=Ni，V 的卟啉系化合物）

对于直馏加氢裂化原料，金属含量通常非常低（<1μg/g），但是在较重的原料，如 DAO 中金属含量会变得高一些。如果没有设置脱金属催化剂，产生的金属硫化物将会在预裂化催化剂上逐渐增多堆积，在循环过程中导致催化剂的钝化。为避免这种情况的发生，常在预裂化催化剂上面设置一层脱金属催化剂作为保护剂。

（2）芳香烃加氢饱和（HG）。

$$\text{naphthalene} + 2H_2 \longrightarrow \text{decalin}$$

（3）加氢去环或者环烷烃加氢开环。

$$\text{decalin} + H_2 \longrightarrow \text{butylcyclohexane}$$

（4）加氢脱烃（HDA）或者芳香烃侧链烷烃断裂。

$$\text{R-benzene} + H_2 \longrightarrow \text{benzene} + RH$$

（5）加氢裂解（HC），如长链烷烃转变为短链烷烃。

$$R_1\text{—}R_2 + H_2 \longrightarrow R_1H + R_2H$$

（6）直链烷烃异构化为支链烷烃（异构脱蜡）。

4. 抗氧化添加剂

一般经过精制工艺生产的变压器油基础油，还不能满足变压器油的氧化安定性要求，需要添加合适的抗氧剂。在 IEC 60296、ASTM D3487 电气绝缘油标准中，均规定用于变压器油中的抗氧剂主要是 2,6-二叔丁基对甲酚和 2,6-二叔丁基苯酚等酚类抗氧剂及其加入量，其中以 2,6-二叔丁基对甲酚 DBPC（T501）使用得最多，其作用机理是与油中自动氧化过程生成的活性自由基(R·)和过氧化物(ROO)发生反应,形成稳定的化合物,从而消耗了油中生成的自由基,阻止油分子的氧化进程[7]。

第二节 变压器油产品及技术指标

对于矿物型变压器油技术标准,国际上通用的有 IEC 60296《Fluids for electrotechnical applications-Unused mineral insulating oils for transformers and switchgear》和 ASTM D3487《Standard Specification for Mineral Insulating Oil Used in Electrical Apparatus》,其中国际电工委员会 IEC 是世界上成立最早的、最具权威性的国际性电工标准化机构。ASTM 是美国最具权威性的标准学术团体,全球大多数国家以及变压器知名品牌制造商都是在 IEC 60296 和 ASTM D3487 标准的基础上,根据各自的性能要求和产品特点制定相应的国家标准和购油标准。

国内变压器油执行标准为 GB 2536《电工流体 变压器和开关用的未使用过的矿物绝缘油》,根据 IEC 60296 标准修订。

一、IEC 60296—2012 标准

IEC 60296 变压器油标准自 1982 年颁布,于 2012 年 2 月 20 日正式发布和实施了 IEC 60296—2012 标准[8]第四版(表 6-3)。该标准规定了变压器油和低温开关油性能要求,变压器油根据抗氧剂的含量划分为 U、T、I 三类,同时又根据最低冷启动温度规定了低温性能,对于特殊应用场合的加剂油(I 类),在抗氧化性能和硫含量性能上提出了更高的要求。

表 6-3 IEC 60296—2012 通用标准

项目	指标 变压器油	指标 低温开关油	试验方法
1. 功能性			
运动黏度(40℃),mm²/s	≤12	≤3.5	ISO 3104:1996
运动黏度(-30℃),mm²/s	≤1800	—	ISO 3104:1996
运动黏度(-40℃),mm²/s		≤400	IEC 61868—1998
倾点,℃	≤-40	≤-60	ISO 3016:1994
水含量,mg/kg	≤30	≤40	IEC 60814—1997
击穿电压,kV	≥30	≥70	IEC 60156—1995
密度(20℃),g/cm³	0.895		ISO 3675/ISO 12185:1996
DDF(90℃)	0.005		IEC 60274/IEC 61620—1998
2. 精制/稳定性			
外观	透明无沉淀和悬浮物质		
酸值,mg KOH/g	≤0.01		IEC 62021-1—2003
界面张力	无通用要求		ISO 6295:1983

续表

项目	指标		试验方法
	变压器油	低温开关油	
总硫含量,%	无通用要求		IP 373—2010 或 ISO 14596:2007
腐蚀性硫	无腐蚀性		DIN 51353—1985
潜在腐蚀性硫	非腐蚀性		IEC 62535—2008
DBDS,mg/kg	检测不出(<5)		IEC 62697-1—2012
IEC 60666 中的抑制剂	U 未加剂油:检测不出(<0.01%); T 加微量剂油:最大 0.08%; I 加剂油:0.08%~0.40%		IEC 60666—2010
IEC 60666 中的金属钝化剂	检测不出(<5mg/kg)或与采购商协商		IEC 60666—2010
2-糠醛及相关化合物的含量	每个化合物均检测不出(<0.05mg/kg)		IEC 61198—1993
产气趋势	无通用要求		
3. 性能			
氧化安定性			IEC 61125C 法—1992 试验时间: U 未加剂油:164h; T 加微量剂油:332h; I 加剂油:500h
总酸值,mg KOH/g	≤1.2		
沉淀,%	≤0.8		
DDF(90℃)	≤0.500		
析气性	无通用要求		IEC 60628A 法—1985
4. 健康、安全和环境			
闪点,℃	≥135	≥100	ISO 2719:2016
PCA 含量,%	≤3		IP 346—2016
PCB 含量,%	检测不出		IEC 61619—1997

该标准同时规定了特殊领域用油要求,在通用标准的基础上,对于在高温下运行的变压器或为延长使用寿命而设计的变压器,经氧化试验后(IEC 61125 C 法)仍有严格的指标(表6-4)。

表6-4　IEC 60296—2012 特殊场合用油要求

总酸值,mg KOH/g	≤0.3	DDF(90℃)	≤0.050
沉淀,%	≤0.05	总硫含量,%	≤0.05

IEC 60296—2012 标准与 2003 版相比主要差异:

(1) 增加了 DBDS(二苄基二硫醚)检测项目,要求检测不出,添加 DBDS 的变压器油会引起电力设备腐蚀从而产生故障,所以新标准禁止油中加入 DBDS;

(2) 增加了潜在硫腐蚀检测项目,IEC 62535;

(3) 增加金属钝化剂检测,要求检测不出或与采购商协商是否可以添加;

(4) 氧化安定性,要求含金属钝化剂的变压器油(采购商同意添加)氧化安定性试验在添加金属钝化剂前测定;

（5）糠醛含量，由不高于0.1mg/kg调整至不高于0.05mg/kg；

（6）增加产气趋势项目(ASTM D7150)，采购商要求时提供；

（7）对于特殊应用场合的加剂油，硫含量由不大于0.15%修改为不大于0.05%。

IEC 60296—2012严格控制了产生腐蚀性硫和产气趋势的现象，并要求不含金属钝化剂氧化安定性能满足指标要求。

二、ASTM D3487—2016标准

2016年，美国试验材料学会制定ASTM D3487—2016标准[9]（表6-5），根据抗氧剂含量分为Ⅰ类(抗氧剂含量≤0.08%)和Ⅱ类(抗氧剂含量≤0.3%)，该标准提出了苯胺点不小于63℃和析气性不能高于+30μL^3/min的要求，以保证变压器油具有适当的溶解性能和析气性能。

表6-5　ASTM D3487—2016性能要求

项目		Ⅰ类	Ⅱ类	试验方法
物理特性				
苯胺点，℃		≥63	≥63	ASTM D611—2012
颜色		≤0.5	≤0.5	ASTM D1500—2012
闪点，℃		≥145	≥145	ASTM D92—2012
界面张力，dyn/cm		≥40	≥40	ASTM D971—2012
倾点，℃		≤-40	≤-40	ASTM D97—2016
相对密度(15℃)		≤0.91	≤0.91	ASTM D1298—2005
运动黏度，mm^2/s	100℃	≤3.0	≤3.0	ASTM D445—2015
	40℃	≤12.0	≤12.0	
	0℃	≤76.0	≤76.0	
外观		透明、光亮	透明、光亮	ASTM D1524—2015
电气性能				
击穿电压(60Hz，VDE电极)，kV	1mm间隙	≥20	≥20	ASTM D1816—2012
	2mm间隙	≥35	≥35	
击穿电压(25℃，脉冲下)，kV		≥145	≥145	ASTM D3300—2006
析气性，μL/min		+30	+30	ASTM D2300—2008
介质损耗因数(60Hz)，%	25℃	≤0.05	≤0.05	ASTM D924—2015
	100℃	≤0.30	≤0.30	
化学性能				
氧化安定性	72h 油泥，%	≤0.15	≤0.1	ASTM D2440—2013
	72h 总酸值，mg KOH/g	≤0.5	≤0.3	
	164h 油泥，%	≤0.3	≤0.2	
	164h 总酸值，mg KOH/g	≤0.6	≤0.4	
氧化安定性(旋转氧弹)，min		—	≥195	ASTM D2112—2015

第六章 电气绝缘油产品技术

续表

项目	Ⅰ类	Ⅱ类	试验方法
抗氧剂含量,%	≤0.08	≤0.30	ASTM D4768—2011、ASTM D2668—2013
腐蚀性硫	非腐蚀性	非腐蚀性	ASTM D1275—2015
水含量,μg/g	≤35	≤35	ASTM D1533—2012
中和值,mg KOH/g	≤0.03	≤0.03	ASTM D974—2012
呋喃化合物,μg/L	≤25	≤25	ASTM D4059—2000
PCB含量,μg/g	未检测出	未检测出	ASTM D4059—2000

ASTM D3487—2016 标准与 2009 版相比，主要变化是苯胺点取消了上限值 84℃，从而使深度加氢精制的石蜡基变压器油也满足 ASTM D3487—2009 指标要求，但始终对变压器油的析气性能做了限制，所以变压器油中必须含一定的芳香烃。

三、中国变压器油标准

2012 年 6 月 1 日以前，我国变压器油标准按电压等级分为普通变压器油(GB 2536—1990)和超高压变压器油(SH 0040—1990)，是分别参照 IEC 60296—1982 和 ASTM D3487—1982 标准制定的。普通变压器油按低温性能分为 10 号、25 号和 45 号 3 个牌号；超高压变压器油按低温性能分为 25 号和 45 号 2 个牌号。2012 年 6 月 1 日，修订后的 GB 2536—2011(表 6-6)在正式颁布实施后，原有变压器油标准及断路器油标准都作废。

GB 2536—2011[10] 修订采用 IEC 60296—2003，与 IEC 60296—2003 的主要差异是增加了"水溶性酸或碱"检测项目，同时对于特殊用途变压器油"2-糠醛含量"要求更严格。

表 6-6 GB 2536—2011 性能要求

项目			质量指标					试验方法
最低冷态投运温度(LCSET),℃			0	-10	-20	-30	-40	
功能特性	倾点,℃		≤-10	≤-20	≤-30	≤-40	≤-50	GB/T 6535—2006
	运动黏度,mm²/s	40℃	≤12	≤12	≤12	≤12	≤12	GB/T 265—1988
		0℃	≤1800	—	—	—	—	
		-10℃	—	≤1800	—	—	—	
		-20℃	—	—	≤1800	—	—	
		-30℃	—	—	—	≤1800	—	
		-40℃	—	—	—	—	≤2500	
	水含量,mg/kg		≤30/40					GB/T 7600—2014
	击穿电压(满足下列要求之一),kV	未处理油	≤30					GB/T 507—2002
		经处理油	≤70					
	密度(20℃),kg/m³		≤895					GB/T 1880—2000、GB/T 1885—1998
	介质损耗因数(90℃)		≤0.005					GB/T 5654—2007

续表

项目			质量指标					试验方法
最低冷态投运温度(LCSET),℃			0	-10	-20	-30	-40	
精制稳定特性	外观		清澈透明、无沉淀和悬浮物					目测
	酸值,mg KOH/g		≤0.01					NB/SH/T 0836—2010
	水溶性酸或碱		无					GB/T 259—1988
	界面张力,mN/m		≤40					GB/T 6541—1986
	总硫含量,%(质量分数)		无通用要求		≤0.15(特殊)			SH/T 0689—2000
	腐蚀性硫		非腐蚀性					SH/T 0804—2007
	抗氧化添加剂含量 %(质量分数)	不含抗氧化添加剂油(U)	检测不出					SH/T 0802—2007
		含微抗氧化添加剂油(T)	≤0.8					
		含抗氧化添加剂油(I)	0.08~0.40					
	2-糠醛含量,mg/kg		≤0.1					NB/SH/T 0812—2010
运行特性	氧化安定性(120℃) 试验时间: U:不含抗氧化添加剂油 164h; T:含微抗氧化添加剂油 332h; I:含抗氧化添加剂油 500h	总酸值,mg KOH/g	≤1.2(通用)			0.3(特殊)		NB/SH/T 0811—2010
		油泥,%	≤0.8(通用)			0.05(特殊)		
		介质损耗因数 (90℃)	≤0.500(通用)			0.05(特殊)		GB/T 5654—2007
	析气性,mm³/min		无通用要求					NB/SH/T 0810—2010
健康安全和环保特性	闪点(闭口),℃		≥135					GB/T 261—2008
	稠环芳香烃(PCA)含量,%(质量分数)		≤3					NB/SH/T 0838—2010
	多氯联苯(PCB)含量,mg/kg		检测不出					SH/T 0803—2007

GB 2536—2011 产品分类与 IEC 60296—2012 标准一致,但与 ASTM D3487—2016 标准相比,均是按抗氧剂含量进行分类,只是 IEC 60296 和 GB 2536 标准分为 U、T、I 三类[U 未加剂油(<0.01%)、T 加微量剂油(<0.08%)和 I 加剂油(0.08~0.40%)],且 IEC 60296 和 GB 2536 标准中 I 类加剂油,依据氧化安定性的优劣分为通用级别和特殊级别变压器油;ASTM 标准分两类[I 类(≤0.08%)、II(≤0.3%)]。

此外,GB 2536—2011 与 IEC 60296—2012 标准引入变压器油最低冷态投运温度(LCSET),根据变压器油的 LCSET 分为不同等级变压器油,不同 LCSET 变压器油倾点及对应低温运动黏度要求不同。而 ASTM D3487 标准中只要求倾点≤-40℃,规定了 0℃ 运动黏度,并未根据低温性能进行分类。

从标准检测项目看:IEC 标准指标要求比 ASTM 多,有 DBDS 检测项目、IEC 62535 潜在硫腐蚀检测项目、金属钝化剂含量、糠醛含量、硫含量和产气趋势等项目，而 ASTM 标准对击穿电压检测项目较多，包括 VDE 电极和脉冲击穿电压 2 种方法。IEC 60296 和 GB 2536 标准中氧化安定性针对不同加剂量采用不同试验时间，试验温度均采用 120℃，对于Ⅰ类油采用更为苛刻（120℃、500h）的方法进行评定，而 ASTM 标准中Ⅱ类加剂油采用 110℃、164h 的方法进行评定，同时增加了旋转氧弹法。

与 IEC 60296 和 GB 2536 标准不同，ASTM D3487 更注重变压器油的溶解性能和抗析气性能，标准中提出了苯胺点不小于 63℃ 和析气性不能高于 +30μL^3/min 的要求，以保证变压器油具有适当的溶解性能和析气性能。

第三节　中国石油变压器油及其应用

环烷基油由于富含环烷烃和适宜的芳香烃，具有低温流动性和热稳定性好、抗析气和溶解油泥性能佳的特点，有利于电气设备散热冷却，并能防止发生气析放电造成电气设备损害，成为超高压、特高压变压器的首选。国家电力推荐标准 DL/T 1096—2008《电力变压器用绝缘油选用指南》中要求，500kV 及以上电气设备优先选择环烷基变压器油。中国石油作为国内最大的环烷基变压器油生产商，同时也是国家电网、核电等国家重点建设工程所用变压器油及各大变压器厂出口配套用油的主要供应商，生产基地有克拉玛依石化和辽河石化等。

进入 21 世纪，我国电力输变工程由超高压直（交）流输变电向特高压直（交）流输变电不断升级，向变压器配套用油生产厂提出了的更高的要求。中国石油紧跟随我国电行业发展的需求，不断提升研究技术水平和产品质量水平，"十二五""十三五"期间在变压器油质量标准研究、变压油基础油生产工艺、变压器油应用研究领域都取得重大突破。

作为国内唯一一家参与国际电工组织 IEC 组织关于金属减活剂相关研究生产机构，独立开展了金属减活剂应用于变压器油生产的应用研究，通过研究提出金属减活剂在变压器由于不能有效通过纸质绝缘材料到达金属材料表面，揭示了金属减活剂应用于变压器油中改善油品氧化安定性与变压器实际运行中的效果不一致的原因，为变压器油质量标准的修订提供坚实的技术支持，从标准上杜绝了劣质基础油通过抗氧化剂与金属减活剂复配生产氧化安定性合格的产品，而不利于变压器安全运行的"假合格产品"。

组织重大科研攻关，开展并完成了利用超稠油直馏组分为原料，采用加氢组合工艺生产变压器油的生产工艺研究，为保障中国石油环烷基变压器油始终采用直馏组分生产的特点，为中国高质量变压器油的生产提供了技术保障。使我国变压器油产品能够与国际同类产品具备强有力的竞争力。通过与国家电网合作研究，先后完成了在交直流电场不同电压等级条件下，变压器油组成与应用性能相关性的系列研究，为我国特高压直流输电技术不断发展提供技术支持。

中国石油经过长期不断地对变压器油生产工艺和变压器油应用性能研究，形成以 KI25X、KI45X 和 KI50X 变压器油等为主的系列产品，广泛应用于国内外各种电压等级输变电工程的变电设备中。

炼油特色产品技术

一、中国石油昆仑变压器油产品系列

中国石油昆仑系列变压器油产品(表6-7)优选低芳香烃、低硫含量和低凝点的环烷基原油为原料,采用先进的加氢工艺,生产的变压器油产品具有优良低温性能、电性能以及氧化安定性能,并且对环境友好。

表6-7 中国石油昆仑系列变压器油

产品牌号	符合标准	质量级别	适用设备
KI25X	IEC 60296—2003,GB 2536—2011	高级别	适用于变压器、开关及需要用油作绝缘和传热介质的类似电气设备
KI45X	IEC 60296—2003,GB 2536—2011,ASTM D3487—2016	高级别	适用于特高压直流(UHVDC)、高压直流(HVDC)换流变压器等直流电气设备,也可以用于特高压交流、超高压交流及高压交流变压器等交流电气设备
KI50GX		高级别	
Petro50X		高级别	
Petro45U	IEC 60296—2012	标准级别	适用于不加剂的变压器设备
Petro45X		高级别	适用于变压器、开关及需要用油作绝缘和传热介质的类似电气设备
Petro45X Plus	IEC 60296—2012 I 类,ASTM D3487—2016	高级别	
Petro50X	IEC 60296—2012 I 类 低黏度	高级别	已经用于张北柔性直流工程项目
Petro50DX	IEC 60296—2012 I 类	高级别	适用于电力机车牵引变压器设备

二、KI25X 及 KI45X 变压器油的应用

KI25X 变压器油是由适度精制的低黏度、低倾点、低硫含量环烷基基础油加入优质抗氧复合添加剂调制而成,具有传热迅速、氧化安定性好、电气性能优异等特点。产品性能稳定可靠,在严格的质量控制程序下生产,产品资源固定。KI25X 变压器油符合 GB 2536—2011 和 IEC 60296—2012 标准中 I-20℃规格(特殊用途)要求。KI25X 变压器油适用于最低冷态投运温度(LCSET)为-20℃的配电变压器、发电变压器、电力变压器、电抗器和有类似要求的充油电气设备。

KI25X 变压器油具有较低的黏度和黏度指数、较好的低温性能,不含降凝剂,倾点可低至-40℃以下,可以为设备提供有效的冷却性和热传递性,同时油品具有较高的环烷烃和适宜的芳香烃含量,保证溶解设备长期运行过程或过热故障中形成的酸性油泥而避免破坏固体绝缘材料和影响传热。KI25X 变压器油不含 DBDS,具有良好的热安定性和氧化安定性,最大程度防止油品老化,延长设备的使用寿命和降低维护费用。优异的电气绝缘性能可有效防止高压电场下的放电现象和功率损失,满足最苛刻的绝缘性能要求(表6-8)。

第六章 电气绝缘油产品技术

表6-8 KI25X 变压器油典型性质

项目		试验方法		质量指标（GB 2536—2011）		典型数据
		国内	国际	最小值	最大值	
最低冷态投运温度，℃		GB 2536—2011	IEC 60296—2012	-20		
1. 功能特性						
倾点，℃		GB/T 3535—2006	ISO 3016：1994		-30	-35
运动黏度（40℃），mm²/s		GB/T 265—1988	ISO 3104：1996		12	10.3
运动黏度（-20℃），mm²/s		GB/T 265—1988	ISO 3104：1996		1800	580
水含量，mg/kg		GB/T 7600—2014	IEC 60814—1997		30	20
击穿电压	未处理油，kV	GB/T 507—2002	IEC 60156—1995	30		40~60
	经处理油，kV	GB/T 507—2002	IEC 60156—1995	70		>70
密度（20℃），kg/m³		GB/T 1884—2000 GB/T 1885—1998	ISO 12185：1996		895	886
苯胺点，℃		GB/T 262—1988	ASTM D611—2012	报告		76
介质损耗因数（90℃）		GB/T 5654—2007	IEC 60247—2004		0.005	<0.001
2. 精制/稳定特性						
外观		GB 2536—2011	IEC 60296—2012	清澈透明，无沉淀物和悬浮物		目测
酸值，mg KOH/g		NB/SH 0836—2010	IEC 62021-1—2003		0.01	<0.01
界面张力，mN/m		GB/T 6541—1986	ISO 6295：1983	40		45
总硫含量，%		SH/T 0689—2000	ASTM D5453—2016		0.15	0.01
腐蚀性硫，%		SH/T 0804—2007	DIN51353—1985	非腐蚀性		非腐蚀性
腐蚀性硫，%		GB/T 25961—2010	ASTM D1275B—2015	—		非腐蚀性
抗氧化添加剂含量，%		SH/T 0802—2007	IEC 60666—2010	0.08	0.40	0.3
水溶性酸或碱		GB/T 259—1988		无		无
2-糠醛含量，mg/kg		NB/SH/T 0812—2010	IEC 61198—1993		0.05	<0.05
3. 运行特性						
氧化安定性（120℃，500h）	总酸值 mg KOH/g	NB/SH/T 0811—2010	IEC 61125C 法—1992		0.3	0.05
	油泥，%				0.05	0.02
介质损耗因数（90℃）		GB/T 5654—2007	IEC 60247—2004		0.050	<0.01
析气性，mm³/min		NB/SH/T0810—2010	IEC 60628A 法—1985	报告		+25
带电倾向，μC/m³		DL/T385—2010		报告		1
4. 健康、安全和环保特性（HSE）						
闪点（闭口），℃		GB/T 261—2008	ISO 2719：2002	135		143
稠环芳香烃（PCA）含量，%		NB/SH/T 0838—2010	IP346—2010		3	<3
多氯联苯（PCB）含量，mg/kg		SH/T 0803—2007	IEC 61619—1997	检测不出		检测不出

图 6-4 变压器油箱

KI25X 变压器油广泛应用我国超高压、特高压交流输变电重点工程项目(图 6-4)。作为配套变压器油,成功应用于世界上首条投入商业运行的特高压输电工程—晋东南—南阳—荆门 1000kV 特高压交流试验示范工程,晋东南—南阳—荆门 1000kV 特高压交流试验示范工程起于山西晋东南(长治)变站,经河南南阳开关站,止于湖北荆门变电站。全线单回路架设,全长 654km,跨越黄河和汉江,变电容量 600×10^{4}kV·A,最高运行电压 1100kV,2008 年 12 月投入商业运行。

2011 年,KI25X 变压器油应用于淮南—浙北—上海 1000kV 特高压交流输电。2013 年,应用于浙北—福州 1000kV 特高压交流输电工程。2014 年,应用于淮南—南京—上海 1000kV 特高压交流输电和锡林郭勒盟—山东 1000kV 特高压交流输电工程。2015 年,应用于榆横—潍坊 1000kV 特高压交流输电工程和蒙西—天津南 1000kV 特高压交流输电工程。2016 年,应用于锡林郭勒盟—胜利 1000kV 特高压交流输电工程。2017 年,应用于北京西—石家庄 1000kV 特高压交流输电工程和山东—河北 1000kV 特高压交流输电工程。2018 年,应用于蒙西—晋中 1000kV 特高压交流输电工程和潍坊—临沂—枣庄—菏泽—石家庄 1000kV 特高压交流输电工程。2019 年,应用于张北—雄安 1000kV 特高压交流输电工程。最早用于小浪底电站的 KI25X 变压器油经过数十年运行,至今仍然状况良好。

KI45X 变压器油由适度精制的低黏度、低倾点、低硫含量环烷基基础油加入优质抗氧复合添加剂调制而成,具有传热迅速、氧化安定性好、电气性能优异等特点。产品性能稳定可靠,在严格的质量控制程序下生产,产品资源稳定。KI45X 变压器油符合 GB 2536—2011 和 IEC 60296—2012 标准中 I-30℃规格(特殊用途)要求。KI45X 变压器油用于最低冷态投运温度(LCSET)为-30℃的配电变压器、发电变压器、电力变压器、电抗器和有类似要求的充油电气设备。

KI45X 变压器油具有较低的黏度和黏度指数,优异的低温性能,低蜡含量,倾点可低至-50℃以下,可以为设备提供有效的冷却性和热传递性,同时油品具有较高的环烷烃和适宜的芳香烃含量,保证溶解设备长期运行过程或过热故障中形成的酸性油泥而避免破坏固体绝缘材料和影响传热。KI45X 变压器油不含 DBDS,具有优异的热安定性和氧化安定性,最大程度防止油品老化,延长设备的使用寿命和降低维护费用。优异的电气绝缘性能可有效防止高压电场下的放电现象和功率损失,满足最苛刻的绝缘性能要求(表 6-9)。

KI45X 变压器油作为配套用油应用于世界上首条投入商业运行的西北电网青海官亭—甘肃兰州东 750kV 交流输变电示范工程。官亭—兰州东输 750kV 变电示范工程是我国首个 750kV 电压等级的超高压输变电工程。新建 750kV 变电站 2 座,750kV 输电线路 140km。该工程是当时我国自主设计、自主建设、自主制造、自主调试、自主运行管理的具有世界先进水平的超高压输变电工程,对引领和推动西北 750kV 骨干网架建设发挥了重要作用。工程于 2003 年 9 月开工建设,2005 年 9 月建成投产。随着 750kV 新疆—西北主网联网第一、第二通道工程，太阳山—六盘山—平凉输变电工程，兰州—天水—宝鸡输变电工程等一系列750kV超高压输变电工程先后建成投运，在西北地区得到了广泛使用。

表6-9　KI45X变压器油典型性质

项目		试验方法		质量指标（GB 2536—2011）		典型数据
		国内	国际	最小值	最大值	
最低冷态投运温度，℃		GB 2536—2011	IEC 60296—2012	-30		
1. 功能特性						
倾点，℃		GB/T 3535—2006	ISO 3016：1994		-40	-42
运动黏度(40℃)，mm²/s		GB/T 265—1988	ISO 3104：1996		12	9.5
运动黏度(-30℃)，mm²/s		GB/T 265—1988	ISO 3104：1996		1800	1610
水含量，mg/kg		GB/T 7600—2014	IEC 60814—1997		30	<20
击穿电压	未处理油，kV	GB/T 507—2002	IEC 60156—1995	30		40~60
	经处理油，kV	GB/T 507—2002	IEC 60156—1995	70		>70
密度(20℃)，kg/m³		GB/T 1884—2000	ISO 12185：1996		895	883
苯胺点，℃		GB/T 262—1988	ASTM D611—2012	报告		76
介质损耗因数(90℃)		GB/T 5654—2007	IEC 60247—2004		0.005	<0.001
2. 精制/稳定特性						
外观		GB 2536—2011	IEC 60296—2012	清澈透明，无沉淀物和悬浮物		目测
酸值，mg KOH/g		NB/SH/T 0836—2010	IEC 62021-1—2003		0.01	<0.01
界面张力，mN/m		GB/T 6541—1986	ISO 6295：1983	40		45
总硫含量，%		SH/T 0689—2000	ASTM D5453—2016		0.15	0.01
腐蚀性硫		SH/T 0804—2007	DIN 51353—1985	非腐蚀性		非腐蚀性
腐蚀性硫		GB/T 25961—2010	ASTM D1275B—2015	非腐蚀性		非腐蚀性
抗氧化添加剂含量，%		SH/T 0802—2007	IEC 60666—2010	0.08	0.40	0.3
水溶性酸或碱		GB/T 259—1988		无		无
2-糠醛含量，mg/kg		NB/SH/T 0812—2010	IEC 61198—1993		0.05	<0.05
3. 运行特性						
氧化安定性(120℃，500h)	总酸值 mg KOH/g	NB/SH/T 0811—2010	IEC 61125C法—1992	0.3		0.04
	油泥，%			0.05		0.02
介质损耗因数(90℃)		GB/T 5654—2007	IEC 60247—2004		0.050	<0.01
析气性，mm³/min		NB/SH/T 0810—2010	IEC 60628A法—1985	报告		+22
带电倾向，μC/m³		DL/T 385—2010		报告		1
4. 健康、安全和环保特性（HSE）						
闪点(闭口)，℃		GB/T 261—2008	ISO 2719：2002	135		141
稠环芳香烃(PCA)含量，%		NB/SH/T 0838—2010	IP346—2010		3	<3
多氯联苯(PCB)含量，mg/kg		SH/T 0803—2007	IEC 61619—1997	检测不出		检测不出

炼油特色产品技术

三、KI50X 和 KI50GX 变压器油及应用

我国电力资源与负荷中心分布不均匀的现实,确定了我国"西电东送"的建设和发展格局,决定着我国电力行业必须向特高压、大容量、远距离的方向发展(图6-5)。我国的第一条直流正负 500kV 输电是葛洲坝至上海的直流输电线路,1989 年建成,输电容量为 1200MW。高压直流输电具有能量大、用料小、占地小的特点,超高压直流输电常用于远距离大容量输电、非同期联网、跨海峡输电和用电缆向市中心供电,远距离大容量输电是直流输电的一个重要方向。超高压直流输电技术作为我国电力工业"十五"发展计划中一项重大新技术从科研开发阶段进入实际应用,超高压直流输电技术在我国得到迅速发展。直流输电基本原理是通过换流站中的换流变压器将交流电通过整流转换成直流电进行远距离直流输送。由于超高压直流输电具有线路有功损耗小、线路造价低、没有系统的稳定问题、调节速度快、运行可靠等优点,特别适用于远距离大功率输电和用地下电缆向大城市供电等重大工程。作为换流变压器中主要绝缘材料的变压器油也须达到更高要求,即更好的绝缘性能。2002 年,中国石油开发出高压直流输电换流变压器油 KI50X 和 KI50GX,并通过了西门子公司和 ABB 公司的评价和认证。

■ 中国特高压直流输电已规模化建设运行
□ 目前国家电网公司已建成投运10回±800kV特高压直流工程,额定输送功率从6.4GW、7.2GW、8GW 到10GW,最远输送距离达2383km,总换流容量167.2GW,线路总长17245km

图 6-5 中国特高压直流输电分布图

KI50X 变压器油是以低硫、低凝、低芳香烃含量环烷基原油为原料,采用特殊工艺生产的窄馏分基础油,加入优质抗氧复合添加剂调制而成的变压器油,具有传热迅速、氧化安定性好、电气性能优异等特点。产品性能稳定可靠,在严格的质量控制程序下生产,产品资源稳定。KI50X 变压器油符合 GB 2536—2011 和 IEC 60296—2012 标准中 I-30℃ 规格(特殊用途)要求。KI50X 变压器油主要用于高压直流(HVDC)、特高压直流(UHVDC)换流变压器和有类似要求的直流充油电气设备,也可以用于高压、特高压交流充油电气设备。

KI50X 变压器油具有极低的黏度和适宜的黏度指数,优异的低温性能,低蜡含量,倾点可低至-50℃以下,可以为设备提供有效的冷却性和热传递性,同时油品具有较高的环烷烃和适宜的芳香烃含量,保证溶解设备长期运行过程或过热故障中形成的酸性油泥而避免破坏固体绝缘材料和影响传热。KI50X 变压器油不含 DBDS,具有优异的热安定性和氧化安

第六章 电气绝缘油产品技术

定性,最大程度防止油品老化,延长设备的使用寿命和降低维护费用。优异的电气绝缘性能可有效防止高压电场下的放电现象和功率损失,满足最苛刻的绝缘性能要求(表6-10)。

表6-10 KI50X变压器油典型性质

项目		试验方法		质量指标(Q/SY RH 2097—2013)		典型数据
		国内	国际	最小值	最大值	
1. 功能特性						
倾点,℃		GB/T 3535—2006	ISO 3016:1994		−45	−48
运动黏度(40℃),mm^2/s		GB/T 265—1988	ISO 3104:1996		8	7.5
运动黏度(−30℃),mm^2/s		GB/T 265—1988	ISO 3104:1996		800	770
水含量,mg/kg		GB/T 7600—2014	IEC 60814—1997		30	<20
击穿电压	未处理油,kV	GB/T 507—2002	IEC 60156—1995	30		40~60
	经处理油,kV	GB/T 507—2002	IEC 60156—1995	70		>70
密度(20℃),kg/m^3		GB/T 1884—2000 GB/T 1885—1988	ISO 12185:1996		895	882
苯胺点,℃		GB/T 262—	ASTM D611—2012	报告		73
介质损耗因数(90℃)		GB/T 5654—2007	IEC 60247—2004		0.005	<0.001
2. 精制/稳定特性						
外观		GB 2536—2011	IEC 60296—2012	清澈透明,无沉淀物和悬浮物		目测
酸值,mg KOH/g		NB/SH/T 0836—2010	IEC 62021-1—2003		0.01	<0.01
界面张力,mN/m		GB/T 6541—1986	ISO 6295:1983	40		45
总硫含量,%		SH/T 0689	ASTM D5453—2016		0.15	0.01
腐蚀性硫		SH/T 0804	DIN 51353—1985	非腐蚀性		非腐蚀性
腐蚀性硫		GB/T 25961	ASTM D1275B—2015	非腐蚀性		非腐蚀性
抗氧化添加剂含量,%		SH/T 0802—2007	IEC 60666—2010	0.25	0.40	0.3
水溶性酸或碱		GB/T 259—1988		无		无
2-糠醛含量,mg/kg		NB/SH/T 0812	IEC 61198—1993		0.05	<0.05
3. 运行特性						
氧化安定性 (120℃, 500h)	总酸值 mg KOH/g	NB/SH/T 0811—2010	IEC 61125C法—1992	0.3	0.05	
	油泥,%			0.05	<0.02	
介质损耗因数(90℃)		GB/T 5654—2007	IEC 60247—2004		0.050	<0.01
析气性,mm^3/min		NB/SH/T 0810—2010	IEC 60628A法—1985	报告		+26
带电倾向,$\mu C/m^3$		DL/T385		报告		1
4. 健康、安全和环保特性(HSE)						
闪点(闭口),℃		GB/T 261—2008	ISO 2719:2002	135		141
稠环芳香烃(PCA)含量,%		NB/SH/T 0838	IP 346—2010		3	<3
多氯联苯(PCB)含量,mg/kg		SH/T 0803—2007	IEC 61619—1997	检测不出		检测不出

KI50X 于 2005 年 7 月首次应用于我国第一个全国产化直流输电工程——灵宝换流站项目，开启了国产换流变绝缘油应用于我国直流输变电工程，填补了国内空白。积累了国产直流变压器油在输变电设备上使用、管理的经验，为输变电设备安全可靠运行提供技术支持，从而有力促进了国产直流变压器油在直流输电工程的推广应用。

2006 年，KI50X 变压器油首次应用于世界上首条投入商业运行的特高压输电工程——云南—广州±800kV 高压直流输电工程示范工程，这是我国电网建设史上一个里程碑，在世界电力工程史上也是一个重大突破。该工程西起云南楚雄州禄丰县，东至广东增城区，额定输电电压±800kV，额定输电容量 500×10⁴kW，输电距离 1412km。该工程于 2009 年 12 月 28 日单极投运，2010 年 6 月 18 日双极投运。新建设 2 座±800kV 换流站，±800kV 及以下电压等级的换流变压器 56 台，KI50X 变压器油总用油 7000 多吨。

2016 年，KI50X 变压器油应用于昌吉—古泉±1100kV 高压直流输电工程。昌吉—古泉±1100kV 特高压直流输电工程是世界上电压等级最高、输送容量最大、输送距离最远、技术水平最先进的特高压输电工程，该工程从现在的电压等级±800kV 上升至±1100kV，输送容量从 640×10⁴kW 上升至 1200×10⁴kW，经济输电距离提升至 3000～5000km，该工程是国家电网在特高压输电领域持续创新的重要里程碑，刷新了世界电网技术的新高度，开启了特高压输电技术发展的新纪元，对于全球能源互联网的发展具有重大的示范作用。2016 年 1 月开工建设，起于新疆昌吉回族自治州昌吉换流站，止于安徽宣城市古泉换流站，线路全长 3293km，额定电压±1100kV。2018 年 12 月 31 日，新疆准东经济技术开发区辖区内的±1100kV 昌吉换流站第二个高端换流器成功解锁，标志着昌吉—古泉±1100kV 特高压直流输电工程双极全压送电成功，世界最高电压±1100kV 实现工程应用。新建设 2 座±1100kV 座换流站，±1100kV 及以下电压等级的换流变压器 56 台，KI50X 变压器油总用油是 9000 多吨。

2008 年，KI50X 变压器油应用于向家坝—上海±800kV 高压直流输电工程和锦屏—苏南±800kV 高压直流输电工程。2011 年，应用于云南普洱—广东江门±800kV 高压直流输电工程。2012 年，应用于哈密南—郑州±800kV 高压直流输电工程和溪洛渡—浙西±800kV 高压直流输电工程。2014 年，应用于宁东—浙江±800kV 高压直流输电工程和锡林郭勒盟—山东±800kV 高压直流输电工程。2015 年，应用于上海庙—山东±800kV 高压直流输电工程、溪锡林郭勒盟—泰州±800kV 高压直流输电工程和酒泉—湖南±800kV 高压直流输电工程。2016 年，应用于滇西北—广东±800kV 高压直流输电工程和扎鲁特—青州±800kV 高压直流输电工程。2018 年，应用于青海—河南±800kV 高压直流输电工程和扎鲁特—青州±800kV 高压直流输电工程。

KI50GX 变压器油是以低硫、低凝、低芳香烃含量环烷基原油为原料，采用特殊工艺生产的窄馏分基础油，加入优质抗氧复合添加剂调制而成的变压器油，具有传热迅速、氧化安定性好、电气性能优异和抗析气性好等特点。产品性能可靠，在严格的质量控制程序下生产，产品资源稳定。KI50GX 变压器油符合 GB 2536—2011 和 IEC 60296—2003 标准中 I-30℃规格（特殊用途）要求，符合 ASTMD3487-09（Ⅱ）和 BS148：1998（ⅡA）标准要求。KI50GX 变压器油主要用于对油有特殊抗析气性要求的高压直流（HVDC）、特高压直流（UHVDC）换流变压器和有类似要求的直流充油电气设备，也可以用于高压、特高压交流充油电气设备。

第六章 电气绝缘油产品技术

KI50GX 变压器油具有极低的黏度和适宜的黏度指数，优异的低温性能，低蜡含量，倾点可低至 -45℃ 以下，可以为设备提供有效的冷却性和热传递性，同时油品具有较高的环烷烃和适宜的芳香烃含量，极好的抗析气性能，防止高压电场条件下的气隙放电现象，同时保证溶解设备长期运行过程或过热故障中形成的酸性油泥而避免破坏固体绝缘材料和影响传热。KI50GX 变压器油不含 DBDS，具有优异的热安定性和氧化安定性，最大程度防止油品老化，延长设备的使用寿命和降低维护费用。优异的电气绝缘性能可有效防止高压电场下的放电现象和功率损失，满足最苛刻的绝缘性能要求（表 6-11）。

表 6-11 KI50GX 变压器油典型性质

项目		试验方法		质量指标（Q/SY RH 2097—2013）		典型数据
		国内	国际	最小值	最大值	
1. 功能特性						
倾点，℃		GB/T 3535—2006	ISO 3016：1994		-40	-45
运动黏度（40℃），mm²/s		GB/T 265—1988	ISO 3104：1996		8.5	8.0
运动黏度（-30℃），mm²/s		GB/T 265—1988	ISO 3104：1996		1800	1050
水含量，mg/kg		GB/T 7600—2014	IEC 60814—1997		30	<20
击穿电压	未处理油，kV	GB/T 507—2002	IEC 60156—1995	30		40~60
	经处理油，kV	GB/T 507—2002	IEC 60156—1995	70		>70
密度（20℃），kg/m³		GB/T 1884—2000 GB/T 1885—1998	ISO 12185：1996		895	887
苯胺点，℃		GB/T 262—1988	ASTM D611—2012	报告		70
介质损耗因数（90℃）		GB/T 5654—2007	IEC 60247—2004		0.005	<0.001
2. 精制/稳定特性						
外观		GB 2536—2011	IEC 60296—2012	清澈透明，无沉淀物和悬浮物		目测
酸值，mg KOH/g		NB/SH/T 0836	IEC 62021-1—2003		0.01	<0.01
界面张力，mN/m		GB/T 6541—1986	ISO 6295：1983	40		45
总硫含量，%		SH/T 0689—2000	ASTM D5453—2010		0.15	0.01
腐蚀性硫		SH/T 0804—2007	DIN 51353—1985	非腐蚀性		非腐蚀性
腐蚀性硫		GB/T 25961—2010	ASTM D1275B—2015	非腐蚀性		非腐蚀性
抗氧化添加剂含量，%		SH/T 0802—2007	IEC 60666—2010	0.25	0.40	0.35
水溶性酸或碱		GB/T 259—1988		无		无
2-糠醛含量，mg/kg		NB/SH/T 0812—2010	IEC 61198—1993		0.05	<0.05
3. 运行特性						
氧化安定性（120℃，500h）	总酸值 mg KOH/g	NB/SH/T 0811—2010	IEC 61125C 法—1992		1.2	0.05
	油泥，%				0.8	<0.02
介质损耗因数（90℃）		GB/T 5654—2007	IEC 60247—2004		0.500	<0.01

续表

项目		试验方法		质量指标（Q/SY RH 2097—2013）		典型数据
		国内	国际	最小值	最大值	
巴德老化（110℃，672h）	皂化值 mg KOH/g	—	DIN 51554—1978	0.20		0.18
	油泥，%			0.01		0.008
介质损耗因数（90℃）		GB/T 5654—2007	IEC 60247—2004	0.050		0.021
析气性，mm³/min		NB/SH/T 0810—2010	IEC 60628A 法—1985	-10		-12
带电倾向，μC/m³		DL/T 385—2010		报告		1
4. 健康、安全和环保特性（HSE）						
闪点（闭口），℃		GB/T 261—2008	ISO 2719：2002	135		141
稠环芳香烃（PCA）含量，%		NB/SH/T 0838—2010	IP346—2000	3		<3
多氯联苯（PCB）含量，mg/kg		SH/T 0803—2007	IEC 61619—1997	检测不出		检测不出

2008年，KI50GX变压器油应用于向家坝—上海±800kV高压直流输电工程和锦屏—苏南±800kV高压直流输电工程。2010年应用于中国"云南—广东"±800kV特高压直流输电工程。2011年应用于云南普洱—广东江门±800kV高压直流输电工程。

四、昆仑电力机车变压器油 Petro50DX

我国自1958年研制出第一台"韶山1"电力机车以来，即从SS1发展至SS9型，过去变压器油多用25号和45号。2007年以后，为实现电力机车深度国产化，由中国南车株洲电力机车引进消化吸收德国西门子公司先进的"欧洲短跑手"系列电力机车的设计与制造技术，向大秦铁路提供"和谐1"型时速120km的DJ4（9600kW、八轴）大功率交流传动电力机车（图6-6），这种大功率电力机车装机用油原采用进口变压器油（Shell Diala DX），后来被中国石油昆仑牌号KI50DX电力机车专用变压器油所替代。KI50DX为矿物型环烷基变压器油，质量性能符合GB 2536—2011标准中高级别变压器要求，自2008年开始在株洲电机公司HXD1、HXD1B、HXD1C等机车牵引变压器上运行，部分变压器已运行10年，运行里程达到200×10⁴km。

图6-6 新型电力机车

近来在国内市场上，电力机车牵引变压器除了使用中国石油KI50DX/40DX电力机车变压器油，大多是壳牌公司的Shell Diala S3 ZX-I和S4，这两种产品均满足IEC 60296—2012指标要求，其中S4为壳牌公司新推出的天然气合成油（GTL）。昆仑KI50DX/40DX变压器油只满足国家标准，不满足IEC 60296—2012标准。目前，随着我国铁路电车技术的迅猛发展及出口项目的推进，铁路总公司在采购和谐电力机车的合同中已开始要求变压器油质量要符合IEC 60296—2012标准要求，电力机车制造商纷纷提出要求电力机车专用变压器油应满足 IEC 60296—2012 标准。其中，中车大连机车车辆有限公司随着电力机车新产品的国产化，计划将部分 HXD3C 型机车使用符合 IEC 60296—2012 的电力机车专用变压器油代替进口 Shell DialaS3 ZX-I 及 S4 变压器油，KI50DX 变压器油进行了质量升级（Petro50DX）。升级后的 Petro 50DX 变压器油，在调整基础油结构及添加剂配方后，其氧化安定性满足高级别指标要求，并且各项性能完全满足 IEC 60296—2012 标准 I 类油高级别指标要求（表6-12）。

表 6-12　Petro 50DX 电力机车变压器油性质

项目		IEC 60296—2012 I 类油（特殊）	KI50DX	Petro 50DX	试验方法
运动黏度，mm^2/s	40℃	≤12	7.82	7.65	ASTM D445—2015
	-30℃	≤1800	790.8	727.3	
倾点，℃		≤-40	-51	-54	ASTM D97—2016
击穿电压，kV		≥30/70	64	51	GB/T 507—2002
密度（20℃），kg/m^3		≤895.0	874.2	872.0	SH/T 0604—2000
介质损耗因数（90℃）		≤0.005	0.0008	0.0003	GB/T 5654—2007
酸值，mg KOH/g		≤0.01	<0.01	<0.01	GB/T 7304—2014
界面张力，mN/m		≥40	45	52	GB/T 6541—1986
总硫含量，mg/Kg		—	60	39	ASTM D5453—2016
抗氧剂，%		I 加剂油：0.08%~0.40%	0.3	0.34	IEC 60666—2010
糠醛含量，mg/kg		≤0.1 mg/kg	<0.05	<0.05	SH/T 0812—2010
氧化安定性	总酸值，mg KOH/g	≤0.3	0.08	0.08	IEC 61125C 法—1992
	沉淀，%	≤0.05	0.02	<0.01	
	介质损耗因数（90℃）	≤0.05	0.0060	0.0058	
闪点，℃		≥135	142	152	ASTM D93—2013
PCA 含量，%		≤3%	0.9	0.59	SH/T 0838—2010
碳型分布，%	C_A	—	4.0	1.8	ASTM D2140—2003
	C_N	—	55.3	52.9	
	C_P	—	40.7	45.3	

五、中国石油出口变压器油

中国石油出口变压器油牌号主要由 Petro45U、Petro45X、Petro45X Plus、Petro50X 等组成（表6-13），配套西门子、ABB、特变电工、保变电气、西电西变、山东电力等变压器制造出口设备而远销售欧美、东南亚、中亚等地区。

Petro45U 为不加剂变压器油，主要应用于英国及受其影响的英联邦国家，主要原因是国土地域小，输电电压等级低、容量小，变压器运行条件缓和，对变压器油抗氧化性能要求不高。Petro45U 已经通过 SIMENS 公司评价、DOBLE 公司评定、GE 公司认证（表6-14）。

表 6-13 中国石油出口变压器油性质

	项目	IEC 60296—2012	Petro45U	Petro45X	Petro45X Plus	Petro50X
	运动黏度(40℃), mm²/s	≤12	9.700	9.200	9.212	7.330
	运动黏度(-30℃), mm²/s	≤1800	1414	1134	—	727.3
	密度(20℃), kg/m³	≤895.0	880.0	874.0	—	879.3
	DBDS 含量, %	检测不出	未检出	未检出	未检出	未检出
	金属钝化剂含量	检测不出	未检出	未检出	未检出	未检出
	抗氧剂含量, %	<0.01(U类); <0.08(T类); 0.08~0.4(Ⅰ类)	未检出	0.38	0.30	0.3
氧化安定性	总酸值, mg KOH/g	≤1.2(U类); ≤0.3(Ⅰ类)	0.76	0.03	0.10	0.01
	沉淀, %	≤0.8(U类); ≤0.05(Ⅰ类)	0.15	0.01	0.01	<0.01
	介质损耗因数(90℃)	≤0.5(U类); ≤0.05(Ⅰ类)	0.030	0.008	0.025	0.029
	倾点, ℃	≤-40	-45	-48	-50	-66
	析气性, μL/min	无通用要求	—	—	+20	+40

表 6-14 Petro45U 与同类产品性质对比

	项目	IEC60296 U 类油	Petro45U	Nytro Libra	Diala S2 ZU-1	Hyvolt I	试验方法
功能特性	倾点, ℃	≤-40	-45	-48	-57	-62	ISO 3016: 1994
	运动黏度(40℃), mm²/s	≤12	9.7	9.5	9.4	10.3	ISO 3104: 1996
	运动黏度(-30℃), mm²/s	≤1800	1414	1050	940	1291	
	密度(20℃), kg/m³	≤895	880	877	875	881	ISO 12185: 1996
精制稳定特性	DBDS, mg/kg	检测不出	未检出	未检出	未检出	未检出	IEC 62697-1—2012
	抗氧剂含量, %	检测不出	未检出	未检出	未检出	未检出	IEC 60666—2010
	金属钝化剂, mg/kg	检测不出	未检出	未检出	未检出	未检出	IEC 60666—2010
氧化安定性(164h)	总酸值, mg KOH/g	≤1.2	0.76	0.84	0.9	0.7	IEC 61125C 法—1992
	油泥, %	≤0.8	0.15	0.201	0.3	0.2	
	介质损耗因数(90℃)	≤0.5	0.030	0.070	0.1	0.044	IEC 60247—2004

Petro45U 满足 IEC 60296 U 类油指标要求,其关键指标达到国际同类产品水平,目前 Petro45U 已经通过 SIMENS 公司评价、DOBLE 公司评定和 GE 公司认证。

Petro45X 变压器油采用适度加氢工艺生产的精制基础油,加入优质抗氧剂添加调制而成,具有较好的散热性能、低温性能,极好的电气绝缘性能和抗氧化性能,良好的油泥溶解性能,抗析气性能和低热条件下的产气性能。与 KI25X/45X 相比,Petro45X 具有更低的硫含量,在不加金属钝化剂条件下氧化性能满足 IEC 60296—2012 特殊用途级别变压器油。Petro45X 达到 IEC 60296 Ⅰ类油指标要求,与国际同类变压器油水平基本一致,同时也通过 SIMENS、DOBLE 和 ABB 认证(表 6-15)。

第六章 电气绝缘油产品技术

表 6-15 Petro45X 与同类产品性质比较

<table>
<tr><th colspan="2">项目</th><th>IEC60296
Ⅰ类油</th><th>Petro45X</th><th>Nytro Gimini X</th><th>Diala S2 ZX-1</th><th>Hyvolt Ⅲ</th><th>试验方法</th></tr>
<tr><td rowspan="4">功能特性</td><td>倾点,℃</td><td>≤-40</td><td>-48</td><td>-48</td><td>-42</td><td>-55</td><td>ISO 3016：1994</td></tr>
<tr><td>运动黏度(40℃), mm²/s</td><td>≤12</td><td>9.2</td><td>9.2</td><td>9.6</td><td>9.7</td><td rowspan="2">ISO 3104：1996</td></tr>
<tr><td>运动黏度(-30℃), mm²/s</td><td>≤1800</td><td>1134</td><td>820</td><td>940</td><td>1092</td></tr>
<tr><td>密度(20℃), kg/m³</td><td>≤895</td><td>874</td><td>870</td><td>805</td><td>875</td><td>ISO 12185：1996</td></tr>
<tr><td rowspan="3">精制稳定特性</td><td>DBDS, mg/kg</td><td>检测不出</td><td>未检出</td><td>未检出</td><td>未检出</td><td>未检出</td><td>IEC 62697-1—2012</td></tr>
<tr><td>抗氧剂含量,%</td><td>0.08~0.4</td><td>0.37</td><td>0.38</td><td>0.2</td><td>0.36</td><td>IEC 60666—2010</td></tr>
<tr><td>金属钝化剂, mg/kg</td><td>检测不出</td><td>未检出</td><td>未检出</td><td>未检出</td><td>未检出</td><td>IEC 60666—2010</td></tr>
<tr><td rowspan="3">氧化安定性
(500h)</td><td>总酸值, mg KOH/g</td><td>≤1.2</td><td>0.03</td><td>0.05</td><td>0.02</td><td>0.01</td><td rowspan="2">IEC 61125C 法—1992</td></tr>
<tr><td>油泥,%</td><td>≤0.8</td><td>0.01</td><td><0.02</td><td><0.01</td><td>0.01</td></tr>
<tr><td>介质损耗因数(90℃)</td><td>≤0.5</td><td>0.008</td><td>0.01</td><td>0.001</td><td>0.013</td><td>IEC 60247—2004</td></tr>
</table>

Petro45X Plus 是为满足各变压器厂出口配套用油方便采购、储存和使用而研制,同时符合 IEC 60296—2012 标准中Ⅰ类特殊用途级别指标要求和 ASTM D3487—2016 标准中Ⅱ类技术指标要求,具有优异的氧化性能条件下,同时具有较好的抗析气性能,同时通过 SIMENS 公司和 DOBLE 公司评定(表 6-16 和表 6-17)。Petro45Xplus 变压器油是由深度精制的低黏度、低倾点、低硫含量环烷基基础油加入优质抗氧添加剂调制而成的高级别变压器油,具有传热迅速、氧化安定性好、电气性能优异等特点,用于最低冷态投运温度(LCSET)为-30℃ 的配电变压器、发电变压器、电力变压器、电抗器和有类似要求的充油电气设备(图 6-7)。

图 6-7 电力变压器

表 6-16 Petro45X plus 变压器油典型性质

<table>
<tr><th colspan="2">项目</th><th>试验方法</th><th colspan="2">质量指标(IEC 60296—2012)</th><th>典型性质</th></tr>
<tr><td colspan="2"></td><td></td><td>最小值</td><td>最大值</td><td></td></tr>
<tr><td colspan="6">1. 功能特性</td></tr>
<tr><td colspan="2">运动黏度(40℃), mm²/s</td><td>ISO 3104：1996</td><td></td><td>12</td><td>9.3</td></tr>
<tr><td colspan="2">运动黏度(-30℃), mm²/s</td><td>ISO 3104：1996</td><td></td><td>1800</td><td>1000</td></tr>
<tr><td colspan="2">倾点,℃</td><td>ISO 3016：1994</td><td></td><td>-40</td><td>-42</td></tr>
<tr><td colspan="2">水含量, mg/kg</td><td>IEC 60814—1997</td><td></td><td>30</td><td>25</td></tr>
<tr><td rowspan="2">击穿电压</td><td>未处理油, kV</td><td>IEC 60156—1995</td><td>30</td><td></td><td>40-60</td></tr>
<tr><td>经处理油, kV</td><td>IEC 60156—1995</td><td>70</td><td></td><td>>70</td></tr>
<tr><td colspan="2">密度(20℃), kg/m³</td><td>ISO 12185：1996</td><td></td><td>895</td><td>873</td></tr>
<tr><td colspan="2">介质损耗因数(90℃)</td><td>IEC 60247—2004</td><td></td><td>0.005</td><td><0.001</td></tr>
</table>

续表

项目	试验方法	质量指标(IEC 60296—2012) 最小值	质量指标(IEC 60296—2012) 最大值	典型性质
2. 精制/稳定特性				
外观	IEC 60296—2012	清澈透明，无沉淀物和悬浮物		目测
酸值，mg KOH/g	IEC 62021-1—2003		0.01	<0.01
界面张力，mN/m	ASTM D971—2012	40		45
总硫含量，%	ASTM D5453—2016		0.15	0.01
腐蚀性硫	DIN 51353—1985	非腐蚀性		非腐蚀性
潜在腐蚀性硫	IEC 62535—2008	非腐蚀性		非腐蚀性
腐蚀性硫	ASTM D1275B—2015	—		非腐蚀性
二苄基二硫醚(DBDS)含量，mg/kg	IEC 62697-1—2015	检测不出		检测不出
抗氧剂含量，%	IEC 60666—2010	0.08	0.40	0.38
金属钝化剂，mg/kg	IEC 60666—2010	检测不出		检测不出
2-糠醛含量及其相关化合物，mg/kg	IEC 61198—1993		0.05	<0.05
3. 运行特性				
氧化稳定性(120℃，500 h) 总酸值，mg KOH/g	IEC 61125C 法—1992		0.3	0.08
氧化稳定性(120℃，500 h) 油泥，%	IEC 61125C 法—1992		0.05	<0.01
氧化稳定性(120℃，500 h) 介质损耗因数(90℃)	IEC 60247—2004		0.050	0.034
4. 健康、安全和环保特性(HSE)				
闪点(闭口)，℃	ISO 2719：2016	135		145
稠环芳香烃(PCA)含量，%	IP 346—2010		3	<3
多氯联苯(PCB)含量，mg/kg	IEC 61619—1997	检测不出	检测不出	

表 6-17 Petro45X Plus 关键性质分析

项目		IEC60296 Ⅰ类油(特殊)	ASTM D3487 Ⅱ类油	Petro45X Plus	试验方法
倾点，℃		≤-40	≤-40	-50	ISO 3016：1994
运动黏度(40℃)，mm²/s		≤12	≤12	9.2	ISO 3104：1996
析气性，mm³/min		无通用要求	≤+30	+20	
抗氧剂含量，%		0.08~0.4	≤0.3	0.2	IEC 60666—2010
金属钝化剂，mg/kg		检测不出	—	检测不出	IEC 60666—2010
氧化安定性	总酸值，mg KOH/g	≤0.3	—	0.10	IEC 61125C 法—1992
氧化安定性	油泥，%	≤0.05	—	0.01	IEC 61125C 法—1992
氧化安定性	介质损耗因数(90℃)	≤0.05	—	0.025	IEC 60247—2004
氧化安定性	总酸值，mg KOH/g	—	≤0.2	<0.01	ASTM D2440—2013
氧化安定性	油泥，%	—	≤0.4	0.01	ASTM D2440—2013

Petro50X 变压器油主要应用于超高压或特高压换流变压器输电设备，与 KI50X 差异主要是不含金属钝化剂。由于加工工艺的差异，KI50X 需加金属钝化剂和抗氧剂复配才能满

足氧化性能指标要求，而Petro50X通过特殊精制工艺，产品在不加金属钝化剂条件下氧化性能满足IEC 60296—2012中Ⅰ类特殊指标要，主要用于出口设备配套用油。Petro50X水平与国际同类油水平一致，且产品不添加金属钝化剂，达到出口变压器油指标要求，通过DOBLE和比利时LABORELE实验室评价，成功应用于出口土耳其换流变压器（表6-18）。

表6-18 Petro50X与同类产品比较

项目			IEC 60296 Ⅰ类油（特殊）	Petro50X	Nytro 10XN	KI50X	试验方法
功能特性	倾点，℃		≤-40	-66	-63	-45	ISO 3016：1994
	运动黏度（40℃），mm²/s		≤12	7.330	7.7	7.406	ISO 3104：1996
	运动黏度（-30℃），mm²/s		≤1800	727.3	730	781.7	
	密度（20℃），kg/m³		≤895	879.3	874	879.7	ISO 12185：1996
	苯胺点，℃		报告	75.7	78.0	74.8	GB/T 262—1988
	介质损耗因数（90℃）		≤0.005	0.0002	<0.001	0.008	IEC 60247—2004
精制稳定特性	DBDS，mg/kg		检测不出	未检出	未检出	未检出	IEC 62697-1—2012
	抗氧剂含量，%		0.08~0.4	0.3	0.3	0.3	IEC 60666—2010
	金属钝化剂含量，mg/kg		检测不出	检测不出	检测不出	50	IEC 60666—2010
运行特性	氧化安定性（500h）	总酸值，mg KOH/g	≤0.3	0.01	0.05	0.012	IEC 61125C法—1992
		油泥，%	≤0.05	<0.01	<0.01	0.04	
		介质损耗因数（90℃）	≤0.05	0.029	0.01	0.02	IEC 60247—2004
	析气性，mm³/min		报告	+40	+40.3	+26.8	NB/SH/T 0810—2010

展望未来，变压器油作为输变电核心设备变压器的主要原材料，其产品质量水平和研究水平必须与我国输变电的发展相适应，还要从以下两个方面继续努力：

一是变压器油与变压器同寿命周期，这不是一个单独的氧化安定性分析项目，而是产品生产技术的全面提升，是从分子组成的层面去研究开展工作，不仅产品质量要达到要求，还要在理论层面去研究机理问题，通过深层研究去指导变压器油质量改进的方向和技术路线。

二是加大应用领域的研究，随着变压器油质量水平和变压器运行负荷水平不断提高，单纯以油品方面的技术研究已不能满足实际需要。必须从单纯油品生产工艺和质量改进研究拓展到应用服务研究，从技术层面去解决和指导应用，同时再把实际存在的问题反哺到变压器油生产技术水平的提升。

参 考 文 献

[1] 白建华. 全球能源互联网正向我们走来[EB/OL]. [2014-9-25]. http://shupeidian.bjx.com.cn/html/20140925/550111.shtml.
[2] 王旭辉. 全球能源互联网发展创新成果发布[EB/OL]. [2017-2-22]. https://www.sohu.com/a/126972515_468637.
[3] 黄丽敏. 2016-2020年全球变压器油市场需求增长预测[J]. 石油炼制与化工，2016(12)：16.
[4] 杨俊杰，周洪澍，等. 设备润滑技术与管理[M]. 北京：中国计划出版社，2008.

[5] 徐君，韩敏，张贤明，等. 绝缘油击穿电压试验的研究[J]. 变压器, 2008(3): 45.
[6] 杨俊杰，伏喜胜，等. 润滑油脂及其添加剂[M]. 北京: 石油工业出版社, 2011.
[7] 杨俊杰, 等. 船舶航空润滑与特种油液[M]. 北京: 石油工业出版社, 2019.
[8] IEC 60296(2012) Fluids for electrotechnical applications–Unused mineral insulating oils for transformers and switchgear[S].
[9] ASTM D3487(2016) Standard Specification for Mineral Insulating Oil Used in Electrical Apparatus[S].
[10] 中华人民共和国国家质量监督检验检疫总局，中国国家标准化管理委员会. 电工流体 变压器和开关用的未使用过的矿物绝缘油: GB 2536—2011[S]. 北京: 中国标准出版社, 2012.

第七章　车船润滑产品技术

2020年，我国汽车产量达到2522万辆，商用车523万辆，摩托车1700万辆，仍然是世界第一大市场。这给润滑油脂行业带来了巨大的发展机遇，我国润滑油表观消费量约为$760×10^4$t，其中车用润滑油的市场份额约占53%，乘用车润滑油约占车用润滑油市场总份额的30%。一般来说，摩托车油和替代燃料发动机油都可以看作是汽油机油或柴油机油的差别化产品。

在国际贸易的货物运输方式中，海运占80%~90%，远超陆运和空运的总和，大宗期货和能源类物质的运输，一般都采用船舶运输。一艘现代大型远洋运输船舶，包含从发动机、液压、齿轮到冷冻机等各类用油机械设备，全球每年消费各类船舶润滑油脂约$350×10^4$t，但其中$(220\sim250)×10^4$t都是船用发动机油，船用发动机油的开发、选择和维护，对远洋运输和船舶安全至关重要。

车船润滑油产品技术开发，是润滑油及添加剂行业的最重要的领域。中国石油以提高国家润滑水平为使命，按照国家"自主创新，重点跨越，支撑发展，引领未来"的科技工作指导方针，依据"业务驱动、目标导向、顶层设计"的科技工作理念，在过去十年中集中力量开展了一批车船润滑技术攻关，取得了一批重要成果：先后开发出柴油机油和燃气发动机油配方技术15个，汽油机油配方技术8个，完善了长寿命、高档节能及替代燃料发动机润滑油产品技术；车用齿轮油和船用油研究始终保持国内领先并达到国际先进水平；自动变速箱油在自动变速箱（ATF）、无极变速箱（CVTF）和双离合器变速箱（DCTF）三大类型上，都取得了OEM装车油的突破；船用发动机油和配套服务水平，始终保持国内领先与国际同步。

随着国民经济的持续发展及环保和节能标准的不断提高，未来车用润滑油产品技术将向着更环保、更节能的趋势发展，面临四个方面挑战：一是节能要求以及长换油周期高档润滑油，进一步加快低黏化和多级化步伐；二是环保型润滑油品种逐步增加，以适应LPG/CNG燃料、乙醇汽油燃料、生物柴油等新型燃料或新能源汽车需要，满足越来越苛刻的环保法规；三是随着电动汽车关键技术的突破，发动机油消费会有所下降，但对传动系——驱动桥油和变速箱油两个品类的要求将更高；四是随着中国制造到中国创造的转变，各类车船润滑油品标准及其评价方法都面临着自主化创新的需求，重负荷柴油机油及其评价标准的创新已取得历史性成果，汽油机油、齿轮油领域也已具备条件，亟待新一代技术团队的担当。

第一节　车用汽油机油技术

乘用车动力系统已经呈现出多元化，但汽油发动机及与之配套的混合动力仍将是主要乘用车动力。汽油发动机润滑系统，主要由油底壳、机油泵、机油滤清器、集滤器、油道等组成，润滑系统的功能就是在发动机工作时持续不断地把润滑油输送到全部传动件的摩擦表面，并在摩擦表面之间形成油膜，从而减小摩擦阻力、降低功率消耗、减轻机件磨损，以达到提高发动机工作可靠性和耐久性的目的。抗磨减摩、清净分散、抗氧抗剪切、防锈防腐及黏温性能均为发动机油的基本特性，润滑油质量一直随着排放法规、能源安全、燃料种类的变更不断在创新发展。

当前，国际上最新的汽油机油规格是2020年API发布的SP/GF-6，以及2021年4月30日ACEA发布的ACEA—2021轻负荷发动机油标准(重负荷将延后)，增加A7/B7和C6燃油经济性产品，形成以A3/B4(性能)、A7/B7(性能+HTHS(2.9~3.5))、C3(中灰)、C5或C6(中灰+低黏HTHS2.6)并列的格局，增加了链条磨损、抗低速早燃和涡轮增压器沉积物测试三个新实验。

中国石油依托于自身的研发测试平台，开发和创新各类添加剂单剂，在分散剂、清净剂、抗氧剂、金属减活剂、抗磨减摩剂、腐蚀抑制剂、黏指剂、极压剂等领域形成了大量自主单剂，先后开发出了满足SF、SG、SJ、GF-2规格的汽油机油复合剂3064C，满足SL规格的汽油机油复合剂3072A和分别满足SN、SN+规格的汽油机油复合剂3077和3077A，为高端复合剂的研发创造低剂量、高性能的技术革新，真正实现了从原料到产品的全链条自主技术转化。

昆仑润滑作为润滑油行业的国家队，始终坚持自主创新，在"十二五""十三五"期间取得了一系列丰硕成果，可以说基本健全了我国乘用车动力润滑产品自主技术体系。

2017年，中国石油启动了"高性能润滑油生产关键技术攻关及应用"国家重点研发项目攻关，将攻克高品质基础油关键生产技术、创建润滑油标准和测试方法，开发高端润滑油产品。现已攻克了程序ⅥD二阶段对老化油的节能性要求，开发出具有较好性价比的SN/GF-5产品；SP/GF-6技术，通过采用新型无灰高温抗氧剂与传统无灰抗氧剂复配，突破了长效性和高温清净性瓶颈，即将推出。目前，汽油机油中国标准的创新需求已非常迫切，但在未来5~10年，还需要及时跟上欧美标准的步伐，同时抓紧启动自主标准化工作。

一、乘用车对汽油机油的要求

乘用车及其动力系统一直受到人们对汽车性能、经济性与节能以及排放控制三大方面的密切关注，随着时代变迁各自比重有所不同。早期以提高性能为主，21世纪以来燃油节约和排放控制，乃至当前的减碳正成为最主要的驱动。

美国在20世纪就制定了"平均燃油经济性"法规，来驱动汽车节能减排，欧洲和日本也相继建立了自己的轿车平均百公里燃油消耗标准。我国工信部最新制定的《乘用车燃料消耗量第四阶段标准》，要求2020年新生产的乘用车平均燃料消耗量降至5.0L/100km，节能型乘用车燃料消耗量降至4.5L/100km以下，这首先驱动了发动机及其他动力技术的发展，同时也给润滑油脂提出了更高要求，合理的机油技术对整车燃油经济性的贡献一般可达2%~5%[1-3]。

在排放控制方面，我国长期参考欧盟排放体系，近年形成了"史上最严的"轻型车排放法规——国六排放标准，2016年12月23日正式发布，2020年7月1日在全国范围内实施。

从试验过程和排放限值方面,国六排放标准对所有车辆提出颗粒物质量(PM)和颗粒物数量(PN)限值要求,多数车辆需要引入汽油机颗粒捕集器(GPF),加大后处理器布局的难度和成本,不仅是对车企的一次严峻考验,同时也推动润滑油全面走向低硫、低磷、低灰。

为了适应乘用车对油耗和排放的要求,乘用车最有效的措施是轻量化,其次是主流动力汽油发动机技术创新,再次就是采用混合动力与电动化等新动力系统。在主流动力汽油发动机技术方面,越来越多采用发动机小型化涡轮增压及缸内直喷等技术,大幅度提高了发动机的燃烧效率,改善了燃油经济性和尾气排放,但使轻负荷发动机油的工作环境趋于恶化,对轻负荷发动机油提出了许多新的和更苛刻的要求,推动内燃机油规格的不断发展。发动机技术从最早的化油器到电喷技术再到缸内直喷,一直都在持续不断的改进和发展,其中对润滑有较大影响的是涡轮增压技术、废气再循环技术、三元催化转化器技术、停缸技术、全铝发动机和可变压缩比。

新动力系统方面,以纯电动、代用燃料和混合动力为主的新能源汽车已有了很大发展。其中,纯电动汽车在特大型中心城市得到快速发展;代用清洁燃料技术也能大大降低废气排放,达到改善尾气排放的目的,如天然气、甲醇或乙醇汽油等代用燃料,对于改善环境将起到积极、有效的作用;混合动力是传统内燃机与电动机的互补,既有电动汽车低排放的优点,又保持了石油燃料比能量和比功率高的优势,显著改善了传统内燃机汽车的排放和燃油经济性,增加了电动汽车的续航里程。2020年,我国新能源汽车产销量达136万辆。

为了适应汽车对节油、环保、安全的需要,车用汽油发动机主要朝着更节油、更环保的方向发展。对润滑油的性能要求主要体现在以下几个方面:(1)延长发动机油换油期;(2)提高燃油经济性;(3)提高尾气后处理装置的兼容性,见表7-1[4];(4)微混/启停技术对油品性能要求;(5)新能源汽车带来的油品性能要求;(6)涡轮增压汽油缸内直喷技术对油品性能要求;

表7-1 不同后处理装置对润滑油中硫、磷、灰分含量的控制要求

项目	灰分	磷	硫
GPF/DPF	敏感,需严格限制	适当控制	适当控制
TWC(三元催化转化器)	适当控制	敏感,需严格限制	敏感,需严格限制

二、汽油机油规格及台架

为了满足发动机对润滑油各种性能要求,国际上通行的各类发动机润滑油标准或规格都是由性能分类和黏度分级两个方面组成的。其中,黏度分级多参照美国汽车工程师学会(SAE)J300;性能分类最有影响力的是美国石油学会(API)/国际润滑剂标准化及认证委员会(ILSAC)和欧洲汽车制造商协会(ACEA)。此外,一些汽车OEM还制定了自己的油品规格,基本是在通用标准的要求基础上,加入部分自己的性能测试。

美国汽车工程师协会SAE J300标准,规定了发动机润滑油在高温和低温条件下的流变性能,从黏度表现的各个方面对牌号进行了划分,从而达到不同工况和使用环境下对发动

机的保护效果。最新的黏度等级分类标准是 SAE J300—2015，相对于 SAE J300—2013 增加了 8 和 12 两个黏度级别，见表 7-2，主要为满足市场需求的发展增设了更节能的低黏度级别。

表 7-2 SAE J300-2015 黏度分类

黏度等级	最大低温动力黏度 mPa·s	边界泵送温度下最大黏度，mPa·s	运动黏度(100℃)，mm²/s 最小	运动黏度(100℃)，mm²/s 最大	高温高剪切黏度 (150℃，10⁶s⁻¹)，mPa·s
0W	6200(-35℃)	60000(-40℃)	3.8	—	—
5W	6600(-30℃)	60000(-35℃)	3.8	—	—
10W	7000(-25℃)	60000(-30℃)	4.1	—	—
15W	7000(-20℃)	60000(-25℃)	5.6	—	—
20W	9500(-15℃)	60000(-20℃)	5.6	—	—
25W	13000(-10℃)	60000(-15℃)	9.3	—	—
8	—	—	4.0	6.1	≥1.7
12	—	—	5.0	7.1	≥2.0
16	—	—	6.1	8.2	≥2.3
20	—	—	6.9	9.3	≥2.6
30	—	—	9.3	12.5	≥2.9
40	—	—	12.5	16.3	≥3.5(0W-40, 5W-40, 10W-40)
40	—	—	12.5	16.3	≥3.7 (15W-40, 20W-40, 25W-40, 40)
50	—	—	16.3	21.9	≥3.7
60	—	—	21.9	26.1	≥3.7

在质量等级方面，一直以来 API 及之后的 ILSAC 规格代表着世界汽油机油发展的潮流，ILSAC 的"GF-X"规格基本是在达到 API 相应质量等级基础上，增加了节能要求。最新的汽油机油规格为 2020 年发布的 SP/GF-6，在 SN/GF-5 基础上增加了低速早燃和正时链条磨损台架验证，以应对汽油直喷发动机出现的抗早燃和磨损保护性能要求，所有台架测试性能要求全面升级。

欧洲汽车制造商协会(ACEA)为欧洲的 OEM 以及他们生产的车辆设立了润滑油的基础性能标准，见表 7-3。ACEA 发动机油系列标准分为汽油/轻负荷柴油发动机油(A/B，C 系列)及重负荷柴油发动机(E 系列)，ACEA A/B 系列发动机油属于常规灰分润滑油，对配方中的硫、磷含量无限制要求，不适用于带有先进后处理装置的发动机的润滑。ACEA C 系列属于低硫、低磷、低硫酸盐灰分(低 SAPS)润滑油，对配方中的硫、磷和硫酸盐灰分有限值要求，与发动机尾气后处理装置具有良好的兼容性，满足现代发动机 GDI 和 T-GDI 等最新发动机技术和后处理装置适应性要求。最新 ACEA—2021 版本中 A/B 系列删除了 A3/B3，增加了 A7/B7，目前 A/B 系列只有 A3/B4、A5/B5、A7/B7 三个类别，以 A3/B4 和 A7/B7 为主；C 系列取消了 C1，增加了 C6，有 C2、C3、C4、C5、C6 五个系列，将以 C3 和 C6 为主。

表 7-3 API 及 ACEA-2021 典型分类指标

项目		C3	C6	A3/B4	A7/B7	SP/GF-6
HTHS(150℃), mPa·s		≥3.5	2.6~2.9	≥3.5	2.9~3.5	黏度级相关
蒸发损失,%		≤13	≤13	≤13	≤13	≤15
碱值(高氯酸法/盐酸法), mg KOH/g		≥6.0	≥4.0	≥10.0	≥6.0	
硫含量,%		≤0.3	≤0.3			≤0.5
磷含量,%		0.07~0.09	0.07~0.09			0.06~0.08
硫酸盐灰分,%		≤0.8	≤0.8	1.0~1.6	≤1.6	
燃油经济性	M111, /%	≥1.0(XW-30)			≥2.5	
	Toyota(2ZR-FXE),%		≥0.0			
	程序ⅥE/ⅥF					黏度级相关
程序ⅣB 进气挺杆容积损失, mm³		≤3.3	≤2.7	≤3.3	≤2.7	≤2.7
涡轮增压器压缩机沉积物, 分			≥25		≥25	
TEOST 33cc						黏度级相关
程序Ⅸ	四次循环平均早燃出现频次		≤5		≤5	≤5
	单次循环早燃出现频次		≤8		≤8	≤8
程序Ⅹ 正时链条伸长,%			≤0.085		≤0.085	≤0.085

汽油机油规格发展的另一推动力是 OEM 的需求，OEM 油品规格以 API 规格或 ACEA 规格为基础，加入各自公司的内部发动机测试试验形成，会更加严格和苛刻。一般要获得汽车 OEM 装车油和服务用油的认可，必须首先进行 API 认证试验或 ACEA 认证试验后，才可进行相应 OEM 认证程序。其中，对全球润滑技术影响较大的 OEM 规格有通用、大众、福特、宝马等。

中国汽油机油规格执行 GB 11121—2006，黏度分类参照 SAE J300，质量级别滞后参照 API/ILSAC 标准包含从 SF 到 SM，正在修订拟引入 SN 和 SP 规格。各大公司高端产品，基本直接参照 API 或 ACEA 标准制定相应企业标准，生产的油品质量与国际同步。

一个汽油机油标准包含的质量指标多达 20 余项，一般分为三大类：一是最基本各项理化指标，如黏度、密度、黏度指数、倾点等；二是发动机使用性能模拟试验，如抗氧防锈、抗泡沫等；三是台架评定，也就是用标准发动机，在规定的程序下对润滑油的抗氧化、抗磨、清净分散等性能进行评价，这是发动机油区别于多数工业润滑油的地方，发动机油规格的发展也多数由发动机台架、评定内容及其要求的变化来定义。

最新的汽油机油标准 GF-6，相比于前一代的 GF-5 在四个方面有着明显的提升，并都体现在相应的台架上：一是沉积物的控制与清净性，无论是油泥以及高温的漆膜和积炭相应的试验评分均进行了大幅度提高，来应对涡轮增压直喷发动机带来的沉积物增加问题；二是燃油经济性的提高与保持，不仅提高了新油的节油率且对旧油的节油率保持性也进行了提高；三是更好的磨损保护，为正时链条、阀系磨损等部位的零件提供了更好的磨损保护，特别是怠速停机、频繁启动、停机后启动等工况下的磨损保护；四是新加入的低速早燃试验，要求润滑油在小型增压发动机所面临的低速早燃问题上有所改善。

ILSAC汽油机油规格中的燃油经济性和高温抗氧化性能一直是关注的重点，GF-6规格采用新的高温氧化试验程序ⅢH，相比ⅢG试验，试验条件更加苛刻，压缩比从9提高到10.2，转速从3600r/min提高到3900r/min，还增加了窜气量以加速机油的氧化，迫使油品必须具有更强的碱保持性和抗氧化能力，相对于GF-5 ⅢG黏度增长≤150%，GF-6的ⅢH试验要求黏度增长≤100%。

GF-6规格对中低温清净分散性的要求也全面提升，中低温磨损、油泥和漆膜试验采用全新的程序ⅤH（2013款福特4.6L V8发动机），使用了环槽间隙更大的活塞，以增加窜气量和燃油稀释（10%～15%），增加3%的烟炱来考察磨损。

由于滑动凸轮随动件对气门产生更大的磨损，随着发动机配气系统的更新，GF-6开发了新的凸轮轴磨损评价ⅣB台架代替ⅣA台架，2阶段转速从1500r/min提高到4300r/min，加强了试验件的磨损苛刻度，对润滑油的抗磨损能力提出了更高的要求。

GF-6规格中节能发动机试验采用新开发的程序ⅥE，采用最新通用4.6L V8发动机，进一步延长老化试验时间至109h，试验时间为125h，并减少补油量，GF-6A综合燃油经济性指数较GF-5提升1%，GF-6B（程序ⅥF）提升幅度更大，见表7-4。

表7-4 GF-6和GF-5燃油经济性

项目	ILSAC GF-5			ILSAC GF-6A			GF-6B
	XW-20	XW-30	10W-30	XW-20	XW-30	10W-30	XW-16
FEI2	≥1.2	≥0.9	≥0.6	≥1.8	≥1.5	≥1.3	≥1.9
FEI SUM	≥2.6	≥1.9	≥1.5	≥3.8	≥3.1	≥2.8	≥4.1

随着发动机向小型化方向发展，发动机进气压力和温度的提升，导致发动机缸内燃烧热负荷进一步增加，在小型强化发动机低速大负荷工况发现了先于火花点火的异常燃烧现象，不同于表面点火具有随机性和间隔性，可能会导致发动机出现常规爆震甚至是超级爆震（LSPI），在高增压比发动机中缸内爆发压力可达30MPa，压力振荡幅值甚至超过20MPa，具有极强的破坏性，可能造成发动机火花塞烧蚀、气门击穿和活塞顶面断裂；低速早燃无法通过推迟点火时刻进行消除，其影响因素众多。

GF-6标准中，低速早燃台架使用的是2.0L的福特涡轮增压汽油直喷发动机，测试175000个燃烧循环，整个测试时间持续16h，通过测量发动机缸压来检测低速早燃的发生频率，整个循环的平均早燃频率不超过5次，单个循环早燃频率不超过8次，判定台架测试通过。

汽车正时链条磨损包括铰链磨损、套筒滚子冲击疲劳磨损、链板疲劳磨损、销轴与套筒胶合等，其中铰链磨损最为常见。转动过程中铰链中的销轴与套筒间承受较大压力且相对转动，因此易造成铰链磨损。磨损使链节距增大，增大传动的不均匀性和动载荷，直接影响发动机的配气正时。燃烧产生的污染物进入润滑系统中，尤其是在直喷发动机中，润滑油从油底壳泵送到正时链条时可能会产生沉积并引起正时链条的磨损。GF-6标准正时链条磨损台架，测量链条拉伸的长度，如果在216h的测试时间，其拉伸长度超过0.085%，就会判定为台架测试未通过。

ACEA—2021是目前最新的欧洲标准规范，在发动机台架试验方面，把TU3阀系磨损试验、MO646LA 磨损试验从 ACEA—2016 版中删除，更新低温油泥试验(ASTM D6593 程序 ⅤH 试验)，保留黑油泥试验(Daimlei M271)、直喷汽油机清净性试验(EP6TCD)、直喷柴油机中温分散试验(DV6C)、磨损试验(MOL46LA)、直喷柴油机清净性试验(VW TDI)等测试项目和指标要求；同时推出了新的试验替代过时的试验，以适应发动机技术和生物燃料对润滑性能影响的需要。

三、汽油发动机油产品技术

发动机油由基础油和添加剂构成，其中基础油的类型和牌号相对规范，产品技术进步多半以添加剂的复配技术为核心。汽车发动机技术的更新在不断加速车用油的升级换代，比如高压缩比会有更高的燃油稀释及机油消耗，燃油直喷技术和涡轮增压技术会使进气阀沉积物增多、发动机元器件磨损加剧、涡轮增压器结焦、加速油品的老化、油泥增多、LSPI 现象频发，更高的功率密度会加速机油氧化硝化，更复杂的排放系统增加了催化剂中毒的风险。汽车发动机油主要由基础油和添加剂组成，基础油是润滑油的主体，含量占 80% 以上，而添加剂是赋予油品特殊性能的关键要素，油品质量的高低基本取决于添加剂技术水平。

在国际市场上，形成了以 4 家国际知名润滑油添加剂公司路博润 Lubrizol、润英联 Infineum、雪佛龙奥伦耐 Chevron Oronite、雅富顿 Afton 为主的市场竞争格局，占据了全球 85% 左右的添加剂市场份额。此外，还有科聚亚(Chemtura，LANXESS 收购)、巴斯夫(BASF)、范德比尔特(Vanderbilt)、罗曼克斯(Rohmax)等生产单剂为主的添加剂公司，在各自专业领域均有较强的研发实力，占有一定的市场份额。

"十二五""十三五"期间，中国石油在汽油发动机润滑领域，对整个技术平台进行了升级，不仅赋予产品更高的经济性，也提升了使用性能。针对经济型市场，打造了两款高性价比的 KUNLUN V3064C、V3072A 复合剂技术。V3064C 一剂多用，可调和 SF、SG、SJ、GF-2 汽油机油、四冲程摩托车油，具有优异的油泥分散性和优良的高温清净性；V3072A 可调和 SL 汽油机油、四冲程摩托车油，具有优秀的抗氧化性和清净分散性，加剂量与国外技术相当。

在高端用油"方向"，采用自产添加剂单剂成功开发出两款高质量级别的高端复合剂 KUNLUN V3077、V3077A。V3077 可调和 SN 汽油机油、四冲程摩托车油，GF-5 节能汽油机油，是行业内满足 SN 质量级别的最低加剂量复合剂，具有优秀的抗氧性、黏度保持性和优异的清净分散性，通过了 20000km 路试考验；V3077A 可调和 SN+汽油机油、四冲程摩托车油、GF-5 节能汽油机油，赋予发动机油优异的抗早燃、抗氧、清净分散性，复合剂加量 6.75% 为业内最好水平。

为更好地实现国家润滑技术自主可控，中国石油润滑油公司一直不断开发和创新各类添加剂单剂，经多年来的不懈努力，已经在分散剂、清净剂、抗氧剂、金属减活剂、抗磨减摩剂、腐蚀抑制剂、黏指剂、极压剂等领域形成了大量的专利产品，为高端复合剂的研发创造低剂量、高性能的技术革新，真正实现了从原料到产品的全链条自主技术转化。

产品开发离不开行之有效的评价方法。早在 1989 年，中国石油就开始引入国际标准要求的发动机台架试验，现已具备开发 SJ、SL、SM、SN、SN+等不同质量级别汽油机油的全套台架设备，不仅开发出了一代代系列产品，缩短了中国自有技术与国际标准的差距，也大大提高了产品核心的技术实力，形成了独具特色的昆仑配方体系。除了引进国际标准台架，中国石油也不断摸索和开发与标准台架测试关联性好的模拟评价技术和OEM自主台架方法开发，建立了MTM（微牵引试验机）、SRV摩擦磨损试验机、模斑直径、油膜厚度、柴油机油腐蚀试验仪（HTCBT）、摩擦系数等企业标准的模拟评价方法，以及江淮1.5TGDI直喷汽油机综合性能评价、低速早燃等台架试验方法，为国家自主汽油机油标准开发奠定了基础。

昆仑润滑是国内汽油机油发展的引领者，时刻关注国内用油现状及国际发展趋势，开发满足国内汽油机润滑需求的汽油机油并设计好未来发展格局是昆仑润滑的社会责任。未来将着力于高端产品和新能源发动机油研发，包括SP/GF-6优化升级、0W-16/20节能型汽油机油、0W-40高性能汽油机油配方开发和甲醇、乙醇、生物燃料、混合动力等替代能源、新型发动机润滑油的专项开发，并通过加大与国际、国内OEM紧密合作，开拓发动机主机厂装车和服务油市场，更好地做到全方位润滑服务。

四、摩托车油产品技术

"十二五""十三五"期间，随着排放法规日益严格和城市禁摩令的影响，摩托车的产量呈现逐年下降趋势，但摩托车的技术正在提高，发动机技术由国Ⅱ化油器、国Ⅲ精调化油器，跨越到国Ⅳ电喷、直喷技术；后处理系统更加复杂；摩托车的排量也由原来的小排量50mL、70mL、80mL、90mL、100mL、110mL、125mL提高到100mL、125mL、150mL、190mL较大排量，400mL、500mL、600mL及以上大排量摩托车也正在逐步实现国产化，和国外先进摩托车技术的差距正在缩小，大排量摩托车被进口车垄断的局势正在发生变化，摩托车技术实现了跨越，从散乱逐渐走向了规范。

摩托车油开始从普通汽油机油中分离出来，建立摩托车油标准，升级为SG(MA)、SJ(MA)，以及SL(MA2)、SN(MA2)级别摩托车油，见表7-5，与国外摩托车油同步；黏度等级也从20W-50、15W-40，向更加节能的10W-40、10W-30级别发展。

表7-5 摩托车排放标准、摩托车技术及相应摩托车油等级

国家排放标准	执行时间	摩托车关键技术改进	摩托车油等级	
国Ⅱ排放标准	2005年7月1日	二次补气	SF/SG/SJ	15W-40/20W-50
国Ⅲ排放标准	2010年7月1日	精调化油器及三元催化转化器	SF/SG/SJ/SL	15W-40/10W-30
国Ⅳ排放标准	2018年7月1日	电喷、直喷技术及复杂后处理技术	SG/SJ/SL/SN	10W-40/10W-30

摩托车油和轿车汽油机油的不同，可以从轿车发动机和摩托车发动机的主要差异看出：(1)优异的高温性能，摩托车在正常行驶下的转速远远高于汽车转速，正常转速为7000~8000r/min，汽车最高转速不超过4000r/min，因此产生的热量多于轿车；摩托车采用自然风冷的冷却方式，虽然有少量摩托车采用水冷，但由于受摩托车自身体积小的限制，其冷却效果均差于汽车用循环水冷；摩托车机油箱小，机油量为800~1100mL，轿车用机油量一般为4L左右，机油带走的热量低于轿车机油带走的热量，上述原因导致了摩托车油的使用温度要高于汽油机油。正常情况下轿车润滑油温度在90℃左右，而摩托车曲轴箱温度在100℃左右，缸头上甚至能达到180℃。因此，摩托车油最重要的性能要求就是优异的抗高温性能。

(2) 优良的抗剪切性能，摩托车采用的是"三位一体"的润滑方式，即摩托车油既要润滑曲轴箱，也需要润滑齿轮变速系统和离合器传动系统。一方面摩托车转速较高，曲轴对润滑油的剪切要频繁；另一方面，摩托车油还需要接受齿轮变速器的剪切，剪切应力高于汽油机油，因此，摩托车油需要更好的抗剪切性能。

(3) 适宜的摩擦特性，摩托车离合器需要摩托车油润滑，摩擦特性要求适宜，太大或太小会造成离合器换挡发硬或离合器打滑。随着汽油机油的节能和环保要求，一方面汽油机油中磷含量等已经不能满足 JASO T903 摩托车油规格标准；其次汽油机油配方中开始加入减摩剂以改变油品的摩擦性能达到节能，减摩剂改变了油品的摩擦特性不能保证离合器的使用性能，这是摩托车油不宜用汽油机油替代的主要原因。

按发动机结构摩托车可分为四冲程摩托车和二冲程摩托车，相对应有四冲程摩托车油和二冲程摩托车油。四冲程摩托车发动机采用的是一体润滑方式，通过机油泵从曲轴箱底部将润滑油吸入后输送到发动机所需要润滑的各个部位，如曲轴轴箱、凸轮轴承、配气机构、离合器、变速齿轮等，参与润滑后润滑油又顺着油道流回到曲轴箱底部，可以循环使用。随着节能环保法规越来越严格，汽油机油在 SH 级别开始增加了节能的性能要求，为满足节能要求需在配方中加入摩擦改进剂，加入摩擦改进剂改变了油品的摩擦特性由此也造成了油品不能完全满足摩托车离合器系统润滑要求，因此，1998 年日本汽车标准化组织(JASO)建立了摩托车油分类标准 JASO T903，见表 7-6，之后进行了多次修订，成为国际公认的摩托车油标准。由发动机油性能、理化性能(表 7-7)和摩擦特性(表 7-8)三部分组成，主要是在相应汽油机油规格基础上，增加了 JASO T904 摩擦特性要求，2006 年增加了 MA1 和 MA2 两个类型，总共有 MA、MA1、MA2 和 MB 四个类型。

表 7-6　JASO T903：2016 摩托车油质量等级分类

规格	质量等级
API	SG，SH，SJ，SL，SM，SN
ILSAC	GF-1，GF-2，GF-3
ACEA	A1/B1，A3/B3，A3/B4，A5/B5，C2，C3，C4

表 7-7　摩托车油理化指标

项目		指标
硫酸盐灰分，%(质量分数)		≤1.2
磷含量，%(质量分数)		0.08/0.12
蒸发损失，%(质量分数)		≤20
泡沫倾向性(泡沫倾向性/泡沫稳定性)	程序Ⅰ，mL/mL	≤10/0
	程序Ⅱ，mL/mL	≤50/0
	程序Ⅲ，mL/mL	≤10/0
剪切稳定性 [剪切后运动黏度(100℃)]，mm²/s		xW-30：9.0； xW-40：12.0； xW-50：15.0； 其他等级：保持在原黏度等级范围内
高温高剪切黏度，mPa·s		2.9

表7-8 离合器系统摩擦特性分类

分类	指数范围			
	MA	MB	MA2	MA1
动摩擦特性指数 DFI	≥1.30~<2.50	≥0.50~<1.30	≥1.85~<2.50	≥1.30~<1.85
静摩擦特性指数 SFI	≥1.25~<2.50	≥0.50~<1.25	≥1.70~<2.50	≥1.25~<1.70
时间制动指数 STI	≥1.85~<2.50	≥0.50~<1.45	≥1.85~<2.50	≥1.45~<1.85

市场上的摩托车油以 MA 为主,高档油多为 MA2,MB 等级的油品只用于干式离合器(自动挡)踏板车的润滑。根据 JASO T903 规格四冲程摩托车油评定方法包括相应汽油机油台架评定方法和离合器系统摩擦特性的评价方法,见表 7-9。

表7-9 摩托车油台架评定方法

项目	发动机台架	SF	SG/SH/SJ	SL	SM/SN
分散性能	程序 VD	√			
	程序 VE		√		
	程序 VF/程序 VG			√	
	程序 VG				√
高温性能	程序 IIID	√			
	程序 IIIE		√		
	程序 IIIF/程序 IIIG			√	
	程序 IIIG				√
抗磨损性能	程序 IVA			√	√
抗腐蚀性能	程序 IID	√			
	球锈蚀试验		√	√	√
高温氧化与轴瓦腐蚀试验	L-38 法	√	√		
	程序 VIII			√	√
摩擦特性试验	JASO T904/JASO T903 附录 A	√	√	√	√

摩托车离合器系统摩擦特性实验是评价四冲程摩托车油品的离合摩擦特性的实验,在 JASO T903:2011 及之前的版本中实验方法为 JASO T904,在 JASO T903:2016 版本中是 JASO T903:2016 规格标准的附录 A。根据摩擦特性实验结果的摩擦特性指数确定摩托车油的摩擦特性为 MA(MA1/MA2)或 MB 级别。

二冲程发动机采用混合气扫气,存在短路损失、油耗高和排放恶劣等致命缺陷,仅应用于某些剪草机、雪橇等小型设备。二冲程发动机油公认的标准是 JASO M345,最新的版本为 JASO M345:2018,见表 7-10,各等级二冲程发动机油的性能并没有实质性改变。

在"十二五""十三五"期间,中国石油以 II、III 类基础油,国产 RHY614、RHY615 黏度指数改进剂,开发了 RHY3061A、RHY3061B、RHY3075、RHY3064C、RHY3072A、RHY3077、RHY3077A 等复合剂技术平台,可生产满足 JASO T903 规格的 SJ(MA)、SL(MA2)、SN(MA2)等摩托车油。采用优质国产添加剂为主要添加剂,并复配具有优良抗氧化性能的抗氧抗腐剂、良好的抗磨剂等功能添加剂;充分考虑了我国摩托车技术、车况、路况及排放要求，突出油品的抗磨损性能、高温清净性、高温抗氧性能、节能性能、适宜的摩擦特性等特点，可以调制黏度指数在 140 以上，适用于国Ⅳ及大排量摩托车的润滑油；通过了五羊-本田、新大洲本田、大长江豪爵、建设雅马哈等知名 OEM 发动机台架和行车试验等验证，成为其装机油和服务用油，性能达到国际先进水平。

表 7-10　JASO M345：2018 标准分类及指标

项目	FB	FC	FD	试验方法
运动黏度（100℃），mm^2/s	≥6.5			GB/T 265—1988
闪点（闭口），℃	≥70			GB/T 261—2008
硫酸盐灰分，%	≤0.25		≤0.18	GB/T 2433—2001
润滑性能指数 LIX	≥103			JASO M340—2018
初始扭矩指数 IIX	≥98			
清净性指数 DIX	≥65	≥95	≥110	JASO M341—2018
裙部漆膜指数 VIX	≥65	≥90	≥100	
排烟指数 SIX	≥45	≥85		JASO M342—2018
堵塞指数 BIX	≥45	≥90		JASO M343—2018

展望未来，中国摩托车油要维持自身的竞争力，需进一步在成本和质量上下功夫，以良好成本控制和品质保证形成强大的市场竞争力，再反过来推动技术和品牌的提升，形成了良性的发展轨道。

五、燃气发动机润滑技术

汽车尾气排放已经成为生态环境的主要污染源，开发新型清洁代用燃料成为一个重要选项。汽油发动机代用燃料有压缩天然气（CNG）、液化石油气（LPG）、乙醇和甲醇汽油等，见表 7-11。替代燃料的性质不同于传统的汽/柴油，为了更好地满足润滑要求，保护发动机正常运行，必须使用专门的替代燃料发动机润滑油。

表 7-11　汽车燃料常规排放量比较　　　　　　　　　　　　　单位：g/km

燃料种类	甲醇（M100）	二甲醚	天然气	液化石油气	汽油	柴油
CO	0.93	0.12	1.07	0.46	2.08	1.40
CH	0.06	0.04	0.14	0.61	0.10	0.14
NO_x	0.15	0.20	0.21	0.90	0.43	0.94

液化石油气（LPG）是以 3 个或 4 个碳原子的烃类（如丙烷、丙烯、丁烷、丁烯）为主的混合物，常温常压下是无毒、无色、无味的气体，具有辛烷值高、抗爆性能好、热值高、储运压力低等优点，是一种性能优良的汽车代用燃料。使用 LPG 和汽油或柴油的内燃机，可以使用普通汽油机油或柴油机油进行润滑。

天然气是石蜡族低分子饱和烃气体和少量非烃气体的混合物。天然气按成因一般分为三类：与石油共生的叫油型气（石油伴生气）；与煤共生的叫煤成气（煤型气）；有机质被细菌分解发酵生成的叫沼气。天然气主要成分是甲烷。一般天然气中甲烷含量在 90% 以上的称作干气，甲烷含量低于 90%，而乙烷、丙烷等烷烃的含量在 10% 以上的称作湿气。

20 世纪 70 年代以来，燃气发动机已先后在世界各国得到广泛应用，但没有统一的标准对燃气发动机油质量进行限定，只有相关润滑油公司的企业标准。气体燃料纯度高，热效率高，燃气温度高，燃烧干净，但其润滑性差，且含有一定的硫，容易造成发动机相关部件的粘结、摩擦、腐蚀和锈蚀等磨损。随着车用燃气发动机的推广，燃气发动机润滑油将逐步形成一定的市场需求。传统的发动机油不适用于燃气发动机的润滑，需要专门的燃气发动机润滑油，燃气种类不同，对油品的性能要求也就不同，尤其是灰分和碱值。

燃气发动机对润滑油的要求主要有以下几点：燃气的燃烧温度比较高，润滑油易于氧化，所以要求润滑油要有较好的抗氧化性；汽/柴油发动机中的汽/柴油以雾状小液滴形态喷入汽缸，对阀门、阀座等部件可起到润滑、冷却作用，燃气则呈气态进入汽缸，不具备液体润滑功能，易使阀门、阀座等部件干涩无润滑，易产生粘结磨损；燃烧废气在高温下易生成氮氧化物，如果窜入曲轴箱会使润滑油加快氧化变质，所以要求润滑油还应有较好的氧化安定性和清净分散性；天然气对润滑油在燃烧室内燃烧产生的沉积物的清洗能力不足，高灰分润滑油极易在发动机部件表面生成坚硬沉积物，促使发动机异常磨损、火花塞堵塞及阀门积炭，引起发动机爆震、点火失时或阀门喷火，所以要求润滑油灰分不能太高；同时因燃气对燃烧室缺乏润滑性，适量的灰分可以降低阀系磨损，因此又要求润滑油灰分不能过低，润滑油产品最好具有适宜的灰分。中国石油开发了长换油期出租车燃气专用油，换油周期达到 1×10^4 km 以上，受到市场欢迎。

六、醇类燃料发动机润滑技术

醇类代用燃料是在汽油组分中按体积比加入一定比例的甲醇/乙醇（我国暂按 10% 变性燃料乙醇）混配而成的一种新型清洁车用燃料，见表 7-12。汽油中醇类含量的不同，对油品的性能要求也不同，一般醇类含量越高，润滑油性能要求越高。

表 7-12 甲醇、乙醇和汽油物理化学性质

项目	甲醇	乙醇	汽油
密度，kg/m³	0.792	0.789	0.73
冰点，℃	-96	-117.3	-60
沸点，℃	64.7	78.3	27~225
燃烧热，kJ/kg	19930	29700	43030
蒸气压(38℃)，kPa	31.86	13.33	48.26~103.32
水中溶解度，mg/L	互溶	互溶	100~200
闪点，℃	12	13	6.1
自燃温度，℃	500	793	456
辛烷值	112(RON)，92(MON)	111(RON)	70~90
理论空燃比	6.5	9	14.8
理论混合进气温度，℃	122.4	—	21.6
理论混合气热值，kJ/kg	2650	—	2780
层流燃烧速度，m/s	52		38

甲醇、乙醇具有含氧量高，H/C 大，辛烷值高，汽化潜热大以及蒸气压低等特点。与汽油相比具有较高的活性，与空气的混合气着火界限宽，燃烧速率高，甚至较稀的混合气也能燃烧，对抑制碳烟生成有利。H/C 高，空气污染相对较小。针对我国富煤少油的能源结构特点，发展煤基甲醇灵活燃料，可以降低对石油的依赖，是我国车用能源多元化战略的重要组成部分。山西、山东、云南、四川等地均进行过甲醇燃料替代汽油的试验研究，并取得了良好的经济效益和环保效益。

车用乙醇汽油的牌号按研究法辛烷值的大小划分有 E90 号、E93 号、E95 号等。车用乙醇汽油具有许多优点：首先，它取代了对水资源有污染的汽油增氧剂 MTBE（甲基叔丁基醚），增加汽油中的氧含量，使燃烧更加充分，更有效地降低和减少尾气中有害物质的排放，CO 的排放可减少近 30%。其次，可以有效提高汽油的辛烷值，加入 10%乙醇后，可使汽油研究法辛烷值（RON）提高 2~3 个单位，改善抗爆性，允许发动机在较高的压缩比下使用，改善了发动机的热效率和输出功率。第三，能有效地消除火花塞、燃烧室、气门、排气管消声器部位积炭的形成，优化工况，延长主要部件的使用寿命。

另一方面，醇类汽油的蒸发潜热高、沸点单一，而且蒸气压低，会在较低温度下影响驱动性能；甲醇（乙醇）汽油含有少量水分易于与润滑油混合，在较低的温度下容易与油形成乳化液，比汽油更易到达汽缸壁，对于汽缸壁、活塞环磨损以及发动机其他零部件的腐蚀是关注的焦点。

醇类汽油，尤其是高掺烧比甲醇汽油 M85、M100，具有一定的吸水性，与汽油相比，甲醇燃烧每个碳原子几乎要产生 2 倍的水，润滑油中会混入更多的水；醇类燃料的润滑油油温升高幅度较大，温度的升高使得发动机润滑油黏度较汽油发动机润滑油黏度大大增长；醇的蒸发潜热要比普通汽油高，挥发比较困难，更容易渗入润滑油中，一方面稀释了润滑油，降低了油品的黏度，另一方面润滑油添加剂会被渗入的甲醇萃取，使得润滑油迅速变质恶化，使气缸壁上部区域产生磨损；醇类发动机油中会形成较多的戊烷不溶物，当机油中污染物（醇、汽油、水）增加到一定程度时就会开始形成白色油泥，要求润滑油应当具有很好的碱值保持能力、腐蚀抑制能力以及抗磨性能。

研究发现，添加剂配方对防止醇类燃料发动机的磨损效果明显，ZDDP 是汽油机油中最常使用的抗磨添加剂，但增加 ZDDP 的用量对改善醇类发动机的磨损却无效，它在发动机油中有一最佳加量范围。此外，金属清净剂也明显影响到油品的抗磨性，金属清净剂的浓度越高，抗磨损性能越好，随着润滑油总碱值的提高，磨损将下降。

中国石油开发了低灰、中灰、高碱值等一系列甲醇发动机油，通过了 OEM 的相关发动机台架验证和产品认证，具有优异的碱保持能力和抗氧化能力，可满足不同掺烧比例下甲醇燃料发动机的润滑；开发的乙醇汽油机油适用于低掺烧比例乙醇汽油发动机的润滑。

第二节　车用柴油机油技术

在车用发动机中，柴油发动机以其热效率高、排放性能改进潜力大、可靠性高、起动迅速、维修简易、运行安全、使用寿命长等优势而在商用车上得到广泛应用。重型汽车中，欧洲、美国和日本已经实现100%应用柴油发动机；商用汽车中，欧洲和美国都达到了90%，日本为83%。

柴油机在高速高负荷工况下，各摩擦表面，如气缸壁与活塞环、曲轴颈与轴承、凸轮轴与轴承等必须进行润滑，以减小摩擦阻力，减小功率损失，减少零件磨损，使发动机长期可靠地运转。润滑系统的作用就是向各运动零件的摩擦表面输送清洁的商用车发动机油，以达到润滑、密封、清洁、冷却、液压、缓冲和防锈等作用。柴油机油技术，是润滑油及添加剂技术开发的最重要领域之一。

中国石油在车用柴油机油技术方面取得了多项科研成果，并得到了应用转化，已完全建立了可适应国家需要的柴油机润滑技术平台。成立了"发动机润滑油中国标准开发创新联盟"CLSAC，开展中国D1规格要求的柴油机油台架试验方法研究。在复合剂领域，借助于中石油在烟炱分散添加剂和相关台架方面的技术积累，有效解决了柴油机油在高烟炱含量下带来的油品黏度增长、大大提升缸套—活塞环、阀系等部件的润滑保护，先后研制成功CF-4和CH-4/CI-4的柴油机油复合剂RHY3151C和RHY3150A，加剂量仅为5.85%和8.3%，处于国际领先水平。

一、商用车及其发动机对柴油机油的要求

汽车行业的快速发展也给环境增加了压力，《2018—2023年中国机动车污染防治行业发展前景与投资预测分析报告》提出，我国空气污染的重要来源是机动车尾气排放，机动车污染问题日益突出，也是造成灰霾、光化学烟雾污染的重要原因。其中，小型客车及汽油发动机是一氧化碳（CO）和碳氢化合物（HC）的主要贡献者，占一氧化碳排放量的85.0%；重型货车及其柴油发动机则是氮氧化物（NO_x）和颗粒物（PM）的主要来源，占氮氧化物（NO_x）排放量的100%[5]。

为了进一步控制NO_x和颗粒物等污染物排放，2018年6月生态环境部和国家市场监督管理总局联合发布了《重型柴油车污染物排放限值及车辆方法（中国第六阶段）》，见表7-13，适用于装用压燃式发动机汽车、天然气或液化石油气作为燃料的点燃式发动机汽车及其发动机所排放的气态污染物的排放限值及测量方法。与国V排放法规相比，重型柴油车NO_x和PM限值要求分别降低77%和67%，并增加了颗粒物粒数（PN）限值要求[6]。

表7-13 重型柴油车发动机标准循环国Ⅵ排放限值

发动机类型	CO mg/(kW·h)	THC mg/(kW·h)	NO_x mg/(kW·h)	NH_3	PM mg/(kW·h)	PN 个/(kW·h)
WHSC 工况（CI）	1500	130	400	10×10⁻⁶	10	8.0×10¹¹
WHTC 工况（CI）	4000	160	460	10×10⁻⁶	10	6.0×10¹¹
WHTC 工况（PI）	4000	—	460	10×10⁻⁶	10	6.0×10¹¹

注：CI表示压燃式发动机；PI表示点燃式发动机。

解决商用车排放问题的技术和方案主要包括发动机机内净化、尾气后处理、机油性能改善、燃油品质提升等四个方面，其中机内净化和尾气后处理是汽车行业最主要的努力方向。发动机机内净化技术包括活塞顶环槽提升、高压共轨、延迟喷射和EGR等，但是要达

到国Ⅳ以及更高级别排放法规的控制要求，通常还需要配合尾气后处理技术来实现减排，常见的柴油发动机尾气后处理技术包括选择性催化还原（SCR）、微粒捕集器（DPF）、氧化催化转换器（DOC）、废气再循环（EGR）、颗粒氧化型催化剂（POC）、NO_x吸附技术（LNC）和稀燃NO_x捕集技术（LNT）。

延迟喷射、顶环提高和EGR等技术的应用，会使润滑油中的烟炱含量增加，对润滑油的烟炱分散性能提出了更高要求。比如评价烟炱引起的黏度增长的台架，CH-4为Mack T-8E台架，要求4.8%烟炱浓度时相对黏度（RV48）不大于2.1，CI-4要求相对黏度（RV48）不大于1.8；CJ-4时，已改变为Mack T-11（EGR发动机）台架，工况和指标均变得更加严苛。

SCR、顶环提升和EGR等技术的采用，使发动机的热负荷增加，对油品的高温清净性和抗氧化性能要求增加。评价油品高温清净性的台架CI-4为Cat.1K和Cat.1R，CJ-4和CK-4为Cat.1N和Cat.C13，Cat.1N替代Cat.1K，油品的高温清净性和抗氧化性能也随着质量等级的提升而提高。

DPF技术的使用对油品提出低灰分、低硫和低磷的要求，即低SAPS。DPF通过物理过滤的方法把PM从尾气中吸附掉，随着PM的增加会堵塞DPF的气流微孔道而导致发动机背压的增加，需要定期再生把过滤下来的PM处理掉。但是，再生（高温燃烧或催化低温燃烧）只能去掉PM中的干碳烟和可溶性有机物等成分，来源于润滑油添加剂中的金属元素会形成无法烧掉的灰烬，进而逐渐堵塞DPF的微孔道。为了保证DPF的长效使用，需要降低润滑油中的硫酸盐灰分；同时为了保证催化剂的耐久性，需要降低润滑油中的硫和磷元素的含量。

柴油发动机一般负荷高，长时间高速运转的工况较多，导致其热负荷高，气缸内易生成烟炱和积炭，同时油品容易氧化变质，柴油机油侧重于油品的高温清净性和高温氧化性能。具体来说，柴油机油应该具备以下基本性能：（1）适宜的黏度和良好的黏温性能；（2）优异的清净分散性能；（3）良好的高温氧化和热稳定性能；（4）优良的抗磨性；（5）有效的酸中和性能；（6）良好的抗泡沫性；（7）优良的剪切稳定性；（8）低SAPS，控制可能引发堵塞的灰分以及造成催化剂中毒的硫、磷等配方成分（表7-14）。

表7-14 不同后处理装置对润滑油硫、磷、灰分的控制要求

项目	灰分	磷	硫
DOC	无影响	敏感，需严格限制	敏感，需严格限制
POC	无影响	敏感，需严格限制	敏感，需严格限制
DPF	敏感，需严格限制	敏感，需严格限制	敏感，需严格限制
SCR	无影响	具有一定耐受性，在较宽范围内不影响性能	具有一定耐受性，在较宽范围内不影响性能
LNC	无影响	敏感，需严格限制	敏感，需严格限制
LNT	无影响	敏感，需严格限制	敏感，需严格限制

二、柴油机油规格及其台架

为了满足柴油发动机对润滑油各种性能要求，国际上通行的各类发动机润滑油标准或

规格由性能分类和黏度分级两个方面组成。其中，黏度分级多参照美国汽车工程师学会（SAE）J300，规定了发动机润滑油在高温和低温条件下的流变性能，从黏度表现的各个方面对牌号进行了划分，从而达到不同工况和使用环境下对发动机的保护效果，最新版本为SAE J300—2015。

柴油机油性能或质量分级，最有影响力的是美国石油学会 API 和欧洲汽车制造商协会 ACEA 规范，见表7-15。此外，一些汽车OEM还制定了自己的油品规格，基本是在通用标准的要求基础上，加入部分自己的性能测试要求。

表7-15 柴油机油规格中排放控制相关技术指标及推荐的后处理系统

项目	ACEA E4	ACEA E6	ACEA E7	ACEA E9	API CJ-4	API CK-4
灰分，%	≤2.0	≤1.0	≤2.0	≤1.0	≤1.0	≤1.0
硫，%	—	≤0.3	—	≤0.4	≤0.4	≤0.4
磷，%	—	≤0.08	—	≤0.12	≤0.12	≤0.12
蒸发损失，%	≤13	≤13	≤13	≤13	≤13	≤13
后处理系统推荐	EGR、SCR	EGR、DPF、SCR	EGR、SCR	EGR、DPF、SCR	EGR、DPF、SCR	EGR、DPF、SCR

润滑油台架评定是柴油机油开发中不可缺少的关键技术，台架试验是国内外油品规格分类的依据或OEM技术准入要求通过的试验项目。随着机械设备的不断改进、技术进步和运行工况的变化，对油品的综合性能水平要求不断提高，为了保证油品性能满足不断变化的设备润滑要求，需要不断地更新台架评定试验。

API 的柴油机油台架评定采取分项评价的策略，也就是用特定的一个或几个台架分别评定抗氧化、抗磨、分散等性能，CI-4 及以后规格的柴油机油发动机台架试验项目都达十余项。近来，柴油机油规格更加重视烟炱分散、磨损等性能的评价，CJ-4 在 CI-4+基础上，两个台架升级为 T12、IIIG，新增了 Cat C13、Cummins ISB，共 11 个台架，强化了对 EGR 柴油发动机因烟炱增长而导致的黏度增长与发动机部件磨损的评价。

2016 年 12 月，API 公布了最新的柴油机油规格 CK-4 和 FA-4，见表 7-16，其中 CK-4 为低灰分、低磷和低硫含量的柴油机油，并进一步提升了油品的抗氧化、高温清净性；FA-4 为节能、低黏度柴油机油规格，可进一步提升油品的燃油经济性，增加 Mack T13 氧化台架试验和 CAT-EOAT 空气释放性试验。

表7-16 柴油机油发动机台架试验要求

项目	燃油硫%	台架名称	CH-4 1998	CI-4 2002	CI-4+ 2004	CJ-4 2006	CK-4 FA-4
铝活塞清净性，机油耗	0.4	Cat 1K(单缸直喷)	√	√	√		
铝活塞清净性，机油耗	0.05	Cat 1N(单缸直喷)				√	√
钢活塞清净性，机油耗	0.05	Cat 1P	√				
钢活塞清净性，机油耗	0.05	Cat 1R		√	√		
活塞清净性，机油耗	0.0015	Cat C13(CGI+DPF)				√	√

续表

项目	燃油硫 %	台架名称	CH-4 1998	CI-4 2002	CI-4+ 2004	CJ-4 2006	CK-4 FA-4
烟炱引起黏度增长(4.8%烟炱)	0.05	Mack T-8E	√	√	√		
活塞环缸套磨损和轴瓦腐蚀	0.05	Mack T-9	√				
带EGR发动机对活塞环缸套磨损和轴瓦腐蚀	0.05	Mack T-10（EGR发动机）		√	√		
烟炱引起的黏度增长	0.05	Mack T-11(EGR发动机)			√	√	√
活塞环、轴承腐蚀和气缸套磨损	0.0015	Mack T-12				√	√
阀系磨损、过滤性、油泥	0.05	Cummins M11 HST	√				
阀系磨损、过滤性、油泥	0.05	Cummins M11 EGR（EGR发动机）		√	√		
阀系磨损、过滤性、油泥	0.05	Cummins ISM EGR（EGR+DPF发动机）				√	√
阀系磨损	0.0015	Cummins ISB EGR（EGR+DPF发动机）				√	√
油品高温下的黏度增长		程序ⅢF(汽油机)	√	√	√	√	
滚动随动轮磨损		RFWT（滚轮随动件磨损试验）	√	√	√	√	
空气释放性能	0.05	EOAT(Navistar HEUI 7.3L增压发动机)	√	√	√	√	
空气释放性能	0.0015	C-13 Aeration					√
氧化、铅腐蚀	0.0015	Volvo T-13					√
抗泡性能		程序Ⅰ、Ⅱ、Ⅲ	√	√	√	√	√
剪切稳定性		Bosch 喷嘴法	√(30循环)	√(30循环)	√(90循环)	√(90循环)	√(90循环)①
腐蚀性能		高温腐蚀试验	√	√	√	√	√
蒸发性能		Noack法	√	√	√	√	√
低温泵送性		MRV TP-1	√	√	√	√	√
橡胶相容性能		橡胶相容性试验	√	√	√	√	√
高温高剪切黏度		HTHS(高温高剪切试验)		√	√	√	√
评定试验总数			12	15	16	15	15

① CK-4 FA-4 在90次循环后 XW-30, 0W-40 保持在原有规格内,其余 XW-40 黏度最小为 12.8mm²/s；CK-4 中 XW-30 高温高剪切最小黏度为 3.4mPa·s，FA-4 高温高剪切最小黏度为 2.8mPa·s。

我国柴油机油标准从20世纪80年代以来一直修改采用API规格，随着我国柴油发动机技术的自主化率的不断提高和市场占有率不断提升，OEM提出了超越API规格的用油需求，已完全具备开发中国自主商用车发动机油规格的条件。

2016年9月，在中国石油推动下，中国内燃机学会联合汽车工程学会和石化标委会，发起成立了"发动机润滑油中国标准创新联盟"（CLSAC），为中国发动机润滑油标准的自主化设计了一条"中国路线",其核心是:黏度分级,继续采用SAEJ300;标准中理化指标和模拟性能试验,采用行业通行方法及指标不变;台架评定,以国内主流发动机建立综合性能评定方法;产品分类,以D1、D2、D3等数值标识;标准更新以"—2021"等年代号后缀标识。

目前,CLSAC正在组织四家实验室和OEM,以国内主流柴油机台架采用200~400h综合性能评定的技术路线,建立解放CA6DM3、潍柴WP13、东风DICI11及江淮2.0TCI等四个自主台架方法,其中,解放CA6DM3台架采用最大功率为370kW、最大扭矩为2300N·m的一汽CA6DM3-50E5发动机,通过特定试验条件评价柴油机油高温清净性和氧化性能;潍柴WP13台架采用直列6缸、涡轮增压、中冷、电控高压共轨、干式缸套的直喷压燃式四冲程WP13柴油发动机,重点评价柴油机油的高温抗氧化性和抗磨损能力;东风DICI11台架采用排量11.12L、额定功率309kW、最大扭矩2000N·m的东风DCI11发动机,重点评价柴油机油的高温清净性和烟炱分散性;江淮2.0TCI台架采用缸径83mm、冲程92.4mm、排量1.999L、额定转速3600r/min的江淮2.0CTI发动机,重点评价柴油机油的抗燃油稀释及清净性和抗磨损性,上述四个自主台架方法的建立,为修订GB 11122《柴油机油》标准,引入最新的D1—2021中国重负荷柴油机油规格奠定基础。

三、柴油机油产品技术

一般来讲,柴油机油产品的开发需要经过严格的设计研发流程,包括基础油、添加剂的研选,复合剂配方复配规律研究、台架试验和使用试验评定和中试生产验证等。其中,起到关键支撑作用的是添加剂复配规律研究,以及最终的台架评定验证。油品配方功能一体化设计(图7-1),核心是根据目标产品指标要求,进行与功能要求匹配的油品配方组成初步构想;基础油研选,要确定高性能聚α-烯烃、合成酯及Ⅱ、Ⅲ类基础油组分的单独或复合使用,以满足不同黏度级别的要求;添加剂复配,就是根据目标产品的性能要求,研选适宜的金属清净剂、无灰分散剂、抗氧抗腐剂、抗磨剂和高温抗氧剂等功能组分,以及降凝剂、黏度指数改进剂等其他添加剂;全配方平衡,就是要兼顾高温清净性、烟炱分散性、抗氧化性、抗磨性、摩擦特性、剪切安定性、碱保持性等性能要求,平衡各添加剂组分间的协同和对抗性,通过模拟评定试验的筛选,最终获得全配方组成。

目前,国际主要添加剂公司已纷纷推出了满足API CK-4和FA-4重负荷商用车发动机油规格要求的复合添加剂技术,如润英联D3336、D3503、雪佛龙OLOA61011、61105、61530、雅富顿H12210、H12210M和路博润CV1103、CV9602等,加剂量水平在14.3%~24.2%不等,同时还可以满足不

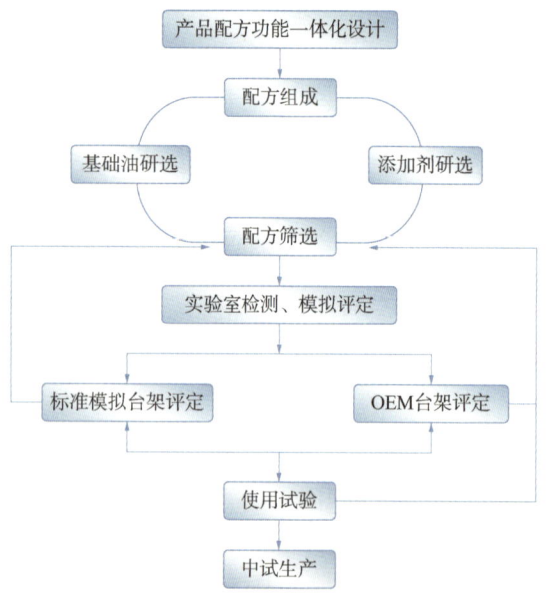

图7-1 产品配方功能一体化设计路线图

同的 OEM 认证，而主流产品 CH-4/CI-4 重负荷商用车发动机油复合添加剂则有路博润的 CV7530、CV2301、雪佛龙 OLOA59211、润英联 D3384、D3397 和雅富顿 H12200，加剂量水平为 8.0%~10.7%。

伴随着柴油机油质量升级，油品性能也相应提升，特别是柴油机油的烟炱分散性，这就要求性能更优的无灰分散剂产品来改善和提升油品的性能。通过大量试验考察发现，在高档柴油机油中高分子无灰分散剂的作用最佳，对不同加量的高分子无灰分散剂的烟炱分散性进行考察发现（图 7-2），在烟炱含量高达 8% 时，传统的高分子无灰分散剂随着加入比例的增加，其烟炱分散性出现了瓶颈，当加量大于 6% 后，其抑制油品黏度增长的效果达到了饱和；而兰州研发中心开发的新型无灰分散剂表现非常优越，在较低加量 4.5% 的情况下，已经能够很好地解决油品的黏度增长难题。

同时，通过 CA6DL 2-35 烟炱分散性台架方法，对不同分散剂的分散性能进行了考察，如图 7-3 所示，当烟炱含量较低时，各个分散剂的分散性能差别体现不大，而当烟炱含量大于 3.5% 时，新型无灰分散剂的分散性能明显好于常规无灰分散剂 1、2 和 3（插图所示），很好地阻止了烟炱的聚集，并抑制了润滑油黏度的增长，也为后期高档柴油机油开发提供了坚实的技术支撑。

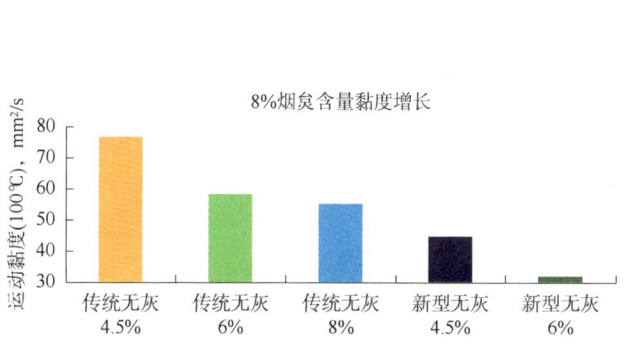
图 7-2　不同类型分散剂的烟炱分散性

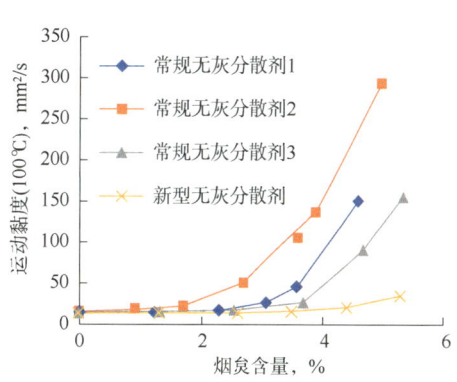
图 7-3　不同类型分散剂的分散性能

中国石油柴油机油技术团队，始终瞄准行业发展趋势，以自主水杨酸盐金属清净剂为主要清净剂组分，并复配具有优良抗磨减摩性能的摩擦改进剂、良好抗氧化性能的抗氧抗腐剂以及优异烟炱分散性能的无灰分散剂等功能添加剂；充分考虑了中国的车况、路况，突出油品的重载、高清净性、环保、节能、抗氧、抗磨及适合复杂工况的特点，成功的研发出满足国Ⅵ排放的 CK-4 柴油机油，在主流车型进行了 $15×10^4$ km 行车试验，具有优异的抗氧化、抗磨损、高温清净和烟炱分散性，完全满足国Ⅵ发动机超长里程润滑需求。

针对主流柴油机油 CI-4、CH-4、CF-4 产品，攻关烟炱分散性、高温清净性和抗磨损性的难点，有效解决了柴油机油在高烟炱含量下带来的油品黏度增长、大大提升缸套-活塞环、阀系等部件的润滑保护，降低各部件磨损量，有效抑制了油品在高温环境下的活塞沉积物生成、活塞环粘结、气缸套擦伤等技术难点，先后研制成功 CF-4 和 CH-4/CI-4 的柴油机油复合剂 RHY3151C 和 RHY3150A，加剂量仅为 5.85% 和 8.3%，处于国际领先水平。

通过大量的模拟试验和行车试验，先后攻克抗氧化性能提升和持续耐久等多项国际性技术难题，所开发的长寿命柴油机油，磨损试验结果与标准限值相比仅达到限值的15%，氧化试验结果仅达到限值9%左右，在控制油品黏度增长和清净性能方面也有大幅度提升，在行业内引领长寿命柴油机油复合剂技术发展。先后在一汽解放、二汽东风、北汽福田等不同车型，在全国不同的地区进行了大量的行车试验，行车试验总里程超过了 $4000×10^4$ km，行车试验单次最高里程超过 $25×10^4$ km，在国内率先实现了 $12×10^4$ km 换油里程，得到广大物流企业客户高度的认可。

第三节 车辆齿轮油技术

车辆齿轮油是用于车辆传动系统的润滑油，一般包括驱动桥油和手动变速箱油两个品类。其主要作用是降低齿轮啮合时的齿间摩擦和磨损，这对保证齿轮装置正常运转和延长齿轮寿命非常重要，同时还可以降低发动机的功率损失、分散热量、防止齿轮腐蚀生锈、减少齿轮传动过程中的噪声、振动和冲击，以及冲洗污染物。

车辆齿轮油的发展需要适应各类运输车辆的发展带来的润滑新需求，同时也受到环境保护要求和政策法规的压力，不同国家和组织制定的车辆齿轮油规格也在不断演化发展，用以描述和评价车辆齿轮油的使用性能。历史上，从用量和苛刻度看都是以驱动桥油为主体，近年来变速箱工作条件越来越苛刻，油品规格开始出现明显的分化。

"十二五""十三五"以来，中国石油在多年积累的齿轮油技术基础上，进一步加大研发投入，准确把握车辆齿轮油发展趋势，在驱动桥油和手动变速箱油两个系列上，都建立了完整的自主技术平台，始终保持着国内领先、国际同步的水平。满足 GL-5 规格的车辆齿轮油复合剂 V4210 剂量低到 3.18%，达到国际领先水平。自主开发的长寿命商用车变速箱油及桥箱通用油，分别可以满足 $20×10^4$ km、$30×10^4$ km 乃至 $50×10^4$ km 换油。依托于驱动桥油和手动变速箱油两类油品的开发经验，中国石油成功开发了昆仑 KRG75W-80 高铁动车组齿轮箱润滑油，昆仑 KRG75W-80 高铁动车组齿轮箱润滑油有效地降低了启动时的摩擦系数，提高了制动时的摩擦系数，对摩擦副提供了持久不断的润滑。通过 OEM 台架试验及 $60×10^4$ km 装车试用考核，用于时速 350km 标准动车组"复兴号"，完全替代性能优异的进口产品，打破了国外产品技术的垄断。

展望未来，随着中国制造到中国创造的转变，车辆齿轮油领域最需要担当的使命就是启动自主产品标准及评价方法的开发，以适应我国汽车及变速箱行业发展，适应中国路况。此外，随着全球碳平衡的驱动，车辆齿轮油也需要在节能和延长使用周期方面持续创新，随着汽车电动化的发展，手动变速箱油数量需求会有所下降，但对传动效率的追求将永无止境；为满足传动效率的不断提高，高端车辆齿轮油将不断向低黏度、高性能方向发展，需要创造性优化添加剂和基础油组分及其协同作用[7]。

一、驱动桥对齿轮油的要求

驱动桥由主减速器、差速器、半轴、万向节、驱动桥壳和驱动车轮等零部件组成。其基本功能有三项：一是通过主减速器齿轮的传动，降低转速、增大转矩、改变转矩的传递方向；二是通过差速器可以使内外侧车轮以不同转速转动，适应汽车的转向要求；三是通过桥壳和车轮，承载车辆的所有负荷。

其中，驱动桥的半轴和轮毂一般用润滑脂润滑；桥包内的主减速器和差速器要靠驱动桥油润滑，主减速器是驱动桥的"心脏"，用来改变传动方向、降低转速、增大扭矩，保证汽车有足够的驱动力和适当的速比。驱动桥油主要集中在主减速器壳里，主减速器通过飞溅润滑，通过进油道进入轴承等部位，然后在离心力的作用下通过回油道回到桥包里。

驱动桥同时肩负传动、减速、增扭等重任，齿轮的工作环境比较苛刻，相应的齿轮润滑油必须满足高负荷、高扭矩，以及在高速环境下的工况，需要起到润滑、冷却、防锈等作用，这就要求齿轮油必须具备适宜的黏度、好的极压抗磨性、氧化安定性、防锈防腐性、密封件适应性、抗泡沫性和抗剪切安定性等性能。

(1) 适宜的黏度。黏度是齿轮润滑剂最基本的特性，一方面直接关系到油膜厚度和强度；另一方面又影响低温流动性，关系到车辆启动时齿轮传动带到齿面及轴承的油量。

(2) 好的极压抗磨性。驱动桥首先要承受车辆载重，又要经受低速高扭矩和高速冲击负荷两种苛刻工况，需要具有优异的极压抗磨性。

(3) 氧化安定性。汽车车体设计不断改进，行驶时空气阻力减少，流过驱动桥外表面空气流量减少，使得驱动桥工作温度升高，要求驱动桥齿轮油需要具备良好的热氧化安定性。

(4) 防锈防腐性。驱动桥齿轮油需要添加极性添加剂以保证油品的极压抗磨性，但添加剂的极性必须适当以确保不致引起部件的腐蚀和锈蚀。

(5) 抗泡沫性。驱动桥齿轮油在工作过程中翻搅较为剧烈，会产生气泡，若气泡过多会影响冷却效果，导致齿面供油不足、破坏油膜完整性，使齿面磨损加剧。

(6) 密封件适应性。不同基础油和极压抗磨剂组分会对密封材料有一定影响，长时间接触、浸泡会造成密封材料溶胀、硬化和变形，造成密封性能下降，导致齿轮油泄漏，乃至外部杂质进入齿轮传动装置和轴承造成损伤。

(7) 抗剪切安定性。在多级齿轮油中通常需要加入大分子黏度指数改进剂来提高油品黏度及黏温特性，它们需要在机械剪切作用下有良好的剪切安定性，以防止随着工作时间黏度下降过快，承载能力随之下降，不利于摩擦副保护。

二、手动变速箱对齿轮油的要求

手动变速器又称手动齿轮式变速器，是最常见的变速器之一，英文简称MT。它以不同大小的齿轮配对，得到多组不同的传动比，每组传动比就是一个挡位。在行车中根据所需的输出力量不同，驾驶员用手操纵变速杆来选定挡位，操纵变速器的换挡机构进行换挡，通过不同齿轮的啮合实现变速变扭。

手动变速箱油曾经以驱动桥油一半的添加剂水平生产，或采用GL-4齿轮油规格。现代手动变速箱有了新的变化，一方面是变速器构造基本向体积小型化、传动功率加大的方向发展，加上流线型设计增加了热负荷；另一方面是为了提高换挡平顺性和解决传统手动变速器换挡需要采用"两脚离合"方式的问题，引入了同步器，同步环是在结合套和齿轮组上布置的摩擦片，换挡时同步器将转速较大的一方能量传送给转速比较小的一方，使相啮合的一对齿轮先同步、再啮合，起到缓冲的作用，使换挡平稳避免产生打齿现象和挂挡失败的问题[8]。这些变化，带来了手动变速箱油区别于驱动桥油的性能要求：

（1）更好的热氧化安定性。采用空气动力学设计可能使重负荷卡车手动变速器工作温度提高25~30℃，在重载低速爬坡等极端工况下，变速箱工作温度可达100℃以上，极大地加速润滑油的氧化衰败，因此，对手动变速箱油的热氧化安定性提出了更为苛刻的要求。

（2）更加优异的防腐性。手动变速器同步器普遍采用铜质同步环，一般由青铜或铜合金制成，要求手动变速箱油具有更加优异的防腐性，MT-1规格要求铜片腐蚀（121℃，3h）评级不大于2a，严于GL-4和GL-5的不大于3级；部分OEM提出了更为严格的要求，如铜片腐蚀试验采用更苛刻的条件（150℃，3h），且要求结果不大于2b。

（3）摩擦特性与同步耐久。油品的摩擦性能决定同步器配合摩擦面的摩擦能量传递，需要动摩擦系数高、静摩擦系数低，但动摩擦系数也不是越高越好，维持在0.1左右最好，能够保证换挡不打齿；同步环材料的多样化，使得手动变速箱油与不同材料的同步耐久性成为检验变速箱油质量的重要指标，部分OEM对油品的抗点蚀性能也给予高度关注。

（4）密封材料相容性。变速箱中有O形圈、油封的多种橡胶密封件，为防止密封件膨胀、收缩或者变形，造成变速箱油泄漏、手动变速器发生异响等现象，手动变速箱油与密封材料必须有很好的相容性。

（5）较低黏度与剪切安定性。手动变速箱油黏度太高会降低同步环的滑移速度，一般较驱动桥油低；但黏度太低，也会加大齿轮同步换挡时间，加剧同步器的磨损，这就需要采用大跨度多级油，相应对油品剪切安定性提出了要求，以避免油品在使用中黏度下降过快、不利于齿面保护[9]。

三、驱动桥齿轮油的规格与台架

1925年试制成功双曲线齿轮用于后桥以来，车辆齿轮油技术取得了非常迅速的发展，API根据齿轮油用途和工作条件苛刻度，分为GL-1至GL-6六个级别，目前用于后桥的主要是GL-5规格齿轮油。

1987年，美军制定MIL-L-2105D规格，技术要求与GL-5相当，1997年的MIL-PRF-2105E，又补加了MT-1规格要求。SAE在2004年提出SAE J2360规格，包括了GL-5、MT-1以及MIL-PRF-2105E（表7-17）中所有的后桥和齿轮箱台架试验，并且包括必要的道路测试来证明其使用性能，是世界上公认最高的车辆齿轮油规格。

表7-17 MIL-PRF-2105E规格（1998）典型牌号及要求

项目	75W	80W/90	85W/140	试验方法
运动黏度（100℃），mm²/s	≥4.1	≥13.5	≥24.0	ASTM D445
		≤24.0	≤41.0	
黏度为150000mPa·s时的最高温度，℃	≤-40	≤-26	≤-12	ASTM D2983
成沟点，℃	≥-45	≥-35	≥-20	FTM 3456
闪点（开口），℃	≥150	≥165	≥180	ASTM D92

续表

项目			75W	80W/90	85W/140	试验方法
与密封材料的适应性	聚丙烯酸酯（150℃，240h）	伸长变化，%	≤-60	≤-60	≤-60	ASTM D5662
		硬度变化	-20~5.0	-20~5.0	-20~5.0	
		体积变化，%	-5~30	-5~30	-5~30	
	氟橡胶（150℃，240h）	伸长变化，%	≤-75	≤-75	≤-75	
		硬度变化	-5~10	-5~10	-5~10	
		体积变化，%	-5~15	-5~15	-5~15	
锈蚀试验			通过	通过	通过	CRC L-33
齿轮损坏和沉积物			通过	通过	通过	CRC L-37
极压载荷和沉积物			通过	通过	通过	CRC L-42
热安定性及部件清净度	运动黏度(100℃)增长，%		≤100	≤100	≤100	ASTM D5706 L-60-1
	正戊烷不溶物，%		≤3.0	≤3.0	≤3.0	
	甲苯不溶物，%		≤2.0	≤2.0	≤2.0	
	积炭、漆膜评分		≥7.5	≥7.5	≥7.5	
高温润滑稳定性，循环次数			参考油	参考油	参考油	ASTM D5579
泡沫倾向 mL/mL	24℃		≤20/0	≤20/0	≤20/0	ASTM D892
	93℃		≤50/0	≤50/0	≤50/0	
	后2℃		≤20/0	≤20/0	≤20/0	
铜片腐蚀[(121±1)℃×3h]，级			≤2a	≤2a	≤2a	ASTM D130
储存稳定性试验	固体物，%		≤0.25	≤0.25	≤0.25	FTM 3440
	不溶物，%		≤0.50	≤0.50	≤0.50	
相容性试验			通过	通过	通过	FTM 3430

我国参照API使用分类制定了车辆齿轮油分类标准GB/T 7631.7—1995，按质量等级分为普通车辆齿轮油、中负荷车辆齿轮油和重负荷车辆齿轮油三类，代号分别为CLC、CLD和CLE，对应API分类的GL-3、GL-4、GL-5。其中，GB 13895—1992《重负荷车辆齿轮油（GL-5）》参照美国军用标准MIL-L-2105D制定，并于2018年修订为GB 13895—2018（表7-18）。

表7-18 GB 13895—2018《重负荷车辆齿轮油（GL-5）》典型牌号及要求

项目	质量指标							试验方法
黏度等级	75W-90	80W-90	80W-140	85W-90	85W-140	90	140	
运动黏度(100℃)，mm²/s	13.5~<18.5	13.5~<18.5	24.0~<32.5	13.5~<18.5	24.0~<32.5	13.5~<18.5	24.0~<32.5	GB/T 265—1988
倾点，℃	报告	报告	报告	报告	报告	≤-12	≤-6	GB/T 3535—2006
表观黏度(-40℃)，mPa·s	≤150000	—	—	—	—	—	—	GB/T 11145—2014
表观黏度(-26℃)，mPa·s	—	≤150000	≤150000	—	—	—	—	
表观黏度(-12℃)，mPa·s	—	—	—	≤150000	≤150000	—	—	

续表

项目		质量指标	试验方法
泡沫性 (泡沫倾向) mL	24℃	≤20	GB/T 12579—2002
	93.5℃	≤50	
	后24℃	≤20	
铜片腐蚀(121℃,3h),级		≤3	GB/T 5096—2017
戊烷不溶物,%(质量分数)		报告	GB/T 8926—2012 A 法
硫酸盐灰分,%(质量分数)		报告	GB/T 2433—2001
KRL 剪切安定性(20h) 剪切后运动黏度(100℃) mm²/s		在黏度等级范围内	NB/SH/T 0845—2010
硫,%(质量分数)		报告	GB/T 17040[①]—2019
磷,%(质量分数)		报告	GB/T 17476[②]—1998
氮,%(质量分数)		报告	NB/SH/T 0704[③]—2010
钙,%(质量分数)		报告	GB/T 17476[④]—1998
储存稳定性	液体沉淀物,% (体积分数)	≤0.5	SH/T 0037—1990
	固体沉淀物,% (质量分数)	≤0.25	
锈蚀性试验最终 锈蚀性能评价		≤9.0	NB/SH/T 0517—2014
承载能力 试验[⑤]驱动 小齿轮和 环形齿轮	螺脊	≥8	NB/SH/T 0518—2016
	波纹	≥8	
	磨损	≥5	
	点蚀/剥落	≥9.3	
	擦伤	≥10	
抗擦伤试验[⑥]		优于参比油或与参比油性能相当	SH/T 0519—1992
热氧化 稳定性	100℃运动 黏度增长,%	≤100	SH/T 0520[⑥]—1992 GB/T 265—1988 GB/T 8926—2012A 法 GB/T 8926—2012A 法
	戊烷不溶物,% (质量分数)	≤3	
	甲苯不溶物,% (质量分数)	≤2	

① 也可采用 GB/T 11140、SH/T 0303 方法进行,结果有争议时以 GB/T 17040 为仲裁方法。
② 也可采用 SH/T 0296、NB/SH/T 0822 方法进行,结果有争议时以 GB/T 17476 为仲裁方法。
③ 也可采用 GB/T 17674、SH/T 0224 方法进行,结果有争议时以 NB/SH/T 0704 为仲裁方法。
④ 也可采用 SH/T 0270、NB/SH/T 0822 方法进行,结果有争议时以 GB/T 17476 为仲裁方法。
⑤ 75W-90 黏度等级需要同时满足标准版和加拿大版的承载能力试验和抗擦伤试验。
⑥ 也可采用 SH/T 0755 方法进行,结果有争议时以 SH/T 0520 为仲裁方法。

一个驱动桥油规范,除了理化指标和使用性能模拟试验以外,最关键的就是要通过其规定的相关台架评定。其中,重负荷车辆齿轮油 GL-5 规格主要包括承载能力试验 L-37、抗擦伤能力试验 L-42、锈蚀试验 L-33 和热氧化安定性试验 L-60 四大台架试验。

1. 承载能力试验和抗擦伤能力试验

齿轮部件材质大多为金属,工作中齿面接触压力大,容易产生摩擦和磨损以及齿轮断裂失效,为确保油品具有良好的抗磨损性能和承载能力,需要测试油品的承载以及抗擦伤能力试验。

CRC L-37 台架(承载能力试验)用于评定 GL-5 齿轮油在低速高扭矩下的承载能力。模拟汽车在低挡(1挡)、重载(2350N·m)、高温(135℃)条件下连续爬坡 24h 的工况,最后以后桥齿轮齿面出现的点蚀、剥落、螺脊、波纹、磨损等损伤情况,按照 ASTM 齿轮评分手册给出评分值。

CRC L-42 台架(抗擦伤试验)用于评定 GL-5 齿轮油在高速冲击负荷条件下的抗擦伤性能。模拟汽车在高速公路上带冲击负荷频繁全加速(油门全开)、减速(油门全关)条件下连续运行的工况,依据后桥齿轮非驱动面出现的擦伤情况,按照 ASTM 齿轮评分手册确定擦伤面积,小于 RGO-110 参比油或与参比油相当为通过。75W-XX 和 70W-XX 黏度级别多级油,需要完成标准版和加拿大版 L-37 和 L-42 台架试验。

2. 热氧化安定性试验

由于齿轮部件摩擦产生热量,为确保油品使用期限并保护齿轮,需要测试油品的热氧化稳定性。台架试验方法是 CRC L-60 和 CRC L-60-1 台架,CRC L-60 台架主要评价车辆齿轮油氧化后的黏度增长及不溶物含量;CRC L-60-1 台架在此基础上补充考察车辆齿轮油氧化后的积炭、漆膜和油泥情况。

3. 锈蚀试验

昼夜温差大时,夜间大气中的水蒸气难免进入齿轮装置中冷凝,为防止金属产生锈蚀,需要测试油品的防锈性。ASTM D7450 标准采用的是 L-33 方法或 ASTM D7038(原 L-33-1 法)两种方法测试油品的防锈性,由于 NB/SH/T 0517 已经参照 ASTM D7038 方法(L-33-1)进行了修订,目前 GB 13895—2018 中采用 L-33-1 方法测试油品的防锈性,该台架模拟汽车在靠近海边环境条件下连续停放 7d 的工况。在 1.2L 试验油中加入 30mL 蒸馏水,在转速为 2500r/min、温度为 82.2℃时运转 4h,在 52℃下储存 7d,最终评价 10 个评分面的锈蚀情况,按照 ASTM 齿轮评分手册确定锈蚀评分。

2011—2020 年,中国石油润滑油重点实验室(兰州)大量引进新手段、新设备,增加检测评定方法,成为国内车辆齿轮油检测设备和手段最为齐全的平台之一,是国内少数具有全套 GL-5 重负荷车辆齿轮油四大台架试验设备的实验平台。

四、手动变速箱油规格与台架

汽车驾驶员希望换挡平顺,驾驶舒适感高,另外希望变速器在换油期内操作平稳、不出现问题或损坏,减少维修费用和车辆停运损失;节能减排的强大压力,要求汽车油耗不断降低,作为汽车传动系统的关键零部件之一,变速箱的传动效率的高低直接影响整车的油耗性能。现代变速器在摩擦材料、齿轮机构的选择和同步器设计等方面的改进使得变速器更加满足这些需要。专用齿轮油的使用为变速器提供了优良的换挡质量，适应比较宽的操作温度范围，而且满足了延长换油周期的需要。

在同步器问世和广泛应用之前，手动变速箱油主要润滑部位为变速箱内各挡位齿轮传动系统，相比后桥的双曲线齿轮，变速箱多采用直齿轮，齿面载荷相对较低，1950年公布的美军规格MIL-L-2105，即GL-4齿轮油，用于汽车手动变速箱和中等负荷条件下后桥齿轮箱的润滑，后将GL-5重负荷车辆齿轮油复合剂减半剂量用于生产GL-4齿轮油。由于手动变速箱制造技术不断发展，用户对驾驶舒适感、经济性等方面的要求不断提高，OEM对于变速器的润滑给予了密切的关注，在变速箱油规格、设计和需求方面提出了明确的要求，由原本源于驱动桥油技术只考虑齿轮的润滑，向同步器材料适应性、有色金属保护性、热氧化安定性等性能要求的不断提高、OEM需求的差异化发展，根据适用车型的不同，可大致分为轻型车手动变速箱油和重型商用车手动变速箱油两类。

1. 轻型车手动变速箱油

多年来，轻型车手动变速箱普遍使用GL-4油，在实际使用过程中，变速箱常出现油泥、漆膜及沉积物，以及密封填料泄漏和同步器润滑失效，需对油品同步耐久性、热氧化安定性及与密封材料的适应性、剪切安定性和抗磨耐久性等进行改进。

20世纪80年代后期，美国汽车工程师协会(SAE)、美国材料试验学会(ASTM)和美国石油学会(API)开始考虑车辆齿轮油的换代问题，提出了PM-1规格，希望适用于带有同步器的轻型车辆手动变速器。要求油品具有良好的同步性能、-40℃下的低温流动性、热氧化安定性、密封适应性、抗泡性、抗腐蚀和抗点蚀性能等，但规格始终处于拟定中(表7-19)。

表7-19 拟定中的PM-1规格要点

项目	试验方法	项目	试验方法
同步器试验	SSP-180 synchronizerW/Audi B80 parts	布氏黏度	ASTM D2983
抗磨性	ASTM D5182(FZG)	CCS低温黏度	ASTM D5293
氧化安定性	GFC Oxidation Test	抗泡性能	ASTM D892或ASTM D6082
KRL剪切试验	CEC-L-45-T-93	锈蚀	ASTM D665
倾点	ASTM D97	与密封材料的适应性	ASTM D5662

日本轻型车手动变速箱油在GL-4基础上提高热氧化安定性和极压性，要求本国车使用符合汽车制造商规格的专用油，出口车辆装GL-4油。欧洲重视燃油经济性、车辆操控性，轻型车变速器中的同步器普遍使用了铜质同步环，OEM普遍使用GL-4+，其中有代表性的是德国大众的VW501.50。

2. 重型商用车手动变速箱油

目前手动变速箱市场受到AT、CVT、DCT、AMT四大自动变速箱技术的冲击，但是手动变速箱由于机械可靠性高、结构简单、动力性好等特点，仍是商用车变速箱领域的重要组成部分。

20世纪80年代以来，研究人员开始关注变速器中使用GL-5润滑油出现的问题，GL-5油为了保护双曲线齿轮，添加了高化学活性的添加剂，其在高温下有腐蚀和氧化作用，同时在同步耐久性实验中表现出摩擦稳定性的欠缺，需对油品的热氧化安定性及与橡胶密封

第七章　车船润滑产品技术

材料的配伍性等性能进行改进。1997年，SAE、ASTM和API开始考虑车辆齿轮油的换代问题，提出了PG-1规格的齿轮油，即现在的MT-1应用在重型卡车及公共汽车的手动变速器上，要求油品具有良好的热氧化安定性、清净性、抗磨性、抗泡性，并与密封材料及青铜件有良好的配伍性(表7-20)。

表7-20　商用车手动变速箱油规格MT-1要点

项目	试验方法	指标
热安定性及部件清净度	ASTM D5706，L-60-1	100℃运动黏度增长不大于100%
		戊烷不溶物不大于3.0%
		甲苯不溶物不大于2.0%
		积炭、漆膜评分不小于7.5
		油泥评分不小于9.4
与密封材料的适应性	ASTM D5662	聚丙烯酸酯(150℃，240h) 伸长变化不大于-60%； 硬度变化：-20～+50； 体积变化：-5%～+30%
		氟橡胶(150℃，240h) 伸长变化不大于-75%； 硬度变化：-5+10； 体积变化：-5%～+15%
与铜部件的适应性	ASTM D1309(121±1℃，3h)	评级不大于2a
抗磨性	ASTM D5182(FZG)	失败级不小于11
高温润滑稳定性	ASTM D5579	循环次数不小于参比油
抗泡性能	ASTM D892	同MIL-L-2105D
相容性/储存稳定性	FTM3430/FTM3440	同MIL-L-2105D

由于MT-1规格没有考虑同步器的要求，虽然在北美相当普及，在其他地区却难以普及。近年来，SAE向ASTM提出要求开发适用于同步器式手动变速器的新的油品规格，ASTM召集工作组开会进行讨论，提出了商用车同步器式手动变速器PG-2规格(表7-21)，适用于带有同步器的中、重型卡车手动变速器和前驱动桥。

表7-21　拟定中的PG-2规格要点

项目	试验方法	描述
黏度	ASTM D445	运动黏度
黏度	ASTM D2983	表观黏度
剪切稳定性	ASTM D445、ASTM D2983、CEC-L-45-A-99	20h KRL剪切试验
腐蚀	ASTM D7038(L-33-1)、ASTM D130(无Fe)	7d湿气腐蚀试验(连轴承)； 3h、121℃条件标准铜片试验
氧化安定性	ASTM D5704	L-60-1试验

续表

项目	试验方法	描述
橡胶相容性	ASTM D5662	使用氟橡胶、聚丙烯酸酯橡胶、丁腈橡胶
抗泡沫性	ASTM D892	起泡倾向和泡沫稳定性试验
储存稳定性	FTM 3440.1、FTM 430.2	与其他满足此规格的油具有兼容性
抗磨损	CRC L-20 或 ASTM D4998	低速高扭矩双曲线齿轮试验或 FZG 磨损试验
抗擦伤	CEC L-084-02	FZG 试验
同步性	CEC L-066-99	FZG SSP-180 耐久性试验
抗点蚀	待定	—

欧洲作为商用车变速箱行业的领导者,有约 57% 的商用车变速箱为手动变速箱,其中约 90% 带有同步器。由于欧洲山路较多,行驶过程中换挡频繁,换挡次数约是北美的 4 倍。GL-5 油早已不能满足客户要求,各 OEM 都在 GL-5 的标准上增加了抗腐蚀性能、同步啮合性能、抗点蚀性能、热氧化安定性能、密封适应性等,作为商用车手动变速箱油的用油标准。例如,梅赛德斯—奔驰:MB 235.1、曼:MAN 341 TYPEN、沃尔沃:VOLVO 97307、采埃孚:TE-ML-02 等 OEM 规格。

日本 CVT 占据主导地位,但绝大多数的卡车仍采用带有同步器的手动变速箱,其国土面积小、城市交通拥挤换挡频繁,主要采用 OEM 规格油品在 GL-4 的基础上增加热氧化安定性能、极压抗磨性要求,对节能减排、燃油经济性的关注度远高于其他国家。

中国自主轿车手动变速器用油普遍使用 GL-4 油品,合资品牌多采用国际品牌手动变速器专用油。商用车车主在为变速器选油时,GL-4、GL-5 和变速箱专用油均有使用。由于变速器和后桥齿轮的材质和结构不同,建议变速器和后桥应分开选油,一般变速器应选择 MT-1 手动变速箱油,对于带同步器的变速器则应使用参照 PG-2 开发的 MTF 专用油,具体规格见表 7-21,以保证变速器密封件不泄漏、铜部件不腐蚀,并适应较高工作温度。

中国汽车工程师学会 2017 年下达任务,提出了 CSAE 标准《商用车手动变速箱油》,参考 API MT-1 规格要求并结合国内商用车手动变速箱实际工况制定符合中国商用车手动变速箱油的标准,在 MT-1 规格基础上增加了黏温特性、剪切安定性等性能要求。

3. 手动变速箱油台架评定方法

优质的手动变速箱油在车辆齿轮油基础上,应增加氧化安定性、同步器耐久性和高温润滑稳定性(马克循环)三项台架评定。

评价手动变速箱油热氧化安定性方法主要有三种:一是采用 CRC L-60-1 台架,相对于 CRC L-60 台架增加了积炭、漆膜及油泥的评分,要求更为苛刻,已颁布的 MT-1 规格和拟定中的 PG-2 规格均采用此方法;二是采用 GFC 氧化试验进行评价,拟定中的 PM-1 规格采用此方法;三是 OEM 根据各自实际使用需要,制定相应的规范评价手动变速箱油的热氧化安定性,如 DKA 氧化试验等。

同步器耐久性。由德国慕尼黑技术大学齿轮研究院开发的 SSP-180 试验台架,是一种采用同步器进行手动变速箱油的同步换挡稳定性的测试方法,能够模拟同步器在变速器中的实际工况,已经被 CEC-L-66 采纳,用于评价油品同步耐久性。

高温润滑稳定性。评定油品抗磨耐久性方法为 ASTM D5579 试验方法，MT-1 规格采用此方法，主要评价手动变速箱油在高温条件下的润滑稳定性，采用马克循环试验机，在 121℃ 条件下循环换挡，两次非同步换挡后试验结束，循环次数大于参比油或与参比油相当为通过。

中国石油润滑油重点实验室和润滑油检测评定中心引进测试手动变速箱油最主要性能同步耐久性试验台架 SSP-180，并与国内知名车厂合作开发不同同步器材质的试验方法，部分试验方法属国内首创；建立了同步环材料为黄铜、烧结铜、喷钼、贴碳等不同材质的试验方法，通过监测同步器锥环与锥盘之间不断接触摩擦的循环过程中接触面之间的摩擦系数变化，对油品的摩擦特性进行检测；试验结束后还能够通过试验件的磨损量和接触面擦痕对油品的抗磨耐久性进行侧面考察；还能够根据厂商的不同技术要求，开展不同齿宽、不同转速、正转反转、不同温度等各类条件下的 FZG 承载能力试验，对油品的承载性能进行有针对性的考察，能够进行 FE-8 轴承试验、FZG 齿轮机试验、马克循环试验等大部分手动变速箱规格台架试验[10]。

五、车辆齿轮油产品技术

一般情况下，基础油占车辆齿轮油配方组成的 90% 以上，能够赋予车辆齿轮油适宜的黏度和低温性能，同时基础油的性能对齿轮油的氧化安定性和使用寿命具有较大的影响，车辆齿轮油需根据使用工况、满足规格、成本要求等因素选择适合的基础油组分。

商用车手动变速箱油多采用 75W-90、80W-90、85W-90 黏度级别，考虑到经济性要求，可采用低温性能良好的 Ⅱ、Ⅲ 类基础油与 Ⅰ 类基础油进行复配，加入适量降凝剂、黏度指数改进剂等添加剂，在保证油品低温性能的同时，兼顾油品的成本；乘用车手动变速箱油，为提高传动效率同时载荷较小，多采用 75W-80、75W-85、75W-90 黏度级别，为保证优异的低温流动性，可采用 Ⅲ 类矿物型基础油、Ⅳ 类合成型基础油或酯类基础油、黏度指数改进剂进行复配。

驱动桥根据使用环境、载荷的不同，市场上黏度等级较多，其中用量最大的 GL-5 重负荷车辆齿轮油，在 GB 13895—2018《重负荷车辆齿轮油（GL-5）》标准中共设置 10 个黏度等级：75W-90、80W-90、80W-110、80W-140、85W-90、85W-110、85W-140、90、110、140，可根据对低温性能的要求和设备用油需求选择相应的黏度等级，低温性能要求较高的情况下需采用低温性能较好的 Ⅲ 类矿物型基础油、Ⅳ 类合成型基础油或酯类基础油。

车辆齿轮油多采用基础油添加复合剂包进行生产，国外各大石油公司均在发展各自的复合添加剂，如路博润的 LZ1038 和雅富顿的 Hitec3339 等。使用复合添加剂性能稳定，加料品种少，调和操作简单，减少调和误差，储存方便，可避免储存许多种单功能的添加剂，节约储运费用。

中国石油的研发团队经过"六五""七五"期间科研攻关，开发出完全符合 GL-5 质量水平的重负荷车辆齿轮油，20 世纪 90 年代开发出第一个自主知识产权车辆齿轮油复合剂 R4208。"十二五""十三五"期间，在多年齿轮油添加剂及复合剂技术研究的基础上，加大科技投入力度，在车辆齿轮油研究领域，开展研究项目近 20 个，准确把握车辆齿轮油发展趋势，在驱动桥油和手动变速箱油两个应用方向均取得重大突破。

驱动桥油研究的重点集中在极压抗磨性和摩擦特性的平衡、防锈防腐性能的提升和更长换油周期的挑战等方面。所开发的长寿命驱动桥油系列产品，根据用户需求分别可满足换油周期 $12×10^4$ km、$20×10^4$ km、$50×10^4$ km；此外，根据工程设备、轨道交通装备等特殊应用工况，推出可替代国外产品的铁路机车齿轮油和轴承油、工程机械专用齿轮油等产品；最新 V4210 车辆齿轮油复合剂，生产 GL-5 齿轮油的剂量低到 3.18%，达到国际领先。

手动变速箱油技术，聚焦在更广泛的同步器材料适应性、更优异的节能性、更可靠的齿轮及轴承保护和更长的换油周期等方面，开发了不同性能特色的产品 7 款，实现了中高端市场品类全覆盖。其中，高性能乘用车手动变速箱油，满足绝大部分手动挡车辆同步器的润滑需求，提供良好的驾驶体验；长寿命商用车变速箱油及桥箱通用油，分别满足 $20×10^4$ km、$30×10^4$ km 乃至 $50×10^4$ km 换油[11]。

"十二五""十三五"期间，中国石油针对驱动桥油和手动变速箱油两类油品性能相互矛盾，很难实现兼容的世界性技术难题，展开了技术攻关。手动变速箱油的优点在于油品优良的高速润滑稳定性、低高速摩擦特性、热氧化安定性、防腐性和抗磨耐久性，缺点是极压抗磨性较差、难以承受大承载和高负荷；驱动桥油的优点是具有优异的极压抗磨性能、大承载高负荷，缺点是高速润滑稳定性、低高速摩擦特性、热氧化安定性较差。在大量前瞻性研究的基础上，中国石油提出了启动、制动、特高速运行三种工况下齿轮和轴承全面保护的理念，针对三种工况设计合成了三种独有的核心多功能添加剂，启动保护添加剂在摩擦副表面形成阴阳离子双吸附，有效降低低温启动时的摩擦系数，启动更顺畅；特高速保护添加剂在摩擦副表面形成聚合物沉积膜，实现特高速工况对摩擦副的有效润滑；制动保护添加剂在摩擦副表面形成双层吸附保护润滑膜，有效降低制动时的摩擦系数，实现安全平稳制动。通过添加剂间的协同效应，充分发挥各种添加剂单剂的效能，为摩擦副提供更全面、更有效的保护，解决了传动系统高速和大承载保护的兼容性难题，形成了世界上第一个全传动系统通用复合剂，获得美国专利授权。

在此技术平台基础上，中国石油成功开发了昆仑 KRG75W-80 高铁动车组齿轮箱润滑油。高速转向架是高铁核心装备之一，其关键部件齿轮箱中最难润滑的部位是高速轴承，轴承转速高达 5590r/min，在轴向力作用下，轴承表面很难形成稳定的润滑油膜，对油品的高速抗擦伤性能提出了严峻的挑战。世界上高铁齿轮箱润滑油有两大技术路线，分别是日本的手动变速箱油技术和德国的驱动桥油技术，这两大技术难以满足最高端中国高铁"复兴号"的润滑需求；急需一种特高转速的润滑材料，解决这一世界性难题。昆仑 KRG75W-80 高铁动车组齿轮箱润滑油有效地降低了启动时的摩擦系数，提高了制动时的摩擦系数，对摩擦副提供了持久不断的润滑。与国外竞品相比，开发产品的高速抗擦伤性能提高 33%，传动效率提高 15%，换油周期延长 10 倍，能够应对动车组齿轮箱高速、高温、全季节、全天候运行的要求，通过中外 OEM 台架试验及 $60×10^4$ km 装车试用考核，用于时速 350km 标准动车组"复兴号"，完全替代性能优异的进口产品，打破了国外产品技术的垄断。

第四节　自动变速箱油技术

现代汽车的自动变速箱，工程机械的机械—液压传动系统，以及大型拖拉机的传动常用到齿轮与液力传动系统，根据传动机构及其工作方式的不同，又分为自动齿轮传动变速箱（AT）、双离合自动变速箱（DCT）和无级变速自动变速箱（CVT）等三大类。其中，美国以增加挡数的 AT 为主，欧洲以发展 DCT 为主，日本以发展 CVT 为主，它们所用的润滑油可泛称为自动传动液，或相应细分为 ATF、DCTF 和 CVTF，各种类型的自动变速箱的变速机理、采用的技术和材料不同，对润滑油的性能要求差异很大，要求使用的润滑油 ATF、CVTF 和 DCTF 之间没有通用性。

中国轿车中自动挡的占比已超过 50%，且每年保持稳步提升，其中 CVT 占自动变速器市场份额的 14%，DCT 约占 12%，AT 占 33%。CVT 的成本较 AT 和 DCT 都低，单台在 10000 元左右，对于自主品牌和小排量汽车具有更大的吸引力，近年来增速远高于乘用车行业的销量增速。

中国石油经过数十年的持续努力，建立了自动传动液技术团队和 ATF 产品技术平台，率先开发出国内第一个满足 Dexron Ⅲ 规格的 ATF 产品技术，2019 年更新后的复合剂 RHY5211A 加剂量为 6.25%，并具备更为优秀的摩擦特性、极压抗磨性以及抗氧化性能。在 OEM 合作方面，2002 年自主开发了满足 DEXRONIIIH 规格汽车自动传动液，应用于宇通客车、中国重汽和哈飞汽车。2014 年合作开发了奇瑞 4AT/6AT 专用润滑油，成为国内首个自动变速箱油装机油。2018 年根据宇通客车对极寒地区低温性能的要求，对动力转向液产品进行升级，解决了动力转向液的静电问题，设计开发新一代动力转向液 PSF-6D，能够满足国内多数 OEM 对油品的苛刻性能要求，并实现国内全疆域四季通用。2019 年合作开发了万里扬 6AT/8AT 专用润滑油。自主开发的 ETF-6 电动车传动油，在 2019 年应用于上汽电动车，加剂量 6.75% 与国际水平相当，能够满足水冷电动机结构下单级减速箱的用油需求，具有优异的电化学性能和轴承保护性。

一、自动变速箱技术及其对润滑油的要求

电动车的驱动力由传统的汽油机变为电动机，变速箱也发生了变化，但从技术原理上，还是归属自动变速箱领域。

自动齿轮传动变速箱（AT），主要由液力变矩器、行星齿轮组、湿式离合器和电液控制单元组成；工程机械的机械及液压传动系统包括液力变矩器、联轴器总成、行星齿轮式、中央传动、转向离合器和转向制动器、终传动和行走系统等，大型拖拉机包括刹车、离合器和液力变矩器等。

AT 自动变速箱分为定轴式变速箱和行星齿轮变速箱两种类型，其中行星齿轮变速箱易于实现自动控制且体积较小，是主流变速箱形式，动力从变矩器通过主轴进入行星齿轮变速机构，多套行星齿轮副同时工作，产生不同速比以满足车辆不同的负载和行驶速度要求。与手动变速箱的滑动齿轮机构不同，行星齿轮副处于长啮合状态，每套行星齿轮由太阳轮、行星轮和外齿圈组成，它们之中一个固定、转动另一个，可使第三个以不同的转速或方向转动，多个行星齿轮副的不同组合，便可得到多个不同的传动比和转向，部件的固定通过湿式离合器和鼓式制动器来完成，控制系统是一个中心液压系统。

AT 具有操作容易、驾驶舒适、技术成熟、能减少驾驶者疲劳的优点，但结构复杂、成本较高，相关技术专利均被国外公司掌握，中国品牌汽车搭载的 6AT 变速箱几乎全来自爱

信和采埃孚。国内仅有盛瑞传动、东安动力、万里扬吉孚宣布研发了6速及6速以上的AT变速箱，但成本较高、市场占有率一直较低。

CVT无级变速器，分为钢带式和金属链条式，钢带式CVT占据了我国汽车市场90%以上的份额，主要由钢带、一对带轮（分为主动带轮和从动带轮）构成，每个带轮又是由一对锥形盘构成。每一对锥形盘可分为相对独立的左右两半，通过油压控制锥形盘的位移可以挤压钢带、调节钢带带动的锥形盘直径（即工作直径），从而改变主动带轮和从动带轮的转动比，即实现了变速/换挡功能。

国外汽车制造公司及CVT制造厂都开发了CVT配套用油，采用OEM定制开发或委托生产。如日产、本田分别委托SHELL和日石生产，丰田则自行研制生产；CVT制造商均拥有其CVT配套用油的知识产权，只随机（车）配售，文献和技术交流中几乎不透露相关技术信息。

万里扬在2015年收购了吉利旗下的乘用车MT变速箱生产线，2016年收购了奇瑞自主研发的CVT19变速箱和研发初期的CVT25变速箱设计图，2020年CVT25已经成为万里扬拳头产品，CVT变速箱年销量超过60万台，近30%用于一些合资或外资品牌，开创了一个里程碑意义的产品。

双离合器自动变速器DCT，可以看作是两个电控机械式自动变速箱（AMT）协同工作，工作原理如图7-4所示，一个变速箱处于工作状态时另一变速箱空转，通过两个离合器的切换使两变速箱交替进入工作状态，在动力切断时间很短的情况下完成换挡。奇数挡（1挡、3挡、5挡和倒挡）与离合器C1连接在一起，偶数挡（2挡、4挡和6挡）连接在离合器C2上，也就是将变速箱的挡位按奇数、偶数分别与两个离合器分开配置，变速箱换挡所用的同步器等与原来的普通手动变速箱完全相同。在车辆处于停车状态时，离合器C1、C2都处于分离状态，起步前先将挡位切换为1挡然后离合器C1接合车辆开始起步运行，离合器C2仍处于分离状态不传递动力。当车辆加速接近2挡的换挡点时由自动换挡机构将挡位提前换入2挡，当达到换挡点时离合器C1开始分离，同时离合器C2开始接合，两个离合器交替切换，直到离合器C1完全分离，离合器C2完全结合，换挡过程结束，其他挡位的切换也有类似的过程。正常行驶过程中始终有一套齿轮用于传递动力，而另外一套传动齿轮则根据换挡规律预先挂入下一个即将工作的挡位。

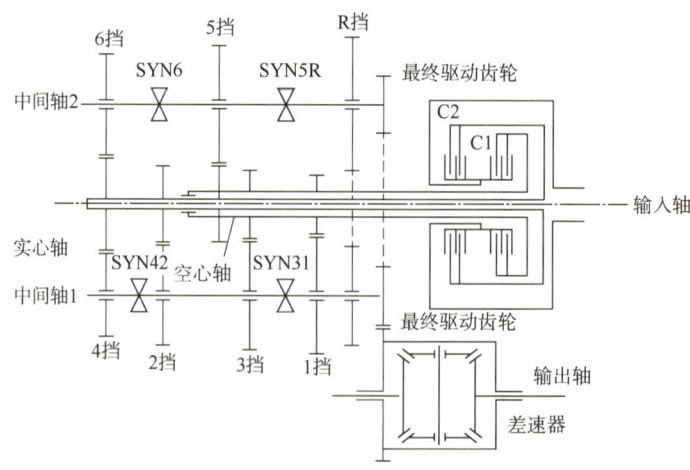

图7-4 双离合器自动变速器工作原理

DCT通过两个离合器的匹配切换实现换挡动作、迅速平稳，换挡时间可以达到0.3~0.4s，驾驶者不会有明显的感觉。在换挡过程中，加速度稍有波动，但时间极短，发动机的动力始终不断被传递到车轮上，保证车辆具有良好的加速性能，换挡冲击度很小，同时具备了较好的动力性和舒适性，具有传动效率和可靠性高等特点，综合了手动变速箱和自动变速箱的优点于一身，发展前景广阔。上汽、长安青山、江淮、吉利、长城汽车和广汽等均已经完成DCT量产。

电动车电驱动减速器比传统手动变速箱结构简单，减速器挡位数量也相对减少，动力传动布置方式主要有四种：一是机械传动系统，与传统汽车布置方式一致，只是用电动机取代了发动机，包含了离合器、变速箱、主减速器、差速器和传动轴等；二是机电集成式传动系统，取消了变速箱和离合器，将电动机和传动系统集成在一起，由半轴、差速器和单级减速器组成，体积小、质量轻、承载能力大、抗冲击和振动能力强、工作平稳且寿命长，但要求电动机具有较高的起动扭矩和较大的后备功率，以保证电动汽车的起动、爬坡、加速超车等动力性；三是电动桥传动系统，是将电动机装到驱动轴上直接实现变速和差速转换，电动机要有大起动转矩和后备功率，要求控制系统有较高的精度和可靠性，来保证电动汽车行驶的安全、平稳；四是电动轮毂传动系统，将电动机直接装到驱动轮上驱动车轮行驶，由于其结构的特殊性和成本高，汽车上很少采用。

根据国家新能源汽车规划，预计2035年新能源汽车年销量将达到500万台，2021年上海国际车展期间，华为发布了集成度最高的智能汽车热管理解决方案TMS，通过一体化设计的极简机构、部件和热控制集成等创新技术，可以在满足舒适性前提下，将热泵的工作温度由-10℃降低至-18℃，从而将新源车续航里程提升20%，使用油冷集成电动机驱动技术。

二、自动传动系统对润滑油性能的要求

总体来说，各类自动变速器润滑油有很大不同、规格各异，但对润滑油性能有五个方面的共性要求，并集中体现在湿式离合器性能和电液控制单元上：

（1）良好的摩擦特性。在自动变速箱中，换挡是通过离合器的啮合来完成的，在换挡过程中，离合器片之间的相对速度变化为由大变小直至相对速度为0。为了得到良好的换挡舒适感，人们希望离合器能平稳的传递扭矩，这就要求两个离合器片之间的摩擦系数不随速度变化，最好能保持恒定；同时，为了得到更大的传递能力，也要求离合器片的摩擦系数在不增加磨损的前提下尽可能提高。离合器、制动器要求液力传动油具有良好的摩擦特性及摩擦耐久性，以保证在自动变速箱的使用过程中，不因油品的氧化衰败而影响动力传递。

自动传动液的摩擦特性包括动静摩擦系数比、动静摩擦系数绝对值以及动静摩擦系数的耐久性，当然还包括摩擦系数温度特性。动摩擦系数过小会影响传递扭矩的能力，使离合器打滑并延长换挡时间，过大又会增大磨损，影响节能，因此要在不增大磨损的前提下尽可能提高动摩擦系数；而静摩擦系数过大，会使换挡后期扭矩急剧增大，使换挡质量恶化。所以，ATF的摩擦特性要求有尽可能高的动摩擦系数和适宜的静摩擦系数。且动、静摩擦系数的优化比值约为1，在全部操作温度范围内摩擦特性保持不变。

（2）良好的氧化稳定性。由于自动传动液的使用温度较高、需要换油期很长，油品氧化会产生油泥、漆膜、腐蚀性酸等物质，会引起油品摩擦特性的改变，使得离合器或摩擦片打滑，酸性物质还会腐蚀元件，油泥会堵塞液压控制系统和管路；此外，氧化也可能造成油品黏度发生变化，黏度变化过大，使传动操作变坏。

（3）优异的黏温特性和抗剪切性。自动传动液使用温度范围较宽，为在各温度下都维持良好的使用性，要求油品具有良好的黏温特性，防止低温下由于油品黏度过大造成离合器或制动器无法正常启动，同时防止温度升高油品黏度过小不易维持油膜强度，使润滑性变差。优异的黏温性能，一般都要添加一定量的黏度指数改进剂。油品在系统中运行时会受到强烈的剪切力，造成油品黏度下降，油压下降，甚至导致离合器打滑，要求油品具有良好的剪切安定性，一般采用THCT台架、超声剪切、圆锥剪切等方法来进行评价。

（4）较高闪点和较低凝点。液力元件工作时油温变化幅度很大，有时可达160℃，从安全角度要求油品的闪点要高于180℃；另一方面，工程机械和大量汽车都要在野外工作，要求油品具有较好的低温性能，凝点(或倾点)较低，以利于低温环境下液力元件的起动。

（5）良好的密封材料适应性。自动传动液必须与传动系统中各部分的密封材料相适应，不应使它们有明显的膨胀、收缩、硬化等不良现象。

此外，ATF需要抗颤耐久性的要求，CVTF需要满足钢钢摩擦特性，DCTF需要抗颤耐久性(离合器啮合)、同步器性能和抗磨性；电动车对油品的性能，如电性能、铜腐蚀与防锈性能、材料兼容性以及高转速下的轴承保护性能提出了新的要求。当油品电导率达到一定值，将会造成泄漏电流现象，而电导率太低时所带来的静电积聚产生电弧，也会对变速箱轴承造成破坏。对于铜腐蚀与防锈性能，针对新的硬件系统，需要采用更精细的新的测试方法来确保防腐蚀特性，主要偏重高温和浸泡测试。对于材料兼容性，常见的导线涂层材料不会受到油品添加剂的影响，但对电动机黏合剂、尼龙轴承保持架等部件均会根据配方的变化而受到影响。

总之，ATF、CVTF、DCTF和电动车驱动油有相似性，但不能通用、不宜互相换用，所以一般都形成了各自的规格体系，具体性能要求见表7-22，以确保良好的润滑，保证传动性能。

表7-22 不同变速箱润滑油的性能要求

		MTF	ATF	CVTF Belt	CVTF Troidal	DCTF
同步器齿环性能测试		★				★
抗颤耐久性			★			★
钢—钢摩擦系数				★		
牵引力特性					★	
基本性能	低温流动性		★	★	★	★
	剪切安定性		★	★	★	★
	氧化安定性		★	★	★	★
	热稳定性		★	★	★	★

续表

		MTF	ATF	CVTF		DCTF
				Belt	Troidal	
基本性能	离合器摩擦特性		★	★	★	★
	摩擦耐久性		★	★	★	★
	抗磨损性能	★	★	★	★	★
	抗疲劳性能	★	★	★	★	★
	抗泡性/通风试验	★	★	★	★	★
	材料相容性		★	★	★	★

三、自动变速箱油规格及其评定

不同OEM的自动变速箱采用不同的摩擦片,对摩擦系数的要求也不尽相同,因而,自动传动液没有统一的国际标准,以OEM规格为主,相应的OEM规格对自动传动液都有特定的性能要求,这也就决定了自动传动液在技术上具有明显的独特性。

北美的规格主要有GM的DEXRON Ⅱ、Ⅲ、Ⅳ,Ford的MERCON、MERCON V、MERCON SP、MERCON LV;埃里逊(Allison)的C-4、TES 295、TES 389;克莱斯勒(Chrysler)的ATF+3(MS 7176D)、ATF+4(MS 9602)。这些规格在氧化、橡胶相容性以及抗磨性要求上基本相似,主要差别在摩擦特性和黏度性能的要求上。为了提高整车的燃油经济性,ATF朝着降低油液黏度和提高油液摩擦性能的方向发展,DEXRON Ⅲ、MERCON V、C-4 和 ATF+4规格要求的运动黏度(KV100)在 7.0~8.0mm^2/s之间,而新的ATF规格,如DEXRON Ⅵ、MERCON SP/LV,要求KV100不大于6.4mm^2/s,并拥有更低的低温黏度(-40℃)(表7-23)。同时,新的规格对摩擦性能提出了更高的要求,并可以完全兼容早期的ATF规格。

表7-23 DEXRON Ⅵ规格要点

项目	DEXRON Ⅵ	试验方法
色度	6.0~8.0	ASTM D1500
元素分析	报告	ASTM D5185、ASTM D6443、ASTM D4629、ASTM D4927
水含量,%	≤0.10	ASTM D6304
密度(15℃),kg/m^3	报告	ASTM D4052
低温布氏黏度,mPa·s	-20℃:≤1500	ASTM D2983
	-30℃:≤5000	
	-40℃:≤15000	
低温表观黏度,mPa·s	≤3200	ASTM D5293
高温黏度,mPa·s	≥2.00	ASTM D4683
闪点,℃	≥180	ASTM D92
燃点,℃	≥195	ASTM D92
铜片腐蚀(150℃,3h),级	1b	ASTM D130

续表

项目		DEXRON Ⅵ	试验方法
蒸发损失(200℃,1h),%		≤10	ASTM D5800
油膜厚度		报告	EHDPROC_11
剪切安定性 (100℃,40h)	100℃运动黏度, mm²/s	≥5.5	CEC L-45-99
	100℃运动黏度下降率,%	≤10%	
潮湿箱试验(40℃,50h)		通过	ASTM D1748
腐蚀试验(4h)		通过	ASTM D665(A)
抗泡试验		新油:≤50/0,≤50/0, ≤50/0,≤50/0	ASTM D892、ASTM D6082
		循环试验后:≤50/0,≤50/0, ≤50/0,≤150/0	ASTM D892、ASTM D6082
		氧化试验(135℃,100h)后: ≤50/0,≤50/0,≤50/0,≤50/0	ASTM D892、ASTM D6082
DKA氧化试验 (175℃,192h)	40℃运动黏度增长率,%	≤13	CEC L-48
	100℃运动黏度增长率,%	≤12	
	酸值增长, mg KOH/g	报告	
	油泥评级	≤1	
磨损试验, mg		≤10	ASTM D2282
摩擦特性试验		通过片式和带式200h试验	GM 6137-M 试验 C、D
氧化试验 (450h)	酸值, mg KOH/g	<2.0	GM 6137-M 试验 E
	试验后100℃运动黏度, mm²/s	>5.0	
	试验后-20℃布氏黏度, mPa·s	<2000	
	试验后-40℃布氏黏度, mPa·s	<15000	

欧洲的主要规格有 Voith 的 G 607、G 1363；采埃孚(ZF)的 TE-ML 11、TE-ML 14 系列；戴姆勒·克莱斯勒(DaimlerChrysler)的 MB 236.X 系列。亚洲主要有日本的 JASO 1A (M315)，丰田(Toyota)的 T-IV、WS 规格，尼桑汽车(Nissan)的 Matic-D/J/K 系列，本田汽车(Honda)的 ATF-Z1，三菱汽车(Mitsubishi)的 ATF-2、SP Ⅲ 规格。除 JASO 1A 外，其他都是非公开的规格。其中，JASO 1A 和 Toyota T-IV 与北美的规格具有较好的兼容性。目前，通用 GM 的 DEXRON Ⅵ 规格(表7-23)是对油品性能要求最为严格的液力传动油规格之一。

对自动传动液摩擦特性的考察主要在 SAE No.2 试验机上进行。例如，应用广泛的通用 Dexron® 规格、福特 Mercon® 规格和埃里逊 AllisonC-4 规格，以及日本 JASO 规格都要求用 SAE No.2 摩擦试验机。通过实际摩擦片、摩擦带和鼓的啮合试验来测定静摩擦扭矩、动摩擦扭矩、最大扭矩、制止时间和摩擦系数等参数，来评价自动传动液的摩擦特性。

连续滑动变矩器(CSTCC)以及电控变矩器(ECCC)因具有良好的燃油经济性，能够有效提高汽车振动噪声性能(NVH)而广泛应用。但是 CSTCC 容易因提高转速引起摩擦性能下降，出现自振或颤抖现象。目前，考核自动传动液抗颤性能的方法可以分为两类：(1)测量油品的 $\mu-v$ 曲线，通过曲线的趋势评价油品的抗颤耐久性；(2)采用行车试验进行考察。

经研究，通过掌握摩擦系数 μ 与滑动速度 v 之间的特性关系，能够判断系统出现颤抖现象的潜在趋势，为了抑制颤抖现象的出现需要保持正斜率的 $\mu-v$（摩擦系数与速度）摩擦特性曲线。测量离合器系统 $\mu-v$ 特性方法很多，国际润滑剂标准批准委员会(ILSAC)ATF 分会曾经研究了各种试验方法之间的相关性（表7-24），认为采用日本汽车协会开发的 JASO M349 试验程序，使用低速摩擦试验机(LVFA-2)，能够很好地评价乘用车自动传动液抗颤耐久性。该方法通过纵向加载，使浸在油中的离合器片与反作用钢片结合，结合测量过程中产生的摩擦力，计算出摩擦系数，通过分析摩擦系数与滑动速度的关系来考核油品的抗颤及耐久性能。

表7-24　ATF 主要台架评定项目

项目	Dexron VI	Mercon V	Catepillar To-4	Allison C-4	JASO M315
抗磨损试验	Vickers 104-C 试验台	Vickers 104-C 试验台	Vickers 104-C 试验台	Vickers 104-C 试验台	JPI-5s-32
摩擦特性试验	SAE No.2 试验片式+带式低速碳纤维磨损	SAE No.2 试验抗颤性试验 $\mu-V$ 特性试验	Link M1158 试验机	SAE No.2 试验摩擦保持性试验石墨+纸基摩擦片	SAE No.2 试验 JASO M348 LVFA 试验机 JASO M349
氧化试验	GM 4L60-E 变速箱氧化试验台	ABOT 铝杯氧化试验	GM 4L60-E 变速箱氧化试验台	GM 4L60-E 变速箱氧化试验台	JIS K 2514
循环试验	GM 4L60 变速箱循环试验台	GM 4L60 变速箱循环试验台	GM 4L60 变速箱循环试验台		
FZG 磨损试验			ASTM D4998		
FZG 刮伤试验			ASTM D5182		
泵抗磨性试验			35VQ25A 高压泵		

此外，Dexron VI 规格还增加了行车试验、ECCC 行车试验、SWCOT 抗磨试验和空气夹杂试验等台架试验内容。自动传动液使用温度范围较宽，为在各温度下都维持良好的使用性能，要求油品具有良好的黏温特性，防止低温下由于油品黏度过大造成离合器或制动器无法正常启动，同时防止温度升高油品黏度过小不易维持油膜强度，使润滑性变差。液力传动装置润滑油的输送和控制通常由一个中心液压系统和一些液压元件来完成，一个好的 ATF 还应有良好的液压泵适应性。

电动车传动用油由于硬件系统的不同，其台架评定主要根据其用油选择而采用其他自动变速箱油常用的台架评价手段。通常用 FE-8 轴承点蚀和轴承磨损试验来评价轴承磨损性能，用同步器试验来评价同步器摩擦性能，用 FZG 齿轮试验机来评价磨损性能。对于电动车关键的材料兼容性以及油冷电动机全寿命安全性能要求，目前测试方法还处于保密状态，都是由各开发公司独立进行封闭式测试。

综上所述，一个好的自动传动液应该有合适的黏度、高的黏度指数、良好的剪切稳定性以及良好的摩擦特性，同时为保证油品的长周期运行要有良好的氧化安定性。

昆仑润滑在评定技术方面设备齐全，能够进行完成和评价对应的摩擦性能测试，是国内测试能力最强，开发经验最丰富的技术团队之一。主要设备包括：2008年从美国格林实验室引进SAE No.2摩擦试验机，用于综合考察自动传动液的动静摩擦特性，同时该试验机也可以进行盘式离合器、鼓式离合器、液力变扭器、手动换挡变速器同步器齿环等方面的耐久性和特性实验。从日本引进了LVFA低速摩擦试验机，用于评价汽车自动传动液低速抗颤性能和摩擦耐久性。

FZG齿轮试验机，是线接触的滚动和滑动混合摩擦，能够更接近实际使用情况，可以评定润滑剂的承载能力、评定含聚合物润滑油的剪切安定性、评定齿轮油的抗点蚀能力。四球试验机，用于进行低温润滑脂承载能力以及润滑油的极压性测量，接触条件模拟齿轮运行及材料切削过程的接触形式，用于评定润滑油及润滑脂的防黏接及磨损性能。该方法采用圆锥滚子轴承剪切，测定含聚合物润滑油黏度下降率的剪切安定性试验方法。适用于测定含聚合物的动力转向液、减震器油、汽车自动传动液、液压油和齿轮油的剪切安定性试验方法。

Vickers 104-C试验台，油品在一定的温度和压力条件下经过电动机驱动的Vickers 104-C液压泵，运行一定时间后，对比试验前后泵的叶片和定子的失重情况，重量的损失决定油品的性能，可进行ASTM 2882-00标准方法，即《石油和非石油液压油在固定容积叶轮泵中磨损特性准试验方法》测试，用于考察自动传动液的抗磨损性能。

四、无级变速箱油规格及其评定

CVTF基本为OEM配套用油。SAE、ASLE和USCAR非常重视CVT技术的研究，特别是SAE和ASLE有专题讨论CVT和CVTF的问题，并抓紧制定CVTF规格。但由于很难兼顾各种性能，至今未能形成统一规格。CVT技术在日本企业应用较多，CVTF规格主要有丰田TC、FE规格，尼桑Matic-D、NS-1、NS-2、NS-3规格，本田ATF-Z1、HMMF、HCF2规格，三菱SPⅢ规格以及SUBARU FⅡ和B20规格等。

作为CVT的润滑介质，无级变速箱润滑油CVTF的主要作用为润滑金属带、行星齿轮、湿式离合器、轴承等，同时传递液压信号、冷却CVT。CVTF和ATF相比，共性要求包括：摩擦特性（钢—钢摩擦特性和抗磨性）、剪切稳定性、低温特性、抗氧化性等，其中摩擦特性、抗磨性是最重要的指标。CVT通过金属之间的摩擦力传递扭矩，高摩擦系数的CVTF适合扭矩大、负荷重的大排量车；低摩擦系数的CVTF可以减少动力消耗，但成膜性能变差，润滑油膜变薄有增大磨损的危险。CVT中湿式离合器要求CVTF具有与摩擦材料相匹配的静摩擦系数和动摩擦系数。一般来说，动摩擦系数对启动转矩的大小有影响，如果动摩擦系数过小，离合器啮合阶段的滑动机会越多；静摩擦系数和最大转矩大小相关，如果静摩擦系数过大，啮合的最后阶段会引起转矩的剧烈增大，产生噪声。因此，要求CVTF具有较大的动摩擦系数和较小的静摩擦系数，静动摩擦系数差值较小。此外，CVT采用钢—钢摩擦传动、摩擦系数较小，需要极大的应力作用在滑轮面上以得到所需的扭矩，并防止滑动，任何的滑动都会导致磨损从而引起传动失败，为了优化操作，CVT的表面特别光滑，因此CVTF要求较好的抗磨性。

对于CVTF摩擦特性，目前开始使用ATF摩擦特性的试验机来评价CVTF（表7-25），如 LFW-1 环-块试验机、LALEX V 试验机、销盘式试验机和 SAE No. 试验机等模拟设备进行 CVTF 的评价。

表 7-25 三种摩擦特性试验方法的条件及类型

实验机类型	摩擦形式	转速, mm/s	接触压力, MPa	油温, ℃
LFW-1 环-块	切线	257	6.75	110
FALEX V	切线	160	5~15	室温
销盘式	面	1172	2.06	130

对于 CVTF 抗磨性能的评价，由于 CVT 的滑轮和带之间的接触压力、角度以及速度等很难测定，因此，评价一般以工业 CVT 实验装置为主，但是目前也采用一些常规的手段进行配方的筛选，如 FZG、梯姆肯实验机（Timken）以及四球实验机等，甚至有的公司制定了 CVTF 模拟实验的一些实验指标，如 Exxon-Mobil 公司控制 CVTF 的 Timken OK 值（润滑剂在油膜破裂前所能承受的最大负荷）为 18kg，最大无卡咬负荷（PB）为 130kg，最大烧结负荷（PD）为 40kg。

除了摩擦性能和抗磨性能，CVTF 还要求较好的剪切安定性、低温流变性、抗氧化性等其他性能。剪切稳定性由 KRL 方法（NB/SH/T 0845）评价外，其他均采用 ATF 相同的评价手段进行。另外，CVTF 的一项特殊的性能要求是需要在变速箱的关键部件的接触表面提供合适的摩擦系数，通常称之为"钢对钢的摩擦"。钢带盒滑轮间需要一个较高的钢对钢的摩擦系数以减少滑轮夹紧力和油缸的工作压力，从而提高传动效率、延长钢带寿命，需要在 LFW-1 环块摩擦试验机上完成，2021 年，昆仑润滑建立了 LFW-1 环块摩擦试验方法，成为国内唯一能进行 CVTF 摩擦性能评价的润滑油公司。

五、双离合器自动变速箱油规格及其评定

主流的双离合器变速箱润滑油 DCTF 是潘东兴（Pentosin）的 FFL-2，复合剂加剂量一般在 15% 左右（不含黏指剂），可用于大众（VW）的 DSG 变速箱，潘东兴 FFL-3、FFL-4 为匹配保时捷、宝马 DCT 变速箱的产品。其余产品均为 OEM 规格，国内的 OEM 的规格基本上由国外的添加剂公司和设备制造商确定。

DCT 系统润滑油 DCTF，需要同时满足双离合器、齿轮、同步器、轴承等部件的润滑性能要求，无论是传统的液力自动变速箱油，还是标准手动变速箱油 MTF 都不能够满足 DCT 的润滑要求。

DCTF 的摩擦特性是一个复杂且涉及面很广的综合性能，其好坏直接关系变速箱的换挡、齿轮、离合器性能表现和耐久性。如湿式离合器工作过程中边界摩擦和液体摩擦同时存在，离合器结合开始阶段，以液体摩擦为主；结合后期以边界摩擦为主。DCTF 在控制摩擦相应过程中发挥重要作用，在液体摩擦阶段，润滑油的整体性能影响最大。添加剂组成中的摩擦改进剂和其他表面活性剂的性能直接影响结合过程后期低速阶段的摩擦控制效果。而液体摩擦对离合器扭矩传递性能影响较大。一般情况下，在保证摩擦系数的 μ-v 取向的前提下，希望该值越大越好，否则将导致颤抖现象的出现。此外，DCTF 的摩擦特性将直接影响同步器装置的运行，为了保证优良的性能，DCTF 必须具有适宜的摩擦系数，通过严格

的设定实验循环后，不能出现明显的磨损。

在评价双离合器变速箱油时，GK 摩擦试验平台是最专业的测试设备。GK 试验平台由德国 ZF 公司设计和制作，可用于双离合器变速箱动态换挡、准静态和制动性能评定试验。针对目前汽车发动机管理系统开发过程中研发成本较高、难度较大的问题，利用仿真的方法设计并搭建了硬件在环仿真试验台，同时进行了部分试验验证。该台架的优点是对各种控制参数的预测结果更准确、对极端危险状况的控制参数进行优化；简化试验环境，测试得到的各项性能及获得的优化参数与实车试验较接近。

GKⅢ台架是被行业内唯一认可用于评价双离合器变速箱摩擦性能以及 NVH 性能的台架，是符合德国 FVA 组织标准方法要求的试验台，GK 试验台之间的试验结果具有可比性。国外添加剂公司(路博润和雅富顿)和油公司(壳牌和嘉实多)，均采用 GK 试验机来评价双离合器变速箱的离合器性能。为了开发中国快速发展的 DCT 装机油市场，润滑油公司将在 2022 年底建成 GKⅢ台架，成为国内唯一建立该台架的测试方。

除了摩擦控制外，同时也要考虑 DCTF 的热稳定性和抗氧化性能，由于 DCT 变速箱的工作温度在−40~140℃，离合器摩擦片局部瞬间温度甚至达到 180℃，油品工作环境温度高会大大加速油品氧化速率，生成酸性物质，进一步产生漆膜和油泥，影响液压系统的正常工作，降低变速箱的响应速度。DCTF 同样应当具有优良的抗磨损保护性能，斜齿轮的齿面负荷要高于液力自动变速箱的行星齿轮的齿面负荷，这是由于行星齿轮是多齿面承载，因此 DCTF 需要更加苛刻的抗磨损性能。

总体来看，DCTF 将提供如下几项主要功能：(1)润滑离合器、齿轮、轴承以及同步器等部件；(2)为整个变速箱内部提供散热；(3)为离合器啮合及换挡提供液压动力；(4)保护变速箱内金属部件，防止磨损及腐蚀。DCTF 是一种新型润滑油，同时具有 ATF 和 MTF 的功能，专用于双离合变速箱。

理论上，所有自动变速箱及其润滑油都希望能达到长换油周期乃至终身免维护，但在实际操作中，OEM 会根据设计制造水平规定相应的保养更换周期；在 OEM 没有做出具体规定的情况下，需根据车辆运行情况和油液检测结果进行油品更换保养。

六、自动变速箱油技术

自动变速箱油 ATF 规格主要以 DEXRON 规格为蓝本，建立相关企业标准，在产品和配方技术上与国际主流规格保持一致。博世在 CVT 用钢带领域具有垄断地位，进行 CVT 配套开发的润滑油，都必须要取得博世的认证许可。主流的 DCTF 产品为潘东兴配套大众 DSG 双离合变速箱的 FFL-2，占据大部分市场份额，只有长城汽车等采用壳牌润滑油。

国内电动车硬件设计复杂，减速器最高输入转速可达 15000r/min，输出扭矩 4500N·m，主减齿轮最大面压 2100MPa，主流结构大多为单速比、两级传动，但带差速器结构、2、3 挡速比产品也在增多，用油分为三种类型：一是基于 AT 的单级减速器结构，着重考察油品与电机的兼容性与腐蚀性，选择 ATF 如特斯拉、重庆安康新能源电动车等使用满足 Dexron Ⅵ 自动传动液。二是基于 MT 的单级减速器结构，齿轮复杂压力大、转速较高，着重考察油品的承载能力、氧化特性、剪切安定性以及燃油经济性等，基于 MT 变速箱润滑，如蔚来汽车电动车等，多采用 75W 黏度级别 GL-4、GL-5，但会出现油泥较多等情况。三是多级减速器结构，需考察同步器性能，包括铜基、碳基材质，既要兼顾油冷电动机的铜腐、电化学性能，又要满足高负载、高转速下的齿轮保护及同步器摩擦性能，应基于 MT 变速箱润滑，如华晨宝马减速器齿轮油 MTF-75W。

混动汽车依旧采用常规油品，但随着混动方案的更新，会逐渐采用油冷电动机加多挡变速方案，相比纯电动，使用工况复杂恶劣，平均油温较高，变速箱需要承受更高的转速，可能需要新型的润滑油。

路博润、润英联和雅富顿等全球知名添加剂公司，一般均有满足不同规格要求的复合剂技术，主流公司的自动传动液复合剂加剂量一般在 10% 左右（不含黏指剂），如雅富顿 HiTEC3421J、HiTEC3435A、HiTEC3469，路博润 9689、CVT10、AT9231 以及润英联 T4282、T4920，由于国外技术成熟度高，市场信任度好，市场占有率达到 90%。

2015 年，为长安汽车首个双离合器变速箱 DCT515 成功开发装机油 DCTF-7，取得博格华纳认证，并完成 20×10^4 km 帕斯卡行车试验验证，是自主品牌取得首个 DCT 装机油；2017 年，上汽开发第二代 DCT 产品，昆仑润滑在与四家国际品牌公司竞争中取得油品独家开发权，开发低黏度双离合器变速箱油 DCTF-7S，通过博格华纳高能启动试验，2020 年成功装机上汽 380DCT。2018 年与上海汽车合作，比肩壳牌 CVT 产品 SL2100，取得 CVT18 的技术开发权，开发产品 CVTF S6 通过了 BOSCH 传动技术有限公司的 OST（Oil Screening Test）测试，取得 BOSCH 认证，该认证意味着最具权威的无级变速箱钢带企业对昆仑 CVTF 油品的认可，对该油品在变速箱企业的推广，起到里程碑式的作用。2020 年，与国内最大的 CVT 制造商万里扬合作，在昆仑 CVTF-S6 产品技术平台基础上对油品的关键特性进行升级，通过 BOSCH OST 测试，设计完成低成本 CVT 产品应用在万里扬 CVT25/28 变速箱中。

第五节　船用发动机油技术

在国际贸易的货物运输方式中，海运占到 80%~90%，远超陆运和空运的总和，尤其是承担国计民生的大宗期货和能源类物质的运输，一般都采用船舶运输。一艘现代大型远洋运输船舶，包含从发动机、液压、齿轮到冷冻机等各类用油机械设备，全球每年消费各类船舶润滑油脂约 350×10^4 t，但其中 $(220 \sim 250) \times 10^4$ t 都是船用发动机油，船用发动机油的开发、选择和维护，对远洋运输和船舶安全至关重要。

中国石油以润滑国家队的担当，从 20 世纪 90 年代就着手船舶用油的产品研发工作。2000 年以后，集中了中国石油的优势成立了船用油研究所，从最基本的添加剂、基础油研发开始，经过十多年的技术攻关，逐步开发并完善了船用油全系列产品，实现了从无到有、从有到优的转变。

在复合剂领域，开发了新型超高碱值磺酸钙清净剂，解决其在基础油中溶解性问题，有效降低清净剂使用剂量，保证高温清净性条件下提高复合剂性价比。并开发了具有更经济性的气缸油复合剂 KunLun M3533，调制 DCA 5070H 气缸油的加剂量从 26.5% 降到 22%，采用 I 类基础油调和的油品，通过曼恩和瓦锡兰行船试验认证。船用中速筒状活塞柴油机油复合剂 KunLun M3522A/B，采用 I 类基础油调和的油品通过了马克行船试验认证。在船用系统油和船载 BOB 在线调和系统用油方面,成功开发出 KunLun M3511 和 3532 复合剂,调和的油品通过了曼恩和瓦锡兰技术认证,达到世界领先水平。

未来,在航运业脱碳转型进程中,以低碳能源(天然气、醇类、醚类等)、碳中和能源(生物燃料、电燃料)、零碳能源(氢、氨等)等为代表的清洁能源已开展了不同程度的船用研究与实践,开发与新型能源燃烧特点相匹配的发动机油将是未来船用油主要研究方向。

一、船舶及其发动机对润滑的要求[12-18]

发动机技术、海洋排放法规、燃料质量及基础油性能是船用润滑油技术发展的内在推动力。新型发动机正在向大缸径、长冲程、大功率、低能耗和低排放等方向发展,同时发动机的内部构造和点火技术发生改变,而废气再循环和尾气后处理系统也更多应用于船舶。为了应对船用油工作和存在的环境变化,需要对船用油技术进行革新和升级换代。

1. 低速机气缸油润滑特点及性能要求

大型低速二冲程十字头柴油机气缸润滑和曲轴箱分开润滑,气缸润滑由一个独立的润滑系统实施。柴油机曲轴箱油又称系统油,主要作用是润滑各类轴承和导板、齿轮传动系统,冷却活塞,在电控机型中兼作液压伺服油。

低速船用发动机的气缸,采用专用的润滑系统及设备(气缸油注油器、注油接头),如图 7-5 所示,把专用气缸油经缸壁上的注油孔(一般均布 8~12 个)喷注到气缸套表面油槽,借助活塞环上行布油对活塞环、缸套进行润滑,其注油量可控,喷出的气缸油不予回收,属于一次性润滑。

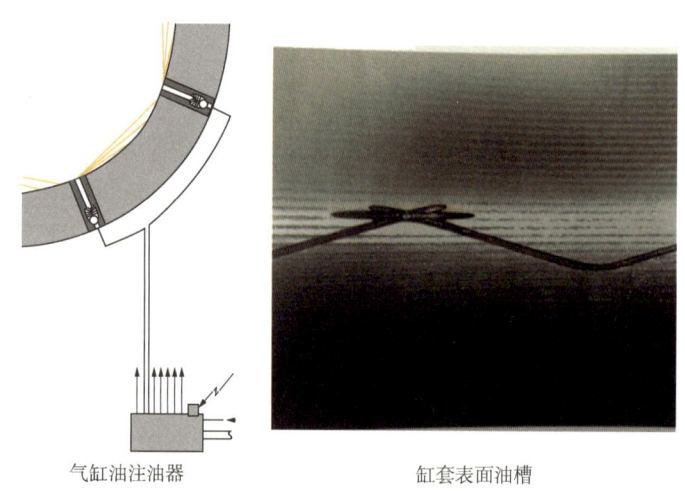

气缸油注油器　　　　缸套表面油槽

图 7-5　低速船机润滑系统

低速二冲程十字头发动机采用高压共轨控制方式,电控注油取代了传统的机械式注油,将润滑油注油率从 2.0g/(kW·h)降低到 1.2g/(kW·h),气缸油需要适当提高酸中和能力和油膜扩散性才能降低由于低注油率给设备运行带来的安全隐患。MAN 设计的超长冲程 G 型发动机可以有效提高发动机升功率,但是缸壁温度降低提高了发动机遭受低温腐蚀磨损的风险,需要 100~140mg KOH/g 气缸油匹配。

气缸润滑的特殊性首先在于高的工作温度会降低润滑油黏度,加快滑油氧化变质速度,并使缸壁上的部分油膜蒸发。通常，气缸套上部表面温度为180~220℃，下部表面温度为90~120℃，活塞环槽表面温度根据测量点位置和活塞顶的设计在100~200℃之间；其次，活塞在往复运动时的速度在行程中部最大，在上、下止点处为零，只有在活塞行程中部才有可能实现液体动压润滑，而在上、下止点处则不可能。特别在上止点处，气缸中的温度最高，活塞环对缸壁的径向压力最大，即使滑油能承受住这里的高温，也只能保证边界润滑条件。

船用发动机使用劣质燃油具有高硫分、高灰分、高残炭和沥青质，会对气缸造成低温腐蚀、固体颗粒磨损、结炭增多以至引起活塞环胶着和气口堵塞等故障。另外，活塞顶与环带部分变形也使气缸润滑的难度增加，气缸套特别是它的上部，很难形成连续完整的油膜，气缸套的上部磨损特别严重。

船用气缸油经缸壁上注油孔喷注到气缸壁表面，用于气缸缸套，活塞和活塞环润滑。气缸油在较高温度下应有适当的黏度，并能迅速分布到整个工作表面，而在初始注入气缸时黏度又不致太高，即要求气缸油应有适当的黏度和黏度指数；在活塞与气缸套之间形成适当厚度的油膜，减少滑动摩擦和磨损；气缸油应能抑制在活塞和活塞环上形成漆膜和沉积物；具有能使炭渣变成微小颗粒悬浮在油中的能力；气缸油应能中和燃用劣质高硫燃料时生成的硫酸；防止在高温下生成积炭沉积物，使活塞环区及气口处沉积物减至最少，使缸壁油膜得以保持。

OEM对气缸油新油基本要求较为简单：运动黏度(100℃)介于18.5~$<21.9 mm^2/s$；黏度指数大于95；良好的清洁分散能力，保持活塞环槽、活塞环和环台清洁；良好的酸中和能力。

国际海事组织(IMO)2020限硫令已自2020年1月1日起生效，规定船舶必须使用低硫燃料，一般地区不超过0.5%，控制区不超过0.1%；或者是通过安装洗涤器或使用其他新型燃料达到同等的低硫排放目标。虽然有清洁能源和使用脱硫装置等替代方案，但综合考虑成本、管理维护及脱硫装置安装周期等因素，船舶低硫油仍是多数船东的应对选择。

调和低硫油的原料，除了常规的炼化工艺副产品，诸如高密度重油、裂解轻柴油等，还会出现如植物油和动物脂肪、有机卤化物、非石油制品及废润滑油化工废料、有机酸和其他氧化物等禁止组分，由此导致船舶低硫油在使用中出现诸多问题(图7-6)：不同区域黏度变化范围大；兼容性不足，不同原料的低硫油混合有油泥析出；残留催化颗粒中的铝和硅含量高，极易造成磨粒磨损；稳定性差，在燃油舱中出现轻重组分层现象，轻组分燃料燃烧质量好，在燃烧过程中短时间能量快速释放，导致爆发压力增加，压力传递到第一道环，增加了活塞环与缸套的接触载荷。重组分燃料燃烧质量差，会导致后燃期变长，火焰接近或接触气缸润滑油膜，从而破坏油膜，未充分燃烧产物混入油膜导致润滑油本身变质，最终严重破坏了有效的缸套表面润滑。

图7-6 低硫油导致的问题

从使用低硫油以来，多家航运公司反映出现了缸套异常磨损现象，共性问题是：缸头和缸套有浅红色的沉淀物，磨损加剧，缸套的珩磨纹很短时间内消失，严重时有活塞环黏着、断裂，缸套异常磨损等情况，红色沉积物主要为在异常磨损高温下产生的含铁氧化物。船舶发动机制造商和船东均认为使用低硫油会导致发动机工况更加苛刻。

发动机制造从发动机机械材料的角度考虑，提高发动机抗高温耐久和抗机械磨损能力。例如在低硫油时，发动机使用金属陶瓷活塞环（基体为陶瓷，表面为金属复合涂层材料），金属部分具有高弹性耐久性，陶瓷部分具有高温和抗咬合性，提高了活塞环整体耐磨性，又降低了拉缸风险。认为在低碱值（20~40mg KOH/g）气缸油产品的开发中，清净分散性能、抗磨性能及抗氧化性能均需提升：(1)优良的清净分散性能，能够有效缓解及清除活塞环槽的沉积物，抑制、清洗生成的胶质与沉积物。(2)优良的抗氧化性能，减少沉积物的生成，保证活塞环槽清洁。(3)优良的酸中和性能，能够有效中和燃烧产生的酸性物质，缓解机械部件的腐蚀磨损。(4)优良的抗磨性能，有效降低活塞环与缸套摩擦副之间机械磨损，保护缸套表面结构的完整性，延长缸套使用寿命。

2. 低速机系统油润滑特点及性能要求

船用系统油为二冲程低速十字头发动机的曲轴箱用油，润滑填料函以下的运动部件，主要作用是润滑、冷却、清净分散等。由于填料函密封不严，系统油有可能被燃料油、不完全燃烧产物、气缸油残油污染，这就需要系统油具有良好的清净分散能力，将杂质分散到油里，减少漆膜和油泥产生；同时系统油冷却活塞，清净分散能力好能较少活塞内顶部沉积物，从而减小热应力；系统油长时间使用，抗氧化性能好，能减缓油品氧化变质速度，提升使用寿命，减小换油成本；系统油润滑齿轮传动系统和凸轮轴等，需要具备较好的抗磨和极压性能；另外，在船舶柴油机上应用不可避免接触水，需要有良好的油水分离性。

OEM 一般要求系统新油黏度等级 SAE30；碱值 5~10mg KOH/g；良好的清洁分散能力、抗腐蚀能力、抗氧化性能，电喷机 FZG 至少 11 级，清洁度 NAS10 级，并具备以下几方面性能：(1)优良的清净性能，油品不可避免的因氧化衰变和外界污染而生成油泥、积炭等不溶物，良好的清净分散性有效溶解和分散燃烧窜气中的沥青质及高分子沉积物，保持发动机清洁和油道畅通。(2)优良的防锈和抗腐蚀性能，发动机长期在潮湿环境中工作，润滑油在使用过程中难免油水和燃油混入，特别是燃烧产物中无机酸的漏入，会引起轴承和其他机件腐蚀，良好的防锈性能有效降低曲轴箱内摩擦副的腐蚀及锈蚀。(3)优良的分水性能，保障在分油机内系统油与水机污染物高效分离。(4)优良的抗磨性能，有效缓解曲轴箱内齿轮与轴承摩擦副之间的机械磨损。在新型电控机型中，柱塞泵将循环回路中系统油加压至 200bar 作为动力，推动燃油加压、气缸油注油、排气阀开启，系统油部分作为伺服油使用，清洁度要达到 NAS 7 或者 ISO 4406 16/13。

3. 中速机油润滑特点及性能要求

中速机一般在活塞上止点位置安装抗抛光环，以降低发动机活塞间隙、避免燃烧窜气，但却对润滑油的中和性能、清净性能、抗磨性能等方面提出更高要求，需要高综合性能中速机油，并延长换油周期。燃料的劣质化趋势严重，其中含有的胶质、沥青质等重组分燃烧不彻底便容易在缸壁上和环槽内生成"黑斑"（Black Sludge），长时间会造成发动机的粘环和卡环，中速机油需要采用具有更强清净分散性能的配方体系，有效解决了"黑斑"问题。中速机油要负责轴承、气缸、活塞、凸轮、齿轮等多个重要部件的润滑和冷却：

第一，轴承润滑，润滑油进入主机后需要在轴承表面形成一层油膜，保证轴承和轴瓦之间有足够的润滑作用，为保证活塞环和缸套表面形成一层稳定的油膜，并在苛刻燃烧的状态时油膜的稳定性，需要对添加剂进行考察。

第二，活塞冷却，润滑油在活塞内部起到冷却活塞的作用，通过润滑油的流动将热量带出，要求润滑油在高温状态下具有优异的抗氧化性能，以保证在高温工况下润滑油可以将热量以及燃烧产生的杂质带出。润滑油的清净分散性能也是油品研发过程需要重点关注的产品性能。

第三，气缸润滑，包括飞溅润滑和注油孔润滑，飞溅润滑靠从连杆大端甩出并飞溅到气缸壁上的润滑油来润滑，一般不需要专门的润滑装置，在活塞上装设刮油环以便把飞溅到缸壁上的多余滑油刮回曲轴箱，适用于中、小型筒形活塞式柴油机；大型中速筒形活塞式柴油机中，为保证润滑效果，气缸润滑除采用飞溅润滑方式，还采用注油孔润滑作为气缸润滑的辅助措施。

第四，其他部位润滑，包括凸轮轴和齿轮润滑、喷射系统的润滑、摇臂等组件的润滑。

由于中速筒状活塞柴油机油要用于气缸和轴承的润滑，具有气缸油和系统油两种功能，其工况也多在持续高负荷下操作，要求较高的清净分散性能；油箱大、换油周期较长，要有较好的碱值保持能力；油品循环使用，与水接触后易乳化，影响油品综合性能，所以需要较高的分水性和抗乳化性等。

中速机油由于其运行工况、机械参数及使用燃料油等情况，要求油品有以下性能特点：(1)较高的清净分散性，能够有效防止高温积炭的产生，并将油泥分散成微小颗粒悬浮在油中，保持发动机清洁；(2)优良的抗氧化性能以及优良的热稳定性能，能够降低油品的氧化速度，抑制氧化产物的生成，控制黏度增长，延长使用时间，保证滤器正常油压；(3)优良的碱值保持性能以及优异的酸中和能力，能够有效抑制因含硫燃料燃烧而产生的酸性物质腐蚀，在中和酸性物质同时也能在较长的换油周期内保持较为安全的碱值剩余；(4)优良的抗磨性能，有效降低活塞环与缸壁摩擦副之间的机械磨损，延长机械部件使用寿命；(5)优良的防锈和抗腐蚀性能，有效降低曲轴箱内摩擦副的腐蚀及锈蚀；(6)优良的分水性能，能迅速将进入油中的水分分离，避免油品乳化，保障在分油机内，油水高效分离。

国际海洋环保法规对船舶排放的硫氧化物和氮氧化物都有严格的要求。降低硫氧化物排放最直接的方法是限制燃料的硫含量，国际海事组织(IMO)于1997年制定的MARPOL 73/78《国际防止船舶造成污染公约》附则Ⅵ《防止船舶造成大气污染规则》规定船舶燃料低硫化已于2020年1月1日起执行，一般区域要求燃料硫含量不大于0.5%，排放控制区SECA要求不大于0.1%，将有效降低船舶对环境的污染。降低氮氧化物解决方法有机内净化和机外净化两种。

船舶从高硫燃料直接切换成低硫燃料极易出现机械故障，需要对整个发动机系统参数进行重新调整。德国曼恩(MAN ES)的最新公告中特别指出，低硫燃料对应的油品除了低碱值之外，在其他性能需要达到甚至超过其高碱值产品。由于低硫燃料调和方式的不同，可能导致现有中速机油产品在清净分散性、抗氧抗腐、抗磨性能等方面的不足。增强油品的分散性能、抗氧化性能、抗磨性能至关重要。

调和油中高硫燃油含有较多的胶质沥青质等重质组分,会造成燃烧不充分导致烟炱以及燃料残渣增多,这对机油的分散等能力提出更高的要求。通过对低硫燃油的理化分析发现了化工产品成分,这将导致燃油燃烧后积炭的增多以及磨损加剧,因此需要清净分散性、抗氧化性更优的低碱值中速机油产品。

中速机由于没有十字头函料箱隔离,燃烧产物直接被活塞环刮下进入曲轴箱,机油一方面被高温燃气冲刷,另一方面又带进不完全燃烧产生的炭黑、磨损脱落的金属屑及杂质等,有的金属屑直径大于 $4\mu m$,极易损坏主轴承和运动件表面。良好的机油要有优良的抗氧抗磨性能。

除了直接降低燃料硫含量之外,船东还可以选择的方案是使用尾气脱硫装置(Scrubber),继续使用原有高硫燃料,优点在于可以正常沿用之前的发动机参数以及润滑油牌号,不必承担燃料切换造成的操作风险。

二、船用发动机油规格及评定

目前,尚未有统一的国际船用油标准和规格。船东通常用 SAE 黏度级别和碱值两个指标来规范用油。油公司通常只会公开油品的几项典型理化数据,并重点说明是否通过 OEM 认证,而模拟和评定手段作为核心技术秘密并不对外公开。

主要船机制造商通过技术认证对油公司产品的质量进行验证,获得 OEM 认证的油品即获得国际市场的通行证,船东一般不会轻易使用没有认证的油。获得认证时可以通过使用获得认证的复合剂直接获得油品认证证书,或者通过行船实验获得证书。曼恩(MAN ES)、瓦锡兰(WIN G&D)和马克(Mark)等欧洲发动机制造商的二冲程和四冲程发动机技术处于世界领先。

2020 年 5 月,船用内燃机油国家标准 GB/T 38049—2019 正式颁布实施,包括船用气缸油、船用系统油、船用中速机油,具体标准见表 7-26、表 7-27 和表 7-28,适用于大型船舶中低速内燃机。因船用发动机结构、使用燃料等均与车用发动机差异较大,国标中仅中速机油包含 1M-PC、L-38 两个发动机台架,真正的产品开发完成要以行船实验通过为核心。

为了优化船用润滑油产品技术开发,中国石油通过对普通曲轴箱试验条件的优化,开发了船用中速机油黑色淤泥分散性能模拟试验方法,具有很好的区分性能,对高性能中速机油的开发起着非常关键的作用。

合作开发的船用油清净性能评价试验仪,引入 SO_2 气体,能够在实验室较为真实地模拟在船用发动机燃烧室的 O_2/SO_2 环境,更接近发动机实际工况。主要用于评价船用油的清净性能和抗结焦能力。

在国内首次建立全尺寸船用中速机油综合性能评定台架(W4L20),功率达到 800kW,可以考察中速机油清净性、抗磨性以及碱值衰变性能,为高性能中速机油开发提供试验平台,处于国际先进水平。在试验油中可加入部分重质燃油污染,考察在有燃油稀释及沥青质污染的情况下,中速机油的性能衰变特征及碱值保持能力,对活塞环、轴瓦、连杆瓦称重测量,对缸套、凸轮轴等测量评价,以考察油品抗磨性能。

第七章 车船润滑产品技术

表 7-26 船用气缸油典型牌号的指标和试验方法（GB/T 38049—2019）

项目	5040 指标	5070 指标	典型值 1	典型值 2	试验方法
碱值，mg KOH/g	38～43	68～73	39.8	70.1	SH/T 0251—1993
运动黏度（100℃），mm²/s	18.5～<21.9		19.5	19.5	GB/T 265—1988
密度（15℃），kg/m³	报告		909.8	911.8	SH/T 0604—2000
黏度指数	≥95	≥98	≥98		GB/T 1995—1998①
闪点（开口），℃	≥220	≥278	≥246		GB/T 3536—2008
倾点，℃	≤-6	≤-18	≤-12		GB/T 3535—2006
铜片腐蚀（100℃，3h），级	≤1	≤1	≤1		GB/T 5096—2017
硫酸盐灰分，%（质量分数）	报告	4.3	7.2		GB/T 2433—2001
硫，%（质量分数）	报告	0.07	0.023		SH/T 0689—2000 或 GB/T 17040—2019 或 SH/T 0172—2001
钙，%（质量分数）	报告	1.4	2.38		GB/T 17476—1998 或 SH/T 0270—1992 或 SH/T 0631—1996
锌，%（质量分数）	报告	0.02	0.04		GB/T 17476—1998 或 SH/T 0226—1992 或 SH/T 0631—1996

① 也可以采用 GB/T 2541 方法，结果有争议时以 GB/T 1995 为仲裁方法。

表 7-27 船用系统油典型牌号的指标和试验方法（GB/T 38049—2019）

项目	3008 指标	典型值	测试方法
碱值，mg KOH/g	7～10	8.0	SH/T 0251—1993
运动黏度（100℃），mm²/s	9.3～<12.5	11.3	GB/T 265—1988
密度（15℃），kg/m³	报告	898	SH/T 0604—2000
黏度指数	≥93	≥96	GB/T 1995—1998①
闪点（开口），℃	≥220	≥265	GB/T 3536—2008
倾点，℃	≤-9	≤-21	GB/T 3535—2006
硫酸盐灰分，%（质量分数）	报告	1.0	GB/T 2433—2001
液相锈蚀试验（24h）	无锈	无锈	GB/T 11143—2008（B 法）
泡沫性（倾向/稳定性）/（mL/mL）24℃，93.5℃，后 24℃	≤25/0，≤50/0，≤25/0	≤15/0，≤25/0，≤10/0	GB/T 12579—2002
承载能力的评定（FZG 目测法），失效级	≥10	≥11	NB/SH/T 0306—2013
硫，%（质量分数）	报告	0.043	SH/T 0689—2000 或 GB/T 17040—2019 或 SH/T 0172—2001
锌，%（质量分数）	报告	0.053	GB/T 17476—1998 或 SH/T 0226—1992 或 SH/T 0631—1996

续表

项目	3008 指标	典型值	测试方法
钙,%(质量分数)	报告	0.26	GB/T 17476—1998 或 SH/T 0270—1992 或 SH/T 0631—1996

① 也可以采用 GB/T 2541 方法,结果有争议时以 GB/T 1995 为仲裁方法。

表 7-28　船用中速筒状活塞发动机油典型牌号的指标和试验方法(GB/T 38049—2019)

项目		4015 指标	4030 指标	典型值 1	典型值 2	试验方法
碱值,mg KOH/g		14~18	28~33	14.98	31.5	SH/T 0251—1993
运动黏度,mm²/s		12.5~<16.3		13.99	14.31	GB/T 265—1988
密度(15℃),kg/m³		报告		891.4	901.0	SH/T 0604—2000
黏度指数		≥95		≥96	≥97	GB/T 1995—1998①
闪点(开口),℃		≥220		≥262	≥259	GB/T 3536—2008
倾点,℃		≤-9		≤-15	≤-15	GB/T 3535—2006
泡沫性(泡沫倾向/泡沫稳定性),mL/mL	24℃	≤150/0		≤5/0	≤15/0	GB/T 12579—2002
	93.5℃	≤100/0		≤35/0	≤25/0	
	后24℃	≤150/0		≤0/0	≤10/0	
液相锈蚀(24h)		无锈		无锈	无锈	GB/T 11143—2008(B 法)
硫,%(质量分数)		报告		0.402	0.362	SH/T 0689—2000 或 GB/T 17040—2019 或 SH/T 0172—2001
磷,%(质量分数)		报告		0.060	0.0662	GB/T 17476—1998 或 SH/T 0296—1992 或 SH/T 0631—1996
钙,%(质量分数)		报告		0.723	1.22	GB/T 17476—1998 或 SH/T 0270—1992 或 SH/T 0631—1996
承载能力(FZG),失效级		≥11		≥11		NB/SH/T 0306—2013
轴瓦腐蚀试验(L-38 法) 轴瓦失重,mg		≤50		≤37		SH/T 0265—1992
程序Ⅷ发动机试验 轴瓦失重,mg		≤33		≤9.5		SH/T 0788—2006
温清净性和抗磨试验(1M-PC)	总缺点加权评分(WTD)	≤240		≤232.4		SH/T 0786—2006
	顶环槽充炭率,%(体积分数)(TGF)	≤70		≤55		
	环侧间隙损失,mm	≤0.013		≤0.01		
	活塞环粘结	无		无		
	活塞、环和缸套擦伤	无		无		

① 也可采用 GB/T 2541 方法,结果有争议时以 GB/T 1995 为仲裁方法。

三、船用发动机油技术

船用发动机油由基础油和复合添加剂调和而成，添加剂配方的开发是船用发动机润滑油技术的核心。国际知名添加剂公司均有满足 OEM 认证的船用发动机油复合剂。气缸油复合剂包括润英联 M7093、M7090，雪佛龙 OLOA 49805、OLOA 49835，路博润 LZ 9240、LZ 9297 等，产品碱值不同加剂量水平在 12.85%～31.5%不等。系统油复合剂包括润英联 M7044、M7046，雪佛龙 OLOA 49805、OLOA 50704，路博润 LZ 9220 等，产品碱值不同加剂量水平在 3.1%～5.3%不等。中速机油复合剂包括润英联 M7044、M7081，雪佛龙 OLOA 48021、OLOA 50704，路博润 LZ 9220 LZ 9225 等，产品碱值不同加剂量水平在 5.6%～23.9%不等。

"十二五"和"十三五"期间，中国石油的研发团队通过与国内添加剂生产厂合作开发了新型超高碱值磺酸钙清净剂，解决其在基础油中溶解性问题，有效降低清净剂使用剂量，保证高温清净性条件下提高复合剂性价比。并开发了具有更经济性的气缸油复合剂 KunLun M3533，调制 DCA 5070H 气缸油的加剂量从 26.5%降到 22%，采用Ⅰ类基础油调和的船用气缸油 DCA5070H，通过曼恩和瓦锡兰行船试验认证。

船用中速筒状活塞柴油机油复合剂 KunLun M3522A/B，可以调制满足 GB/T 38049—2019 标准的 SAE30、SAE40 黏度等级的船用中速筒状活塞柴油机油，满足安装抗抛光环的新型电控中速四冲程筒状活塞发动机使用要求。将水杨酸盐体系清净剂引入船用中速筒状活塞柴油机油，具有优异的清净分散性能，在解决含有较高胶质和沥青质船用重质燃料易于在中速发动机缸壁上形成"黑斑"问题上，具有其他类型清净剂不具备的优势，提高了对燃料中沥青质的分散能力，有效地解决了黑色油泥问题。采用Ⅰ类基础油调和的船用中速筒状活塞柴油机油 DCB4040H 通过曼恩行船试验认证，DCB4030H 通过马克行船试验认证。

船用系统油复合剂 KunLun M3511，可以调和满足 GB/T 38049—2019 标准的 SAE30、SAE40 黏度等级的二冲程低速十字头船舶柴油发动机系统油产品，采用Ⅰ类基础油调制的船用系统油 DCC3008，通过曼恩和瓦锡兰行船试验认证。

针对船载 BOB 在线调和系统，开发 KunLun M3532 BOB 工艺专用复合剂，通过高频往复摩擦试验机(SRV)、扫描电镜、热管氧化试验仪以及船用油清净性能评价试验仪对 10 余种具有不同碱值和烷烃结构的清净剂进行筛选，确定复合剂方案，与在用系统油调和碱值 40～120BN 范围内的船用气缸油，并通过了曼恩和瓦锡兰技术认证，达到世界领先水平。

世界海事组织 IMO 为全球航运业制定减排目标——船队的碳排放量到 2030 年比 2008 年减少 40%；到 2050 年至少比 2008 年减少 50%。近期，IMO 海洋环境保护委员会(MEPC75)通过针对现有船舶二氧化碳减排措施的初步方案，其中涵盖对船舶强制实行 A—E 评级系统，D 和 E 评级船舶若不及时改进船舶性能将面对严重的不利后果，这一系列新的技术和操作规则将于 2023 年生效。

马士基将在 2023 年推出全球第一艘碳中和集装箱船舶，未来新建船舶将使用双燃料技术，能够实现碳中和运营或采用标准的极低硫燃油(VLSFO)运营，会继续探索多种碳中和燃料途径，并期望未来有多种燃料解决方案并存，甲醇(e-甲醇和生物甲醇)、醇木质素混合物和氨仍然是未来燃料的选择，开发性能与之匹配的船用发动机油将是未来工作重点。

参 考 文 献

[1] 环境保护部，国家质量监督检验检疫总局. 轻型汽车污染物排放限值及测量方法（中国第六阶段）：GB 18352.6—2016[S]. 北京：中国环境科学出版社，2016.
[2] 杨俊杰. 车船润滑油脂及车辅产品[M]. 北京：石油工业出版社，2018.
[3] 龙金世，王静. 机油对车辆燃油经济性的影响研究[J]. 汽车工业研究，2015(12)：21-23.
[4] 赵江. 发动机油低黏化发展趋势[J]. 汽车工程师，2015(11)：20-22.
[5] 柳国立，韩俊楠，桃春生，等. 低黏度润滑油对发动机燃油经济性及可靠性影响的研究[J]. 汽车技术，2004(1)：53-57.
[6] 潘金冲，华伦，张文彬，等. 润滑油灰分对直喷汽油车 GPF 性能影响的试验研究[J]. 汽车工程，2019，41(5)：487-492，513.
[7] 曾淑琴. 润滑油未来趋势探讨——LSPI 低速预点火和低黏度方向[J]. 车用油品，2019(2)：124.
[8] 李英，滕勤，张健. 增压直喷汽油机超级爆震研究进展[J]. 内燃机与动力装置，2013，30(5)：51-57.
[9] 金志良，郭伟，汪利平，等. 汽油直喷增压发动机的润滑技术分析与对策[J]. 汽车安全与节能学报，2018，9(3)：352-358.
[10] 魏雷. 车用发动机润滑油使用寿命评估技术研究[D]. 北京：机械科学研究总院，2018.
[11] 2018—2023 年中国机动车污染防治行业发展前景与投资预测分析报告[R]. 2018.
[12] 生态环境部，国家市场监督管理总局. 重型柴油车污染物排放限值及测量方法（中国第六阶段）：GB 17691—2018[S]. 北京：中国环境出版社，2018.
[13] 杨俊杰. 合理润滑手册：润滑油脂及其添加剂[M]. 北京：石油工业出版社，2011.
[14] 刘守江. 重负荷手动变速箱齿轮油发展趋势及原因分析[J]. 广东化工，2015(15)：150-151.
[15] 莫易敏. 润滑油对变速箱传动效率影响的试验研究[J]. 机械设计与制造，2017(7)：131-134.
[16] 张超. 商用车手动变速箱发展趋势[J]. 石化技术，2017(12)：229-230.
[17] 于海. 国内外商用车长寿命车辆齿轮油的现状及发展趋势[J]. 润滑油，2018(3)：1-5.
[18] 韩旭，魏文羽，朴吉成，等. 船舶燃料发展趋势及其对船用油性能要求[J]. 润滑油，2015，30(6)：9-1.

第八章 工业主要润滑油品技术

工业润滑油，顾名思义是用来润滑各类工业设备的各种润滑油品的统称，包括非常多的品种和广泛的应用领域，总量约占整个润滑油脂的45%。工业润滑油虽然种类和名称繁多，但其中的齿轮油、液压油、汽轮机油、压缩机油和冷冻机油是应用最广、用量最大的品种和类型，也是工业润滑技术开发的重点。

"十二五"和"十三五"期间，中国石油润滑科技开发，立足支撑"中国制造2025"，加强工业润滑基础前沿技术研究，聚焦于先进轨道交通、船舶运输、电力、机器人制造等领域的润滑技术，取得了一系列开创性成果。

在工业齿轮油方面，通过RHY4026复合剂技术的开发及应用，昆仑KRG75W-80高铁动车组齿轮箱润滑油，通过中外OEM台架试验及$60×10^4$km试用，用于时速350km标准动车组"复兴号"，打破了国外技术垄断；自主开发的KGR150工业机器人专用油，具有极低的摩擦系数，可带来工业机器人减速器传动效率的提升和能耗降低，满足工业机器人减速器24000~48000h换油周期，与国外顶级产品相当；为兆瓦级以上风电机组开发的FD3000N风电齿轮油，用于寿命长、承受负荷大的主齿轮箱、偏航减速箱和变桨减速箱润滑，成功解决了微点蚀技术难题，适用于工作环境达到-40℃的极端工况，可显著降低齿轮传动装置的能量消耗，2016年获得中国石油技术发明一等奖。

在液压油技术领域，开发的RHY5012L复合剂技术，提升了液压油过滤性和水解安定性，获得了Denison HF0等多项国际认证；挖掘机专用液压油通过了大型挖掘机行车试验，在内蒙古煤矿上使用接近3000h，综合性能与进口油品相当；RHY 5019无灰液压油复合剂技术，用大连Ⅰ类基础油调和HM46通过了Denison T6H20C双泵台架，获得了Denison HF0/HF1/HF2的认证，并可满足Eaton 03-401-2010、DIN51524等规格的要求。

RHY7001压缩机油复合剂技术，使螺杆压缩机油系列产品的油品寿命和油泥平衡技术进一步提升，在聚α-烯烃（PAO）、聚醚、酯类等多种合成基础油中有优异的表现，产品对标国外OEM专用油产品；合成酯型压缩机油产品，在多款进口压缩机上完成使用试验，全面提升高端产品质量。

RHY 6350系列汽轮机油复合剂平台，基础油适应性好，所生产的KTL/KTL(EP)、KTGS等汽轮机油产品获得国际主流OEM西门子和阿尔斯通认证，广泛应用于水电、火电、核电、炼化、钢铁等行业的各种汽轮机、水轮机、离心压缩机等设备上，树立了昆仑润滑的品牌形象，创造了良好的经济效益和社会效益，2016年获得中国石油科学技术进步二等奖。冷冻机油领域，开发了高质量合成型及深度加工矿物油型冷冻机油产品，DRA冷冻机油在兰州石化完成8000h使用试验，2017年获得中国石油科技进步三等奖。

展望未来，随着碳中和的趋势要求，工业设备既有小型化也有大型化的趋势，对润滑的总体要求是油品循环更快、温度更高、期待更长换油期乃至终身润滑。综合来看，对工业润滑油的要求越来越苛刻，润滑技术需要不断创新，既要应对差异化，又要适应通用化；既要继续将矿物型润滑产品质量做到极致，又要大力推进合成润滑技术应用和可生物降解产品开发，在冷冻机油领域，需要全面实现矿物型到合成型的更新换代，以适应冷媒变迁。

第一节　工业齿轮油产品技术

齿轮和齿轮传动是工业设备上使用最多的传动变速装置，所使用的齿轮形式很多，最常见的是圆柱齿轮、圆锥齿轮和蜗轮蜗杆齿轮三种。工业齿轮油用于各种机械设备齿轮及蜗轮蜗杆传动装置的润滑，在使用过程中起到极压抗磨、冷却润滑和防锈防腐等作用。

按齿轮封闭形式的不同，齿轮传动装置有闭式和开式两种形式。其中，闭式齿轮油是工业齿轮油的主体，用于封闭的齿轮箱，一般采用飞溅、循环或喷射等连续润滑，蜗轮蜗杆油也属于闭式齿轮油的一种；开式齿轮油用于非封闭的齿轮及链条系统的润滑，多采用间歇或滴入式润滑。

"十二五"和"十三五"期间，中国石油成功开发了昆仑KRG75W-80高铁动车组齿轮箱润滑油。高速转向架是高铁核心装备之一，其关键部件齿轮箱中最难润滑的部位是高速轴承，轴承转速高达5590r/min，在轴向力作用下，轴承表面很难形成稳定的润滑油膜，对油品的高速抗擦伤性能提出了严峻的挑战。目前世界上高铁齿轮箱润滑油有两大技术路线，分别是日本的手动变速箱油技术和德国的驱动桥油技术，这两大技术难以满足最高端高铁"复兴号"的润滑需求；急需一种特高转速的润滑材料，解决这一世界性难题。中国石油采用特殊极压抗磨添加剂技术，有效地降低了启动时的摩擦系数，提高了制动时的摩擦系数，对摩擦副提供了持久不断的润滑。与国外竞品相比，开发产品的高速抗擦伤性能提高33%，传动效率提高15%，换油周期延长10倍，能够应对动车组齿轮箱高速、高温、全季节、全天候运行的要求，通过中外OEM台架试验及$60×10^4$km装车试用考核，用于时速350km标准动车组"复兴号"，完全替代性能优异的进口产品，打破了国外产品技术的垄断。

开发了中国第一款KGR150工业机器人专用油。工业机器人减速器内部结构极其紧凑，具有传动比大、运动精度高和输出扭矩大等优点，但运转过程中减速器的柔轮和钢轮高速啮合，齿面间相对滑动大；润滑油不易进入啮合部位；机器人关节正反方向不断旋转的高剪切力，难于形成稳定油膜。这些润滑难点极易引起工业机器人长周期运行时减速器发热、磨损等问题，导致定位不准。国际上无任何可供遵循的油品规格，工业机器人专用油市场一直被国外公司垄断，国产品牌占有率为零。中国石油采用的抗磨抗氧减磨复配技术解决了基础油与添加剂的相容性、长寿命、传动效率与低噪声四大技术难题，开发的产品在高温下具有可靠的油膜强度，在低温下保持良好的流动性，具有极低的摩擦系数，使工业机器人减速器传动效率提升和能耗降低；能提供极佳的高承载能力和耐磨保护，降低齿面间的磨损；具有优异的清净性和可生物降解性，更好地抑制油泥沉积；可满足工业机器人减速器24000~48000h的换油周期，成功应用于ABB多种型号工业机器人减速器中，与国外顶级产品质量水平相当。

开发了FD3000N兆瓦级风电设备专用齿轮油。风电齿轮箱是行星齿轮与正齿轮的组合,换油周期长达5~8年。风机频繁起停,有很大冲击负荷;风力时大时小,交变载荷快速无序变化,很难实现有效润滑;特别是齿轮表面在滚动和滑动接触、油膜较薄的极苛刻条件下普遍存在微点蚀现象,影响齿牙的准确性,使噪声增加并引起振动,大幅缩短了齿轮的使用寿命,最终导致风电设备发生故障。如何解决大功率风电设备润滑的微点蚀现象,降低风机的故障发生率,是直接制约我国风电产业发展的难点问题。中国石油采用独特的抗微点蚀添加剂技术,成功解决了微点蚀技术难题,开发的油品具有卓越的抗氧化与热稳定性能和优异的高低温性能,尤其适用于工作环境达到-40℃的极端工况,可显著降低齿轮传动装置的能量消耗,与国际产品 SHC XMP320、S4GX 320 等性能相当,适用于使用寿命长、承受负荷大的主齿轮箱、偏航减速箱和变桨减速箱的润滑。

一、工业齿轮油分类

工业齿轮油一般都参照国际标准化组织 ISO 标准,按照黏度和性能两个方面进行分类。在性能分类方面,最有影响力的是美国齿轮制造者协会(AGMA)和美国钢铁技术协会(AIST)以及一些欧美重要 OEM 规格。

1. 黏度分类

我国工业齿轮油按 GB/T 3141—1994《工业液体润滑剂 ISO 黏度分类》标准,根据40℃运动黏度在 32~32000mm²/s 范围内分成20个黏度等级,见表8-1。

表8-1 工业齿轮油的黏度等级　　　　　　　　　　　　　单位:mm²/s

GB/T 3141—1994 黏度等级	中间点运动黏度(40℃)	运动黏度范围(40℃) 最小	运动黏度范围(40℃) 最大
32	32	28.8	35.2
46	46	41.4	50.6
68	68	61.2	74.8
100	100	90	110
150	150	135	165
220	220	198	242
320	320	288	352
460	460	414	506
680	680	612	748
1000	1000	900	1100
1500	1500	1350	1650
2200	2200	1980	2420
3200	3200	2880	3520

注:对于40℃运动黏度大于3200 mm²/s 的产品,如含高聚合物或沥青的润滑剂,可以把运动黏度测定温度由40℃改为100℃,并在黏度等级后加后缀符号"H",如150H 表示其100℃运动黏度范围135~165mm²/s。

2. 性能分类

ISO 6743-6:1990 和 ISO 12925-1:1996,根据应用场合不同,将工业齿轮润滑剂分为闭式和开式齿轮润滑剂两大类;根据产品性能及适用范围,将闭式工业齿轮润滑剂又分为8

个系列产品,见表 8-2。其中 5 个为矿物型润滑油,分别为 CKB 抗氧防锈工业齿轮油、CKC 中负荷工业齿轮油、CKD 重负荷工业齿轮油、CKE 蜗轮蜗杆油和 CKE/P 极压蜗轮蜗杆油;2 个为合成型润滑油,分别为 CKS 合成烃齿轮油和 CKT 合成烃极压齿轮油;1 个为 CKG 普通齿轮润滑脂。蜗轮蜗杆油主要用于蜗轮蜗杆传动装置的润滑,性能要求比较特殊;合成烃齿轮油多用于极苛刻工况,为个别 OEM 所要求。

表 8-2 工业齿轮油分类

代号	通用名称	适用范围
CKB	抗氧防锈型齿轮油	齿面接触应力小于 500MPa 的工业齿轮传动润滑
CKC	中负荷工业齿轮油	齿面接触应力 500~1100MPa 的工业齿轮传动润滑
CKD	重负荷工业齿轮油	齿面接触应力大于 1100MPa 的工业齿轮传动润滑
CKE(轻负荷) CKE/P(重负荷)	蜗轮蜗杆油 极压蜗轮蜗杆油	摩擦系数低,适合蜗轮蜗杆传动润滑
CKS	合成烃齿轮油	适用于轻负荷,极高、极低温度下齿轮的润滑
CKT	合成烃极压齿轮油	适用于中负荷,极高、极低温度下工作的齿轮的润滑
CKG	普通齿轮润滑脂	适用于轻负荷下运转的齿轮润滑

抗氧防锈型工业齿轮油 CKB、中负荷或普通工业齿轮油 CKC 和重负荷或极压工业齿轮油 CKD,可满足各种齿轮传动装置的润滑需求,是通常狭义工业齿轮油所含的主要品种。

二、工业齿轮油标准

常用的工业齿轮油标准,包括国际标准、先进的国外标准、国家标准和 OEM 标准等几类,其中具有影响力的国外标准有 AGMA、AIST 标准和德国工业标准 DIN 等,具有影响力的 OEM 标准有 Flender、SKF 和 FAG 等。各类工业齿轮油国际规格,在极压性能、防锈防腐性、抗乳化性能和氧化安定性方面都有共同或相似的要求,见表 8-3。

表 8-3 不同工业齿轮油规格的比较

项目		AIST 224	AGMA9005-E02	DIN 51517-3	ISO 12925 Type CKD	试验方法
Timken OK 负荷,N		≥266.9	—	—		GB/T 11144—2007
四球试验	烧结负荷,N	≥2450				GB/T 3142—2019、NB/SH/T 0189—2017
	磨损指数,N	≥441				
	磨斑直径,mm	≥0.35				
FZG 齿轮机试验,失效级		≥11	≥12	≥12	≥12	NB/SH/T 0306—2019
FE-8 磨损实验(D7.5/80-80)	滚动件磨损,mg	—	—	≤30		DIN 51819-3—2016
	保持架磨损量,mg	—	—	报告		
铜片腐蚀(100℃,3h),级		≤1b	≤1b	≤1b	≤1b	GB/T 5096—2017
液相锈蚀(24h)	A 法	通过	—	通过	通过	GB/T 11143—2008
	B 法	通过	通过	—	通过	

续表

项目		AIST 224	AGMA9005-E02	DIN 51517-3	ISO 12925 Type CKD	试验方法
氧化安定性 (121℃, 312h)	100℃运动黏度增长,%	≤6	≤6	≤6	≤6	SH/T 0123—2004
	沉淀值, mL	≤0.1	—	—	≤0.1	
泡沫性(泡沫倾向/泡沫稳定性), mL/mL	24℃	—	≤50/0	≤100/10	≤100/10	GB/T 12579—2002
	93.5℃		≤50/0	≤100/10	≤100/10	
	后24℃		≤50/0	≤100/10	≤100/10	
抗乳化性 (82℃)	油中水,%	≤2.0	≤2.0	—	≤2.0	GB/T 8022—2019
	乳化层, mL	≤1.0	≤1.0	—	≤1.0	
	总分离水, mL	>80	>80	—	>80	
水分离性(40-37-3mL), min		—	—	30	—	GB/T 7305—2003

1. 工业闭式齿轮油

我国现行的工业闭式齿轮油标准 GB 5903—2011，规定了 CKB 抗氧防锈型工业齿轮油、CKC 中负荷工业齿轮油、CKD 重负荷工业齿轮油三大类主要产品的性能要求，见表 8-4。主要区别点在于油品极压抗磨性能的要求，比如梯姆肯 OK 值 CKC 中负荷工业齿轮油要求不小于 200N，而 CKD 重负荷工业齿轮油要求不小于 267N；四球烧结负荷 CKC 不要求，CKD 则要求不小于 2450N。

表8-4 工业闭式齿轮油 GB 5903—2011 的主要技术要求

项目		质量指标			试验方法
品种		CKB	CKC	CKD	
黏度等级(GB/T 3141)		320	460	460	—
运动黏度(40℃), mm²/s		288~352	414~506	414~506	GB/T 265—2004
黏度指数		≥90	≥90	≥90	GB/T 2541—1981
铜片腐蚀(100℃, 3h), 级		≤1	≤1	≤1	GB/T 5096—2017
液相锈蚀(24h)(B法)		无锈	无锈	无锈	GB/T 11143—2008
氧化安定性(中和值达 2.0mg KOH/g), h		≥500			GB/T 12581—2006
氧化安定性 (95℃, 312h)	100℃运动黏度增长,%	—	≤6	≤6	SH/T 0123—2004
	沉淀值, mL	—	≤0.1	≤0.1	
泡沫性(泡沫倾向/泡沫稳定性) mL/mL	24℃	≤75/10	≤50/0	≤50/0	GB/T 12579—2002
	93.5℃	≤75/10	≤50/0	≤50/0	
	后24℃	≤75/10	≤50/0	≤50/0	
抗乳化性(32℃)	油中水,%	≤0.5	≤2.0	≤2.0	GB/T 8022—2019
	乳化层, mL	≤2.0	≤1.0	≤1.0	
	总分离水, mL	>30	>80	>80	

续表

项目	质量指标			试验方法
品种	CKB	CKC	CKD	
Timken OK 负荷，N	—	≥200(45)	≥266.9(60)	GB/T 11144—2007
FZG 齿轮机试验，失效级	—	≥12	≥12	NB/SH/T 0306—2019
四球试验 烧结负荷，N	—	—	≥2450(250)	GB/T 3142—2019、NB/SH/T 0189—2017
四球试验 负荷磨损指数，N	—	—	≥441(450)	
四球试验 磨斑直径(196N, 54℃)，mm	—	—	<0.35	

2. 开式齿轮油

我国普通开式齿轮油标准为 SH 0363—1992，主要参考原 AGMA251.02 R&O 标准制定，见表 8-5。

表 8-5　普通开式齿轮油 SH 0363—1992 的主要技术要求

项目	质量指标			试验方法
黏度等级(按100℃运动黏度划分)	100	150	220	—
相近的原牌号	2号	3号	4号	—
运动黏度(100℃)，mm²/s	90~110	135~165	200~245	GB/T 265—2004
闪点(开口)，℃	≥200	≥200	≥210	GB 267—2008
钢片腐蚀(45钢片，100℃，3h)	合格			SH/T 0195—1992
液相锈蚀(A法，15钢)	无锈			GB/T 11143—2008
最大无卡咬负荷(P_B)，N(kgf)	≥686(70)			GB 3142—2019
清洁性	必须无砂子和磨料①			

① 用 5~10 倍直馏汽油稀释、中速定量滤纸过滤、乙醇苯混合液冲洗残渣，观察滤纸必须无砂子和磨料。

3. 蜗轮蜗杆油

SH/T 0094—1991《蜗轮蜗杆油》中将蜗轮蜗杆油分为普通型 CKE 和极压型 CKE/P 两类。其中，普通型质量指标参照美军 MILL-15019E 规格，极压型指标参照美军 MILL-18486B(OS)规格。

三、工业齿轮油性能要求及发展趋势

工业齿轮一般用于高速轻载、高速重载和低速重载三大类运动和动力的传递。齿轮曲率半径小，形成油楔的条件差，每次啮合均需重新建立油膜，且啮合表面不相吻合，有滚动也有滑动，很难形成稳定油膜。实际的齿轮润滑既有流体动力润滑和弹性流体润滑，又有边界润滑。工业齿轮油的使用条件经常是高温、高负荷、多水、多灰尘污染场合，对工业齿轮油提出更苛刻的要求。

工业齿轮油在工作中不可避免与水接触(如轧钢机冷却水进入轧机系统)，如果齿轮油的分水能力差，油水就会形成稳定的乳化体，影响承载油膜的形成，导致齿面的擦伤和磨

第八章 工业主要润滑油品技术

损。所以,齿轮油应具有良好的抗乳化性。除上述要求外,工业齿轮油还应具有良好的剪切安定性、存储安定性以及密封件的配伍性等。此外,开式齿轮油还要求具有良好的黏附性。

现今,齿轮传动向着体积小、重量轻、高速重载和大功率的方向发展,齿轮所使用的油品要求具有更宽的使用温度、更优异的极压抗磨性、更好的减磨节能特性和更长的使用寿命[1]。在一些特殊工况条件下,传统的矿物型齿轮油已不能满足要求,而合成工业齿轮油因其良好的黏温特性、优良的氧化安定性、优异的摩擦特性和较长的换油周期而受到广泛关注。齿轮箱制造技术的改进和工业齿轮油的规格衍变是影响工业齿轮油发展趋势的两大因素。

工业齿轮箱朝着更大的动力、更高的载荷和较小的体积方向发展,其中载荷的增大,增加了齿面接触压力和金属与金属之间的磨损和点蚀;体积的变小,意味着润滑齿轮和轴承的油品更少,这将导致油品温度的升高,加速油品的氧化,而氧化过程产生的油泥会导致油品和齿轮箱组件使用寿命缩短;潮湿的工作条件会导致轴承腐蚀加剧,带来设备维修与更换成本的增加[2]。

工业齿轮油作为齿轮设计的重要零部件,也随着齿轮设备的发展在抗磨性能、承载能力、抗点蚀性能和氧化安定性方面提出了更高的要求[3-5],传统的CKC、CKD系列已不能满足要求,而合成工业齿轮油因其良好的黏温特性、优良的氧化安定性、优异的摩擦特性和较长的换油周期而受到广泛关注。

美国钢铁技术协会AIST 224标准一直以来代表工业齿轮油最高规格,我国制定的国家标准GB 5903—2011《工业闭式齿轮油》中CKD齿轮油质量达到了这一标准。工业齿轮油发展的一个重要趋势是OEM对齿轮油品规格变化的影响越来越大,这些OEM规格往往都需要认证,其中最有影响的是SIEMENS的Flender规格,要求油品在满足DIN51517-3的基础上,还需通过FZG微点蚀实验、Flender抗泡沫性实验、涂层材料兼容性实验、液体密封材料的相容性实验、轴封橡胶兼容性实验和Flender过滤实验,见表8-6,大多数风机OEM都希望使用的油品通过Flender认证。总的趋势是,工业齿轮油的发展将在保持良好的黏温性能和低温性能、优良的防锈防腐、抗乳化和抗氧化性能的基础上,更加关注油品的抗微点蚀性能、轴承保护性能、极压抗磨性、抗泡性、与涂料、密封材料和橡胶件的兼容性和过滤性能,从而更好地保护轴承和齿轮,最终达到延长油品使用周期和设备使用寿命的目的[6]。

表8-6 Flender认证试验对工业齿轮油的性能要求

项目	对油品性能的要求	使用效果
FVA抗微点蚀实验	具有优异的抗微点蚀性	有效保护齿轮,延长齿轮箱的使用寿命
FE-8轴承磨损实验	具有卓越的轴承保护性能	有效保护轴承,延长轴承的使用寿命
FZG擦伤实验	具有优良的极压抗磨性	具有较高的承载能力,能有效减小齿轮的摩擦和磨损
Flender抗泡沫性实验	具有良好的抗泡性	能提供有效的油膜保护,起良好的润滑和散热作用
涂层材料、液体密封材料和轴封橡胶的相容性实验	具有与油漆涂料、密封材料和橡胶件良好的兼容性	防止油品对设备涂层、密封材料和橡胶件的侵蚀
Flender过滤实验	具有良好的过滤性	保持箱体内齿轮油的清洁度,延长设备的使用寿命

四、昆仑工业齿轮油典型产品及应用

昆仑KG重负荷工业齿轮油是顺应全球齿轮OEM发展趋势,针对钢铁行业高温、重载、潮湿等工况而专门开发的高性能工业齿轮油,从2008年开始研发,经过不断升级优化,历经数十年时间,在各大钢铁企业得到了广泛的推广和应用。

图8-1 轧钢厂现场工况

昆仑KG齿轮油(表8-7)具有卓越的极压抗磨性,能有效防止齿面擦伤、磨损和胶合,保证齿轮运转顺畅;优良的抗乳化性能,能快速有效分离油中的水分,保证设备正常运转;优良的氧化安定性和热安定性,保证油品长久的使用寿命;优良的抗泡沫性,能提供有效的油膜保护。该产品适用于轧钢厂(图8-1)、船舶等多水工况,特别适用于重负荷工业齿轮组合及其他可引致震动负荷的齿轮系统、减速机的润滑,可延长油品使用寿命。

表8-7 昆仑KG工业齿轮油的典型数据

项目		Q/SY RH2282—2013	昆仑KG220	试验方法
运动黏度(40℃),mm²/s		198~242	233.8	GB/T 265—2004
运动黏度(100℃),mm²/s		报告	19.78	GB/T 265—2004
黏度指数		≥95	97	GB/T 1995—1998
泡沫性(泡沫倾向/泡沫稳定性) mL/mL	24℃	≤0/0	0/0	GB/T 12579—2002
	93℃	≤20/0	10/0	
	后24℃	≤0/0	0/0	
水分离性(40-37-3mL),min		≤30	10	GB/T 7305—2003
铜片腐蚀(100℃,3h),级		≤1	1b	GB/T 5096—2017
抗乳化性(82℃)	油中水,%	≤2.0	0.55	GB/T 8022—2019
	乳化层,mL	≤1.0	0	
	总分离水,mL	≥80	82	
液相锈蚀(24h)(B法)		无锈	无锈	GB/T 11144—2007
Timken OK负荷,N		≥289	289	GB/T 11143—2008
四球试验	烧结负荷(PD),N	≥2450	3089.1	GB/T 3142—2019、NB/SH/T 0189—2017
	综合磨损指数,N	≥441	644	
	磨斑直径(196N,54℃),mm	≤0.35	0.28	
FZG齿轮机试验,失效级		≥12	>12	NB/SH/T 0306—2019

昆仑FD3000N兆瓦级风电设备专用齿轮油选用合成型超高黏度指数优质基础油,添加多功能添加剂调和而成,性能达到国际最高标准Flender规格水平,在苛刻环境中表现出矿物油难以比拟的优异性能。可适应高低温交替变化、雨雪、沙尘等恶劣环境条件下,对主齿轮箱和偏航齿轮箱进行长效润滑与防护,满足-40℃极端环境温度下风电齿轮箱的润滑。

第八章 工业主要润滑油品技术

2016年以来，FD3000N风电齿轮油先后在华富电力、京能集团等风场600余台兆瓦级风电机组上成功应用，累计进行了20余次油液监测，各项指标均处于正常水平，得到客户认可。

昆仑KRG75W-80高铁动车组齿轮箱润滑油具有良好的高低温特性、极压抗磨性、抗泡性能、热氧化安定性及良好减摩性，能够有效降低齿面温升，为齿轮及轴承提供良好的抗磨损保护。2017年，应用在"复兴号"动车组列车上，单车平稳运行两个换油周期，达到$120×10^4$km，护行总里程共计$5000×10^4$km，经受住了高铁最快时速350km的考验，打破了国外油垄断局面，为中国高铁参与国际竞标提供了技术支持。

图8-2 风电油使用现场

第二节 液压油产品技术

液压传动以液体为工作介质，利用密闭容积内液体的压力能来传递和转换能量。液压传动的工作介质即称为液压油，是工业润滑油中用量最大的油品之一。帕斯卡定律指出，不可压缩静止流体中任一点受外力产生压强增值后，此压强增值瞬时传至静止流体各点，这是液压系统的底层机理。

液压系统通常由5个部分组成：一是能源装置（又称动力元件），是供给液压系统压力、把机械能转换成液压油压力能的装置，最常见的就是各类液压泵；二是执行装置，是把液压能转换成机械能的装置，有做直线运动的液压缸，有做回转运动的液压马达，也称为液压系统的执行元件；三是控制调节装置，是对系统中的压力、流量或流动方向进行控制或调节的装置，如溢流阀、节流阀、换向阀等；四是辅助装置，上述三部分之外的其他装置，包括油箱、滤油器、油管等，对保证系统正常工作也必不可少；五是工作介质，是传递能量的流体，一般就是液压油。液压油作为液压系统的重要组成部分之一，在系统运转过程中，除了实现能量的传递、转换和控制外，还承担着对系统其他部件的润滑、冷却、防锈防腐和密封等作用，也被喻为液压系统的"血液"。

"十二五"和"十三五"期间，中国石油开发的RHY5012L液压油复合剂技术，采用双抗磨剂体系，具有更稳定的平衡技术，避免了剂量的提升对液压油的过滤性、水解安定性等造成负面影响，保证油品各项性能优异，获得了Denison HF0认证、Eaton-Vickers 104C认证、辛辛那提认证、Vickers 35VQ认证、日本工程机械JCMASHK和Denison HF0认证。所开发的挖掘机专用液压油通过了大型挖掘机行车试验，在内蒙古煤矿上使用接近3000h，设备平稳运行，综合性能比肩进口油品。所开发的RHY 5019无灰液压油复合剂，在大连I类基础油中调合的HM46通过了Denison T6H20C双泵台架，获得了Denison HF0/HF1/HF2的认证，并可满足Eaton 03-401-2010、DIN51524等规格的要求[7]。

炼油特色产品技术

一、液压油分类

根据国际标准化组织 ISO 油品分类标准，液压油属于 H 组。原国家标准 GB 7631.2—1987 等效采用 ISO 6743-4：82《润滑剂、工业润滑油和相关产品——第二部分 H 组》制定。2003 年，国家标准参照 ISO 6743-4：1999 进行了修订，制定了 GB 7631.2—2003 标准[8]，见表 8-8。

表 8-8　润滑剂和有关产品的分类第 2 部分：H 组（液压系统）（GB 7631.2—2003）

特殊应用	更具体应用	组成和特性	产品符号 ISO-L	典型应用	备注
液体静压系统	常规液压系统	无抗氧剂的精制矿物油	HH	简易液压系统	
		精制矿物油、并改善其防锈和抗氧性	HL	低压液压系统	
		HL 油，并改善其抗磨性	HM	有高负荷部件的一般液压系统	
		HL 油，并改善其黏温性	HR	低温一般液压系统（可移动式）	
		HM 油，并改善其黏温性	HV	建筑和船舶设备	
		无难燃要求的合成液	HS	低温环境移动液压系统	特殊性能
	用于环境可接受的液压液场合	甘油三酸酯	HETG	一般液压系统（移动设备）	①
		聚乙二醇	HEPG		
		合成酯	HEES		
		聚 α-烯烃和相关烃类产品	HEPR		
	液压导轨系统	HM 油，并具有黏滑性	HG	液压和滑动轴承导轨润滑系统合用的机床在低速下使振动或间断滑动（黏—滑）减为最小	这种液体具有多种用途，但在所有液压应用中不全有效
	用于使用难燃液压液的场合	水包油型乳化液	HFAE	矿山液压系统	通常含水大于 80%（质量分数）
		水的化学溶液	HFAS	矿山液压系统	通常含水大于 80%（质量分数）
		油包水型乳化液	HFB	矿山液压系统	
		含聚合物水溶液	HFC	冶金化工液压系统	通常含水大于 35%（质量分数）②
		磷酸酯无水合成液	HFDR	汽轮机控制系统	②
		其他成分的无水合成液	HFDU	冶金化工液压系统	

① 每个品种的基础液的最小含量应不少 70%。
② 这类液体也可以满足 HE 品种规定的生物降解性和毒性要求。

广义的液压油泛指应用于流体静压系统中的液压介质，包括矿物油基、合成烃、水基等各种组成形式；狭义的液压油则单指矿物油和合成烃型，即表 8-8 中的 HH、HL、HM、HR、HV、HS、HG 等。其中，HH 液压油是不含任何添加剂的精制矿物油，虽列入分类中，但液压系统不宜使用，我国也无产品标准；HR 液压油是在 HL 液压油的基础上添加黏度指数改进剂，适用于环境变化大的中、低压系统，使用面较窄、用量小，国标中也未设此类油品，有需要 HR 液压油的场合，可选用 HV 液压油。

二、液压油产品标准

液压油产品标准,大致可分为三类(表8-9):一是国际(或国家)标准,如 ISO 11158、ASTM D6158、DIN 51524 和 GB 11118.1—2011 等;二是行业标准,如日本工程机械行业 JCMAS HK 等;三是 OEM 标准,多由液压泵的生产商制定,如博世力士乐 RDE90235、Denison HF-0/HF-1/HF-2、Eaton E-FDGN-TB002-E、Cincinnati P68/P-69/P-70 等,各个规格均有各自的特点。

表8-9 液压油标准及规格

国家及国际标准	行业标准	OEM 标准
GB 11118.1—2011	JCMAS HK	Denison HF-0/HF-1/HF-2
ISO 11158	AIST No. 126&127	Rexroth Bosch RDE 90235
DIN 51524		Cincinnati P68/P-69/P-70
ASTM D6158		Eaton E-FDGN-TB002-E

1. Rexroth Bosch 规格

2015年,博世力士乐 Bosch Rexroth 提出超高压柱塞泵 RFT 台架试验方法,采用闭式系统,试验压力达到50MPa。其液压油基于 DIN 51524 part 2/3、ISO 15380、ISO 12922 的最低要求,抗磨损性能是防止或减少部件磨损,通过试验程序"FZG 齿轮试验台"(ISO 14635-1)和"叶片泵的机械试验"(ISO 20763)。从 ISO VG 32 DIN 51524 part 2/3 规定的额定值至少为 FZG10。包含两种不同的流体测试装置及方法,RFT-APU-CL 力士乐流体测试轴向柱塞闭式回路装置和 RFT-APU-OL-HFC 力士乐流体试验轴向柱塞开式回路装置。力士乐流体试验 RFT-APU-CL(力士乐流体试验轴向柱塞闭式回路装置)使用组合进行闭环应用的流体试验,由液压泵 A4VG045EP 和液压马达 A6VM060EP 组成的装置。目前 Rexroth Bosch RDE90235 是全球最高的液压油规格标准。

2. 日本工程机械行业标准

JCMAS HK 为日本工程机械协会颁布的液压油规格名称,满足 JCMAS HK 规格的油品能有效应用于100℃工作温度和设计压力高达34.3MPa 的工程机械液压系统,包括单级油(相当于 HM)和多级油(相当于 HV),均包括 VG32、VG46 两个黏度等级。相对其他行业,工程机械行业液压系统有一定的特殊性,如系统压力高、油箱体积较小、油品循环时间短等。针对这些特点,JCMAS HK 对油品提出了一些特殊的要求:(1)抗泡性能要求较高,通过标准为不大于50/0、50/0、50/0;(2)氧化安定性要求高,通过标准为 D943 氧化试验1000h 后酸值不大于1.0mg KOH/g;(3)橡胶相容性要求,测试油品与丁腈橡胶和聚氨酯橡胶的相容性,评价标准为硬度变化、体积变化率、断裂拉伸强度变化率、扯断伸长变化率;(4)抗磨性要求提高,要求利用 HPV 35+35 或 A2F-10 柱塞泵试验考察油品对柱塞泵的润滑性能,利用 Vickers V104C 或 Vickers 35VQ25A 考察油品对叶片泵的润滑性能;(5)考察油品的湿式制动性能,要求利用 SAE No.2 或微离合试验测试摩擦性能。

3. 美国钢铁行业标准

钢铁行业用油的主要特点为:环境温度高,设备精密程度高,压力高等,相应地对油品的氧化安定性、热稳定性、清洁度、过滤性等提出了更高的要求。

美国钢铁协会标准 AIST No.126&127 相对简单，包括 VG32、VG46、VG68 三个黏度等级。主要技术指标为：黏度指数不小于 80/90；ASTM D2882 叶片泵试验，失重不大于 50mg；磨斑直径不大于 0.50mm（40kg，1900r/min，54℃，1h）；旋转氧弹不小于 120min；分水时间不大于 30min；液相锈蚀（蒸馏水法）无锈，特殊性在于使用美国钢铁行业方法在 -9℃下进行低温循环试验。

4. Parker Denison 规格

Denison 针对其生产的液压泵，制定了详细的用油标准 Denison TP 30560，包括从 Denison HF-0 至 HF-6 七个品种，其中 HF-0、HF-1、HF-2 为矿物油基液压油，最大特点是其泵台架试验，从早期的 T5C/P46，经 T6C 发展至如今的 T6H20C 混合泵，由 PV20 柱塞泵和 T6C 叶片泵组合而成。通过叶片泵试验的油品为 HF-2，通过柱塞泵试验的油品为 HF-1，二者均通过的为 HF-0。GB 11118.1—2011 部分指标是参考当初的 Denison HF-0 标准制定的，如水解安定性、热稳定性等。除此之外，Denison HF-0 与国标有一定的区别，如在氧化安定性方面更加苛刻，要求油品氧化 1000h 后酸值不大于 1.0mg KOH/g；空气释放值测试条件不同，各标准空气释放值一般都是在 50℃下测定，但 Denison 对于各个黏度等级的油品，测试温度不同，VG32 为 41℃，VG46 为 50℃，VG68 为 59℃，通过标准均为不大于 7min。同时，Denison TP 30560-2012 规格取消了柱塞泵不大于 300mg 的要求，改为报告值；增加了 ISO 13357 过滤性项目，要求阶段 I（干式）过滤性不小于 60%；阶段 II（湿式）过滤性不小于 50%。

5. Eaton Vickers 规格

03-401-2010 替代原 I-286-S/M-2950-S 规格，取消了 Vickers 104C 叶片泵台架，保留 Vickers 35VQ25A 叶片泵台架。通过标准由"叶片总失重<15mg，定子失重<75mg"改为"叶片+定子总失重<90mg"。

诸多液压油产品标准，除了在理化性能、橡胶相容性等指标上的差异之外，最重要的区别还是抗磨性的评价方法不同，常用液压油泵台架条件对比见表 8-10。

表 8-10 常用液压油泵台架条件对比

泵类型	满足规格	压力，MPa	转速，r/min	测试时间，h
Vickers V104C 叶片泵	GB 11118.1—2011	14	1200	100
Denison T6H20 双泵	GB 11118.1—2011	25~28	1700	600
Vickers 35VQ 叶片泵	Vickers 03-401—2010	20.7	2400	150
JCMAS HK A2F10 柱塞泵	JCMAS HK	34.5	1500	500

三、液压油性能要求及发展趋势

液压油具有品种多、应用环境多样化的特点，不同类型液压油的组成大体相同，由基础油和添加剂组成，见表 8-11。其中，优质基础油是优质液压油的基础，而高性能复合添加剂是液压油产品技术开发的核心。

第八章 工业主要润滑油品技术

表 8-11 液压油的组成

类型	基础油	添加剂
矿物型	Ⅰ、Ⅱ、Ⅲ类基础油	含锌型和无锌型复合剂等
合成型	Ⅲ类、PAO等基础油	含锌型和无锌型复合剂等
水基难燃液压液	水、乙二醇/二乙二醇等	聚醚、水基添加剂等
抗燃液压液	磷酸酯、脂肪酸酯等	抗氧添加剂等
环境友好型液压油	植物油、生物油等	抗氧添加剂等

矿物型抗磨液压油复合剂类型包括含锌型和无锌型两类。含锌型液压油的抗磨剂主要为 C_4/C_8 的 ZDDP（二烷基二硫代磷酸锌），这类 ZDDP 具有良好的抗磨、抗氧、抗乳化及水解安定性。无锌型抗磨液压油复合剂，是近十年来发展起来的新型复合剂技术，通常采用烃类硫化物、磷酸酯、亚磷酸酯和硫代磷酸酯的混合物作为抗磨剂代替 ZDDP。无灰型抗磨液压油得到应用，但是价格较贵，国内外仍以含锌型抗磨液压油为主，无灰型占比较少。抗磨液压油除具有好的抗氧性和防锈性能外，最突出的性能就是具有优异的抗磨性和铜保护性，HM 高压、HV 低温液压油、HS 超低温液压油等类型的抗磨液压油可有效提高液压泵的使用寿命。

随着全球加氢技术的成熟，Ⅱ、Ⅲ类基础油越来越好，液压油的颜色、热稳定性、空气释放性、倾点等更优，满足更苛刻设备需求。同时根据工况的不同，可以加入一定量的合成基础油、黏指剂等调整油品的高低温性能及抗氧化性能。如不考虑抗燃性、生物可降解性等特殊要求，液压油的使用性能需求包括黏温性、抗磨性、抗氧化性、抗腐蚀性、材料相容性、空气分离性、水分离性、过滤性、剪切稳定性和污染控制。

四、昆仑液压油典型产品及应用

中国石油依托丰富的基础油资源和自主液压油复合剂技术平台，开发了通用抗磨液压油、低温液压油和超低温液压油系列产品线，同时开发了混凝土泵车专用液压油、工程机械长效抗磨液压油、工程机械专用超低温液压油和高性能水—乙二醇难燃液压液等特殊产品，具体见表 8-12。

表 8-12 昆仑液压油产品线

产品类别	产品型号	用途	技术优势
通用抗磨液压油	HM/HM(H)/HM(增强 H)	中高压常规液压系统	抗磨性好
	HM(高压)/HM(高压 H)	高压苛刻液压系统	抗磨性优异、氧化安定性好
专用抗磨液压油	HML 长寿命	冶金高压液压系统	持久的氧化安定性
	工程机械长效抗磨	工程机械高压液压系统	抗磨性优异、优异高温清净性
	混凝土泵车专用	混凝土泵车液压系统	优异的耐水稳定性
	挖掘机专用	中高负荷挖掘机	优异的黏温特性和高温清净性
低温液压油	HV	低温环境高压液压系统	低温启动性优异
	工程机械四季通用	常规工程机械液压系统	四季不换油

续表

产品类别	产品型号	用途	技术优势
超低温液压油	HS	寒冷环境液压系统	最低-30℃时顺利启动
	HSX	严寒环境液压系统	最低-40℃时顺利启动
	HSVX	极寒环境液压系统	最低-50℃时顺利启动

昆仑HML长寿命液压油是针对冶金行业工况苛刻、换油周期长开发的专用液压油产品，采用优质加氢基础油、添加剂调和而成。该油品具有更优异的抗磨性，通过多种液压泵试验，有效延长泵及液压系统的运转寿命，减少泵体磨损，有效保护金属部件，具有更为优异的抗氧化性能，延长油品使用寿命。满足 GB 11118.1—2011 HM（高压）、ISO 11158 HM、DIN 51524-2、Denison HF-0/HF-1/HF-2、Eaton E-FDGN-TB002-E、Cincinnati P68/P70/P69 等规格要求，适用于工作温度在 0～120℃，工作压力高于 14MPa 的液压系统，尤其适合工程、建筑、机械、矿山中的装载机、推土机、叉车和起重机等移动式液压设备（图8-3和图8-4）。

图8-3 工程机械现场工况

图8-4 钢铁厂现场工况

昆仑HML长寿命液压油（表8-13）技术特点：更好的使用感受性，优异的氧化安定性和抗磨性，良好的油泥控制性能，减少积炭生成。主要质量指标 Q/SY RH2090-2020《HML长寿命液压油》参考国际主流OEM（设备制造商）标准制定，高于国家标准 GB 11118—2011。

表8-13 液压油主要典型指标对比

项目	质量指标	典型值	试验方法
黏度等级（GB/T 3141）	46	46	
色度，号	报告	<0.5	GB/T 6540—1986
运动黏度（40℃），mm²/s	41.4～50.6	45.40	GB/T 265—1988
黏度指数	≥100	106	GB/T 1995—1998
倾点，℃	≤-30	-30	GB/T 3535—2006
酸值，mg KOH/g	报告	0.40	GB/T 4945—2002
铜片腐蚀（100℃，3h），级	≤1	1a	GB/T 5096—2017
硫酸盐灰分，%（质量分数）	报告	0.01	GB/T 2433—2001
液相锈蚀（24h）（B法）	无锈	无锈	GB/T 11143—2008

续表

项目		质量指标	典型值	试验方法
黏度等级(GB/T 3141)		46	46	
泡沫性(泡沫倾向/泡沫稳定性)mL/mL	24℃	≤150/0	10/0	GB/T 12579—2002
	93.5℃	≤75/0	20/0	
	后24℃	≤150/0	15/0	
空气释放值(50℃)，min		≤7	5.3	SH/T 0308—1992
抗乳化性(乳化层到3mL的时间)(54℃)，min		≤30	8	GB/T 7305—2003
密封适应性指数		≤10	3	SH/T 0305—1993
氧化安定性 5000h后总酸值，mg KOH/g		≤2.0	<2.0	GB/T 12581—2006、SH/T 0565—2008
旋转氧弹，min		报告	296	SH/T 0193—2008
FZG齿轮机试验/失效级		≥10	12	NB/SH/T 0306—2013
磨斑直径(392N，60min，75℃，1200r/min)，mm		报告	0.58	NB/SH/T 0189—2017

随着国家道路三阶段排放要求及工程机械液压系统小型化发展趋势，昆仑开发了工程机械专用液压油(表8-14)，油品在低温黏度、倾点、热稳定性等性能更为优异，尤其是在竞品复合剂无法通过了博世力士乐的A2F10寿命泵台架的情况下，昆仑自主技术通过了700h台架测试，体现出极好的抗氧化寿命，可以保证油品在多种设备的高温高压液压系统中稳定高效工作，获得了Eaton-Vickers 104C、辛辛那提、Vickers 35VQ、日本工程机械JC-MASHK和Denison HF0等多个认证，在装载机等设备上使用超过8000h，并在混凝土泵车、旋挖钻、筑路等多个设备上使用。

表8-14 工程机械专用液压油主要典型指标

项目		工程机械专用液压油	试验方法
运动黏度(40℃)，mm²/s		45.73	GB/T 265—1988
色度，号		<0.5	GB/T 6540—1986
外观		透明	目测
闪点(开口)，℃		242	GB/T 3536—2008
黏度指数		115	GB/T 1995—1998
倾点，℃		-42	GB/T 3535—2006
酸值，mg KOH/g		0.55	GB/T 4945—2002
水分，%(质量分数)		痕迹	GB/T 260—2016
机械杂质，%		无	GB/T 511—2010
液相锈蚀(24h)(B法)		无锈	GB/T 11143—2008
铜片腐蚀(100℃，3h)，级		1a	GB/T 5096—2017
泡沫性(泡沫倾向/泡沫稳定性)，mL/mL	24℃	30/0	GB/T 12579—2002
	93.5℃	20/0	
	24℃	25/0	

续表

项目		工程机械专用液压油	试验方法
水分离性(40-37-3mL), min		6	GB/T 7305—2003
橡胶密封适应指数,%		4	SH/T 0305—1993
过滤性	A：无水, s	107	SH/T 0210—1992
	B：2%水, s	131	
氧化安定性(中和值达2.0mg KOH/g), h		>5000	GB/T 12581—2006
旋转氧弹, min		346	SH/T 0193—2008
热稳定性(135℃, 168h)	油泥, mg/100mL	11.62	SH/T 0209—1992
	铜失重, mg	0	
	铜外观评级	1a	
磨斑直径(392N, 60min, 75℃, 1200r/min), mm		0.36	SH/T 0189—2017
FZG齿轮机试验, 失效级		11	SH/T 0306—2013
台架试验 A2F 油泥(0.8μm滤膜), mg/mL		5.8	JCMAS P045

昆仑高性能水—乙二醇难燃液压液通过V104C叶片泵试验台架，磨损失重仅为21mg，远超国外竞品并达到世界先进水平(表8-15)，依托自主配方技术，昆仑高性能水—乙二醇难燃液压液满足美军标MIL-H-22072C的技术指标，包括气相防锈、高温安定性、低温结晶等性能。

表8-15　昆仑产品与竞品水—乙二醇难燃液压液的抗磨性对比

项目	昆仑产品	国外竞品1	国外竞品2	试验方法
V104C叶片泵失重, mg	21	47	44	SH/T 0307—1992

昆仑工程机械超低温液压油是针对严寒地区工程机械用油需求定制开发的新型超低温液压油产品，可保证工程机械液压系统在环境温度最低至-40℃时顺利启动，并且四季不换油。在吉林公主岭通过了-33℃低温冷启动和高温试验，在起重机设备上使用良好，受到客户的认可。该产品具有优异的低温启动性、黏温特性、润滑性、剪切安定性、氧化安定性和过滤性等性能，适用于常年野外作业的建筑机械、勘探车、压裂车、钻井车等工程机械车辆。

第三节　压缩机油产品技术

压缩机是一种通过压缩气体来提高气体压力的通用机械，作为基本动力和工艺用装备广泛应用于钢铁、电力、化工、石油、矿山、机械制造、电子、纺织、轻工业、造纸、印刷、交通设施、食品医药、航空航天、基础设施等领域，是一类非常重要的工业机械设备。压缩机油是一种专用润滑油[9]，主要用于压缩机的活塞和气缸的摩擦部位以及进、排气阀和主轴承、连杆轴承等传动件的润滑,在相对摩擦的表面之间形成液面层,用于减少它们的磨损,降低摩擦表面的功率消耗,同时还起到冷却运动机件的摩擦表面以及密封压缩气体工作容积的作用。

按照使用目的,压缩机可以分为工艺用压缩机、制冷用压缩机及动力用压缩机。动力用压缩机介质一般为空气,也称作空气压缩机,进气压力即大气压,压缩空气作为动力源用来驱动各种气动工具,控制仪表、阀门、输送物料等,常用出口压力一般为0.6~1.0MPa。

根据国标GB 4976(与国际标准ISO 5390《压缩机分类》等效),按工作原理压缩机可分为螺杆式压缩机、活塞式压缩机、离心式压缩机等,在中国广泛应用的是螺杆式压缩机和活塞式压缩机,随着通用设备国产化程度的不断提高,其他类型的空气压缩机应用也越来越广泛,比如离心式空气压缩机。

"十二五"和"十三五"期间,中国石油开发的RHY7001压缩机油复合剂技术,使螺杆压缩机油系列产品,油品寿命和油泥平衡技术进一步提升,开发PAO、聚醚、酯类空气压缩机油新产品,产品配方开发技术和质量水平得到快速提升,螺杆空气压缩机油的品类齐全,产品对标英格索兰、寿力、阿特拉斯等国外OEM专用油产品,可以基本满足国内外所有品牌螺杆空压机的使用要求;合成酯型压缩机油产品,在多款进口压缩机上完成使用试验,全面达到了高端产品质量。

一、压缩机油分类

压缩机油按压缩机工作原理、压缩介质或用途等有多种分类方法。为了统一分类[8],1981年ISO/TC 28/SC4(石油产品分类和规格分类技术委员会)与ISO/TC 118(压缩机技术委员会)共同开展了D组(压缩机)分类标准化工作。1987年ISO发布了空气压缩机油、气体压缩机油和冷冻机油分类,我国现行国标GB 7631.9—2014等效采用ISO 6743-3:2003,规定了L类(润滑剂、工业用油和有关产品)的D组空气压缩机润滑剂、气体压缩机润滑剂和制冷压缩机润滑剂的详细分类,提供国内常用空气压缩机润滑剂、气体压缩机润滑剂和制冷压缩机润滑剂一个合理使用范围,而不是通过产品规格和产品描述对这些压缩机润滑剂进行不必要的限制,空气压缩机润滑剂的分类,将空气压缩机油由原来的6种类型整合成DAA、DAB、DAG、DAH和DAJ 5种类型,并对其内涵进行了重新定义,特别是对压缩腔室有油润滑的容积型空压机油的定义有很大变化,见表8-16至表8-19。

表8-16 有油润滑容积型空气压缩机润滑剂分类(GB/T 7631.9)(D组)

具体应用	产品类型	品种代号	典型应用
循环十字头和活塞或滴油回转(叶片式)压缩机	通常为深度精制矿物油,可为半合成或合成油	DAA	一般负荷
	通常为半合成或合成油,也可能为深度精制矿物油	DAB	重载负荷
喷油回转(叶片和螺杆)式压缩机	矿物油,也可为深度精制矿物油	DAG	换油周期≤2000h
	通常为深度精制矿物油,也可为半合成	DAH	换油周期>2000h且≤4000h
	通常按一定配方调制的半合成或合成油	DAJ	换油周期>4000h

表 8-17　滴油润滑的往复式和回转式空气压缩机(GB/T 7631.9)

负荷	品种代号	运转周期	操作条件		
			排气温度[①],℃	压差[②],MPa	排气压力[③],MPa
普通	DAA[④]	间断或连续运转	≤165	≤2.5	≤7.0
苛刻	DAB[⑤]	间断或连续运转	>165	>2.5	>7.0

① 油腔排气最大温度。
② 抽排气最大压差。
③ 最大排气压力。
④ 所有使用条件满足时采用。
⑤ 其中任何一项使用条件满足或所有使用条件都满足时采用。

表 8-18　喷油回转式空气压缩机(GB/T 7631.9)

负荷	用油品种代号 L-	负荷	操作条件
普通	DAG	接近连续或连续	空气和油最大排出温度≤100℃
苛刻	DAH	间歇	油排出温度<100℃，或空气最大排出温度>100℃
		连续	空气和油最大排出温度>100℃

表 8-19　容积型气体压缩机润滑剂分类(D 组)(GB/T 7631.9)

具体应用	产品类型	代号	典型应用	备注
不与深度精制矿物油起化学反应或不使矿物油的黏度降低到不能使用程度的气体	深度精制矿物油	DGA	<10^4 kPa 压力下的氮、氢、氨、氩、二氧化碳；任何压力下的氮、二氧化硫、硫化氢；<10^3 kPa 压力下的一氧化碳	有些润滑油中所含的某些添加剂要与氨反应
用 DGA 油的气体，但含有湿气或冷凝物	特定矿物油	DGB	<10^4 kPa 压力下的氮、氢、氨、氩、二氧化碳	有些润滑油中所含的某些添加剂要与氨反应
在矿物油中有高的溶解度而降低其黏度的气体	通常为合成液	DGC	任何压力下的烃类；>10^4 kPa 压力下的氨、二氧化碳	有些润滑油中所含的某些添加剂要与氨反应
与矿物油发生化学反应的气体	通常为合成液	DGD	任何压力下的氯化氢、氯、氧和富氧空气；>10^3 kPa 压力下的一氧化碳	对于氧和富氧空气应禁止使用矿物油，只有少数合成液是合适的
非常干燥的惰性气或还原气(露点<-40℃)	通常为合成液	DGE	>10^4 kPa 压力下的氮、氢、氩	这些气体使润滑困难，应特殊考虑

二、压缩机油标准

现行的空气压缩机油国家标准 GB 12691—1990 参照德国标准 DIN 51506—85 制定，见表 8-20。

表 8-20 空气压缩机油质量指标（GB 12691—1990）

项目 品种		质量指标										试验方法
		L-DAA					L-DAB					
黏度等级（按 GB/T 3141）		32	46	68	100	150	32	46	68	100	150	
运动黏度 mm²/s	40℃	28.8~35.2	41.6~50.6	61.2~74.8	90.0~110	135~165	28.8~35.2	41.6~50.6	61.2~74.8	90.0~110	135~165	GB/T 265—1988（2004）
	100℃	报告					报告					
倾点，℃		≤-9			≤-3		≤-9			≤-3		GB/T 3535—2006
闪点（开口），℃		≥175	≥185	≥195	≥205	≥215	≥175	≥185	≥195	≥205	≥215	GB/T 3536—2008
腐蚀试验（铜片，100℃，3h），级		≤1					≤1					GB/T 5096—1985（2004）
抗乳化性（40-37-3mL），min	54℃	—					≤30			—		GB/T 7305—2003（2004）
	82℃	—					—			≤30		
液相锈蚀试验（A 法）		—					无锈					GB/T 11143—2008
硫酸盐灰分，%（质量分数）		—					报告					GB/T 2433—2001（2004）
老化特性	条件一	蒸发损失（200℃，空气），%		≤15				—					GB/T 12709—1991
		康氏残炭增值，%		≤1.5		≤2.0							
	条件二	蒸发损失（200℃，空气，三氧化二铁），%		—				≤20					
		康氏残炭增值，%						≤2.5			≤3.0		
中和值 mg KOH/g	未加剂	报告					报告					GB/T 4945—2002（2004）
	加剂后	报告					报告					

三、压缩机油性能要求及发展趋势

压缩机的技术发展趋势是向大容量、高压力、高效、高可靠性等方向发展，严苛的工况对油品的使用性能提出了更高的要求，多级压缩的往复式压缩机排气温度高达220℃以上，压力高达几十兆帕，矿物油使用的上限温度为160℃，在严苛的工况下，合成型尤其是酯型空气压缩机油具有热安定性好、抗结焦、蒸发损失小的优势，可以满足高温、高压严苛条件下往复式空气压缩机的使用要求，预测未来合成酯型空气压缩机油的需求量会保持缓慢增长的趋势。

随着国内螺杆式空气压缩机生产技术的提高，从服务用油的角度，螺杆式压缩机生产企业均建议采用其品牌专用油，否则用户将失去压缩机保修的资质。随着国内螺杆式压缩机技术的进一步成熟,生产门槛或将更低,加之螺杆式压缩机应用的普及以及压缩机油行业竞争的加剧,价格昂贵的"品牌专用油"的神秘面纱或将被层层揭开,性价比较高的油公司压缩机油产品将逐步成为主流。

随着国内合成基础油生产技术的不断进步,与进口同类产品比较价格优势明显,合成基础油,如PAO、酯类油等因其自身的结构特点和性能优势,合成型压缩机油产品需求量会大幅上升,高端压缩机油市场竞争也会越来越激烈。

四、昆仑压缩机油典型产品及应用

1. 合成酯类空气压缩机油

合成型往复式空气压缩机油适用于高温、高压严苛工况的往复式空气压缩机。可在宽温范围使用,抵御积炭的生成,可生物降解,与矿物油和大多数合成油相容,冷却效果好;不足是可能溶解涂料和漆膜,引起某些橡胶材料的溶胀和老化。中国石油开发的合成型酯类压缩机油 KCES 系列产品表现出优异的抗氧抗磨等性能,对积炭的控制及溶解能力获得极大提升,各项指标与竞品相当(表8-21)。油品抗结焦性能与国外顶级竞品 Barelf CH 系列相当,优于 Rarus 800 系列及 S4P 系列,填补了润滑油公司空气压缩机油产品线的空白,达到国际领先水平。合成酯类空气压缩机油在船舶空气压缩机等排气温度较高的往复式压缩机上使用具有明显的优势,有着非常优秀的抗结焦性能,目前该产品在船舶空气压缩机领域得到了广泛应用。

表8-21 昆仑往复式空气压缩机油产品

项目		KCES-100	竞品	试验方法
运动黏度(40℃),mm²/s		102.0	110.6	GB/T 265—2004
运动黏度(100℃),mm²/s		10.75	11.3	GB/T 265—2004
黏度指数		87	88	GB/T 2541—1998
倾点,℃		-24	-24	GB/T 3535—2006
酸值,mg KOH/g		0.20	0.38	GB/T 4945—2004
抗乳化性(40mL-37mL-3mL)(82℃),min		12	26	GB/T 7305—2004
腐蚀试验(铜片,100℃,3h),级		1b	1b	GB/T 5096—1985
老化特性 (200℃,空气,Fe₂O₃)	蒸发损失,%	1.27	2.18	GB/T 12709—1991
	康氏残炭增值,%	0.29	1.71	

2. PAO 型螺杆空气压缩机油

高端合成 PAO 型螺杆空气压缩机油产品,适用于各种负荷下螺杆式空气压缩机的冷却和润滑,可满足阿特拉斯、康普艾、昆西、登福及复盛、开山等多种国内外品牌螺杆式空气压缩机的使用要求,它们的品牌 OEM 专用油高端系列均为 PAO 型。其优势是综合性能出众,宽温范围使用,高温稳定性好,与矿物油相容;不足是可能引起一些橡胶材料变脆和裂纹,润滑性能一般,不可生物降解,不能与 PAG 互溶。昆仑 KCRS 系列 PAO 型螺杆空气压缩机油的理化性能与竞品相当(表8-22),推荐换油周期为6000~8000h。KCRS46合成型螺杆空气压缩机油在复盛、阿特拉斯、康普艾螺杆空压机上均有典型的应用案例。

第八章 工业主要润滑油品技术

表 8-22 昆仑螺杆空气压缩机油产品

项目		KCRS 46	竞品	试验方法
运动黏度(40℃)，mm²/s		43.69	43.69	GB/T 265—2004
运动黏度(100℃)，mm²/s		7.40	7.47	GB/T 265—2004
黏度指数		133	136	GB/T 1995—1998
倾点，℃		−57	−57	GB/T 3535—2006
腐蚀试验(铜片，100℃，3h)，级		1a	1a	GB/T 5096—1985
抗乳化度(54℃，40mL-37mL-3mL)，min		11	10	GB/T 7305—2004
抗泡性(24℃)(泡沫倾向/稳定性)，mL/mL		10/0	50/0	GB/T 12579—2004
旋转氧弹，min		1908	1836	SH/T 0193—2008
液相锈蚀(A 法)		合格	合格	GB/T 11143—2008
氧化特性试验 (200℃、空气、Fe₂O₃)	蒸发损失，%	3.11	2.17	GB/T 12709—1991
	康氏残炭增值，%	0.10	0.15	

3. 聚醚型螺杆空气压缩机油

聚醚型螺杆空气压缩机油产品，适用于各种负荷下螺杆式空气压缩机的冷却和润滑，主要应用于英格索兰、寿力品牌螺杆式空气压缩机。优势是宽温范围使用、良好的润滑特性、延长换油周期、抵御漆膜形成、良好的冷却能力、生物降解可能性；不足是易吸水，冷凝水分离相对困难，与某些涂料和橡胶材料不兼容，与矿物油和 PAO 不相容。

最新开发的昆仑 KUC 醚酯型空气压缩机油系列产品，具有优秀的控制油泥产生性能，不易形成漆膜和积炭，配方完全采用自主技术，配方添加剂体系突破传统技术，产品的成功开发将实现英格索兰螺杆机和离心机以及寿力螺杆机 OEM 专用油替代，与英格索兰、寿力 OEM 专用油各项性能基本相当，换油周期可达 8000h，填补了润滑油公司空气压缩机油产品线的空白，产品达到国内领先水平。KUC46 醚酯型空气压缩机油，先后在英格索兰的 MH37-PE、MM160、ML250、MH 350 等不同型号螺杆空气压缩机上进行了使用，其中 MH350 是高压、大功率、大排量机型，外部环境温度夏季达到 40℃时，设备运行工况极其严苛，在此机型上圆满完成 8000h 的使用试验，可以替代专用油应用在英格索兰螺杆空压机的全系列产品上。

表 8-23 昆仑螺杆空气压缩机油产品

项目	KUC 46	竞品	试验方法
运动黏度(40℃)，mm²/s	46.86	48.80	GB/T 265—2004
运动黏度(100℃)，mm²/s	8.612	8.881	
黏度指数	164	164	GB/T 1995—1998
倾点，℃	−42	−45	GB/T 3535—2006
腐蚀试验(铜片，100℃，3h)，级	1a	1a	GB/T 5096—1985
抗泡性(24℃)(泡沫倾向/稳定性)，mL/mL	—	—	GB/T 12579
旋转氧弹，min	662	635	SH/T 0193
液相锈蚀(A 法)	合格	合格	GB/T 11143

第四节　汽轮机油产品技术

涡轮机油，也称汽轮机油或透平油，是工业润滑油中很重要的一类油品，主要用于电厂的蒸汽轮机、燃气轮机、水轮机及大中型船舶汽轮机、工业汽轮机的润滑，也广泛用于离心式压缩机、涡轮鼓风机等转动设备的润滑。在汽轮机组的滑动轴承中，涡轮机油充满于轴颈和轴瓦之间，形成流体润滑，从而起到减轻摩擦、降低磨损的作用。用于调速系统的涡轮机油，作为液压介质，传递压力，参与调速系统工作，还具有冷却、清洗、防腐及密封作用[10]。

"十二五"和"十三五"期间，中国石油开发的 RHY 6350 系列汽轮机油复合剂平台，对主要基础油适应性良好，产品具有优异的氧化安定性、防锈性、抗磨性、过滤性等性能，技术进步幅度较大。所生产的 KTL/KTL(EP)、KTGS 等汽轮机油产品获得国际主流 OEM 西门子和阿尔斯通认证，每年生产销售汽轮机油 $(2～3)×10^4$t，广泛应用于水电、火电、核电、炼化、钢铁等行业的各种汽轮机、水轮机、离心压缩机等设备上，创造了较好的经济效益和社会效益。KTL/KTL(EP) 汽轮机油（核电专用）成功应用于大亚湾和岭澳、红沿河、宁德等核电站，在这一高端领域树立了昆仑润滑的品牌形象。

在西气东输的工程中，昆仑 KTGS 汽轮机油优化产品寿命、提升极压抗磨性能，应用在高陵站、南昌站、郑州站、广州站、潼关站、灵台站、靖边站等多个压气站，成功实现在天然气长输管道首台套关键设备上的油品国产化应用。在中国石油吉林石化、大庆石化、四川石化等炼化企业，昆仑 KTL/KTL(EP) 汽轮机油改进氧化安定性，在离心式压缩机等关键设备上成功替代国外竞品，在炼化行业市场占有率稳步提高。

一、汽轮机油分类

我国涡轮机油的分类标准 GB/T 7631.10—2013《润滑剂、工业用油和有关产品（L 类）的分类　第 10 部分：T 组（涡轮机）》，等效采用 ISO 6743-5：2006。该标准根据汽轮机的工作原理和应用特点，分为蒸汽涡轮机、燃气驱动涡轮机、单轴联合循环涡轮机、控制系统水力涡轮机等主要应用场合。应用于汽轮机、燃气驱动涡轮机和循环涡轮机的油品根据基础油的组成（矿物油、合成油或磷酸酯）和性能特点（抗氧防锈性、高温抗氧性、极压性等）分为 12 个品种，其中 2 个是汽轮机油，7 个是燃气轮机油，2 个是循环涡轮机油，1 个是磷酸酯抗燃油。

汽轮机油分为一般用途的 TSA 和特殊用途的 TSE。TSA 是具有防锈和抗氧化性的深度精制的石油基润滑油，适用于不需要具有抗燃性的发电、工业驱动装置和相配套的控制机构及不需改善齿轮承载能力的船舶驱动装置。GB 11120—2011《涡轮机油》中规定，TSA 按质量等级分为 B 级和 A 级，A 级高于 B 级，TSE 是在 TSA(A 级) 基础上增加了极压抗磨性能，不同黏度级要求 FZG（齿轮机试验）8~10 级不等。

燃气轮机油分为 TGA 和 TGE。TGA 是含有抗氧剂和腐蚀抑制剂的精制矿物油型润滑油，适用于不需要具有抗燃性的发电、工业驱动装置和相配套的控制机构及不需改善齿轮承载能力的船舶驱动装置；TGE 是为辅助润滑齿轮系统而在 TGA 的基础上，增加了极压性要求的燃气轮机油，不同黏度级要求 FZG(齿轮机试验)8~10 级不等。

二、汽轮机油标准

我国于 2012 年 6 月正式实施 GB 11120—2011《涡轮机油》，参照 ISO 8068：2006 修订，相比 GB 11120—1989，在氧化安定性、泡沫特性、酸值、空气释放值等方面的要求有较大提升，并增加了过滤性、清洁度、1000h 后油泥等要求，TSA(A 级)汽轮机油主要质量指标见表 8-24，TGA 燃气轮机油主要质量指标见表 8-25。

表 8-24　GB 11120—2011 抗氧防锈汽轮机油 TSA(A 级)主要质量指标

项目		VG32	VG46	VG68	试验方法
黏度指数		≥90			GB/T 1995—1998、GB/T 2541—1981
酸值，mg KOH/g		≤0.2			GB/T 4945—2002
抗泡趋势/稳定性	程序Ⅰ(24℃)，mL/mL	≤450/0			GB/T 12579—2002
	程序Ⅱ(93.5℃)，mL/mL	≤50/0			
	程序Ⅲ(后24℃)，mL/mL	≤450/0			
空气释放值(50℃)，min		≤5	≤5	≤6	SH/T 0308—1992
铜片腐蚀(100℃/3h)，级		≤1			GB/T 5096—2017
液相锈蚀(B 法)		合格			GB/T 11143—2008(B 法)
抗乳化性(40-37-3mL)(54℃)，min		≤15	≤15	≤30	GB/T 7305—2003
氧化安定性(TOST 法)	1000h 的酸值，mg KOH/g	≤0.3	≤0.3	≤0.3	GB/T 12581—2006
	酸值达 2.0mg KOH/g 的时间，h	≥3500	≥3000	≥2500	
	1000h 的油泥，mg	≤200	≤200	≤200	
过滤性(干法)，%		≥85			SH/T 0805—2008
过滤性(湿法)，%		通过			SH/T 0805—2008
清洁度		≤-/18/15			GB/T 14039—2002

表 8-25　GB 11120—2011 燃气轮机油 TGA 主要质量指标

项目		VG32	VG46	VG68	试验方法
黏度指数		≥90			GB/T 1995—1998、GB/T 2541—1981
酸值，mg KOH/g		≤0.2			GB/T 4945—2002
抗泡趋势/稳定性 mL/mL	程序Ⅰ(24℃)	≤450/0			GB/T 12579—2002
	程序Ⅱ(93.5℃)	≤50/0			
	程序Ⅲ(后24℃)	≤450/0			
空气释放值(50℃)，min		≤5	≤5	≤6	SH/T 0308—1992
铜片腐蚀(100℃/3h)，级		≤1			GB/T 5096—2017

续表

项目		VG32	VG46	VG68	试验方法
氧化安定性 （TOST法）	1000h 的酸值, mg KOH/g	≤0.3	≤0.3	≤0.3	GB/T 12581—2006
	酸值达 2.0mg KOH/g 的时间, h	≥3500	≥3000	≥2500	
	1000h 的油泥, mg	≤200	≤200	≤200	
过滤性(干法), %		≥85			SH/T 0805—2008
过滤性(湿法), %		通过			SH/T 0805—2008
污染度, 级		≤-/17/14			GB/T 14039—2002

三、汽轮机油性能要求及发展趋势

汽轮机油主要由基础油和添加剂组成，性能主要取决于添加剂。总体而言，汽轮机油本身的性能特点和使用性能需求包括黏温性、抗氧化性、抗乳化性、防锈性、空气释放性、抗泡性等。

抗氧化性是最重要的性能。抗氧化性与基础油的种类、抗氧剂的类型以及基础油对抗氧剂的感受性密切相关。昆仑通过对加氢基础油的使用，使得抗氧化性得到了很大提高，昆仑汽轮机油 TOST 氧化寿命（Turbine oils Oxidation Stability Test，汽轮机油氧化安定性）（GB/T 12581）可达 10000h[11]。

汽轮机油的空气分离性包括空气释放性和泡沫特性。空气释放性与基础油的组成密切相关，基础油精制程度越深，黏度牌号越小，汽轮机油的空气释放性越好。油中夹带的雾沫空气对滑动轴承会产生不利影响，如振动和噪声加大，产生气蚀，加速油品氧化和沉积物生成。所以要保持系统运行平稳，给滑动轴承提供良好润滑的基础，汽轮机油必须具备一定的雾沫空气排出能力。昆仑汽轮机油空气释放性（SH/T0308）满足 GB 11120—2011 要求。

汽轮机油在高速流动和冲击条件下易产生泡沫，如泡沫不能迅速消失，会随着油品进入设备，使润滑性能下降。昆仑汽轮机油通过对抗泡性能的研究，优选抗泡剂。昆仑汽轮机油泡沫的倾向及泡沫的稳定性（GB/T 12579）满足 GB 11120—2011 要求。

一般汽轮机油并不要求极压抗磨性，但有些设备系统需要采用齿轮箱调节转速，为了保护齿轮不被磨损，需要良好的极压抗磨性。昆仑 KTL（EP）汽轮机油和 KTGS 汽轮机油满足 GB 11120—2011TSE 汽轮机油要求，FZG 齿轮机试验失效级大于 10 级。

昆仑长寿命汽轮机油 KTL 主要质量指标 Q/SY RH2087《KTL 汽轮机油》参考国际主流 OEM（设备制造商）标准制定，高于国家标准 GB 11120—2011，以 VG32 黏度等级为例，典型指标对比见表 8-26。极压型长寿命汽轮机油 KTL（EP）是在 KTL 基础上，增加了极压性能的要求。

昆仑汽轮机油的发展趋势主要体现在国际主流 OEM 的一些新要求，突出的有五个方面：一是更好的氧化安定性，如联合循环涡轮机油要求旋转氧弹不低于 750min，以延长汽轮机油使用寿命；二是更小的油泥生成趋势，如要求氧化 1000h 后油泥不大于 200 mg；三是更高的清洁度，如不大于 17/14；四是更好的过滤性，如干法不小于 85%，湿法通过；五是更好的空气释放性，如 32 和 46 黏度等级不大于 5min 等[12]。

表 8-26 汽轮机油典型指标对比

项目		GB 11120—2011TSA(A)质量指标	昆仑 KTL Q/SY RH2087 质量指标	试验方法
黏度等级		32	32	GB/T 3141
运动黏度(40℃)，mm²/s		28.8~35.2	28.8~35.2	GB/T 265—1988
黏度指数		≥90	≥100	GB/T 1995—1998
倾点，℃		≤-6	≤-18	GB/T 3535—2006
酸值，mg KOH/g		≤0.2	≤0.2	GB/T 4945—2002
抗泡趋势/稳定性 mL/mL	程序Ⅰ(24℃)	≤450/0	≤300/0	GB/T 12579—2002
	程序Ⅱ(93.5℃)	≤50/0	≤50/0	
	程序Ⅲ(后24℃)	≤450/0	≤300/0	
铜片腐蚀(100℃，3h)，级		≤1	≤1	GB/T 5096—2017
液相锈蚀(24h)		合格	合格	GB/T 11143—2008（B法）
抗乳化性，min		≤15	≤15	GB/T 7305—2003
空气释放值，min		≤5	≤4	SH/T 0308—1992
氧化安定性（总酸值达2.0mg KOH/g 时间），h		≥3500	≥10000	GB/T 12581—2006

四、昆仑汽轮机油典型产品及应用

昆仑汽轮机油针对不同汽轮机组的润滑特点，综合 GB 11120—2011、西门子、阿尔斯通等国外主要 OEM 的新要求，创新性地建立 Dry-TOST 方法研究汽轮机油油泥生成趋势，研究添加剂和基础油的油泥生成规律，形成适应性广泛的自主技术复合剂平台，产品满足西门子、阿尔斯通等国外主要 OEM、核电汽轮机、西气东输压缩机性能要求。昆仑主流产品为 TSA(A 级)汽轮机油、KTP 优质抗氧防锈汽轮机油、KTL 长寿命汽轮机油、KTL(EP)极压型长寿命汽轮机油、KTG 联合循环汽轮机油、KTGS 极压型联合循环汽轮机油，具体见表 8-27。此外，昆仑还针对重负荷燃气轮机的循环油温较高、经常开停的运行特点，自主研发出低油泥汽轮机油，通过了苛刻的油泥评价试验，满足燃气轮机的润滑需求，获得日本三菱的技术认证。

表 8-27 昆仑汽轮机油主流产品和高端产品

系列	级别	昆仑
通用系列	入门	L-TSA(B 级)
	主流	L-TSA(A 级)/KTP
		KTL/KTL(EP)
	高端	KTG/KTGS

炼油特色产品技术

图 8-5 核电站

昆仑长寿命汽轮机油 KTL(表 8-28)获得国际主流 OEM 西门子(SIEMENS)、阿尔斯通(ALSTOM)、安萨尔多(ANSALDO)的技术认证,具有多年电力、钢铁、石化行业使用业绩,在广西来宾电厂、河南郑州电厂、四川广安电厂、重庆合川电厂、小浪底水电站、宝钢、首钢集团、吉林石化、四川石化、大庆石化、大庆油田等企业的汽轮机、离心式压缩机、风机上应用。KTL 核电专用汽轮机油在中广核大亚湾核电站、岭澳核电站、宁德核电站、红沿河核电站、中核福清核电站和方家山核电站上应用(图 8-5)。

表 8-28　昆仑主流产品典型数据与关键指标

项目		关键指标 Q/SY RH2087—2012	主流产品 KTL 32	竞品	试验方法
运动黏度(40℃),mm²/s		28.8~35.2	31.10	30.34	GB/T 265—1988
黏度指数		≥100	115	113	GB/T 1995—1998
氧化寿命(TOST),h		≥10000	>10000	>10000	GB/T 12581—2006
旋转氧弹值,min		≥750	940	953	SH/T 0193—2008
FZG 失效级,级		≥8	8	4	SH/T 0306—2013
抗乳化性,min		≤15	8	10	GB/T 7305—2003
铜片腐蚀(100℃,3h),级		≤1	1a	1a	GB/T 5096—2017
液相锈蚀(24h)		合格	合格	合格	GB/T 11143—2008(B 法)
抗泡趋势/稳定性 mL/mL	前 24℃	≤300/0	30/0	10/0	GB/T 12579—2002
	93.5℃	≤50/0	15/0	15/0	
	后 24℃	≤300/0	50/0	15/0	
空气释放值(50℃),min		≤4	2.0	2.0	SH/T 0308—1992
倾点,℃		≤-18	-24	-24	GB/T 3535—2006

第五节　冷冻机油产品技术

冷冻机油是制冷压缩机运转部件润滑的专用润滑油,它与制冷剂一起,在制冷系统中从高温到低温的大跨度工况下循环运行。除润滑功能外,冷冻机油还具有能量调节、传热、密封、降噪、清洁制冷系统等作用,是决定和影响制冷系统功效的一个重要组成部分。

中国石油在冷冻机油领域一直具有强大优势,在"十二五"和"十三五"期间,主要为了适应冷媒的升级换代,开发了烷基苯、PAO、PAG、POE 等系列合成冷冻机油产品,逐步替代矿物型冷冻机油应用。

第八章 工业主要润滑油品技术

一、冷冻机油分类

常见的制冷系统通常包括压缩式制冷机、冷凝器、节流阀、蒸发器等四大核心部件。其中，压缩式制冷机(以下简称制冷压缩机)是冰箱、冷柜、空调、冷库及其他一些工业制冷装置的关键设备。在制冷过程中，制冷压缩机在动力(电动机)的驱动下，不断地将蒸发器中低温低压制冷剂蒸汽压缩成高压高温的过热蒸汽，经冷凝器冷却到常温高压液体，经节流阀作用，进入蒸发器经热交换后，再次变成低温低压气体，实现制冷剂在制冷系统中循环流动(图 8-6)。

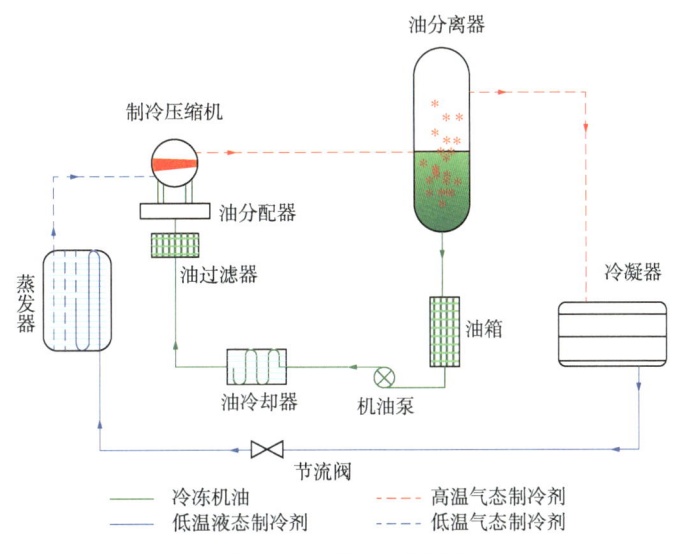

图 8-6 冷冻机工作原理

冷冻机油在制冷系统中的使用效果及作用，与系统设计的工况特点、系统用压缩机类型及配套制冷剂的兼容性等，密不可分[13-14]。

制冷系统是对含制冷装置、密封循环工作系统的简称，制冷剂及润滑油是系统的两大工作流体。制冷系统的核心部件通常包括制冷压缩机、冷凝器、节流阀(或一些小型制冷系统中代替膨胀阀的毛细管)、蒸发器及油过滤器、油分离器、油箱等，各组成部分对冷冻机油的使用要求见表 8-29。

在制冷系统的循环工作过程中，只有压缩机是连续运转的动力设备，其他均为静止设备。但系统中的任何环节出现问题，都会影响压缩机的正常运行乃至损坏。根据设计方案及应用场所的不同，制冷系统所选用的制冷压缩机及制冷剂种类各不相同。因此，了解各种制冷系统各组成部分的润滑需求、制冷剂对油品的兼容性要求等，对制冷系统配套用冷冻机油产品的正确选型具有重要的意义。

在国际标准化组织颁布的 ISO 6743-3：2003 中，根据制冷剂种类及制冷剂与冷冻机油相溶性的不同，将冷冻机油细分为 DRA～DRG 7 个品种，见表 8-30。我国冷冻机油产品分类标准(GB/T 16630—2012)的依据为 ISO 6743-3：2003，制定过程中结合了国内的实际用油需求，未转化原标准中"L-DRC"及"L-DRF"类别的产品。国内的冷冻机油产品分类标准见表 8-31。

表 8-29 制冷系统各组成部分对冷冻机油的使用要求

组成部分	对冷冻机油的使用要求
制冷压缩机	(1) 与制冷剂共存时具有良好的化学稳定性：油品与制冷剂有很好的兼容性，两者共存时性能稳定； (2) 润滑性良好：保证油品被制冷剂稀释后，仍具有较好的润滑效果； (3) 抗磨性良好：防止制冷压缩机运转部件磨损； (4) 优异的高温热稳定性：避免油品在排放阀等高温部位产生积炭； (5) 理想的抗泡沫性能：避免油品在润滑过程中产生的大量泡沫，导致压缩机润滑不正常、气蚀等现象； (6) 与密封材料相容性好：防止因密封材料被腐蚀造成的系统泄漏等现象； (7) 绝缘性能良好：在半封闭式和全封闭式制冷压缩机中，电动机浸在冷冻机油中，因此要求冷冻机油具有良好的电绝缘性能
冷凝器	(1) 与制冷剂的互溶性良好：防止油沉积在冷凝器管壁，影响散热
膨胀阀	(1) 良好的低温性能：防止油中的蜡及絮状物析出，堵塞管路； (2) 与制冷剂的互溶性良好：防止油品析出，堵塞管路； (3) 水分低：防止冰塞现象
蒸发器	(1) 良好的低温性能：防止油中的蜡及絮状物析出，影响制冷效率； (2) 与制冷剂的互溶性良好：防止油品析出，影响制冷效率； (3) 水分低：防止冰塞现象

表 8-30 ISO 6743-3：2003 冷冻机油的分类（D 组 压缩制冷系统）

制冷剂	润滑剂类别	润滑剂类型	代号	典型应用	注明
NH_3	不可溶	深度精制的矿物油或合成烃油	L-DRA	工商制冷	开启式或半封闭压缩机的浸没式蒸发器
NH_3	可溶	聚（亚烷基）二醇油	L-DRB	工商制冷	开启式压缩机或工厂设备用的直膨式蒸发器用聚二醇类油
HFC	不可溶	深度精制的矿物油或合成烃油	L-DRC	家用制冷、民用商用空调、热泵、公共汽车空调系统	小型封闭循环系统
HFC	可溶	聚酯类油，聚乙烯醚，聚（亚烷基）二醇油	L-DRD	车用空调、家用制冷、民用商用空调、热泵、商业制冷包括运输制冷	—
CFC、HCFC	可溶	精制的矿物油，合成烃油，合成油	L-DRE	车用空调、家用制冷、民用商用空调、热泵、商业制冷包括运输制冷	制冷剂中含氯有利于润滑
CO_2	可溶	深度精制的矿物油，合成烃油，合成油	L-DRF	车用空调、家用制冷、民用商用空调、热泵	开启式自动压缩机用聚二醇类油
HC	可溶	深度精制的矿物油，合成烃油，合成油	L-DRG	工业制冷、家用制冷、民用商用空调、热泵	工常用的低负载装置

表8-31 我国的冷冻机油分类及各品种的应用场所(GB/T 16630—2012)

制冷剂	润滑剂分组	润滑剂类型	代号	典型应用	备注
NH₃(氨)	不相溶	深度精制的矿油(环烷基或石蜡基),合成烃(烷基苯,聚α-烯烃等)	DRA	工业用和商业用制冷	开启式或半封闭式压缩机的满液式蒸发器
NH₃(氨)	相溶	聚(亚烷基)二醇	DRB	工业用和商业用制冷	开启式压缩机或工厂厂房装置用的直膨式蒸发器
HFC(氢氟烃)	相溶	聚酯油,聚乙烯醚,聚(亚烷基)二醇	DRD	车用空调,家用制冷,民用商用空调,热泵,商业制冷包括运输制冷	
HCFC(氢氯氟烃)	相溶	深度精制的矿物油(环烷基或石蜡基),烷基苯,聚酯油,聚乙烯醚	DRE	车用空调,家用制冷,民用商用空调,热泵,商业制冷包括运输制冷	
HC(烃类)	相溶	深度精制的矿物油(环烷基或石蜡基),聚(亚烷基)二醇,合成烃(烷基苯,聚α-烯烃等),聚酯油,聚乙烯醚	DRG	工业制冷,家用制冷,民用商用空调,热泵	工厂厂房用的低负载制冷装置

二、冷冻机油标准

2012年11月,我国修改采用德国DIN 51503-1(2009)冷冻机油标准,发布了冷冻机油产品的推荐性国家标准GB/T 16630—2012,依据制冷剂种类的不同,将油品细分为L-DRA、L-DRB、L-DRE、L-DRD、L-DRG五大类别,具体技术要求见表8-32和表8-33。

表8-32 L-DRA、L-DRB和L-DRD冷冻机油技术要求(GB/T 16630—2012)

项目	L-DRA			L-DRB			L-DRD					试验方法
黏度等级(GB/T 3141)	32	46	68	32	46	68	22	32	46	68	100	—
外观	清澈透明			清澈透明			清澈透明					目测①
倾点,℃	≤-33	≤-33	≤-27	②			≤-39	≤-39	≤-39	≤-36	≤-33	GB/T 3535—2006
颜色,号	≤1	≤1.5	≤2.0	②			②					GB/T 6540—1986
泡沫性(泡沫倾向/泡沫稳定性,24℃) mL/mL	报告			报告			报告					GB/T 12579—2002
铜片腐蚀(T₂铜片,100℃,3h),级	≤1			≤1			≤1					GB/T 5096—2017
密度(20℃),g/cm³	报告			报告			报告					GB/T 1884—2000及GB/T 1885—1998③

续表

项目		L-DRA	L-DRB	L-DRD	试验方法
灰分,%(质量分数)		≤0.005	—	—	GB/T 508—2004
酸值,mg KOH/g		≤0.02	②	≤0.02④	GB/T 4945—2002⑤
水分,mg/kg		≤30⑥	≤350⑦	≤100⑧；≤300⑦	ASTM D6304—2016⑨
击穿电压⑨,kV		⑩	—	≥25	GB/T 507—2002
化学稳定性(175℃,14d)		—	—	无沉淀	SH/T 0698—2000
残炭,%(质量分数)		≤0.05④	—	—	GB/T 268—2004
氧化安定性(140℃,14h)	氧化油酸值,mg KOH/g	≤0.2	②	—	SH/T 0196—1992
	氧化油沉淀,%(质量分数)	≤0.02			
极压性能(法莱克斯法)失效负荷,N		报告	报告	报告	SH/T 0187—1992
压缩机台架试验⑪		通过	通过	通过	供需双方商定

① 将试样注入 100mL 玻璃量筒中,在 20℃±3℃下观察,应透明、无不溶水及机械杂质。
② 指标由供需双方商定。
③ 试验方法也包括 SH/T 0604。
④ 不适用于含有添加剂的冷冻机油。
⑤ 试验方法也包括 GB/T 7304,有争议时,以 GB/T 4945 为仲裁方法。
⑥ 仅适用于交货时密封容器中的油。装于其他容器时的水含量由供需双方另订协议。
⑦ 仅适用于交货时密封容器中的聚(亚烷基)二醇油。装于其他容器时的水含量由供需双方另订协议。
⑧ 仅适用于交货时密封容器中的酯类油。装于其他容器时的水含量由供需双方另订协议。
⑨ 试验方法也包括 GB/T 11133 和 SH/T 0207,有争议时,以 ASTM D6304 为仲裁方法。
⑩ 该项目是否检测由供需双方商定,如果需要应不小于 25kV。
⑪ 压缩机台架试验(包括寿命试验、结焦试验和与各种材料的相容性试验等)为本产品定型时和用油者首次选用本产品时必做的项目。当生产冷冻机油的原料和配方有变动时,或转厂生产时应重做台架试验。如果供油者提供的每批产品,其红外线谱图与通过压缩机台架试验的油样谱图相一致,又符合村标准所规定的理化指标或供需双方另订的协议指标时,可以不再进行压缩机台架试验。红外线谱图可以采用 ASTM E1421—1999(2009)方法测定。

表 8-33　L-DRE 和 L-DRG 冷冻机油技术要求(GB/T 16630—2012)

项目	L-DRE						L-DRG				试验方法
黏度等级(GB/T 3141)	32	46	56①	68	100	150	15	22	32	46	—
外观	清澈透明						清澈透明				目测②
密度(20℃),g/cm³	报告						报告				GB/T 1884—2000 及 GB/T 1885—1998③
酸值,mg KOH/g	≤0.02④						≤0.02④				GB/T 4945—2002⑤
灰分,%(质量分数)	≤0.05④						—				GB/T 508—2004
水分,mg/kg	≤30⑥						≤30⑥				ASTM D6304—2016⑦
倾点,℃	≤-36	≤-33	≤-30	≤-27	≤-24	≤-18	≤-39	≤-36	≤-33	≤-33	GB/T 3535—2006
颜色,号	≤1.0	≤1.5	≤2.0	≤2.0	⑧		≤0.5	≤1.0	≤1.0	≤1.5	GB/T 6540—1986

续表

项目	L-DRE	L-DRG	试验方法
泡沫性(泡沫倾向/泡沫稳定性,24℃),mL/mL	报告	报告	GB/T 12579—2002
铜片腐蚀(T_2铜片,100℃,3h),级	≤1	≤1	GB/T 5096—2017
击穿电压,kV	≥25	≥25	GB/T 507—2002
残炭,%	≤0.03[④]	≤0.03[④]	GB/T 268—2004
絮凝点[⑨],℃	≤-42 ≤-42 ≤-42 ≤-42 ≤-35 ≤-20	≤-42 ≤-42 ≤-42 ≤-42 ≤-35	GB/T 12577—1990
化学稳定性(175℃,14d)	无沉淀	[⑩]	SH/T 0698—2000
极压性能(法莱克斯法)失效负荷,N	报告	报告	SH/T 0187—1992
压缩机台架试验[⑪]	通过	通过	供需双方商定

① 不属于 ISO 黏度等级。
② 将试样注入 100mL 玻璃量筒中,在 20℃±3℃ 下观察,应透明、无不溶水及机械杂质。
③ 试验方法也包括 SH/T 0604。
④ 不适用于含有添加剂的冷冻机油。
⑤ 试验方法也包括 GB/T 7304,有争议时,以 GB/T 4945 为仲裁方法。
⑥ 仅适用于交货时密封容器中的油。装于其他容器时的水含量由供需双方另订协议。
⑦ 试验方法也包括 GB/T 11133 和 SH/T 0207,有争议时,以 ASTM D6304 为仲裁方法。
⑧ 指标由供需双方商定。
⑨ 只适用于深度精制的矿物油或合成烃油。
⑩ 该项目是否检测由供需双方商定,如需要,应为无沉淀。
⑪ 压缩机台架试验(包括寿命试验、结焦试验和与各种材料的相容性试验等)为本产品定型时和用油者首次选用本产品时必做的项目。当生产冷冻机油的原料和配方有变动时,或转厂生产时应重做台架试验。如果供油者提供的每批产品,其红外线谱图与通过压缩机台架试验的油样谱图相一致,又符合本标准所规定的理化指标或供需双方另订的协议指标时,可以不再进行压缩机台架试验。红外线谱图可以采用 ASTM E1421—1999(2009)方法测定。

三、冷冻机油性能要求及发展趋势

冷冻机油产品由基础油和添加剂两部分组成,冷冻机油的开发过程首先是选择适合的基础油,然后根据冷冻机油黏度的不同,与少量功能添加剂调和后,研制出各项指标符合要求的冷冻机油。

1. 基础油

理想的冷冻机油基础油应具有良好的润滑性能、与冷媒的良好溶解性、优异的低温性能、化学性质相对稳定等特点。目前,国内外大多数冷冻机油是用环烷基原油生产,也有部分聚 α-烯烃、烷基苯等合成型产品。随着新型环保制冷剂 R134a、R407c、R410A 等的应用,聚醚(PAG)、多元醇酯(POE)、聚乙烯醚(PVE)等新型合成基础油也开始被应用到冷媒系统中。

矿物油具有优异的润滑效果和稳定性,因此,很早以前就被当作空调机用的冷冻油。而 POE 油则是第一个被选用在 HFC(氢氟类制冷剂)冷媒系统中的合成冷冻油,最初的使用工况为冰箱制冷系统。由于普通的直线型 POE 油在正常状态下极易吸收环境中的水分,从而导致制冷循环管路中的毛细管阻塞等不良现象。这种现象在高压型 R410A（环保型混合工质）制冷剂系统中更是频繁发生，为解决这一问题，人们又推出了新型的 POE 类冷冻机油产品，如分枝型 POE 及混合型 POE 等。目前，直线型 POE 和混合型 POE 虽然稳定性较低，但却具有相当好的润滑性能，因而被美国和欧洲国家的设备生产商所接受。日本 HFC 空调机的配套用油，则偏向选取分枝型热稳定性高的 POE 和 FB-POE 油[15-16]。

事实上，这些合成的冷冻油都各有优点和缺点，没有一种能完全满足 HFC 冷媒系统使用要求的产品。为得到使用性能满足 HFC 冷媒系统要求的合成冷冻机油，必须通过添加功能添加剂等方式，改善油品的使用性能。不同分子结构的 PAG、PVE、POE 类基础油产品，其性质的差异非常大。表 8-34 至表 8-37 分别列举了不同种类的冷冻机油基础油在使用温度范围、润滑性能、生物降解性、电绝缘、吸湿性及热稳定性等方面的性质差异。

表 8-34 各种冷冻机油合成油的使用温度范围

项目	启动运转温度，℃	连续运转温度，℃	间歇运转温度，℃
矿物油型基础油	−35~−12	−12~105	105~160
PAO（聚 α-烯烃）	−43~58	43~175	175~298
多元醇酯（POE）	−30~54	30~204	204~260
聚醚（PAG）	−40~−20	−20~200	200~250

表 8-35 不同类型基础油的润滑性能对比

项目	四球机磨损（398N）磨斑直径，mm		摩擦系数 f	
	1200r/min, 75℃	1800r/min, 150℃	1200r/min, 75℃	1800r/min, 150℃
石蜡基	0.43	0.78	0.099	0.111
聚酯（POE）	0.36	0.58	0.079	0.079
聚醚（PAG）	0.45	0.62	0.091	0.080
聚 α-烯烃（PAO）	0.40	0.42	0.093	0.079

表 8-36 不同类型基础油的生物降解性对比

基础油类型	100℃运动黏度，mm²/s	生物降解率，%	黏度指数
精制矿物油 1	10.4	24	70~90
精制矿物油 1	5.2	17	30~40
聚 α-烯烃（PAO）	3.6	9	145
聚 α-烯烃（PAO）	7.8	0	155
多元醇酯（POE）	4~9	70~100	135
聚醚（PAG）	6~40	75~100	>180

表 8-37 不同类型基础油的其他性质对比

评价项目	聚乙烯醚（PVE）	多元醇酯（POE）	聚醚（PAG）
热稳定性	好	差	差
氧化稳定性	好	差	差

续表

评价项目	聚乙烯醚(PVE)	多元醇酯(POE)	聚醚(PAG)
水解稳定性	良	好	好
润滑性	良	良	良
电气特性	好	差	好
吸湿性	高	很高	很高

2. 功能添加剂

随着制冷设备工作效率的不断升级，冷冻机油所处的工作条件越来越苛刻，对冷冻机油的质量要求也越来越高。加入适量添加剂，可大幅改善冷冻机油的使用性能，使其满足高效型制冷设备的润滑需求。添加剂不但要具有某方面的功能、不腐蚀金属机件，而且要和整个制冷体系相容，始终保持与冷冻机油组成一体的状态。冷冻机油中需要添加的主要是抗氧化添加剂、金属钝化剂、抗磨添加剂、抗水解稳定剂和抗泡沫添加剂等五类。

抗氧化剂的主要作用就是消除氧化降解过程中生成的活泼自由基，终止链反应。在矿物油中及酯类油中加入常用的抗氧化剂2,6-二叔基对甲酚后，不但能改善氧化安定性，而且对油品的热化学稳定性也有改善的作用。

抗磨添加剂主要是通过物理或化学作用在金属表面形成保护层，降低金属机件的表面磨损，从而起减磨作用。含氯的抗磨剂会与R22、R134a等制冷剂发生化学反应，导致油品失去抗磨损功效，因此在冷冻机油中一般不使用。

聚醚油(PAG及PVE类)和聚酯(POE类)型合成冷冻机油的吸湿性较强，很容易吸收空气中的水分。在水分存在下，合成油的聚合物分子很容易发生水解反应，并生成有机酸性物质。这类酸性物质的存在会严重腐蚀制冷系统的金属部件，甚至会造成制冷系统无法运转等不良后果。抗水解稳定剂的主要作用就是减少或消除水及酸性物质的影响，抑制油与水的水解反应，提高油品的抗水解能力，确保冷冻机油性能的正常发挥。

当制冷系统中存在微量水分和酸性物质及其他腐蚀性成分时，制冷系统管路中的铜金属被腐蚀后形成铜络合物并溶解于油中，这些络合物的性质并不稳定，很容易在压缩机的一些部位沉积下来，析出金属铜，即所谓的镀铜现象。镀铜发生在压缩机运转部位，会加速压缩机机件磨损，加入金属钝化剂能够有效地减轻或消除镀铜现象。

抗泡沫添加剂用于降低油品在制冷系统的发泡倾向，避免油品因发泡倾向高产生突沸现象，并将泡沫组分携带到压缩机的工作部件，使运转部件得不到正常的润滑维护。常用的抗泡沫添加剂为甲基硅油(T901)，添加量为3~10mg/L左右。

关于HFCs类环保型替代工质及其配套用油的研发工作，在发达国家已经形成成熟的生产技术。对任何一种新开发的环保制冷剂产品来说，所提出的配套用油技术方案在使用性能上或多或少都会存在某些缺陷，这些缺陷通常需要在油中加入适当的添加剂组分予以弥补。除此之外，利用某些润滑油添加剂的节能特性，达到改善压缩机的润滑状况或提高系统的冷凝、蒸发换热效果等方面的目的，也是近年来兴起的一种新型节能技术。

中国石油拥有国内最优质的环烷基油资源及先进的加工工艺，矿油型系列冷冻机油在市场上获得了广泛应用。在氨型制冷机组用油方面，昆仑L-DRA系列产品因具有优异的低积炭倾向、低硫、极低的絮凝点、良好的低温流动性等性能优势,最早应用于人民大会堂的氨机制冷机组,并多次获得"质量万里行"的质量认可。

在矿油型空调配套用油方面,采用克拉玛依环烷基油资源及组合工艺(加氢—降凝—闪蒸—补充精制)获得的基础油组分,复配专有的添加剂技术后,使产品在低温流动性、抗磨损性能、与冷媒的相溶性、热化学安定性、长使用寿命等方面,取得突破性进展。空调压缩机专用油先后在广州美芝、西安庆安、珠海格力等企业获得大范围应用,先后获得两件国家发明授权专利。

在矿油型冰箱压缩机配套用油方面,中国石油采用自行研发的400DX型冷冻机油实机评定系统,对不同黏度级别、不同精制深度、不同基础油类型制备的冷冻机油样品,与R600a型冰箱压缩机制冷效能及使用寿命的关联性影响,进行了深入研究,发现了冷冻机油产品的"黏度、黏温性能、精制深度及抗磨损性能"特征与压缩机实际使用性能的关联性关系。并获得一件实用新型授权专利,冰箱用油已在多家冰箱制造业获得广泛应用。

对制冷行业而言,环保与节能是国际上对制冷行业的两项强制性要求。环保法规的要求,限制了氯氟烃(HCFC)非环保制冷剂的使用(蒙特利尔条约及补充条款),为了更好满足冷冻机油与环保制冷剂"互溶性"特殊要求,合成冷冻机油获得了快速发展。中国石油于2016年开始,部署符合环保要求的新冷媒配套用油研究工作。以"与冷媒的相溶性、水解安定性、化学稳定性、压缩机材料的兼容性"等关键性能为主要控制指标,分别在"聚 α-烯烃、烷基苯、合成酯及聚醚型"的产品开发方面,取得突破性进展。

其中,昆仑KHP1000系列冷冻机油具有杰出的抗热氧化降解能力、高剪切稳定黏度指数和低温流动性,适用于传统矿物油无能为力的严苛操作条件。产品在制冷剂中的溶解度和混溶性低,在压力下存在制冷剂的情况下能提供更厚的油膜,减少轴封泄漏。稳定性好,挥发性低,消除了传统矿物油可能出现的"轻馏分解吸"现象。

昆仑KHP2000系列冷冻机油产品具有杰出的与HCFCs冷媒的互溶性和热化学安定性,良好的润滑性和低温性能,适用于不同类型、不同要求的以HCFCs冷媒作制冷剂的制冷压缩机中。特别是产品在制冷剂中的良好的互溶特性保证了在工作压力下存在制冷剂的情况下能提供更厚的油膜,减少轴封泄漏,提供了可靠的抗磨损性能,有效地延长设备使用寿命。

昆仑KHP3000系列冷冻机油产品具有杰出的与HFC冷媒的互溶性和热化学安定性,良好的润滑性、抗水解性和低温性能,适用于不同类型、不同要求的以HFC冷媒作制冷剂的制冷压缩机中。特别是产品在制冷剂中的良好的高、低温互溶特性保证了在工作压力下存在制冷剂的情况下能提供更厚的油膜,减少轴封泄漏,提供了可靠的抗磨损性能,有效地延长设备使用寿命。

昆仑KHP4000系列冷冻机油产品具有杰出的与HFC冷媒的互溶性和热化学安定性,良好的润滑性、抗水解性和低温性能,适用于不同类型、不同要求的以HFC冷媒作制冷剂的制冷压缩机中。特别是产品在制冷剂中的良好的互溶特性保证了在工作压力下存在制冷剂的情况下能提供更厚的油膜,减少轴封泄漏,提供了可靠的抗磨损性能,有效地延长设备使用寿命。

目前,昆仑四大系列合成型冷冻机油已陆续投放市场,并先后获得两件国家发明授权专利。

3. 冷冻机油的关键性能及评价方法

在冷冻机油的开发过程中，关键性能的确定以及相应评价方法的建立是至关重要的。冷冻机油与制冷剂的相溶性，用于判断冷冻机油是否适用于特定制冷系统特别是不设油剂分离部件的制冷设备。对应的测试方法是中国石油为牵头单位起草的《冷冻机油与制冷剂相溶性试验法》(SH/T 0699—2000)。

冷冻机油与制冷系统内材料的相容性测试，为保证制冷系统长期稳定安全运行，要求冷冻机油与制冷系统内所使用的各种材料均具有良好的相容性。对应的测试方法是 ASHRAE 97(美国供热、制冷与空调工程师协会)《制冷系统用材料的化学稳定性试验(密封玻璃管法)》。中国石油以此为依据，牵头起草了的《在制冷系统中冷冻机油的化学稳定性试验法(密封玻璃管法)》(SH/T 0698—2000)。

冷冻机油/制冷剂混合物的 p-V-T 物性测试，冷冻机油的使用环境为制冷剂存在条件下的润滑。而市售的冷冻机油产品，应用对象往往是模糊的，即使是同一台制冷设备，不同供应商提供的同一类产品，其 p-V-T 物性表现各不相同。因此，精心选择油品的构成，保障油品 p-V-T 物性与制冷设备的实际工况相匹配，对提升系统的制冷效率及良好的润滑维护，至关重要。

2014 年，中国石油基于"振动弦法"技术，设计了冷冻机油/制冷剂混合物 p-T 平衡及动力黏度的测试系统。实现了冷冻机油/制冷剂混合物的 p-V-T 测试目标。为昆仑旗下的冷冻机油系列产品与不同运行工况制冷设备的油品配型推荐，积累了大量的数据支持。

冷冻机油/制冷剂混合物的润滑性与纯冷冻机油的润滑性能差异较大。中国石油依据德国 DIN 51503-1：2011-01 中"Almen-Wieland 法"设计方案，在法莱克斯(Falex)环块法(OK 机)润滑性能测试设备的基础上，引入制冷系统的参数设置系统及压力仓模块技术，实现了冷冻机油/制冷剂混合物在多种实际工况的润滑性能测试目标。确保昆仑系列冷冻机油/制冷剂混合物的润滑特性，满足制冷设备的润滑需求。

冷冻机油的台架评定技术用来评价油品在制冷压缩机中的使用性能及两者间匹配性。由于制冷压缩机的种类繁多，加之所用的制冷剂也有很多品种，导致冷冻机油台架评定无法选用统一的模拟试验机，完成所有的冷冻机油使用性能评价。因此，对于充装对象不同的冷冻机油产品，需采用相应的压缩机及试验方法，评价油品的配套使用性能。

冷冻机油的应用场所不同，同一种评定项目的试验方法也不相同。例如：冰箱压缩机用油的制冷性能评价方法为 GB/T 9098—2008，而空调压缩机用油的制冷性能评价方法则是 GB/T 15765—2014。

冷冻机油产品的开发过程中，应依托冷冻机油特有的关键技术指标及评价手段，充分考虑制冷设备的工况特点，结合油品与配套制冷剂共存时的物性变化规律，筛选适宜的基础油及添加剂构成方案。在此基础上，开展油品的实机台架验证，完成最终的油品定型目标。

四、昆仑冷冻机油典型产品及应用

1. 昆仑 KHP1068 冷冻机油

昆仑 KHP1068 为聚 α-烯烃(PAO)全合成型冷冻机油产品，具有优异的低温流动性、

图8-7 制冷机

与冷媒共存时的高温热化学稳定性及抗磨损性能，典型数据见表8-38。适用于以氨（R717）、碳氢工质为制冷介质的各类工商制冷设备，特别是蒸发温度为-50℃以上的开式及半封闭式制冷机组（图8-7），并在多台进口制冷机组上实现设备用油的国产化替代目标。

2. 昆仑KHP3150冷冻机油

昆仑KHP3150为聚醚型（PAG）冷冻机油产品，具有优异的低温流动性、抗稀释性及与冷媒共存时的高温热化学稳定性，典型数据见表8-39。适用于丙烷（R290）、丙烯（R1270）、乙烯等烃类气体压缩机，在螺杆式压缩机中能表现出抗碳氢化合物和压缩气体的稀释的独特优点。其他优点包括稳定、杂质少、高黏度指数、剪切稳定以及极好的润滑性，可等效替换CP-1515-150、FRICK 12Oil等设备原装油。

表8-38 昆仑KHP1068典型数据

项目	昆仑KHP1068技术标准	昆仑KHP1068实测性能	试验方法
黏度等级（按GB/T 3141）	68	68	
运动黏度（40℃），mm²/s	61.2~74.8	66.41	GB/T 265—1988
颜色，号	≤1.0	<0.5	GB/T 6540—1986
密度（20℃），kg/m³	报告	845.7	SH/T 0604—2000
黏度指数	≥110	135	GB/T 2541—1981
闪点，℃	≥220	270	GB/T 3536—2008
倾点，℃	≤-48	-53	NB/SH/T0886—2014
絮凝点，℃	≤-45	-70	GB/T 12577—1990
铜片腐蚀（T₂铜片100℃，3h），级	≤1	1b	GB/T 5096—2017
机械杂质，%（质量分数）	无	无	GB/T 511—2010
极压性能（法莱克斯法）失效负荷，N	≥2447	3020	SH/T 0187—1992

表8-39 昆仑KHP3150典型数据

项目	昆仑KHP3150技术标准	昆仑KHP3150实测性能	试验方法
ISO黏度等级（按GB/T 3141）	150	150	
运动黏度（40℃），mm²/s	135~165	148.6	GB/T 265—1988
颜色，号	≤1.0	<0.5	GB/T 6540—1986
密度（20℃），kg/m³	报告	1015.1	SH/T 0604—2000
黏度指数	≥160	218	GB/T 2541—1981
闪点，℃	≥210	256	GB/T 3536—2008
倾点，℃	≤-30	-45	NB/SH/T 0886—2014

续表

项目	昆仑KHP3150技术标准	昆仑KHP3150实测性能	试验方法
ISO黏度等级（按GB/T 3141）	150	150	
化学稳定性（175℃，14d）	无沉淀	无沉淀	SH/T 0698—2000
水分，mg/kg	≤600	100	SH/T 0207—2010
机械杂质，%（质量分数）	无	无	GB/T 511—2010
极压性能（法莱克斯法）失效负荷，N	≥4000	4680	SH/T 0187—1992

3. 昆仑KHP4068冷冻机油

昆仑KHP4068为多元醇酯型（POE）冷冻机油产品，具有优异的低温流动性、油剂相溶性及与冷媒共存时的高温热化学稳定性，典型数据见表8-40。适用于以氢氟烃（R134a、R404A、R407C、R410A、R507、R23、R508A、R508B等HFCS）环保冷媒为制冷工质的各类民用商用空调，热泵设备，特别蒸发温度为-40℃以上的开放式及半封闭式制冷机组。可等效替换Frick 13冷冻机油、CPI Solest 68等设备原装油。

表8-40 昆仑KHP4068典型数据

项目	昆仑KHP4068技术标准	昆仑KHP4068实测数据	试验方法
ISO黏度等级（按GB/T 3141）	68	68	
运动黏度（40℃），mm^2/s	61.2~74.8	65.26	GB/T 265—1988
颜色，号	≤1.0	<0.5	GB/T 6540—1986
密度（20℃），kg/m^3	报告	986.5	SH/T 0604—2000
闪点，℃	≥225	256	GB/T 3536—2008
倾点，℃	≤-36	-45	NB/SH/T 0886—2014
特定残留金属含量，mg/kg	≤10	<10	GB/T 17476—1998
化学稳定性（175℃，14d）	无沉淀	无沉淀	SH/T 0698—2000
击穿电压，kV	≥25	40	GB/T 507—2002
水分，mg/kg	≤100	45	SH/T 0207—2010
极压性能（法莱克斯法）失效负荷，N	≥3000	4080	SH/T 0187—1992

参 考 文 献

[1] 李久盛，续景. 工业齿轮油的发展趋势及对添加剂的要求[J]. 润滑油，2013，28(6)：1-4.
[2] 夏延秋，刘维民，付兴国. 齿轮传动润滑材料[M]. 北京：化学工业出版社，2005.
[3] 续景，伏喜胜，刘维民. 工业齿轮油的发展趋势与应用[J]. 润滑与密封，2003(4)：80-82.
[4] 付兴国. 润滑油及添加剂技术发展与市场分析[M]. 北京：石油工业出版社，2004.
[5] 王先会. 工业润滑油脂应用技术[M]. 北京：中国石化出版社，2009.
[6] 黄文轩. 润滑剂添加剂应用指南[M]. 北京：中国石化出版社，2003.
[7] 刘中国，苗新峰，李猛，等. 工程机械液压油的使用性能研究[C]. 昆明：2017中国润滑技术论坛，2017.
[8] 中国石油化工股份有限公司科技开发部. 石油产品国家标准汇编[M]. 北京：中国标准出版社，2005.

[9] 蔡叔华，林振国. 压缩机润滑及其用油[M]. 北京：中国石化出版社，1993.
[10] 杨俊杰. 工业润滑油脂及其应用[M]. 北京：石油工业出版社，2019.
[11] 姚俊兵，Gaston Aguilar，Donnelly Steven G. 润滑油抗氧剂协同作用研究[J]. 润滑油，2009，24(4)：38-44.
[12] 王辉，吴祖望. 汽轮机油的发展趋势[J]. 润滑油，2005，20(1)：12-16.
[13] 郁永章. 容积式压缩机技术手册[M]. 北京：北京机械出版社，2000.
[14] 邢子文. 螺杆压缩机——理论、设计及应用[M]. 北京：北京机械出版社，2000.
[15] 董天禄，华小龙. 离心式/螺杆式制冷机组及应用[M]. 北京：机械工业出版社，2002.
[16] 杜大为，陈美名. 合成冷冻机油的现状及发展[J]. 合成润滑材料，2012，39(2)：6-8.

第九章　石蜡产品及其生产技术

　　石蜡(或石油蜡)是存在于原油之中在常温下呈固体或者半固体以直链烃为主体的烃类混合物。一般通过石油炼制过程分离精制而得到石蜡产品，习惯上分为石蜡、微晶蜡两大类，微晶蜡消费量约占石蜡的10%。石蜡是一类特殊的小众石油产品，2019年全球石蜡消费量约为$420×10^4$t，约为原油消费量的千分之一；石蜡广泛应用于农业、冶金、电子、机械、汽车、化工、轻工、日用化学、食品、医疗和国防等领域。

　　石蜡的生产严重依赖于原油性质，我国大庆、沈北和南阳原油均为典型的高含蜡石蜡基原油，为石蜡产业的发展提供了优质的原料。我国石蜡年产量约为$140×10^4$t，占世界总产量的1/3，出口$(50～60)×10^4$t，占世界贸易量的70%，产量很大但品种构成不合理，占产量约50%的全精炼石蜡主要用于出口，国内消费主要是半精炼石蜡。随着我国经济的发展、产业结构的升级和调整以及健康安全环保标准的提高，对石蜡产品的质量要求必然会逐步提高，全精炼石蜡产品和食品级石蜡(包括食品级包装蜡)产品将是我国石蜡产品发展的大趋势，半精炼石蜡和粗石蜡的市场份额将逐渐下降，石蜡产品质量要求必然向更低的含油量、更好的氧化安定性和光稳定性、更浅的颜色、无嗅味或低嗅味方向发展，对于石蜡产品的溶剂含量(生产过程的溶剂残留)、稠环芳香烃含量等要求也必然越来越严格。

　　近20年来，中国石油在石蜡生产上形成了以抚顺、大连和大庆为代表的石蜡基地，产量占中国的75%以上，具有非常重要的地位。同时，也面临品种开发、质量升级、产业链延伸的机遇和挑战，只有坚持技术进步、聚焦产品品质，为客户提供高品质产品和服务，才能够实现中国石油石蜡产业的高质量持续发展，将资源优势持续转化为产品和效益优势。

第一节　石蜡生产技术

　　现代石蜡生产过程，一般包括原油蒸馏、溶剂脱蜡脱油、石蜡加氢精制和石蜡成型等工艺。中国石油所属的抚顺石化、大连石化、大庆石化、大庆炼化及兰州石化等企业都建立了完备的石蜡生产线，在石蜡生产上有悠久的历史，积累了丰富的生产经验，并且在实际生产过程中不断优化、改进石蜡生产技术，能耗、剂耗、产品质量等技术经济指标均处于国内石蜡生产技术领先地位，各个石蜡生产企业在石蜡生产技术创新方面也不断取得进步，其中，抚顺石化的"拓展石蜡结晶理论提亮石蜡产量的研究与工业应用"和"高品质石蜡成套技术开发及工业应用"两项成果获得中国石油科技进步二等奖，还开展了诸如新型脱蜡脱油溶剂实验等技术开发和可行性探索工作。以中国石油石油化工研究院为代表的科研机构在石蜡加氢技术和石蜡加氢催化剂开发方面也取得了长足的进步，石蜡加氢催化剂市场占有率稳步提高。

炼油特色产品技术

一、酮苯脱蜡脱油

石蜡的生产经历了最初的自然冷冻沉降法、冷冻压榨过滤法,最终形成了比较成熟的溶剂脱蜡脱油工艺。曾经选择过的溶剂脱蜡方法,包括丙酮与苯类混合为溶剂的脱蜡、二氯乙烷与苯的混合物为溶剂的脱蜡、以丙烷为溶剂的脱蜡、以二氯乙烷和二氯甲烷混合物为溶剂的脱蜡等,现在主要采用丁酮、甲苯混合液作为脱蜡脱油溶剂。

1927年,美国印第安纳炼油公司建立了世界上第一套溶剂脱蜡装置,溶剂是丙酮和苯的混合物,蜡的分离采用回转式过滤机。后来,德士古专利技术采用了丁酮代替丙酮、甲苯代替苯的溶剂脱蜡过程,是现代应用最广泛的脱蜡工艺,约占80%以上。

1954年,我国第一套酮苯脱蜡装置在大连建成投产,设计能力 2×10^4 t/a,采用丙酮—动力苯(苯、甲苯混合物)为溶剂,炼制苏联巴库油。1971年,第一套酮苯脱蜡脱油联合装置在北京燕山建成投产,后来在上海、兰州、锦西、北京、茂名、大连、独山子、玉门、南充等地相继建成29套装置;1977年后逐步改为以丁酮—甲苯溶剂,在工艺技术上陆续开发了多点稀释、多效蒸发、溶剂干燥、蜡膏冷量利用、稀冷脱蜡和滤液循环等新工艺。

中国石油共有18套酮苯(脱蜡)脱油装置,主要集中在大庆石化、大庆炼化、抚顺石化、大连石化和兰州石化等企业。其中,抚顺石化拥有4套酮苯(脱蜡)脱油装置,减压蜡油加工能力 190×10^4 t/a,年产全精炼石蜡 52×10^4 t 以上,是中国最大的石蜡生产基地。

1. 酮苯脱蜡脱油工艺原理

酮苯脱蜡脱油工艺过程为:馏分原料油在一定温度下与溶剂形成溶液,经过与冷媒换热降温,蜡组分(直链烃)在溶液中的溶解度下降并达到过饱和状态而结晶。温度继续降低,析出的蜡就会逐渐增多,溶液降低到目的温度,然后将蜡和油分开,得到凝点降低的脱蜡油和含油蜡膏;含油蜡膏继续加入溶剂,通过过滤分离出蜡下油组分,得到含油量合格的脱油蜡。

酮苯脱蜡脱油装置一般由4个流程单元和2个辅助系统组成,即结晶单元、脱蜡过滤单元、一二级脱油过滤单元和溶剂回收干燥脱水单元,以及氨制冷和真空密闭两个辅助系统。酮苯脱蜡脱油装置原则流程图如图9-1所示。

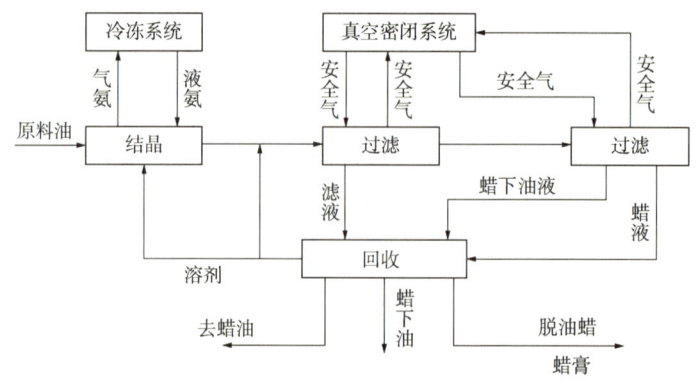

图9-1 酮苯脱蜡脱油装置原则流程图

第九章 石蜡产品及其生产技术

2. 酮苯脱蜡脱油溶剂性质

溶剂脱蜡脱油过程所用溶剂主要起稀释作用,应符合以下要求:在脱蜡温度下具有较小的黏度;良好的选择性,即在脱蜡温度下对油有很好的溶解能力,而蜡则很难溶解;沸点不应很高也不能过低,蒸发潜热要低,便于用简单蒸馏的方法回收,又避免在高压下操作;凝点低,在脱蜡温度下不会凝固;无毒,不腐蚀设备,而且化学安定性好,容易得到。溶剂的具体作用包括降低油品黏度、定向溶解、改善结晶和实现过滤分离等[1]。常用酮类和苯类溶剂的性质见表9-1。

油品凝点与冷却温度之间的温度差称为脱蜡温差(也称脱蜡温度梯度),脱蜡温差=脱蜡油的凝点-脱蜡温度[2]。脱蜡温差主要受溶剂选择性、原料性质、过滤机温洗操作和设备泄漏等因素影响。

表9-1 常用酮类和苯类溶剂的性质

项目		丙酮	丁酮	苯	甲苯
分子式		$(CH_3)_2CO$	$CH_3COC_2H_5$	C_6H_6	$C_6H_6CH_3$
分子量		58.05	72.11	78.05	92.06
密度(20℃),g/cm³		0.7915	0.8054	0.8790	0.8670
常压沸点,℃		56.1	79.6	80.1	110.6
冰点,℃		-95.5	-86.4	5.53	-95.0
临界温度,℃		235	262.5	288.5	320.6
临界压力,atm		47.0	41.0	48.7	41.6
黏度(20℃),mPa·s		0.41	0.53	0.735	0.68
闪点,℃		-16	-7	-12	6.5
自燃点,℃		540	530	702	730
常压下蒸发潜热,kJ/kg		521	443.6	395	362
比热容(20℃),kJ/(kg·℃)		2.150	2.297	1.700	1.666
溶解度(10℃),%(质量分数)	溶剂在水中(无限大)	22.6	0.175	0.037
	水在溶剂中(无限大)	9.9	0.041	0.034
爆炸极限,%(体积分数)		2.15~12.4	1.97~10.1	1.4~8.0	1.3~6.75

苯类溶剂的主要作用是溶解润滑油组分,但对蜡的溶解度也较大,因此加入对蜡溶解度很小的酮类溶剂以减小对蜡的溶解度。在低温下,甲苯对油的溶解能力比苯强,对蜡的溶解能力比苯差,选择性比苯强。苯在高温或低温下对油都有较高的溶解能力,能保证脱蜡油的收率,但苯的结晶点较高,在低温脱蜡时常会有苯的结晶析出,使脱蜡油的收率降低,毒性比甲苯大;甲苯的沸点比苯的沸点高,会增大溶剂回收的难度。丁酮的沸点和冰点比丙酮稍高,对蜡溶解能力很小,对油的溶解能力比丙酮大,采用丁酮代替丙酮可以降低脱蜡温差并提高脱蜡油收率。某装置用丁酮代替丙酮的数据对比见表9-2[3]。

丁酮、甲苯混合溶剂是一种良好的选择性溶剂,同时黏度小,冰点低,腐蚀性不大,沸点不高,毒性也不大,是理想的酮苯脱蜡脱油溶剂。但丁酮、甲苯溶剂的闪点低,应特别注意安全,同时会造成石蜡产品甲苯残留,影响健康指标。

表 9-2　某装置用丁酮代替丙酮的数据对比

项目	丁酮	丙酮
处理量，t/d	1100	1000
脱蜡油收率，%	59.5	59
过滤温度，℃	−17	−24
脱蜡油凝点，℃	−13	−13
脱蜡温差，℃	4	11
冷冻电耗，kW·h/t	34	43

中国石油在新型脱蜡溶剂的开发方面做了有益的探索，抚顺石化与相关高校和设计单位合作开展了甲基异丁基酮（MIBK）脱蜡脱油生产工艺研究，在石蜡生产技术上努力追求创新和发展。以抚顺石化 800×10⁴t/a 常减压蒸馏装置减三线、减四线馏分油为原料，在实验室开展了甲基异丁基酮（MIBK）替代丁酮与甲苯混合溶剂脱油脱蜡试验，减三线脱油蜡收率提高 0.34 个百分点，溶剂比降低 18.75%，蜡含油、针入度、熔点等质量指标稳定合格；减四线脱油蜡收率提高 1.5 个百分点，溶剂比降低 16.87%，蜡含油、针入度、熔点等质量指标稳定合格；脱蜡脱油过程的过滤速度明显提高，脱蜡温差降低。对现有酮苯装置使用甲基异丁基酮（MIBK）替代丁酮脱蜡脱油的可行性核算表明：电消耗方面，制冷负荷较丁酮工况低，制冷压缩机电耗下降；蒸汽消耗方面，受甲基异丁基酮（MIBK）的沸点、蒸发潜热等因素影响，必须对现有装置进行技术改造，调整溶剂回收换热网络，增加三次塔进料蒸汽加热器的面积或提高加热蒸汽压力。

3. 酮苯脱蜡脱油装置的原料

酮苯脱蜡脱油装置的原料主要是蒸馏装置的减压侧线油，生产微晶蜡和高黏度基础油时以减压渣油为原料经过丙烷脱沥青、糠醛精制获得酮苯原料。不同的原油和切割方案，切割得到的酮苯脱蜡脱油原料的蜡含量和蜡的组成性质也不相同，对于脱蜡过程生产的蜡晶晶型和粒度有明显影响，需要控制酮苯原料的干点和避免发生不同的蒸馏馏分混兑。

原料馏分越窄，蜡的性质越相近，蜡结晶越好，但馏分范围过窄则原料油种类变多，会引起操作中频繁换料。馏分过宽，大小分子不同的石蜡混在一起结晶时，低分子的烷烃受到高分子烷烃的影响，能生成一种熔点较低、晶粒很小、难于过滤的晶体。有文献认为，相邻的蜡分子的长度差大于 10% 时就会产生小晶粒的共熔物[4]。

原料中含胶质、沥青质较多时，会影响蜡结晶，生成微粒晶体，易堵塞滤布，降低过滤速度，同时由于易粘连，蜡的含油量大。当原料油中含有少量胶质或者降凝剂、助滤剂等表面活性物时，有助于形成较大粒度的树枝状晶型的结晶，而有利于蜡、油的分离。

近年来，作为中国石油石蜡生产主要原料的大庆原油出现比较明显的变化，体现在异构组分含量增加，蜡含油和针入度指标控制难度增大。抚顺石化在酮苯脱蜡脱油原料质量控制方面，结合原料油异构化、减三线原料油质量控制困难的实际情况，提出减三线原料体积平均沸点与 100℃黏度的比值大于 100，同时各侧线初馏点与 2% 点差值不大于 30℃、有效馏程不大于 100℃、干点与 97% 点差值不大于 5℃ 的控制指标，通过对原料切割的精细控制，石蜡产品的含油指标稳定控制在 0.5% 以内，满足产品出口欧美市场的要求。

4. 溶剂组成与溶剂比

丁酮与甲苯组成的脱蜡溶剂,当酮含量过低或过高时,都不能同时得到高过滤速度、高油收率、低脱蜡温差的效果。为了得到上述"两高一低"的效果,必须要选择恰当的酮比。溶剂中的丁酮、甲苯的比例应根据原料的黏度、含蜡量以及脱蜡深度来确定。中国石油部分酮苯脱蜡脱油装置使用的溶剂组成见表9-3。

表9-3 部分酮苯脱蜡脱油装置使用的溶剂组成

序号	单位	原料	溶剂中丁酮含量,%
1	大庆石化	减二线蜡料	68.9
2	大庆炼化	减二线精制油	71.5
3	抚顺石化	减二线蜡油	74.8
4	抚顺石化	减三线蜡油	70
5	抚顺石化	减四线蜡油	78
6	大连石化	减一A线	64
7	大连石化	减二线	66.3
8	兰州石化	精制减二线	65.5

采用丁酮、甲苯混合溶剂的酮苯脱蜡脱油装置,要求控制一个比较合适的酮比[国内酮苯装置的酮比控制在(60:40)~(70:30)],最佳酮比对装置的质量控制、能耗具有重要意义。高酮比有利于降低蜡在溶剂中的溶解度,有利于提高过滤速度和蜡收率,但也会降低溶剂对油的溶解能力,对蜡含油控制不利。抚顺石化经过长期的摸索,将装置的酮比提高到(75:25)~(80:20);加工减三线原料的两套酮苯脱蜡脱油装置含油控制难度大,酮比调高至75:25;加工减四线的酮苯脱油装置含油控制相对容易,酮比调高至80:20。此外,高酮比生产对生产环保型石蜡也是有利的,因为产品中的含剂主要是甲苯,提高溶剂组成中的酮比,也意味着降低了回收系统中甲苯回收的负荷。

溶剂比是溶剂量与原料量之比,分为稀释比和冷洗比两部分。溶剂比的选择应该综合考虑,在满足生产要求的前提下趋向于选用较小的溶剂比,若原料油的沸程较高、黏度较大,或含蜡较多、要求深度脱蜡(即脱蜡温度较低)时,则需选用较大的溶剂比,溶剂比对溶剂脱蜡过程的影响见表9-4。合理控制溶剂比,特别是新鲜溶剂比,对酮苯装置降低能耗和提高处理能力具有重要意义,降低新鲜溶剂比则装置的溶剂回收负荷下降,蒸汽消耗降低,而降低循环溶剂比尤其是结晶过程的稀释比对装置提高处理能力有利,装置处理能力的提高对降低能耗有利。1998年,抚顺石化30×10^4t/a酮苯脱蜡脱油装置在国内首次完成脱蜡段滤液循环改造,采用脱蜡段滤液代替新鲜溶剂作为三次稀释溶剂,装置的新鲜溶剂比及总溶剂比降低0.8,并且有效回收利用了脱蜡段滤液的冷量,对降低装置的能耗具有重要意义,该技术在国内同类装置得到了广泛的推广应用。2016年以来,抚顺石化各套酮苯(脱蜡)脱油装置都在生产实践中研究降低稀释比的可行性,摸索确定了适宜的稀释比,在冷冻负荷一定的情况下,加工量大幅提高,过滤温度得以保证,套管上压周期有效控制,套管结晶器热化周期延长一倍以上,在套管总负荷不变的情况下,解决了大加工量情况下因套管温度深冷控制难度大制约加工量提高的瓶颈,30×10^4t/a、40×10^4t/a酮苯脱蜡脱油装置新鲜溶剂比从 5.5∶1 降至 4.2∶1，预稀比从 1∶1 降至 0.45∶1，一次稀释比从 2∶1 降至 1.5∶1；60×10^{4}t/a 酮苯脱油装置总溶剂比降至 3.0∶1，三套酮苯(脱蜡)脱油装置的加工量提高 13%以上。

表 9-4 溶剂比对溶剂脱蜡过程的影响

溶剂比(体积比)	过滤时间，s	脱蜡油收率，%	脱蜡油凝点，℃	脱蜡温差，℃
4∶1	12	76.3	2	7
4.5∶1	10	78	2	7
5∶1	8	79.5	2	7
6∶1	5	83	2	11

溶剂的加入方式，一般指在原料油脱蜡过滤前的稀释溶剂加入过程，加入方式变化对结晶、脱蜡效果、产品质量和收率有较大影响。溶剂加入方式有两种：一种是在蜡冷冻结晶前把全部溶剂一次加入，称为一次稀释法；另一种是在冷冻前和冷冻过程中逐次把溶剂加入脱蜡原料中，称为多次稀释法。使用多次稀释法可以改善蜡的结晶，并可在一定程度上降低脱蜡温差，实际生产中多采用三次加入的方式。进行多点稀释时，加入的溶剂的温度应与加入点的油温或溶液温度相同或稍低。在稀释溶剂加入点的选择方面，抚顺石化 30×10^{4}t/a 酮苯脱蜡脱油装置进行了有益的探索和改造，技术改造后在换冷套管的第六、八、十、十二根入口均设置了稀释溶剂注入点，在原油性质发生变化、石蜡产品质量控制难度增加的情况下，可以根据原料种类和性质的变化灵活选择一次稀释溶剂和二次稀释溶剂的注入位置，实现优化和改进结晶和过滤条件的目的，确保石蜡产品质量指标满足出口要求。

5. 结晶单元

结晶单元主要是蜡形成结晶的过程。从原油蒸馏装置或者其他装置来的原料呈现均匀液体状态，加入丁酮和甲苯混合溶剂后开始降温，蜡在溶液中的溶解度下降，降温达到某一数值时，蜡呈现过饱和状态而结晶析出。随着温度继续降低，析出的蜡就会逐渐增多[5]。结晶单元操作上控制过滤温度、稀释溶剂温度与流量、冷洗溶剂温度与流量、套管降温速度、原料处理量等指标，是酮苯脱蜡脱油装置的关键控制过程，操作好坏直接影响产品质量、收率和装置的平稳运行。结晶系统基本工艺流程图如图 9-2 所示。

由于稀释溶剂的加入方式对结晶和脱蜡效果有较大的影响，一般采用分三次加入稀释溶剂的方式。对馏分油原料直接在第一台套管结晶器的中部注入稀释溶剂，称为"冷点稀释"。原料油在进入氨冷套管之前先与二次稀释溶剂混合，二次稀释溶剂一般在换冷套管后部注入。由氨冷套管结晶器出来的油—蜡—溶剂混合物需要再加一次稀释溶剂。减压馏分油生产中，一次稀释溶剂和二次稀释溶剂一般选择后一段过滤产生的滤液，三次稀释一般选择本段过滤得到的滤液作稀释溶剂。部分酮苯装置根据原料加工需要设有预稀释溶剂。

结晶单元中，一般每 3 台套管结晶器串联成一路。其中第一台用作换冷，第二、三台作为氨冷套管结晶器，并根据装置需要的处理能力选用并联的路数。结晶系统套管结晶器选用原则如图 9-3 所示。

第九章 石蜡产品及其生产技术

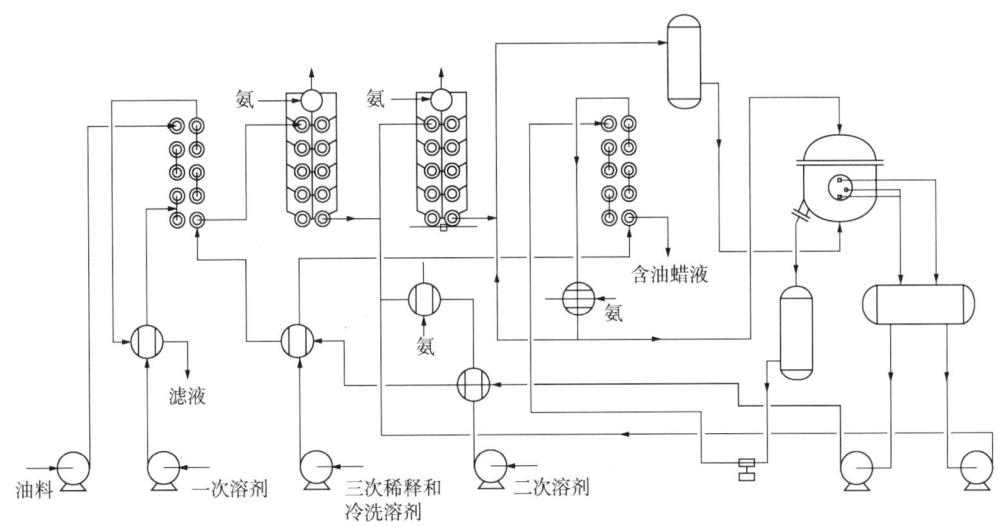

图 9-2 结晶系统基本工艺流程图

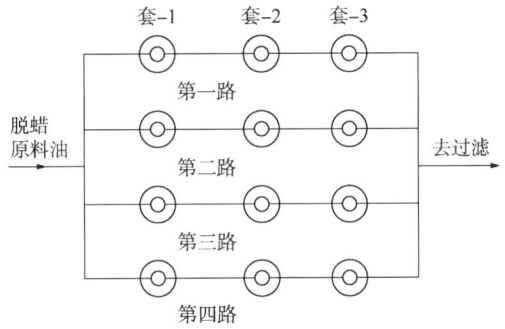

图 9-3 结晶系统套管结晶器选用原则

套管结晶器的任务是冷却含蜡原料油与溶剂的混合溶液,操作上应控制冷却速度不致太快,使蜡缓慢结晶析出。冷却速度过快,溶液的黏度增大较快,对结晶不利。结晶单元主要操作条件见表 9-5。

表 9-5 结晶单元主要操作条件

参数名称	指标数值	参数名称	指标数值
一次稀释流量比例	(0.4~1.5):1	二次稀释流量比例	(0.9~2.4):1
三次稀释流量比例	(0.4~1.4):1	脱蜡段冷洗比例	(0.4~2.2):1
一段稀释流量比例	(0.72~2.25):1	一段冷洗流量比例	(0.45~1.45):1
二段稀释流量比例	(0.35~2.5):1	二段冷洗流量比例	(0.4~1.1):1
二段输蜡流量比例	(0.50~1.20):1	蜡段过滤温度,℃	-15~-22
脱油一段过滤温度,℃	-3~21.5	脱油二段过滤温度,℃	-1~26.2

6. 油蜡过滤单元

过滤单元主要功能是通过过滤使蜡与油分离。一般酮苯脱蜡脱油装置的过滤,都是以高效但结构相对复杂的真空转鼓过滤机作为基本设备，进行蜡、油分离。过滤机原理流程如图9-4所示。

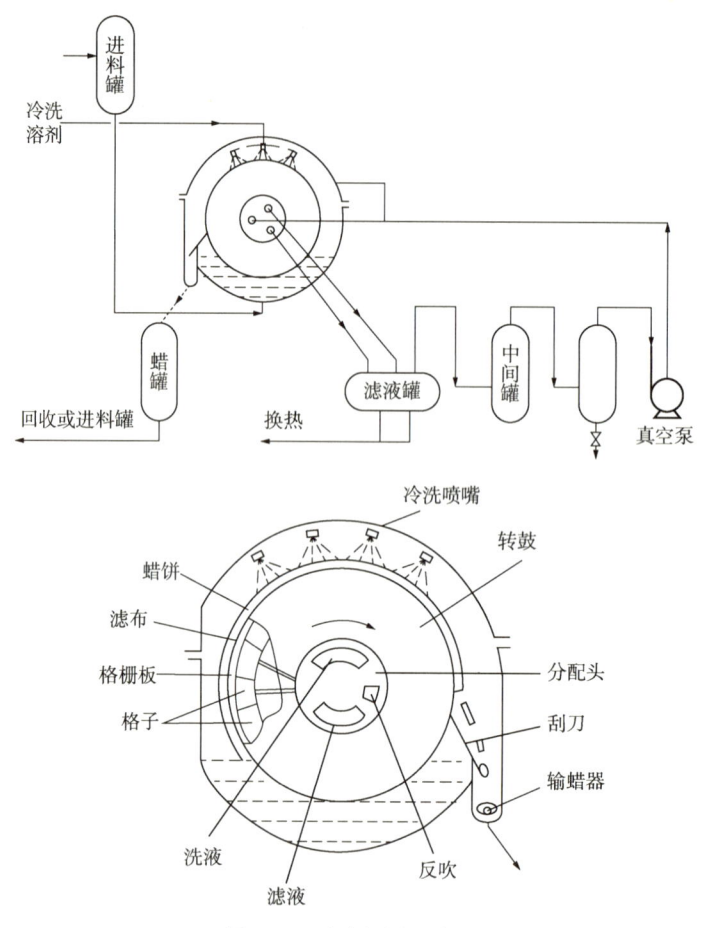

图9-4 过滤机原理流程

从结晶单元来的物料进入滤机进料罐后，自流流入过滤机底部，油和溶剂在压差的作用下通过滤布，流入滤液罐中，蜡饼留在滤布表面，经过冷洗，当转到刮刀部分时经惰性气反吹，滤饼即落入输蜡器，进入蜡液罐。过滤系统流程图如图9-5所示。

过滤机的抽滤和反吹都用惰性气体循环，滤机壳内维持1~4kPa压力以防空气漏入，惰性气体中氧含量达到5%~8%时应排放换气，以保证安全。过滤机在进料一段时间后，滤布会被细小的蜡结晶堵塞，需要停止进料，用热溶剂温洗滤布。温洗可以改善过滤速度，又可减少蜡中带油，但温洗次数多及每次温洗时间长则占用过多的有效生产时间。

真空转鼓过滤机是油、蜡分离的关键设备，由下部壳体、顶盖、转鼓三大部分组成。过滤的推动力是转鼓和滤布两侧的压差，把滤液吸进鼓内，而蜡饼留在转鼓表面。为了能连续操作，蜡饼需要不断地从转鼓表面刮下来，因此在转鼓的侧面，沿鼓长设有刮刀，刮刀下方为收蜡槽，槽底有电动螺旋输送器。在生产控制方面，控制过滤机转速与滤饼厚度，确定过滤机转速优选范围，通过灵活控制过滤机转速，提高有效吸附和洗涤效率，确保产品质量合格。

第九章 石蜡产品及其生产技术

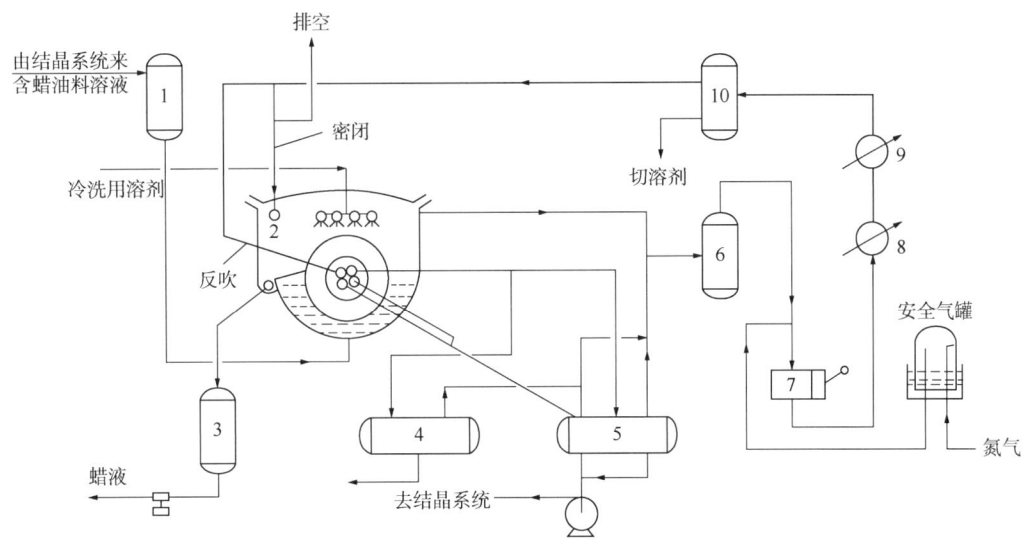

图9-5 过滤系统流程图

1—进料罐；2—过滤机；3—蜡液中间罐；4—冷洗油溶液罐；5—滤液中间罐；
6—真空破沫罐；7—真空泵；8—水冷却器；9—氨冷却器；10—分液罐

过滤机是酮苯脱蜡脱油装置的核心设备之一，对于装置的质量控制和处理能力都有较大影响，在过滤机结构改造方面，为解决过滤过程推动力不足与推动力过大的问题，抚顺石化研究了过滤机分配阀与过滤推动力之间的关系，开发出过滤机油气平衡压力控制技术，通过重新整定油气平衡阀压力，避免耐磨板与分配阀之间连续性油膜遭到破坏，解决过滤系统密闭负压、蜡饼抽不净和出现裂纹等问题，确保了适宜的过滤推动力，使产品含油得到有效控制；在过滤机维修方面，抚顺石化首创真空转鼓过滤机的耳轴轴套在线修复技术，通过对故障现象的观察和对原系统的应力校核，确定该型设备需要补强的结构缺陷处，采取了对侧螺栓孔圆中心距增加至370mm、轴承支座向驱动端移位170mm、转鼓端面板加强筋板数量翻倍、加工尺寸适宜的耳轴、插入轴端轴直径增大到ϕ240mm（公差要求m6）、重新更换的轴套内直径为ϕ240mm（公差要求H7），加长到635mm等7项技术改造并组织实施，提高维修效率，避免降低处理量，提高了石蜡产量。

7. 溶剂回收

溶剂回收单元基本原理是根据油品和溶剂的沸点差较大，将混合物加热至适宜的温度，使油品和溶剂发生分离，用这种方法获得合格的产品和回收溶剂。

脱蜡脱油过滤后所得滤液、蜡液和蜡下油液中含有大量的溶剂，在滤液中溶剂含量达80%～85%，蜡液中溶剂含量达65%～75%，这些溶剂需回收循环使用。回收单元的任务就是用最经济的手段将溶剂回收，所回收的溶剂不含油、蜡，水含量要很小，并且溶剂回收力求完全，损失越小越好，工艺流程就是基于上述三点要求设计，包括滤液回收、蜡液回收、蜡下油液回收、溶剂干燥脱水等部分。滤液、蜡液、蜡下油液回收大都采用了四级闪蒸和一级汽提，多级闪蒸后，油（蜡）中尚含有少量的溶剂，采用水蒸气汽提出剩余的微量溶剂。由于使用了水蒸气汽提，会使溶剂中含有水，需用干燥塔和丁酮塔将水脱除。溶剂回收系统基本流程图如图9-6所示。

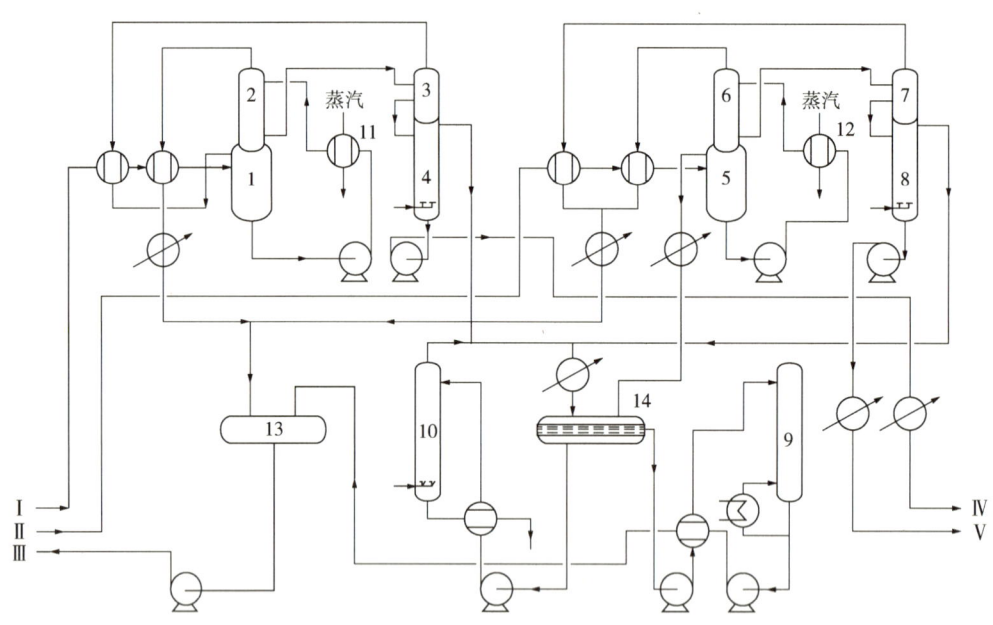

图 9-6 溶剂回收系统基本流程图

Ⅰ—滤液；Ⅱ—蜡液；Ⅲ—溶剂；Ⅳ—脱蜡油；Ⅴ—含油蜡；
1—滤液低压蒸发塔；2—滤液高压蒸发塔；3—滤液低压蒸发塔；4—脱蜡油汽提塔；
5—蜡液低压蒸发塔；6—蜡液高压蒸发塔；7—蜡液低压蒸发塔；8—含油蜡汽提塔；
9—溶剂干燥塔；10—酮脱水塔；11—滤液蒸汽加热器；12—蜡液蒸汽加热器；13—溶剂罐；14—水溶剂罐

酮苯脱蜡脱油装置溶剂回收采用多效蒸发，使外供能量直接和间接地得到多次利用，从而提高了能量利用率，即经济性。多效蒸发的效数由节能效果与投资来确定，在酮苯装置上采用2~3效为宜，最多不超过4效。溶剂回收单元主要操作条件见表9-6。

表 9-6 溶剂回收单元主要操作条件

参数名称	指标数值	参数名称	指标数值
油回收一次塔进料温度,℃	86~104	蜡回收一次塔进料温度,℃	85~100
油回收三次塔进料温度,℃	164~198	蜡回收三次塔进料温度,℃	165~194
油回收五次塔底温度,℃	160~177	蜡回收五次塔底温度,℃	160~182
油回收三次塔压力,MPa	0.125~0.25	蜡回收二次塔压力,MPa	0.13~0.25
油回收五次塔压力,MPa	-0.04~0.09	蜡回收五次塔压力,MPa	-0.04~0.07
酮塔塔底温度,℃	90~105	溶剂中丁酮含量,%	60~82

溶剂含水会降低溶剂对油的溶解能力，降低过滤速度，增加脱蜡能耗，影响平稳操作，所以必须脱除，但过分地降低水含量也不必要且不经济，只要能满足生产的需要即可。

丁酮—甲苯—水系统中，水的活度系数最大，在精馏塔中水将向塔顶富集，利用这一性质，混合溶剂干燥可以用一般分离非均相共沸系统的双塔流程来完成。

8. 制冷系统

酮苯脱蜡脱油装置以氨为制冷剂，蒸发温度一般在-40~-25℃之间，生产脱蜡油的装置采用二级压缩制冷,蒸发温度在-25~5℃之间时使用一级压缩制冷[6]。制冷循环的主要设备有冷冻机、汽化器(套管结晶器)、冷凝器、中间槽、氨罐。其中尤以冷冻机最为重要,常用的是压缩氨蒸气式冷冻机,通常采用往复式、离心式或者螺杆式三种。为了增加制冷量,在制冷循环中有的采用经济器(又称节能器),因此称为经济器螺杆制冷循环。

冷冻系统操作对产品质量、收率及处理量有直接影响。若冷量不足或分配不合理,被冷却物料不能充分冷却,则影响脱蜡油的凝点、脱油蜡的收率及安全气中溶剂的回收;若冷量过剩,被冷物料温度过低,脱蜡油凝点虽然能合格,但处理量及脱蜡油收率减少,冷冻及回收系统负荷增大,能耗增加。

9. 真空系统

脱蜡溶剂属于易燃、易爆的危险品,需在隔绝空气的条件下密闭储存和操作。酮苯脱蜡脱油工艺溶剂的安全性质见表9-7。

表9-7 酮苯脱蜡脱油工艺溶剂的安全性质

项目	丙酮	苯	甲苯	丁酮
蒸气压(20℃),kPa	24.7	10.0	2.9	10.3
蒸气压(30℃),kPa	37.7	15.9	4.9	12.8
闪点,℃	-16	-12	6.5	-7
在空气中的爆炸范围,%(体积分数)	2.15~12.4	1.4~8.0	1.3~6.75	1.97~10.1

酮苯脱蜡脱油装置使用的惰性气体,是指含氧量很低的氮气,循环氮气中氧含量的指标,我国和苏联定为不大于5%(体积分数),日本、美国定为不大于8%(体积分数)。采用正压密闭,一方面,气体本身含氧量小,形不成爆炸性混合气体;另一方面,在储存过程中杜绝了空气漏入,确保了长期安全使用。

氮气循环同时为过滤机下蜡提供反吹气体。反吹气体在反吹区把蜡饼吹松后,蜡饼较容易在刮刀的阻挡作用下顺利进入输蜡器槽内。

实现惰性气体循环的动力来自真空压缩机,使用较多的有往复式压缩机和液环式压缩机。近年来,许多酮苯脱蜡脱油装置用液环真空压缩机替换了早期的往复式压缩机,其优点是:泵腔内没有金属摩擦表面,无须对泵内进行润滑;吸气均匀,压缩气体连续排出,无脉动;工作平稳可靠,震动和噪声小;结构简单,无易损件,操作简单,维护成本低;工作过程气体等温压缩,温升小。缺点是制造成本高,真空度受工作液饱和蒸气压的限制。真空密闭系统主要操作条件见表9-8。

表9-8 真空密闭系统主要操作条件

参数	指标	参数	指标
真空系统绝压,kPa	20~50	密闭压力,kPa	1~4
反吹压力,MPa	0.03~0.045	密闭气中氧含量,%	≤5

10. 酮苯脱蜡脱油工艺能耗与剂耗

酮苯脱蜡脱油装置能耗随原料性质、溶剂稀释比、工艺流程等的不同差异较大,脱油装置能耗相对较低,脱蜡脱油联合装置则属于能耗较高的装置。以无加热炉酮苯脱蜡脱油装置为例，装置蒸汽消耗约占总能耗的60%，电消耗约占装置能耗的30%。节能工作对于酮苯脱蜡脱油装置意义重大，在工艺方面，优化操作条件，加强平稳操作；尽量降低新鲜溶剂比，降低溶剂循环量；调节好溶剂组成，降低脱蜡温差，降低制冷负荷；对采用蒸汽加热的装置，应将蒸汽全部凝结为水，放出潜热，并将冷凝水余热尽量回收；充分发挥回收系统"三效蒸发"工艺节能优势，降低低压压力和控制高压压力；滤液除与原料油换冷外，还与溶剂换冷，蜡膏的冷量利用潜力很大，用来与溶剂换冷。中国石油酮苯脱蜡脱油装置综合能耗平均值为2845.51MJ/t原料，抚顺石化酮苯装置Ⅲ能耗最低为1773.95MJ/t原料，在国内同类装置中处于最高水平。

酮苯脱蜡脱油装置使用丁酮和甲苯作为溶剂，损失量大会增大生产成本，影响效益，在生产过程中需最大限度降低溶剂消耗。溶剂损耗主要有三个途径，分别是产品携带损失、密闭气排空携带损失以及设备、设施的泄漏损失。中国石油部分酮苯脱蜡脱油装置2019年综合能耗和溶剂消耗数据见表9-9。

表9-9 中国石油部分酮苯脱蜡脱油装置2019年综合能耗和溶剂消耗

装置名称	综合能耗 MJ/t	溶剂消耗 kg/t
大庆石化Ⅰ酮苯	2497.43	0.58
大庆石化Ⅱ酮苯	2863.77	0.58
大庆炼化酮苯	1975.33	0.51
抚顺石化Ⅰ酮苯	3199.17	0.92
抚顺石化Ⅱ酮苯	2661.97	0.92
抚顺石化Ⅲ酮苯	1773.95	0.79
大连石化Ⅱ酮苯	3913.82	0.75
大连石化Ⅳ酮苯	3878.65	0.79
平均	2845.51	0.73

11. 酮苯脱蜡脱油装置产品产量与收率

石蜡属于高附加值炼油产品，在炼厂产品中边际效益较高，酮苯脱蜡脱油装置通过工艺调整、技术改造、使用脱蜡助剂等手段提高装置处理量、提高石蜡产品收率和增加石蜡产品产量具有重要意义，近年来中国石油所属石蜡生产企业围绕提高石蜡产品产量和收率开展技术攻关和提质增效工作，并取得了较好的效果。

控制结晶过程，提高酮苯脱蜡脱油装置处理能力，增产石蜡。针对原油变化开展蜡晶体结构和晶型实验，考察温度、溶剂加入点以及稀释比等控制条件对蜡结晶晶型的影响，选择性地控制形成有助于提高蜡产量的蜡晶型，提高单台套管结晶器的处理能力和过滤速度，提高装置处理能力，提高蜡产量。

采用低温过滤技术，提高酮苯脱蜡脱油装置石蜡收率。同一种酮苯原料在保持其他操作条件不变的情况下，降低过滤温度，可以提高石蜡收率，但蜡含油和针入度指标会升高，因此在满足产品质量要求的前提下，降低过滤温度可实现提高石蜡产品收率的目的，中国石油部分酮苯脱蜡脱油装置2019年蜡收率见表9-10。抚顺石化在同类装置中率先提出低温过滤脱油的理念,通过技术改造在酮苯脱蜡脱油装置进一步降低脱油过滤温度,确定提高蜡收率和确保质量合格的最佳操作条件,实现低温过滤增产石蜡,改造后抚顺石化 30×10^4 t/a 和 40×10^4 t/a 酮苯脱蜡脱油装置脱油段过滤温度,由设计的 12℃ 降为 −5~0℃,实现了石蜡收率和产品质量合格的最佳平衡,60×10^4 t/a 酮苯脱油装置过滤温度降低 5~10℃,三套酮苯(脱蜡)脱油装置蜡收率提高 1 个百分点以上,每年增产石蜡 1.3×10^4 t 以上。

表 9-10 中国石油部分酮苯脱蜡脱油装置 2019 年蜡收率

装置名称	蜡收率,%	装置名称	蜡收率,%
大庆石化Ⅰ酮苯装置	33.3	抚顺石化Ⅱ酮苯装置	39.6
大庆石化Ⅱ酮苯装置	32.0	抚顺石化Ⅲ酮苯装置	28.8
大庆炼化酮苯装置	34.12	大连石化Ⅱ酮苯装置	32.6
抚顺石化Ⅰ酮苯装置	39.4	大连石化Ⅳ酮苯装置	32.9

开发残蜡回收技术,减少产品损失。酮苯装置过滤系统的显著特点是过滤机经过一段时间的运行后,由于滤布失效需要通过温洗操作恢复过滤机的使用性能,此过程产生的含蜡温洗残液通常进入蜡下油回收系统,残液中的蜡也会随之损失。抚顺石化通过对温洗残液综合分析,通过流程改造将温洗残液泵入换冷套管降温使蜡重新结晶,将温洗残液按比例作为预稀释溶剂返回套管内,使过滤机温洗产生的残蜡得到回收,由于过滤机温洗周期一般在 4~8h,对残蜡进行回收对降低石蜡产品损失、提高蜡收率具有明显效果。

使用脱蜡助剂(助滤剂)能够提高酮苯脱蜡脱油装置的过滤速度,实现提高装置处理能力,增加石蜡产品产量的目的。助滤剂大体上分三类,即萘的缩合物、无灰高聚物添加剂和有灰的润滑油添加剂,如烷基萘、丙烯酸酯、聚甲基丙烯酸酯、乙烯醋酸乙烯酯、氧化微晶蜡、聚烯烃(主要是烯烃共聚物或聚 α-烯烃)等,当酮苯脱蜡脱油装置加工的物料中添加一定量的助滤剂时,有助于形成颗粒较大的树枝状结晶,提高过滤速度及脱蜡油收率,并降低蜡中油含量,助滤剂对过滤速度、蜡膏含油和油收率的影响见表 9-11。抚顺石化、大庆石化、大连石化、兰州石化等中国石油主要石蜡生产企业均使用过助滤剂,并取得了较好的效果,特别是在加工重质原料时效果更加明显,实际生产中过滤速度能够提高 10%~15%,产品蜡的含油量也有一定程度的降低。由于助滤剂的价格比较昂贵,并且某些助滤剂组分对石蜡产品的性质会有影响,因此,是否添加助滤剂及添加量的大小应根据生产实际和经济效益综合考虑。

表 9-11 助滤剂对过滤速度、蜡膏含油和油收率的影响

助滤剂加入量,%	工序	相对滤速,%	脱蜡油收率,%	脱油蜡 收率,%	脱油蜡 含油量,%	脱油蜡 滴熔点,℃
0	脱蜡	100	45.6			
	脱油一段	100				
	脱油二段	100		27.0	0.5	65

续表

助滤剂加入量,%	工序	相对滤速,%	脱蜡油收率,%	脱油蜡 收率,%	含油量,%	滴熔点,℃
0.11	脱蜡	179	48.1			
	脱油一段	138				
	脱油二段	157		28.3	0.4	67
0.33	脱蜡	142	46.5			
	脱油一段	117				
	脱油二段	157		28.4	0.4	67

二、石蜡加氢精制

石蜡加氢精制是在氢气和催化剂的存在下，在一定的温度、压力操作条件下，在不改变石蜡质量的主要指标（如含油量、熔点、针入度、馏程、黏度等）的情况下，将非烃类物质含有的杂原子硫、氮、氧分别转化为硫化氢（H_2S）、氨（NH_3）、水（H_2O），有机金属化合物转化为金属硫化物而加以脱除，烯烃、多环芳香烃加氢饱和。改进石蜡的颜色、气味、安定性，降低稠环芳香烃含量，以满足用户的要求[7]。

1. 影响石蜡加氢精制深度的因素

石蜡加氢精制是提高产品质量的重要手段之一，与白土精制相比具有产品质量优、收率高、操作简便灵活、对环境污染很小等优点。影响石蜡加氢精制深度的主要因素有：反应温度、反应压力、空速、氢油比、原料性质。

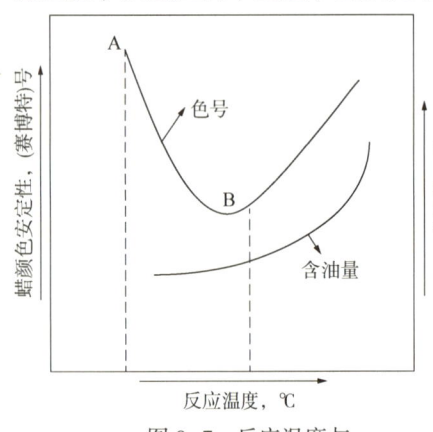

图 9-7 反应温度与石蜡加氢精制质量的关系

（1）反应温度。反应温度是影响加氢反应的重要因素，温度高，反应速率快，加氢深度大，但温度过高会使蜡料裂解致使产品含油回升，影响产品质量，反应温度与石蜡加氢精制质量的关系如图 9-7 所示，由 A 点开始至 B 点随温度的提高，蜡色号显著降低，含油量变化不明显，在保证产品质量合格的前提下，按照催化剂的允许使用温度范围，选择适宜的反应温度；但随着生产时间增加，由于 FeS 沉积、积炭生成、主金属迁移及流失，催化剂的活性逐步下降，为保证产品质量、抑制缩合生焦反应，反应温度应超前调节，温度若超过了 B 点，不仅含油增加色度也会提高。催化剂使用初期反应温度一般为 245~250℃，末期反应温度可达到 290~310℃，一般控制反应温度在目标温度 ±2℃ 范围内。

（2）反应压力。反应压力影响某些加氢化学反应是否能够进行，反应压力通过调节氢分压来实现，提高氢分压能显著提高加氢反应深度，提高产品质量，抑制缩合生焦反应，可相应降低反应温度、提高空速、延长催化剂使用寿命。石蜡中压加氢装置设计的操作压力通常在 5.0~7.0MPa 范围。

（3）空速和氢油比。空速反映了装置的处理能力，但是空速的提高受到反应速率的制约，在实际操作中，为提高装置利用率、降低能耗，若在原料充足、设备允许范围内，以及产品质量满足要求前提条件下，尽量采用较大空速。

提高氢油比，有利于加氢反应，抑制催化剂积炭形成和反应热导出，改善催化剂床层气流分布，但氢油比过大会影响装置处理能力和能耗，不利于提高经济效益。

氢分压和空速对加氢生成物质量有显著的影响，低分压和高空速使蜡质量大幅度下降。反应温度与空速在一定程度上具有互换性，降低空速在一定程度上具有提高反应温度的作用，为保证反应温度的平稳，在改变装置的处理能力时应遵循先提量后提温、先降温后降量的原则。

（4）原料性质。原料性质对蜡加氢操作条件和产品质量有极大影响。由于原油品种及制蜡工艺的差异，其化学组成、杂质含量均不同，原料中杂质铁离子、胶质、沥青质对催化剂长周期运行十分不利。即使同一原油和相同的加工流程，蜡料切割点及含油量不同对产品质量影响不同。

工艺参数对石蜡加氢精制深度影响结果是：反应压力>反应温度>空速>氢油比。

2. 石蜡加氢精制工艺流程

中压、高压石蜡加氢装置在国内已有多套，单套装置的加工能力为 $5×10^4$ ~ $20×10^4$ t/a。石蜡加氢精制技术特点为：原料适应性强，可加工大庆原油、沈北原油、华北原油、南阳原油、新疆原油及进口原油(印度尼西亚米纳斯原油、越南白虎原油等)多种蜡料；既可加工正序蜡料，也可加工反序蜡料；原料蜡经脱气处理，降低进入反应器蜡料中的杂质；原料蜡在炉前混氢，可在加热炉内直接加热后进入反应器；装置操作灵活，根据市场需求和变化，可随时调整和生产不同种类、不同牌号的石蜡产品(食品级石蜡及食品包装蜡、全精炼蜡和半精炼蜡等)；石蜡加氢工艺流程简单，操作条件缓和；装置建设费用低，便于工业化。典型的石蜡加氢精制原则工艺流程图如图 9-8 所示。

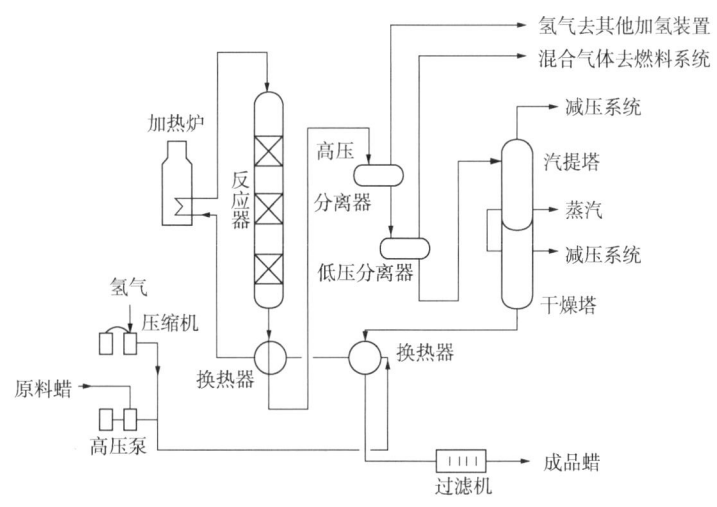

图 9-8　典型的石蜡加氢精制原则工艺流程图

3. 石蜡加氢精制装置长周期运行影响因素

(1) 催化剂活性。在加氢装置每个生产周期内，催化剂活性对产品质量、加工能力和装置能耗有着至关重要的影响。目前石蜡加氢催化剂的活性都比较高，只要在生产过程中注意提温速度和合理操作，可以得到较好的催化剂使用效果。石蜡加氢催化剂生产周期反应温度变化数据见表9-12。

表 9-12 石蜡加氢催化剂生产周期反应温度变化数据

时间	第一反应器温度, ℃	第二反应器温度, ℃	系统压力, MPa	加工量, t/d
2013 年 7 月	260	242	13.5	563
2014 年 8 月	257	242	11.0	600
2015 年 8 月	255	240	12.0	624
2016 年 8 月	254	245	12.0	674
2017 年 2 月	262	247	12.0	670

抚顺石化 20×10^4 t/a 石蜡高压加氢装置设计运行周期为 3 年，设计催化剂寿命 20t/kg（蜡料/催化剂）。实际运行时间 2012 年 11 月至 2017 年 5 月，运行周期 4.5 年，催化剂寿命 31.26t/kg（蜡料/催化剂）。从催化剂初期到末期，一反催化剂温度一直在 250~260℃ 范围内，离催化剂的设计末期温度 310℃ 还有很大的空间。二反催化剂温度一直在 240~250℃ 范围内，离催化剂的设计温度 280℃ 也还有很大的温度空间，即使到了运行末期，催化剂的活性也应该处在中期，应还可以再使用一段时间。在本运行周期，催化剂绝大多数运行在 12MPa 的系统压力之下，提高系统压力还可以进一步延长催化剂的使用寿命。抚顺石化 20×10^4 t/a 石蜡高压加氢装置主要工艺条件见表 9-13。

表 9-13 抚顺石化 20 万吨/年石蜡高压加氢装置主要工艺条件

加工原料	54~60 号全炼蜡	64~66 号全炼蜡	70 号微晶蜡
操作压力, MPa	7.0~10.0	10.0~14.0	14.0~17.0
一反温度, ℃	240~310	250~310	280~350
二反温度, ℃	220~280	230~280	260~330
总体积空速, h^{-1}	0.5~1.5	0.5~1.5	0.5~0.8
氢蜡体积比	≥130	≥130	300~500

(2) 反应器压降。石蜡加氢精制是对原料蜡进行加氢处理的过程，原料油含有杂质、催化剂表面结焦、催化剂碎裂等原因，都会导致生产过程中加氢反应器压降加大，造成循环氢压缩机出入口压差增大，严重时造成联锁停机。石蜡加氢装置生产周期反应器压差变化数据见表 9-14。

本运行周期的 4.5 年内，催化剂的床层压降不断升高，从 0.1MPa 升高到 1.0MPa，基本达到了最大的反应器系统压差极限，加上系统其他部位阻力，造成循环氢系统整体压差接近 2.0MPa，已达到氢压机正常运行的极限值。造成反应器床层压降升高和循环氢系统整体压降升高的主要原因是原料中携带的胶质、沥青质沉积在催化剂顶层，造成循环氢整体压力不断升高。

第九章 石蜡产品及其生产技术

表 9-14 石蜡加氢装置生产周期反应器压差变化数据

时间	一反压降，MPa	二反压降，MPa	系统压力，MPa	加工量，t/d
2013 年 7 月	0.1	0.1	13.5	563
2014 年 8 月	0.1	0.1	11.0	600
2015 年 8 月	0.3	0.1	12.0	624
2016 年 8 月	0.9	0.1	12.0	674
2017 年 2 月	1.0	0.1	12.0	670

4. 石蜡加氢装置产品质量影响因素

（1）原料性质。石蜡加氢精制是在较缓和的操作条件下实现产品的深度精制，所以原料性质对蜡加氢装置操作参数及产品质量有极大的影响。由于原油品种及制蜡工艺的差异，其化学组成均不相同，它们均直接影响精制操作参数的选择及产品质量。即使同一原油和相同的加工流程，蜡料的切割点及含油量也不尽相同，核心是原料蜡馏程的97%点温度及含油量，97%点温度对产品和色号的影响如图 9-9 所示，蜡含油量对产品光安和色号的影响如图 9-10 所示。

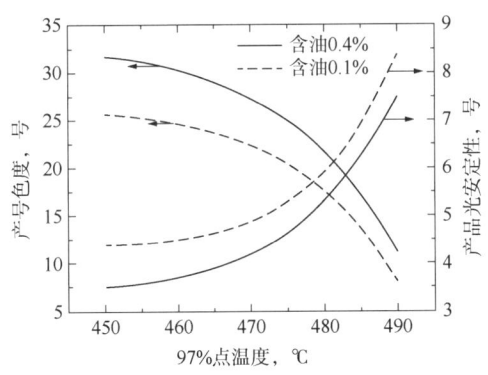

图 9-9 97%点温度对产品和色号的影响

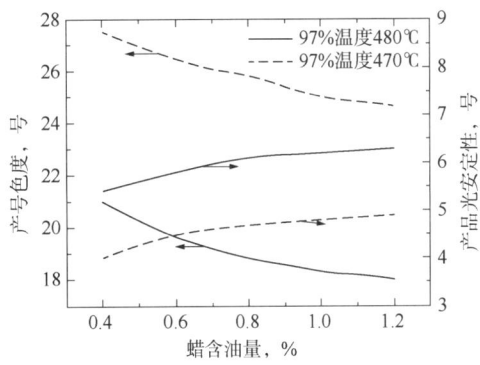

图 9-10 蜡含油量对产品光安和色号的影响

蜡料馏程的97%点温度每增加10℃，产品光安定性上升约1~1.5号，颜色下降3~7个单位。含油量升高，也将增加精制难度，影响产品质量。含油量小于0.9%的减一、减二及减三线石蜡，氢分压低到2.5MPa时，产品质量仍能符合FDA和CODEX规格，而减四线的高熔点石蜡，含油量为0.9%时，需将氢分压提高到7.5MPa，才能符合FDA和CODEX规格，对于含油量为2.8%的微晶蜡，必须将氢分压提高到10MPa，空速降到0.5h^{-1}左右，产品质量才能通过FDA试验。原料蜡馏程对加氢效果的影响见表 9-15。

表 9-15 原料蜡馏程对加氢效果的影响

原料蜡馏程，℃	加氢产品质量			
	色度，号	比色，号	光安定性，号	FDA 值（289nm）
311~455	4~5	+30	3	0.009
340~480	5	+30	4	0.011
345~510	5~6	+28	4~5	0.036

不同工艺流程生产的蜡，对加氢精制的影响也不相同。正序和反序加工流程所得蜡料质量情况见表9-16，先经过溶剂精制的正序蜡，稠环芳香烃含量显著降低，280~359nm波长范围的稠环芳香烃下降率为20%~50%，360~400nm波长范围的稠环芳香烃下降率高达90%~95%，稠环芳香烃和易炭化物两项指标容易合格。由于经过溶剂精制后，蜡料中的稠环芳香烃、胶质含量降低，蜡的光安定性，尤其是热安定性明显提高，但是由于微量溶剂及溶剂氧化胶粒带入蜡料，使蜡料颜色加重，机械杂质增加，使比色尤其是赛氏比色变差，导致加氢精制困难。反序蜡料加氢时，脱色通常比较容易，其加氢精制的难点在于稠环芳香烃的饱和与转化，以保证产品的FDA、易炭化物和安定性达到食品级石蜡的标准。

表9-16 正序与反序蜡料性质的比较

加工流程		正序	反序	正序	反序	正序	反序	正序	反序
熔点，℃		55.8	57.7	55.4	56.9	61.0	63.4	61.4	63.6
含油量，%		0.21	0.34	0.40	0.50	0.32	0.32	0.45	0.49
颜色，号		9	20	8	13	−41	−1	−16	−6
稠环芳香烃，紫外吸光度 cm	280~289nm	0.406	0.75	0.360	0.75	0.460	0.75	0.35	0.75
	290~299nm	0.598	0.75	0.450	0.75	0.620	0.75	0.38	0.75
	300~359nm	0.623	0.75	0.520	0.75	0.730	0.75	0.38	0.75

（2）工艺参数。和其他油品精制比较，石蜡加氢精制工艺特点是要求在缓和反应条件下达到深度精制，精制过程不允许出现碳—碳键的断裂和烃类异构化反应，防止石蜡含油量上升，必须做到加氢前后石蜡的熔点、针入度、黏度等物理性质不变，对工艺操作条件和催化剂都有严格的要求。

在大庆原油石蜡加氢精制试验中，应用正交设计方法考察了各工艺参数对加氢石蜡质量的影响，结果是氢分压>温度>空速。石蜡加氢精制属滴流床液相加氢反应过程，反应热很小，氢蜡比可以很低，但生产装置上氢蜡比的变化会影响反应器催化剂床层的气液分配，所以在生产上氢蜡比不宜过低。但氢蜡比大又会导致能耗增加，因此两者需综合考虑。工业装置上将氢蜡比降到100以内，仍可以得到高质量的商品蜡，装置的设计压力比一般馏分油加氢精制装置要高。

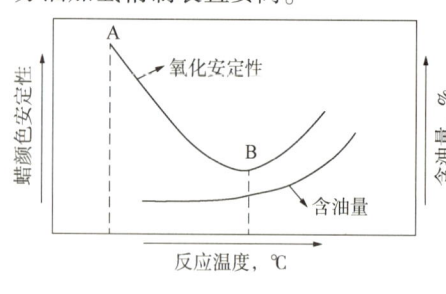

图9-11 反应温度对石蜡质量的影响

反应温度对石蜡产品质量的影响如图9-11所示。曲线的AB区间蜡质量随着反应温度上升而变好，超过B点时，生成蜡的安定性降低，含油量上升，说明在高温下伴随有裂解反应发生，这一温度极限主要取决于催化剂性质。为了防止加氢精制石蜡产品的含油量上升，在选用加氢催化剂时，都希望能有较高的极限温度值。

采用FW-1催化剂对沈阳原油60号石蜡进行加氢精制，当反应温度在250℃以上时，加氢蜡的热安定性逐渐降低；当反应温度超过290℃时，FDA开始增加，产品中含油量也急剧增加，说明加氢精制的反应温度不宜超过290℃。不同反应温度下FW-1催化剂的加氢性能见表9-17。

第九章 石蜡产品及其生产技术

表 9-17　不同反应温度下 FW-1 催化剂的加氢性能

反应温度，℃	240	250	270	290	310	原料蜡性质
原料蜡	沈阳 60 号蜡					
反应压力，MPa	6.0					
体积空速，h⁻¹	0.8					
氢蜡体积比	300					
精制蜡产品性质						
熔点，℃	60.2	60.4	60.3	60.4	60.2	60.3
含油量，%	0.28	0.28	0.28	0.29	0.65	0.28
比色，（赛波特）号	+30	>+30	>+301	>+30	>+30	+19
光安定性，号	3	3	2~3	2~3	2~3	5
热安定性，号	+24	+27	+25	+24	+23	——
易炭化物	通过	通过	通过	通过	通过	
针入度（25℃），1/10mm	12	12	11	13	14	
简易 FDA　280nm	0.051	0.030	0.018	0.013	0.015	0.250
简易 FDA　290nm	0.036	0.019	0.013	0.010	0.012	0.189

在反应温度 270℃下，用 FW-1 催化剂考察了不同空速对加氢效果的影响，由 $0.8h^{-1}$ 增加到 $2.0h^{-1}$ 时，产品颜色和易炭化物均无明显变化，光安定性有所降低，FDA 有所提高，但均在产品指标要求范围内，空速对 58 号蜡原料加氢精制性能的影响见表 9-18。因此，现有装置适当提高空速仍可保证产品质量合格，从而可以增加装置处理能力，提高经济效益。

表 9-18　空速对 58 号蜡原料加氢精制性能的影响

原料蜡	大庆 58 号蜡			
体积空速，h⁻¹	0.8	1.0	1.5	2.0
反应温度，℃	270			
反应压力，MPa	6.0			
精制蜡产品性质 比色，（赛波特）号	>+30	>+30	>+30	>+30
精制蜡产品性质 光安定性，号	2~3	3	3~4	4
精制蜡产品性质 易炭化物	通过	通过	通过	通过
精制蜡产品性质 简易 FDA 280nm	0.038	0.044	0.059	0.062
精制蜡产品性质 简易 FDA 290nm	0.02	0.026	0.036	0.034

使用 FV-1 催化剂对熔点较高的蜡料进行试验，随着反应压力增加，光安定性降低，热安定性增加，FDA 值减小，说明提高反应压力改善了蜡加氢产品的质量。蜡料加氢压力考察试验结果见表 9-19。

297

表 9-19 蜡料加氢压力考察试验结果

催化剂		FV-1				
反应温度,℃		270	270	270	270	270
氢分压,MPa		6	8	11	14	14
体积空速,h^{-1}		0.8	0.8	0.8	0.8	1.0
氢蜡体积比		200	500	500	500	500
光安定性,号		4	3~4	3~4	3	3~4
热安定性,号			+22	+22	+24	+27
比色,(赛波特)号		30	30	30	30	30
易炭化物		通过	通过	通过	通过	通过
熔点,℃		68.4	68.4	68.4	68.4	68.4
含油,%				0.41	0.38	0.39
简易 FDA	280nm	0.096	0.074	0.057	0.026	0.059
	290nm	0.06	0.043	0.037	0.017	0.013

三、中国石油石蜡加氢催化剂技术

石蜡加氢精制技术的核心是高性能的石蜡加氢精制催化剂。石蜡原料中的多种杂质分子大小相差较大,其中大分子杂质(胶质、沥青质等)是影响产品质量的主要因素,大分子杂质以缔合结构存在,不仅富集了大部分硫、氮和几乎全部金属,而且在反应过程中易缩聚形成积炭,是催化剂积炭的主要来源。在石蜡加氢精制过程中,需要解决三大技术难题:滴流床操作条件下,大分子杂质微量存在于液相主体,难于实现高效液相传质;受催化剂孔道限制,大分子杂质与孔内加氢活性中心接触概率低;催化剂单一活性中心无法解决深度加氢精制与催化剂积炭的矛盾。

中国石油石油化工研究院成功开发了系列石蜡加氢精制催化剂及工艺技术,在中国石油大庆(大庆石化和大庆炼化)、大连、抚顺四大石蜡生产基地 7 套装置实现了 16 次工业应用,内部市场占有率达 86.4%,国内市场占有率超过 70%,为我国生产出口高端石蜡产品提供了技术保障。

石油化工研究院大庆化工研究中心开发了石蜡低压加氢精制工艺,中压石蜡加氢催化剂 SD-1、SD-2 在大庆石化成功应用,获国家优秀科技成果二等奖。2006—2020 年,通过优化升级石蜡加氢催化剂 SD-2,活性、稳定性提高,先后在大庆石化、大庆炼化、大连石化、抚顺石化等 6 套石蜡加氢装置实现 14 次推广应用,催化剂使用寿命最高达 6 年,企业年增效益 6000 万元以上。SD 系列石蜡加氢精制催化剂精制后的产品颜色(赛波特)30 号、光安定性 4 号,各项指标优于国标指标标准要求。催化剂具有比表面积大、堆积密度小、加氢活性高、芳香烃饱和能力强的特点,使用寿命增加(可达 37.8t 原料蜡/kg 催化剂),处理量提高,反应温度降低。在大庆石化 10×10^{4}t/a 石蜡加氢装置运转 4 年后,催化剂提温仅 20℃,表现出良好的活性稳定性。

为进一步降低装置物耗能耗,满足高空速、低反应温度、低氢油比的使用要求,开展

"石蜡/微晶蜡加氢精制双催化剂组合技术的开发与应用"研究，采用比表面积及孔结构调控技术，催化剂产品同时具有高比表面积和大孔容积，双催化剂组合技术分别实现了劣质蜡料中硫、氮及稠环芳香烃的超深度饱和和精制，2012年在中国石油抚顺石化$20×10^4$t/a高压石蜡加氢装置实现工业应用，实现了常规石蜡、高熔点石蜡和微晶蜡等7种牌号蜡料切换生产，加氢装置为一段串联，两个反应器分别装填两种催化剂，第一反应器装填侧重于深度脱硫脱氮的催化剂，在较高的温度下对原料深度处理，以减少后续硫氮化合物对后续芳香烃饱和反应的抑制作用，第二反应器装填侧重于深度芳香烃饱和的催化剂，在较低的温度下进行芳香烃的深度饱和精制，实现最优化的设计，进一步发挥催化剂的作用，能够大幅度提高装置的处理能力。加氢产品中苯含量≤$0.5×10^{-6}$，甲苯含量≤$5×10^{-6}$，产品质量全部达到美国FDA标准要求，远销美国、西欧和东南亚等国家和地区。与上一周期相比，在催化剂装填量不变、反应压力降低的前提下，装置处理量可以由设计的$20×10^4$t/a提高到$28.4×10^4$t/a以上，满足了石蜡装置生产扩能的要求，物耗能耗大幅降低，产品满足出口食品级石蜡质量要求，达到国内领先水平。

2018年，为了进一步实现提质增效、降本挖潜，并满足日益严格的环保法规，在低压、高处理量、取消白土精制的条件下生产出口石蜡产品，中国石油设立"增产高附加值石蜡产品技术研究开发"项目，通过催化剂孔结构与活性中心优化匹配，采用特殊的高温改性处理技术及分步浸渍和定向负载技术，制备出具有"选择吸附—梯级转化"功能的大孔接续小孔结构的双峰孔蜡加氢催化剂，大孔具有选择吸附、解离的弱活性中心，小孔具有深度加氢精制的高活性中心，在反应过程中，大孔提高了大分子杂质的传质效率，对极性较强的大分子杂质高效选择性吸附并进行解离，解离的中间产物富集后快速向小孔扩散，在小孔内实现深度加氢精制。这种双峰孔催化剂具有吸附选择和孔道选择功能，实现了大分子杂质"选择吸附—梯级转化"，避免发生缩聚，解决了石蜡加氢催化剂深度加氢精制与催化剂积炭的矛盾，赋予了石蜡加氢催化剂自我保护功能，实现多品种石蜡切换生产方式下装置长周期平稳运行，实现了劣质蜡料在低压、高处理量条件下的深度加氢精制。

2020年6月，石油化工研究院开发的石蜡加氢催化剂PHF-401在中国石油抚顺石化$6×10^4$t/a石蜡加氢装置实现工业应用，在5.5MPa、1.0h^{-1}体积空速条件下，加工未经白土处理的反序全炼蜡，产品性质达到出口质量要求；2021年5月PHF-401在抚顺石化$20×10^4$t/a高压石蜡加氢装置工业应用。

中国石油石油化工研究院的石蜡加氢系列催化剂技术申请专利11件，授权专利5件，认定技术秘密3件。2007年获得中国石油技术创新奖一等奖，2010年获中国专利优秀奖，2011年获国家能源科技进步奖二等奖，2014年获石蜡联合会科技进步三等奖，2015年获中国石油技术发明三等奖。

四、石蜡成型生产技术

石蜡成型生产技术是将液蜡冷却后形成一定规格的蜡块、蜡粒等，并进行包装出厂。石蜡的成型方法主要有链盘式连续成型、钢带造粒、间歇式板框成型、滴流颗粒成型、挤压切割造粒、喷雾造粒等生产工艺[8]。

（1）链盘式连续成型，成型机结构简单，传动平稳，为行业内广泛使用的一种石蜡成型方式，具有产量大、设备运行稳定等优点。

（2）钢带造粒，是通过转动孔状布料器将液蜡均匀滴落在转动钢带上，冷却后，尾端刮刀刮下，进行包装，在行业内也有广泛应用。

（3）间歇式板框式成型，由于劳动强度大和生产效率低，在大型石化企业中已不再使用，仅存于中小型企业小批量生产中。

（4）石蜡成球，将熔融的石蜡从底部筛孔通入装有不溶石蜡的液体立式塔中，适当控制石蜡流速及立式塔上部、中部和下部温度，即可得到球状石蜡，适合于小批量特种蜡的成型。

（5）鼓式成型，把内部用水冷却的转鼓部分浸入石蜡浴中，当转鼓转动时，熔融的石蜡与已被水冷却的转鼓表面接触，形成石蜡薄片，用刮刀挂下，可得到薄片状石蜡，设备简单、生产效率高，缺点是储存时薄蜡片易黏结在一起。

（6）喷雾成型，将熔融的石蜡在冷的空气流中喷成雾状，可以得到颗粒较小的石蜡，再通过其他工艺生产产品。

石蜡成型设备主要包括石蜡成型机（含原料预冷部分）、冷冻系统及必要辅助系统。石蜡成型方式较多，但应用较广，产量最大的还是链盘式连续成型。注蜡式石蜡成型机主要由预冷保温系统、注蜡系统、机头驱动（传动）系统、卸蜡皮带、蜡盘组、主链条、冷室传动系统、拉力报警系统、冷室蒸发器、冷室、电气及PLC控制系统等所构成，多数成型机生产能力为5×10^4t/a。

预冷保温系统：作用是将来自储罐的蜡液冷却到注蜡温度（高于熔点8~14℃），并且通过水箱、水泵向储蜡罐、注蜡泵、流量计、注蜡头及蜡液管线夹套供热水，保持蜡液注蜡温度恒定，使蜡液在浇注到蜡盘前不产生温降，确保注蜡顺利进行。预冷保温系统主要由蜡液换热器、温水换热器、保温水箱、保温水泵等构成。

注蜡系统：作用是将经过预冷调温后的蜡液定量注入蜡盘中，确保生产出的固蜡重量稳定、统一，一般单块蜡板重5kg。注蜡机构的注蜡方式采用质量或体积流量计，一般注蜡量一次调整后无须再进行调整，流量计式注蜡系统主要由储蜡罐（注蜡槽）、注蜡泵、流量计、注蜡阀、气动控制箱、防喷溅器、注蜡控制器、蜡盘组空缺检测器等构成。

驱动系统包括主电动机、减速机、联轴器、链轮以及传动轴等，驱动主链条、注蜡机构及卸蜡皮带机的控制凸轮等设施。为了保证设备连续生产并保证蜡液能够充分冷凝，蜡盘组运行速度采用变频器进行调整，可根据设备不同工况合理调整成型机运行速度。驱动机构主机输出链轮上设有安全销，当外部负荷过载时安全销被剪断，保护主电动机、石蜡成型机各机构。

机头传动系统包括机头传动、翻转装置、导轨、脱模压滚装置、卸蜡控制装置及机头框架等。机头传动机构驱动主链条运行、冷凝后的蜡盘翻转脱模。

蜡盘组：每套由6个并列的矩形蜡盘固定在一个框架上组成，蜡盘内腔采用圆（直）角型有利于蜡块脱模。蜡盘框架用于支撑和固定蜡盘，其两侧分别装有2个滚轮，在导轨平面上支撑和运行，框架两侧中间各有一个支撑套，套在主链条的长销轴上使蜡盘框架随主链条同步运行。

主链条：成型机主链条共两根，分左右对称布置，链条节距一般为31.75mm，每隔20

节设置一个用于连接蜡盘框架的长销轴。主链条设润滑装置，在机头两侧前翻转立柱上，注油流量可手动调节。

石蜡成型装置绝大多数冷冻系统均采用液氨作为制冷剂，技术成熟、成本低、操作简便，但有一定毒性，需要防止泄漏。

中国石油拥有国内最大的石蜡产能，与之相匹配也拥有国内最大的石蜡成型能力，其中抚顺石化的石蜡成型能力达到 $37×10^4$ t/a，在国内石蜡生产企业中首屈一指。近年来中国石油的石蜡成型装置陆续进行了精准注蜡和自动包装改造，石蜡成型装置的自动化程度和产品计量精确度提高，人员劳动强度下降，安全生产条件持续改善。

五、石蜡生产技术展望

石蜡生产以酮苯脱蜡脱油装置为龙头、以加氢精制为核心，它们在炼油装置中属于高能耗装置，其中酮苯脱蜡脱油装置用于溶剂回收的能耗占了装置总能耗的一半以上，如何降低酮苯脱蜡脱油装置溶剂回收系统的能耗，以及提高石蜡收率和质量，是石蜡生产技术发展的主要方向。

1. 膜分离溶剂回收技术工业化应用

传统降低酮苯脱蜡脱油装置溶剂回收能耗的手段包括优化换热流程、降低装置的新鲜溶剂比等手段，但经过多年的应用实践上述技术手段已经没有进一步改善的空间，如果想要进一步大幅度降低溶剂回收的能耗水平则需要寻找新的溶剂回收工艺。膜分离溶剂回收技术为降低酮苯装置溶剂回收能耗提供了可能，通过膜分离能够在无须升温的条件下实现大部分的溶剂与脱油蜡、脱蜡油和蜡下油的分离，能够大大降低后续溶剂回收的负荷，从而降低蒸汽消耗；同时在过滤温度下采用膜分离技术回收的溶剂可以最大限度地循环利用溶剂本身的冷量，而减少现有技术条件下回收的溶剂需要降温到过滤温度所消耗的制冷能耗。国外企业于 20 世纪末就已经开展了有关研究，但没有成熟的工业应用报道，膜分离技术应用于酮苯脱蜡脱油装置面临的主要技术难题包括膜组件抗有机溶剂溶解的性能、实现膜分离所需的推动力的消耗等方面。从长远看，如果膜分离技术能够解决应用于酮苯脱蜡脱油装置的技术瓶颈对于降低酮苯脱蜡脱油装置能耗具有重要意义。

2. 新型环保型脱蜡脱油溶剂开发与应用

随着经济发展和健康环保要求的日益严格，国际市场特别是欧美市场对石蜡中苯、甲苯、稠环芳香烃含量提出严格的限制，酮苯脱蜡脱油加工过程中苯系溶剂不易去除干净，很难满足欧美各项环保指标要求，即使通过苛刻的操作条件能够生产出溶剂残留合格产品必然增加消耗，并且生产的稳定性也难以控制。前期抚顺石化与相关高校合作进行的甲基异丁基酮(MIBK)脱蜡脱油实验取得了较好的效果，但是甲基异丁基酮(MIBK)溶剂更适用于减压中、重组分蜡油原料，溶剂的选用原则之一就是要求与所加工的原料具有较大的沸点差，在实际生产中使用现有的酮苯溶剂加工减压轻组分蜡油生产低熔点石蜡时，由于溶剂的沸点与原料的沸点更为接近，会出现溶剂与油分离困难的问题，由于溶剂循环使用，回收后溶剂中的油含量逐渐增加，产品质量控制困难，甲基异丁基酮(MIBK)的沸点与甲苯的沸点接近，也面临着同样问题。

需要开发一种新型的环保型溶剂解决两个问题：一是适合减压轻组分生产 52 号以下石蜡产品；二是溶剂中不含有苯系物且沸点较低，能够比较容易实现溶剂与轻组分蜡油的分离。

3. 裂化尾油生产石蜡和Ⅱ、Ⅲ类基础油工艺开发

以石蜡基原油减压侧线油的加氢裂化尾油生产石蜡和Ⅱ、Ⅲ类基础油的加工路线，有可能为优化炼厂加工方案、提高产品附加值和资源利用率提供一个很好的选择。采用现有的酮苯脱蜡脱油工艺加工加裂尾油，能够实现生产石蜡和Ⅱ、Ⅲ类基础油的目标，规避了以减压蜡油加氢异构技术生产Ⅱ、Ⅲ类基础油工艺复杂和投资规模大的技术路线。

第二节　石蜡产品及其应用

蜡产品广泛应用于国民经济和人民生活的各个领域，主要类型包括石蜡、合成蜡和动植物蜡等。石蜡（含微晶蜡）在蜡产品总消费构成中占80%以上；合成蜡主要是通过聚合、裂解等化学反应获取，主要包括费托蜡、聚乙烯蜡、聚丙烯蜡、乙烯—乙酸乙烯共聚蜡等，在蜡产品的消费构成中约占12%；其他动植物蜡，如棕榈蜡、木蜡、蜂蜡、鲸蜡等在蜡产品中占比较小。中国石油在石蜡生产上拥有独特的资源优势，石蜡产品的经济效益也明显优于其他炼油产品，近20年来中国石油在石蜡产量、质量和市场占有率方面都得到迅速发展，占据国内和国际领先地位。此外，中国石油在特种蜡的开发和推广方面也做了大量工作，中国石油石油化工研究院、抚顺石化在特种蜡和石蜡新产品开发方面取得了多项成果。

一、石蜡产品分类

石蜡产品主要依据产品的结晶形状、含油量和精制深度、熔点和用途进行品种的划分。

（1）按照结晶形状划分。石蜡是石油蜡的简称，广义上的石蜡包括石蜡和微晶蜡（地蜡），石蜡和微晶蜡的划分主要是根据蜡的结晶形状，石蜡的结晶形态一般是较大的薄片状结构，而微晶蜡一般是由较细小的针状或粒状结晶构成。在性质方面，石蜡是脆性的，受力后很容易断裂甚至粉碎，而微晶蜡的韧性较好，受力后容易变形，不易碎裂。石蜡和微晶蜡在结构和性质上的差异主要是由化学组成决定的，石蜡主要由碳原子数为22~36的正构烷烃组成，还含有少量长侧链异构烷烃、带长侧链的环烷烃和芳香烃；微晶蜡主要成分则是分子量较大、带有较长侧链的环烷烃和芳香烃[9]。

（2）按照含油量和精制深度划分。石蜡产品可以划分为食品级石蜡、全精炼石蜡、半精炼石蜡和粗石蜡四大类，微晶蜡产品划分为微晶蜡和食品级微晶蜡两类。

（3）按照熔点（滴熔点）划分。熔点（滴熔点）是评价石蜡耐热程度（或变形温度）的指标，是石蜡（微晶蜡）产品最主要的质量指标，是产品牌号划分的基础，也是用户选用产品时的主要参数。石蜡以熔点作为指标，通常从50~70℃每间隔2℃为一个牌号产品，微晶蜡以滴熔点为指标，通常从75~90℃，每间隔5℃为一个产品牌号。

在实际中通常会把含油量、精制深度和熔点（滴熔点）等指标结合起来进行产品种类划分，如58号全精炼石蜡、58号半精炼石蜡等。

（4）按照用途划分。国外一些石油公司生产的石蜡牌号通常指明具体用途，即根据用途划分品种，如橡胶防护蜡、炸药蜡、汽车防护蜡和电容器蜡等。

二、石蜡产品应用领域

石蜡由于其独特的性质，在农业、冶金、电子、机械、汽车、化工、轻工、日用化学、食品、医疗和国防等领域具有广泛的应用。我国蜡烛用蜡所占比例较大，主要用于生活照明及各种庆典等，其次是乳化和包装用蜡，随着汽车保有量的迅速提高，汽车防护蜡、橡胶防护蜡的消费量增长较快；随着环保和健康要求的提高，用于乳化炸药、建材、医药、化妆品和个人护理方面的蜡消费也保持增长势头，我国石蜡应用领域及占比见表9-20。未来，照明蜡烛用蜡等低端产品消费将逐渐下降，而符合环保和健康要求的石蜡产品消费占比将逐渐增加。

表9-20 我国石蜡应用领域及占比

行业	占比,%	行业	占比,%
蜡烛	42.5	含氧蜡	7.5
乳化用蜡	25	橡胶防护蜡	5
(1)农业用	6.25	热熔黏合剂	2.5
(2)轻工用	10	PVC润滑剂	1.25
(3)纤维板用	4.50	精密铸造用蜡	1.25
(4)车用防护蜡	2.5	医药用蜡	0.5
(5)纺织乳蜡	1.25	电子工业用蜡	0.4
(6)其他	0.5	建材用蜡	0.25
包装用蜡	10	其他	3.75

随着各行业技术水平和人们生活水平的日益提高，仅利用石蜡的固有特性已不能满足某些特殊领域的需要，石蜡下游产品必然向专用化和特种化方向发展。

特种蜡(专用蜡)主要以石蜡为基础原料，经过物理改性、化学改性或乳化等深加工后制得，因其专一性和特殊性，广泛应用于橡胶、机械、农业、汽车、电子、航天、国防、民爆等行业，在某些领域占有重要位置，同时由于其技术含量高而使其有更好的经济效益。以乳化炸药蜡为例，无锑化是民爆用品的发展方向，自20世纪80年代以来我国的乳化炸药和粉状乳化炸药得到了快速发展，中等规模以上的乳化炸药生产厂家有300多家，2019年全国的乳化炸药产量为$269×10^4$t，油相材料用量占比约为5%，约$13.5×10^4$t，其主要成分乳化炸药蜡用量为$11×10^4$t。

橡胶防护蜡同样具有良好的发展前景，20世纪90年代我国开始大规模引进子午线轮胎生产线，橡胶防护蜡的用量开始逐年扩大，2017年我国子午线轮胎的产量为$63511×10^4$条，每条子午线轮胎的橡胶防护蜡添加量为0.1~0.15kg，橡胶防护蜡的用量为$(6~7)×10^4$t/a。

我国颁布了食品级石蜡质量标准，但实际生产中取得相关资质认证的企业少之又少，随着健康和环保标准的提高，包装用蜡、医药用蜡、纸杯涂覆用蜡和化妆品及个人护理用品用蜡等均需要达到食品级石蜡或食品包装级石蜡质量要求，预计其市场需求量为$(6~8)×10^4$t/a。

除了上述几种用量较大的特种蜡外，还有许多特种蜡产品近年来也正在迅速发展，并且产品细分更加专业化、特质化。汽车用蜡方面派生出汽车内腔防护蜡、汽车防护蜡、汽车底盘保护蜡、汽车面漆保护蜡、高档汽车防腐防锈蜡、汽车上光护理蜡等多个细分产品,随着我国汽车保有量和人民对生活质量的需求不断提高,该类产品具有广阔的市场空间。在电子工业用蜡方面,罐封蜡、浸渍蜡、黏结封固蜡、高强度模料蜡等的需求也逐年增长。此外,感温蜡、热熔胶、口香糖专用蜡、相变储能蜡、纺织工业用蜡、精密铸造蜡、家禽拔毛蜡、水基润滑剂、化妆品用蜡等虽然单个品种目前的用量不是很大,但都具有较强的专业性和良好的发展前景。

"十二五"期间,中国石油在特种蜡生产方面开发了微晶地板防水蜡技术和人造板专用防水蜡技术,并取得了推广应用成果,市场前景广阔。

微晶地板防水蜡是以致密性、疏水性好的微晶蜡为主体,与高分子成膜剂等调和而成。使其在复合地板边缘形成防水膜,有效地防水、防潮,并可阻止地板中的甲醛等有害物质的释放,能够有效解决国内复合地板刺激性气味大、侧面结合槽防水防潮性差、使用过程易变形、使用周期短等问题,同时还能提高地板的柔韧性和降低地板的噪声,并起到美观润滑的效果,是一种新型的环保节能产品,是高档地板厂家生产地板时必需的辅助产品。微晶地板防水蜡根据使用方式的不同又分为微晶软脂地板防水蜡和微晶硬脂地板防水蜡两种。微晶软脂地板防水蜡适用于涂刷式生产工艺,使软脂封边蜡完全浸入复合地板内部,从而起到防水防潮的作用;微晶硬脂地板防水蜡适用于喷涂式生产工艺,使其在复合地板表面形成一层薄膜,从而起到防水防潮的作用。

微晶地板防水蜡是一种新型的环保节能产品,能够满足清洁生产要求,国内市场销量正在以每年30%的速度递增。中国石油开发出的微晶地板防水蜡的防水性能达到指标要求,并且得到用户认可,满足用户使用要求。采用沈阳、大庆混合原油生产的高含油蜡为主要原料与其他助剂调和,开发了微晶软脂地板防水蜡、微晶硬脂地板防水蜡,产品提供给抚顺、北京、常州、成都、瑞安等地用户,达到使用要求。

人造板专用防水蜡。人造板材是木材行业木料综合利用的产品,其成分除木纤维或木屑外,还需有一定配比的胶料(酚醛树脂胶或尿醛树脂胶),使木纤维或木屑经过热压处理胶合成型。一定数量的蜡与胶料一起掺入,使木板具有抗水性和提高表面光洁度的效果。中国石油采用石蜡生产的中间产品与其他助剂调和,开发生产人造板专用防水蜡,其防水性能达到指标要求,得到用户认可。产品防水性能优越,与胶料混溶性好,具有良好的使用效果,是一种新型的环保节能产品,能够满足清洁生产要求。

"十三五"期间,抚顺石化开发了全精炼混晶蜡产品,进一步拓展了石蜡产品种类。抚顺石化立足石蜡产品异构化组分增加的实际开发特色新产品,石蜡中异构组分的增加有利于提高产品的伸缩性、延展性,改善分散性能等物理性质,如对于橡胶防护蜡,适当的异构比例有利于橡胶防护蜡在轮胎中的迁移。2018年,抚顺石化在充分市场调研的基础上开发了全精炼混晶蜡产品,规定了各牌号全精炼混晶蜡的异构化组分的比例,通过调整溶剂比、控制结晶条件和过滤温度,实现了对石蜡产品的异构化组分比例的控制,满足特定用户对产品质量的要求。

三、我国石蜡产品市场

我国石蜡生产集中在中国石油和中国石化两大集团,中国石油的石蜡产能集中在抚顺石化、大连石化、大庆石化、大庆炼化以及兰州石化，中国石化的石蜡产能则主要集中在燕山石化、高桥石化、荆门石化、茂名石化、南阳精蜡厂。近年来我国石蜡产能稳定在 200×10^4 t/a 左右，中国石油约拥有全国石蜡产能的68%，中国石化约占32%，中国石油的石蜡产品产量和质量在国内都占据明显的优势地位，中国石油的全精炼石蜡被中国石油和化学工业联合会授予"中国石油和化学工业知名品牌产品"。

随着我国部分Ⅰ类基础油生产装置的关闭及石蜡基原油资源的减少，石蜡产能和产量有逐渐下降的趋势，部分石蜡产能已经关停或实际产量大幅下降，如燕山石化的石蜡生产装置已经关停，济南石化的石蜡生产装置开工率较低，荆门石化的石蜡实际产量也在下降。中国石油的石蜡产能也有集中化的趋势，未来将集中在抚顺石化、大庆石化和大庆炼化等企业，2019年以来，抚顺石化和大庆炼化均有改扩建和新建石蜡生产装置建成投产。我国主要石蜡生产企业产能见表9-21。

表9-21 我国主要石蜡生产企业产能

企业名称	产能，10^4t/a	备注
抚顺石化	63	含 60×10^4 t/a 酮苯改造项目产能
大连石化	28	
大庆石化	25	
大庆炼化	17	不包括新建的 60×10^4 t/a 酮苯脱油装置产能
兰州石化	4	半精炼蜡和粗石蜡为主
高桥石化	15	
荆门石化	10	
茂名石化	10	
南阳精蜡厂	7	
济南石化	6	石蜡装置的开工率较低
泰州石化	6	化工蜡、粗蜡为主
合计	191	

近年来我国一直是全球最大的石蜡生产国和出口国，石蜡年产量基本维持在 140×10^4 t/a 左右，国内石蜡的消费量近年来基本保持在 80×10^4 t/a 左右，剩余部分出口。2010—2019年我国石蜡产量及消费量见表9-22。

表9-22 2010—2019年我国石蜡产量及消费量

年份	产量，10^4t	国内消费量，10^4t	出口量，10^4t
2010	122.1	70.3	51.7
2011	118	72.8	45.1
2012	113.8	67.3	46.4
2013	128	78.4	49.2
2014	129.4	81.3	48.1
2015	135.8	74.1	61.6

续表

年份	产量, 10^4t	国内消费量, 10^4t	出口量, 10^4t
2016	145.6	82	63.6
2017	139.6	87.8	51.8
2018	139.3	88.5	50.8
2019	152.4	94.8	57.6

我国的石蜡产量和出口的变化趋势基本一致，产量增加，出口增加；产量下降，出口下降。同时，国内市场需求变化不大，整体上呈平稳增长趋势。未来几年我国的石蜡产量可能达到峰值，然后由于石蜡基原油资源减少和润滑油基础油工艺变化等客观原因，石蜡产量将逐渐降低，但受经济发展和产业升级等因素影响，我国的石蜡消费应保持平稳增长，未来石蜡产品供应可能出现趋紧的情况，可以通过平衡国内消费和出口量以及部分使用合成蜡等替代产品解决。

2019年以来，中国石油、中国石化两大集团的石蜡产品销售均实现了统销，有利于巩固市场主导地位，减少内部无序竞争，一定程度上有利于稳定石蜡产品价格。石蜡产品的销售应注重终端客户的开发，减少中间环节，降低市场投机炒作对石蜡销售的影响。石蜡消费的区域性不平衡是我国石蜡消费的显著特点，石蜡消费越来越向经济发达地区集中，经济较为发达的华北、华东、华南地区石蜡用量较大，西北、东北、西南地区用量相对较少。我国石蜡国内消费区域分布见表9-23。

表9-23 我国石蜡国内消费区域分布

地区	消费量占比,%	地区	消费量占比,%
华南	25.4	西北	9.8
华东	24.6	东北	14.5
华北	20.2	西南	5.5

我国是世界最大的石蜡出口国，主要市场一是以美国和墨西哥为主的北美地区，占中国的全部石蜡出口量的50%左右；其次是以东南亚为主的亚洲地区；近3年欧洲地区的石蜡出口实现了比较快速的增长，是中国石蜡产品的第三大目标市场。我国石蜡出口区域分布见表9-24。

表9-24 我国石蜡出口区域分布

出口区域	出口量占比,%	备注	出口区域	出口量占比,%	备注
亚洲	36.62		墨西哥	20.46	
美国	29.24		其他区域	13.68	主要是欧洲市场

石蜡出口贸易是我国消化和平衡石蜡产能的主要手段，世界范围内石蜡基原油资源减少和润滑油基础油工艺的发展造成石蜡供应趋紧，有利于我国的石蜡出口，但是美国关税政策的调整以及欧美对石蜡产品的健康环保标准的提高也对中国出口的石蜡产品提出了更

高的质量要求，对未来的石蜡产品出口有较大的影响，在一定程度上倒逼我们淘汰落后产能和提高生产工艺水平。

四、世界石蜡产品市场

全球各种蜡的市场供应总量约 580×10^4t，其中石蜡 420×10^4t（占72%），合成蜡 70×10^4t，植物蜡 70×10^4t，动物油脂及其他蜡 20×10^4t。石蜡占比从2010年的87%一直呈下降趋势，主要是石蜡作为Ⅰ类基础油的副产品，随着Ⅰ类基础油产量逐年下降而降低。特别是北美和西欧，过去十年石蜡产量急剧下降，同期中国石蜡的增产，弥补了国际市场的不足，世界石蜡消费区域分布见表9-25。以煤或天然气为原料的费托合成蜡以及以乙烯为原料的聚 α-烯烃蜡逐年增加，植物蜡和动物油脂蜡也迅速增长，逐步取代了部分传统的石蜡市场。但从用户的使用习惯、石蜡优于替代品的使用性能以及环保要求等方面来看，只要石蜡供应量充足，替代品对石蜡的竞争力将下降，用户的首选依然是石蜡。全球石蜡产量排名前15位的公司2017年产量见表9-26。

表9-25 世界石蜡消费区域分布

地区	消费量，10^4t	消费占比，%	地区	消费量，10^4t	消费占比，%
亚洲	140	33	非洲等	30	7
美洲	130	31	合计	420	100
欧洲	120	29			

表9-26 全球石蜡产量排名前15位的公司2017年产量

公司名称	国家地区	产量，10^4t	公司名称	国家地区	产量，10^4t
中国石油	中国	107	H&R 化学品公司	德国	12
沙索公司（Sasol）	欧洲、亚洲、南非	60	纳福托蜡公司	波兰	10
ExxonMobil 公司	美国、加拿大、欧洲	40	Total 公司	法国	10
Shell 公司	欧洲、马来西亚	40	阿吉普石油公司	意大利	10
中国石化	中国	33	霍丽边境石油公司	美国	9
鲁克石油公司	俄罗斯	28	凯罗迈特润滑油公司	美国	5
IGI 公司	美国、加拿大	15	努玛利家炼油厂	印度	5
巴西石油公司	巴西	14	合计		398

由于经济发展水平不同，且受文化和宗教差异等因素影响，世界范围内石蜡消费结构也具有明显的差异性。全球各地区石蜡消费结构见表9-27。

中国石油作为全球最主要的石蜡生产商，在国际石蜡贸易市场中占有非常重要的地位，其产品质量指标达到国际同类产品水平，除能满足石蜡常规质量指标外，还能满足许多国家对无毒性指标FDA、苯、甲苯、溶剂等含量的要求，产品品质在欧洲、美洲等地区深受用户好评。石蜡产品在德国、意大利、西班牙、俄罗斯、乌克兰、美国、印度等国家进行了商标国际注册。中国石油石蜡产品已进入"一带一路"沿线19个国家和地区，彰显中国石油产品在国际市场的竞争力和影响力。

表 9-27　全球各地区石蜡消费结构　　　　　　　　　　单位:%

用途	美国、加拿大	欧洲	亚洲	非洲、中南美洲
蜡烛	12	48	50	70
包装	36	11.3	16	5
纸板涂层	12	12	4	5
壁炉火木材	6	2.2	14(皂用)	6
橡胶	4	4.5	2	3
热熔胶	6	3.6	2	2
化妆品	8	1	4	3
化学工业	5	6	4	3
其他	11	11.4	4	3

五、合成蜡

合成蜡主要包括费托蜡和聚合物蜡，在蜡产品的消费构成上占约12%，近年来发展迅速，对石蜡(含微晶蜡)产业带来一定的影响，需要给予更多的关注。

费托蜡是通过费托合成技术获得的一种合成蜡，主要由分子量在500~1000的直链、饱和的高碳烷烃组成，具有高熔点、窄熔点范围、低油含量、低针入度、低迁移率、低熔融黏度、坚硬、耐磨及稳定性高的特点，常温下化学性质稳定，几乎不含有硫、氮、芳香烃等杂质，可达到食品级要求，广泛用于日化行业。

费托蜡主要在日化、橡塑加工、热熔胶、油墨和涂料等应用领域与石蜡和微晶蜡构成竞争，其中热熔胶、油墨和涂料、食品和化妆品、上光剂、母粒分散剂、塑料加工润滑剂等细分领域费托蜡的性质优势比较明显，对石蜡和微晶蜡的市场挤占比较明显。在蜡烛、橡胶等应用领域则主要是作为调和组分使用且比例较小，对石蜡、微晶蜡的影响较小，以蜡烛为例，费托蜡的用量只占总用量的5%~10%。在乳化用蜡、包装用蜡、橡胶防护蜡、精密铸造用蜡、医药用蜡和电子工业用蜡等应用领域，由于石蜡和微晶蜡与费托蜡相比具备异构组分含量高、黏度大、可塑性和韧性好等特点，是费托蜡不能替代的。

费托蜡在中熔点蜡方面与石蜡性质更相近，对石蜡市场的影响相对比较明显；在高熔点蜡方面，费托蜡和微晶蜡性质及应用领域差异较大，我国微晶蜡的产量很低，市场缺口大，对微晶蜡的市场基本不构成影响。目前费托蜡在产品性质、成本、环保等方面都存在比较明显的短板，随着技术进步、原油价格变化和国家产业政策的调整，费托蜡对石蜡产业的影响需要进一步长期观察。

聚合物蜡包括聚乙烯蜡(PE蜡)、聚丙烯蜡(PP蜡)、乙烯—乙酸乙烯共聚蜡(EVA蜡)等。聚合物蜡具有更高的分子量和硬度，但在性能上存在韧性及光泽性差、黏度大、抗氧化能力差、降解性较差等缺点，只能在热熔胶、电子封固等行业有限使用，对石蜡和微晶蜡的竞争威胁有限。

目前，中国石油的石蜡生产企业主要生产全精炼石蜡和半精炼石蜡产品，为下游石蜡加工和贸易企业提供原料级产品，没有实现效益的最大化。在未来的石蜡生产方面，中国石油的石蜡生产企业应该在石蜡产业链延伸方面下功夫，着重于包装用石蜡、乳化炸药蜡、橡胶防护蜡、食品级石蜡等特种蜡产品及其专用蜡料，使产品系列化、专用化、个性化，满足不同客户的需要，努力向石蜡产业上下游一体化方向发展。

第三节　石蜡产品主要技术指标及其测试

石蜡的品种和牌号很多，常用于控制石蜡产品的主要技术指标是熔点（微晶蜡为滴熔点）、针入度、含油量、颜色、安定性、嗅味和无毒性等7个。

一、熔点和滴熔点

熔点是评价石蜡耐热程度（或变形温度）的指标，是石蜡产品最主要的质量指标，是产品牌号划分的基础，也是用户选用产品时的主要参数。石蜡熔点表示当加热熔化后由液相转化为固相时的温度，其定义为在规定条件下冷却熔化的石蜡试样，当冷却曲线上第一次出现停滞期时的温度。影响石蜡熔点的主要因素是炼制时选用的原料馏分，馏分越重，成品蜡的熔点越高；同一馏分，当脱油深度不同时，蜡的熔点也有一定的变化。

石蜡熔点测定法为 GB/T 2539—2008，等同采用 ISO 3841：1977 和 ASTM D87—2009（2014），适用于石蜡，不适用于石油脂、微晶蜡，以及石油脂、微晶蜡与石蜡或粗石蜡的混合物。熔点温度计技术参数（半浸棒式）见表9-28。

表9-28　熔点温度计技术参数（半浸棒式）

项目	技术参数	项目	技术参数
范围，℃	38~82	总长度，mm	377±5
浸没深度，mm	79	棒直径，mm	6.0~7.0
最小分度，℃	0.1	水银球长，mm	18~28
长线分度，℃	0.5	水银球直径，mm	5.0~6.0
刻字分度，℃	1.0	水银球底部至40℃刻度线距离，mm	116~125
最大示值允差，℃	0.1	水银球底部至80℃刻度线距离，mm	315~335
膨胀室允许加热温度，℃	100	水银球底部至收缩室顶部距离，mm	≤41

石油蜡熔点（冷却曲线）测定仪器如图9-12所示。

测量石蜡熔点时每15s读一次熔点温度计指示温度，记录每次读数至最接近估计的0.05℃。观察这些连续读数，当第一次出现5个连续读数总差不超过0.1℃时，即为停滞期，此时即可停止实验。熔点实验结果的表述，计算第一次出现总差不超过0.1℃5个连续读数的平均值，并对此平均值进行温度计校正值的修正。

滴熔点是评定微晶蜡（地蜡）耐热变形程度（温度）的指标，即在规定的条件下，将已经冷却的温度计垂直浸入试样中，使试样黏附在两支温度计水银球上，把附有试样的温度计置于试管中，用水浴加热至试样熔化且第一滴从每支温度计水银球上滴落，滴落温度的平均值即为试样的滴熔点，单位为℃。滴熔点是划分微晶蜡牌号的依据，也是微晶蜡的主要质量指标之一。滴熔点测定法为 GB/T 8026—2014，等效采用 ISO 6244：1982。

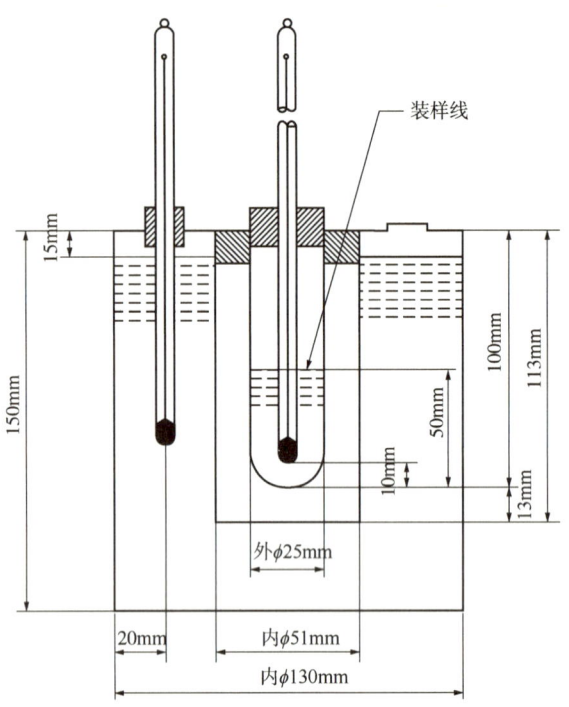

图 9-12　石油蜡熔点(冷却曲线)测定仪器

二、针入度

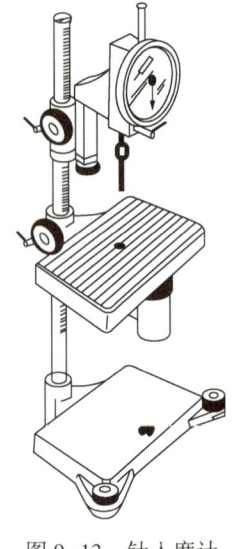

石蜡针入度是指在规定的条件下，标准针垂直刺入蜡试样的深度，以 1/10mm 为单位，针入度计如图 9-13 所示。针入度用来评价石蜡的硬度，针入度越小，石蜡的硬度越大，脆性也越大。针入度是石蜡硬度的具体表现，影响石蜡加工和使用，对石蜡的产品性能和改性研究具有重要的指导意义。

影响石蜡针入度的主要因素有石蜡的含油量、化学组成(主要是正异构组分的比例)等。同一种原料适当提高脱油过滤的温度能够在一定程度上改善产品的针入度指标，但会降低石蜡产品的收率。石蜡针入度的测定法为 GB/T 4985—2010，参照采用 ASTM D1321—2016。

针入度试验报告，记录试样 4 次测定值的算术平均值为单次试验测定值，精确至 1/10mm，同时报告实际使用的试验温度。

图 9-13　针入度计

三、含油量

含油量是指石蜡中所含以液态存在的环烷烃、异构烷烃、芳香烃等组分的含量，具体为将试样溶解于丁酮溶剂中，溶液冷却至 -32℃ 时析出蜡，经过滤管取出滤液，将滤液中溶剂蒸发，称量残留油，通过计算得到试样含油量的质量分数，过滤器如图 9-14 所示。含油量对石蜡的很多性质都有影响，如石蜡的强度、硬度、柔韧性、摩擦系数、膨胀系数、耐擦伤性、污染特性、熔点等,这些影响取决于最终石蜡的应用。含油量是石蜡产品最重要的质量指标,含油量不是越低越好,大部分蜡制品需要含少量油,因为适量含油对制品的光泽、脱膜性能、黏附性等有利。

影响石蜡含油量的主要因素是溶剂脱油的工艺条件,通过调整工艺条件可以控制石蜡的含油量达到规定的控制范围。石蜡含油量的测定法 GB/T 3554—2008 等同采用 ISO 2908:1974,参照采用 ASTM D721—2017。

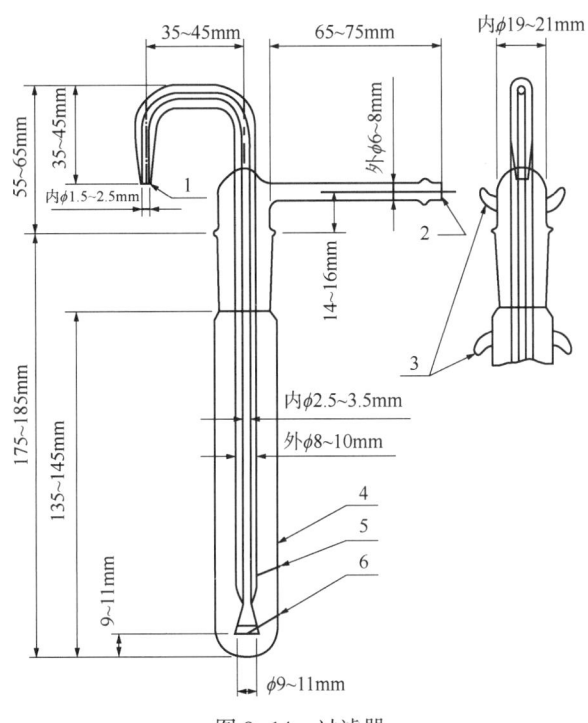

图 9-14 过滤器

1—排液口；2—空气入口；3—玻璃勾；4—试管；5—管式浸液过滤管；6—烧结多孔玻璃过滤管滤片

微晶蜡含油量测定法为 SH/T 0638—1996,非等效采用国际标准 ISO 2908:1974,是用体积法测定微晶蜡的含油量。

四、颜色

颜色是油品的重要质量特征,也是产品用户很容易观察到的特点。某些情况下,颜色可以反映产品的精炼程度,颜色也是石蜡产品的重要指标,全精炼石蜡、半精炼石蜡和食品级石蜡的颜色采用赛波特颜色号表示,赛波特颜色号越高代表石蜡产品的质量越好。全精炼石蜡、半精炼石蜡和食品级石蜡的颜色测定执行《石油产品赛波特颜色测定法》(GB/T 3555—1992)。

赛波特颜色号的测定范围为 -16(最深)~+30(最浅),对于深于赛波特颜色号 -16 的石油产品采用《石油产品颜色测定法》(GB/T 6540—1986),粗石蜡、微晶蜡和食品级微晶蜡的颜色测定均采用 GB/T 6540—1986,该标准的颜色号范围为 0.5~8,数值越大表示该产品的颜色越深。

五、安定性

石蜡应具有良好的热安定性、氧化安定性和光安定性。影响安定性的主要因素是石蜡含有的微量的硫、氮、氧化合物和不稳定的芳香烃组分。通过深度精制工艺以充分脱除这些有害物质，必要时可添加少量抗氧化剂和抗紫外线剂[10]。我国对石蜡安定性的监控采用《石蜡热安定性测定法》(SH/T 0639—1996)及《石蜡光安定性测定法》(SH/T 0404—2008)。

《石蜡热安定性测定法》(SH/T 0639—1996)适用于全精炼石蜡和食品级石蜡，主要试验步骤为称取150g试样，装入300ml耐热烧杯中，170℃恒温30min后，在高于试样熔点8~17℃下保持30min，测定其赛波特颜色号，试验结果取重复测定结果中较小的值。

《石蜡光安定性测定法》(SH/T0404—2008)适用于食品级石蜡、全精炼石蜡和半精炼石蜡，主要试验步骤为将注满熔化蜡样的试样皿置入恒温室，在紫外光照度 $12.0mW/cm^2 \pm 0.3mW/cm^2$、温度 $90.0℃ \pm 1℃$ 条件下照射45min，然后测定试样颜色。以色号表示石蜡的光安定性。报告取重复测定两个结果中大的色号作为试样的光安定性实验结果。

六、嗅味

在石蜡的使用中，嗅味强度是一项重要指标，嗅味的测定法执行 SH/T 0414—2004，参照采用 ASTM D1833—1987(2017)，采用人工测定，采用数字等级作为嗅味评定值。研究表明，甲苯是主要致嗅物质，二甲苯等苯系物、高碳酮、糠醛及其衍生物是次要致嗅物质，石蜡中的硫和氮含量很低、石蜡中原有的芳香烃相对挥发度小，对产品的嗅味贡献远小于上述物质[11]。

嗅味测定步骤：从蜡块上削下约10g的薄片作为试样，放在无气味的玻璃纸上，然后由试验小组每位成员评定试样的嗅味，赋予与嗅味强度最相适应的数字等级符号。另一种方法是把蜡片放入试样瓶中，每位小组成员在样品制备好的15~60min内作出嗅味评定。试验小组成员嗅味数字等级的平均值作为样品的嗅味评定值。

七、无毒性

由于某些石蜡制品与人体或食品接触，甚至食用，要求不含对人体有害的毒性物质，即要求石蜡的无毒性。正构、异构烷烃和其他饱和烃一般是无毒性的安全组分，石蜡的原料馏分中含有少量的烯烃、芳香烃、重金属以及微量稠环化合物等是有害组分，其中稠环芳香烃含量是石蜡安全性的关键指标。

石蜡中的稠环芳香烃含量测定采用 GB/T 7363—1987(与国际上通用的 FDA 法相当)，GB/T 7363—1987 规定了波长280~400nm范围内的紫外吸光度极限值，主要是限定了四、五、六环芳香烃的最大浓度不得高于 $0.6\mu g/g$。

经过加氢精制后，石蜡中稠环芳香烃含量可以达到小于 $0.1\mu g/g$，特别是3,4-苯并芘的含量可以降到5ng/g以下。石蜡熔点越高，即组分越重，通过加氢精制脱除稠环芳香烃的难度越大，微晶蜡需要经过一段串联高压加氢精制工艺才能满足食品级微晶蜡对稠环芳香烃含量的精制要求。

我国的食品级石蜡标准，还对石蜡中不安定组分易炭化物做出了要求，易炭化物的检

第九章　石蜡产品及其生产技术

测执行 GB/T 7364—2006[参照 ASTM D612—1988(2017)]，该标准适用于按 GB/T 2539—2008 测得的熔点在 47~65℃ 之间的食品和医药用石蜡，判定结果为通过或未通过。

全精炼石蜡、半精炼石蜡、食品添加剂石蜡、粗石蜡、微晶蜡和食品级微晶蜡的技术要求和实验方法见表 9-29、表 9-30、表 9-31、表 9-32、表 9-33 和表 9-34。

表 9-29　全精炼石蜡的技术要求和试验方法(GB/T 446—2010)

项目 \ 牌号	52 号	54 号	56 号	58 号	60 号	62 号	64 号	66 号	68 号	70 号	试验方法
熔点，℃	≥52~<54	≥54~<56	≥56~<58	≥58~<60	≥60~<62	≥62~<64	≥64~<66	≥66~<68	≥68~<70	≥70~<72	GB/T 2539—2008
含油量,%(质量分数)	≤0.8											GB/T 3554—2008
颜色，(赛波特)号	≥+27					≥+25					GB/T 3555—1992
光安定性，号	≤4					≤5					SH/T 0404—2008
针入度(25℃)，1/10mm	≤19					≤17					GB/T 4985—2010
运动黏度(100℃)，mm^2/s	报告											GB/T 265—1988
嗅味，号	≤1											SH/T 0414—2004
水溶性酸或碱	无											NB/SH/T 0407—2013
机械杂质及水	无											目测[①]

① 将约 10g 蜡放入容积为 100~250mL 的锥形瓶内，加入 50mL 初馏点不低于 70℃ 的无水直馏汽油馏分，并在振荡下于 70℃ 水浴内加热，直到石蜡溶解为止，将该溶液在 70℃ 水浴内放置 15min 后，溶液中不应呈现眼睛可以看见的浑浊、沉淀或水。允许溶液有轻微乳光。

表 9-30　半精炼石蜡的技术要求和试验方法(GB/T 254—2010)

项目 \ 牌号	50 号	52 号	54 号	56 号	58 号	60 号	62 号	64 号	66 号	68 号	70 号	试验方法
熔点，℃	≥50~<52	≥52~<54	≥54~<56	≥56~<58	≥58~<60	≥60~<62	≥62~<64	≥64~<66	≥66~<68	≥68~<70	≥70~<72	GB/T 2539—2008
含油量,%(质量分数)	≤2.0												GB/T 3554—2008
颜色，(赛波特)号	≥+18												GB/T 3555—1992
光安定性，号	≤6						≤7						SH/T 0404—2008
针入度 (100g, 25℃)，1/10mm	≤23												GB/T 4985—2010
针入度 (100g, 35℃)，1/10mm	报告												
运动黏度(100℃)，(mm^2/s)	报告												GB/T 265—1988
嗅味，号	≤2												SH/T 0414—2004
水溶性酸或碱	无												NB/SH/T 0407—2013
机械杂质及水	无												目测[①]

① 将约 10g 蜡放入容积为 100~250mL 的锥形瓶内，加入 50mL 初馏点不低于 70℃ 的无水直馏汽油馏分，并在振荡下于 70℃ 水浴内加热，直到石蜡溶解为止，将该溶液在 70℃ 水浴内放置 15min 后，溶液中不应呈现眼睛可以看见的浑浊、沉淀或水。允许溶液有轻微乳光。

表 9-31 食品添加剂石蜡的技术要求和试验方法（GB 1886.26—2016）

项目		质量指标							试验方法
牌号		52号	54号	56号	58号	60号	62号	64号	66号	
熔点，℃		≥52~>54	≥54~>56	≥56~>58	≥58~>60	≥60~>62	≥62~>64	≥64~>66	≥66~>68	GB/T 2539—2008
含油量，%（质量分数）		≤0.5								GB/T 3554—2008
颜色，（赛波特）号		≥+28								GB/T 3555—1992
光安定性，号		≤4								SH/T 0404—2008
针入度（25℃），1/10mm		≤18				≤16				GB/T 4985—2010
运动黏度（100℃），mm²/s		报告								GB/T 265—1988
嗅味，号		≤0								SH/T 0414—2004
水溶性酸或碱		无								NB/SH/T 0407—2013
机械杂质及水		无								目测①
易炭化物		通过								GB/T 7364—2006
稠环芳香烃，紫外吸光度 cm	280~289nm	≤0.15				≤0.15				GB/T 7363—1987
	290~299nm	≤0.12				≤0.12				
	300~359nm	≤0.08				≤0.08				
	360~400nm	≤0.02				≤0.02				

① 将约10g蜡放入容积为100~250mL的锥形瓶内，加入50mL初馏点不低于70℃的无水直馏汽油馏分，并在振荡下于70℃水浴内加热，直到石蜡溶解为止，将该溶液在70℃水浴内放置15min后，溶液中不应呈现眼睛可以看见的浑浊、沉淀或水。允许溶液有轻微乳光。

表 9-32 粗石蜡的技术要求和试验方法（GB/T 1202—2016）

项目		质量指标									试验方法
牌号		50号	52号	54号	56号	58号	60号	62号	64号	66号	68号	70号	
熔点，℃		≥50~<52	≥52~<54	≥54~<56	≥56~<58	≥58~<60	≥60~<62	≥62~<64	≥64~<66	≥66~<68	≥68~<70	≥70~<72	GB/T 2539—2008
含油量，%（质量分数）		≤2.0					≤3.0						GB/T 3554—2008
颜色	（赛波特）号	≥-5					—						GB/T 3555—1992
	号	—					≤2						GB/T 6540—1986
嗅味，号		≤3											SH/T 0414—2004
机械杂质及水		无											目测①

① 将约10g蜡放入容积为100~250mL的锥形瓶内，加入50mL初馏点不低于70℃的无水直馏汽油馏分，并在振荡下于70℃水浴内加热，直到石蜡溶解为止，将该溶液在70℃水浴内放置15min后，应当没有的浑浊、沉淀或水。允许有轻微乳光。

表 9-33 微晶蜡的技术要求和试验方法（NB/SH/T 0013—2019）

项目	质量指标										试验方法
牌号	70号		75号		80号		85号		90号		
	70A	70B	75A	75B	80A	80B	85A	85B	90A	90B	
滴熔点，℃	≥67~<72		≥72~<77		≥77~<82		≥82~<87		≥87~<92		GB/T 8026—2014
颜色，号	≤1.0	≤3.0	≤1.0	≤3.0	≤1.0	≤3.0	≤1.0	≤3.0	≤1.0	≤3.0	GB/T 6540—1986

第九章 石蜡产品及其生产技术

续表

项目		质量指标									试验方法
牌号		70号		75号		80号		85号		90号	
		70A	70B	75A	75B	80A	80B	85A	85B	90A	90B	
针入度，1/10mm	35℃	报告										GB/T 4985—2010
	25℃	≤30						≤18		≤14		
含油量,%(质量分数)		≤3.0										SH/T 0638—1996
运动黏度(100℃)，mm²/s		≥6.0				≥10						GB/T 265—1988
C₆₀及以下总正构烷烃含量 %(质量分数)		报告										气相色谱法
C₆₀及以下总非正构烷烃含量 %(质量分数)		报告										气相色谱法
水溶性酸或碱		无										NB/SH/T 0407—2013

表9-34 食品级微晶蜡的技术要求和试验方法（GB 22160—2008）

项目		质量指标					试验方法
牌号		70号	75号	80号	85号	90号	
滴熔点,℃		≥67~<72	≥72~<77	≥77~<82	≥82~<87	≥87~<92	GB/T 8026—2014
含油量,%(质量分数)		≤3.0					SH/T 0638—1996
颜色,号		≤1.5					GB/T 6540—1986
针入度(100g, 25℃)，1/10mm		≤35	≤35	≤30	≤23	≤15	GB/T 4985—2010
运动黏度(100℃)，mm²/s		≥6.0		≥10			GB/T 265—1988
5%蒸馏点碳数		≥25					SH/T 0653—1998
平均分子量		≥500					SH/T 0398—2007
灼烧残渣,%(质量分数)		≤0.1					SH/T 0129—1992
铅，mg/kg		≤3					GB/T 5009.75—2014
嗅味，号		≤1					SH/T 0414—2004
稠环芳香烃紫外吸光度，cm	280~289nm	≤0.15					B/T 7363—1987
	290~299nm	≤0.12					
	300~359nm	≤0.08					
	360~400nm	≤0.02					

参 考 文 献

[1] 侯祥麟. 中国炼油技术[M]. 2版. 北京：中国石化出版社，2001.
[2] 林世雄. 石油炼制工程[M]. 2版. 北京：石油工业出版社，1994.
[3] 江泽政. 润滑油溶剂脱蜡[M]. 北京：中国石化出版社，1995.
[4] 水天德. 现代润滑油生产工艺[M]. 北京：中国石化出版社，1998.
[5] 化学工业部人事教育司，化学工业部教育培训中心. 结晶[M]. 北京：化学工业出版社，1997.

[6] 郑灌生. 润滑油生产装置技术问答[M]. 北京：中国石化出版社，2005.
[7] 方向晨. 加氢精制[M]. 北京：中国石化出版社，2006.
[8] 中国石油化工集团公司人事部，中国石油天然气集团公司人事服务中心. 石蜡装置操作工[M]. 北京：中国石化出版社，2008.
[9] 黎元生等. 石蜡产品手册[M]. 北京：中国石化出版社，2009.
[10] 赵彬. 石蜡光安定性的研究[J]. 当代化工，2008(6)：595-598.
[11] 王海燕等. 石蜡嗅味影响因素探讨与工艺改进方案研究[J]. 石油炼制与化工，2017(6)：65-68.

第十章 展　　望

进入 21 世纪以来，国际能源格局发生了重大变化，在传统的原油和天然气之外，页岩油、煤制油和可燃冰等都有新的发展。我国对外原油依存度已超过 70%，未来原油资源乃至其他能源组合的变化在所难免，炼油行业仍将面临持续的技术进步压力；三大特色产品与终端应用行业联系紧密，受到客户行业技术进步的影响更大，市场变化更多。如何针对性地顺应资源条件变化，不断开发生产出符合客户行业和消费者需要的产品，是一个永恒的课题。

现在，"碳中和"已成为全球应对气候变化寻求可持续发展的共同目标，从现在到 2060 的几十年中，作为高排碳的炼油燃料类产品，将面临风、光、水、核等能源的逐步替代；而沥青、石蜡和润滑油三大类炼油特色产品，除了蜡烛燃烧以外，多数产品应用过程中都不存在碳排放问题，是具有材料属性最可持续的炼油产品；其中，润滑还是节能减排的重要技术手段，将有很长的生命周期，对于特色产品领域来说是一个长期利好。当然，在新的时代，人们对高质量发展和美好生活的追求，也必将给这些特色产品提出更高要求，我们需要把握趋势，持续应对新的技术挑战。

一、沥青产品技术趋势

中国石油通过过去几十年，特别是"十二五"以来的技术攻关，解决了石油沥青生产及应用中的主要技术问题。未来沥青生产方面面临的主要挑战，将是在满足使用性能基础上，不断改进关系施工和人体健康的内在品质和技术问题，比如降低对人体和施工不利的不适气味与稠环芳香烃含量，以及开发更加安全高效的施工技术等。沥青的核心用途是道路建设与防水密封，在这两大类沥青产品技术方面，还有巨大的发展空间。

现在，我国公路总里程已达 510×10^4 km，其中高速公路网基本形成，总里程达 16×10^4 km，居世界第一，公路发展将从大规模建设转向建养并重，在道路沥青产品技术总体将向环保型、高性能、功能化方向发展，环保沥青、功能性路面养护材料具有广阔的发展空间，如净味沥青、常温沥青、橡胶沥青、SBS 改性乳化沥青、再生沥青、融雪沥青等，具体需要把握四大趋势：

一是聚合物改性沥青用量的快速增长，随着承载负荷增大和极端气候频繁出现，沥青路面坑槽、车辙和推移等早期病害越来越多，严重影响行车舒适性和人员安全，而聚合物改性沥青由于其技术可靠、经济上合理，在沥青路面中得到了大规模应用。目前高速公路上面层几乎全部使用改性沥青，对于极端气候频发和承载负荷较大的情况，沥青路面的中下面层开始使用改性沥青，甚至对于交通量较小的城市道路和乡村也在使用改性沥青。

二是沥青产品和沥青路面施工技术的环保化，随着我国"双碳"时间表的确定，减排已经成为各行各业面临的紧迫和现实的问题。沥青混合料的生产、拌和、摊铺以及压实等过程碳排放量较大，能源消耗较多，同时高温下沥青挥发的大量氮化物、硫化物以及其他有害气体，对环境造成的污染，针对沥青产业链开发环保技术已经成为行业发展趋势和研究热点，其中温拌沥青技术、环保沥青、回收废旧沥青混合料的再生是三个重要研究方向。

三是长寿命沥青路面设计理念和方法落地，所谓长寿命路面是在不少于40年的服役基准期内，或单车道承受不少于1亿次累计标准轴载作用下，路面不产生结构性破坏，期间沥青面层的功能性维修不多于4次。长寿命路面是未来沥青路面技术发展的方向，修建长寿命路面是实现可持续发展交通建设理念的具体体现。结构设计、材料设计、工艺设计和质量管理与控制是建设长寿命沥青路面的四个有机组成部分，交通运输部寿命路面设计规程稿公布了三种典型的长寿命沥青路面结构。在沥青的面层结构设计中，上面层使用改性沥青混凝土，而下面层采用高模量沥青混合料。伴随着这高模量沥青混合料的使用，高模量沥青或者硬质沥青的需求量势必持续增加。

四是功能性沥青产品迎来蓬勃发展机会，随着我国道路交通运输快速发展和汽车保有量迅猛增加，对沥青路面安全、行车舒适性、施工安全性、透水、降噪等功能提出更高要求。采用密级配混合料铺筑的传统沥青路面因抗滑性能，导致交通事故频发，同时由于渗透性不足导致地下水位下降和暴雨来临来不及排放导致的城市内涝；轮胎、路面相互作用产生过大的环境噪声和车辆排放尾气等污染物严重影响沿街居民生活，隧道内交通事故诱发的火灾使沥青热解产生大量有毒烟气，造成严重人员伤亡。因此，提升沥青路面的耐磨抗滑、降噪除污、阻燃抑烟、透水等功能已成为现代道路建设的关键技术，相应的产品包括抗滑、降噪类的橡胶复合改性沥青、阻燃沥青、透水类高黏沥青等。

防水沥青及其他特色沥青产品技术，将朝着环保性、耐久性和高性能方向发展。随着我国地铁、住房、隧道等大规模基础设施的建设，由传统的高污染小作坊式的生产转向了规模化、环保化、智能化方向发展，沥青技术也将发生深刻的变革。由于工业建筑的兴建及钢结构的快速发展，建筑物寿命及质量要求不断提高，高端、环保的防水卷材即将迎来大繁荣，同时汽车、烟草、造纸、食品、电子、医药、纺织、化工、物流、仓储及航空航天等厂房和构筑物的排水构造复杂，对屋面防水要求极高，也对高端防水和环保卷材有更高的市场需求，沥青材料环保化和长寿命将是防水沥青的发展方向。

二、润滑产品技术趋势

润滑油是机器设备的血液，只要有机器运行就需要润滑，有可能是石油产品中历史寿命最长的品类。新时代对润滑油的总体要求是更加节能、延长使用寿命和增加可降解性等三大方向，以实现更加节能和环境友好。

其中，橡胶油与白油需要在保持使用性能前提下，更加改进环境和健康友好性，需要提高加氢等工艺技术水平；基础油在做优II、III类矿物基的基础上，需要加快发展PAO、POE和PAG等合成基础油技术，开发高水平的废润滑油再生利用技术；变压器油需要在保持主体矿物型产品优势前提下，综合合成型与抗燃组分的特点，更加提高变压器油的安全性，支撑智能电网的建设和运行。

车船润滑油领域，低黏化节能和对发动机及变速箱的抗磨保护兼顾是永恒的主题，不仅需要利用好优异的各类基础油资源，还需要开发自主可控的添加剂单剂技术；工业润滑油种类繁多，但根本的技术方向是延长使用周期和改进可降解性能，以期在长期使用过程中对环境的影响降到最低，为此不断改进润滑油组分的氧化安定性和可降解性能将是长期努力的方向。

润滑领域最大的挑战是完全自主的航空润滑油脂开发，航空发动机润滑性能要求和民用航空安全要求高，需要最高水平基础油和添加剂技术，需要通过最严格的适航认证程序。为此，需要从国家民族高度出发，倾全公司之力打造一个高水平创新团队，依靠国家适航部门支持，联合航空和发动机行业，从特殊添加剂和基础油开发、润滑油脂复配与评价手段、适航程序等各个方面建立完整的创新体系和协作蓝图，通过十年以上的集中攻关，才能最终实现。

润滑领域最大的发展空间在润滑产品服务延伸及与人工智能的结合，实现"智慧润滑"。也就是通过对机械设备运行工况和润滑剂的适时监控分析，实现设备的可靠润滑与润滑剂适时再生与更换相统一，达到设备可靠、成本优化和环境友好的共赢。这是一个很诱人的理想境界，但实现的道路会很长、技术难度很大，核心是润滑剂与润滑状态的标准化程度，标准化程度低制约了润滑状态的数据化和网络化，使得人工智能计算的基础不牢、迭代优化困难。

三、石蜡产品技术趋势

石蜡的核心用途是蜡烛以及包装防护、精密铸造过程的主辅材料，也是美容护肤用品的重要添加成分。经过数十年的发展，石油蜡生产的基本技术问题已经得到很好的解决，但是节能减碳和健康的更高要求，既给石蜡生产技术提出了挑战，也带来了创新的机会，未来的发展将围绕着三大方向：

第一是优化原料降低能耗，最有前景的创新可能是用加氢尾油兼产蜡和基础油，以及膜分离技术在溶剂回收中的工业化应用。

第二是进一步提升健康与安全性能，不断降低蜡中芳香烃等有害物质含量，改进其外观和气味；最有革命性的机会，可能来自不含芳香烃新溶剂体系的开发应用。

第三是新特蜡产品开发，其中包括与费托蜡及合成蜡相配合，开发更好的使用性能与更广阔用途的石蜡特色产品。

总之，不断降低石蜡生产碳排放，将石蜡做精、做细、做出特色，提高产品技术含量，开发优质健康环保的高附加值特种蜡产品，将是石蜡产业的长期发展趋势。